三訂

식물유전자원학

Introduction to Plant Genetic Resources

박철호 · 우선희 · 박상언 · 박광근
홍순관 · 김남수 · 김종화 · 이동진
장광진 · 이주경 · 김행훈 · 김현준

머 리 말

생물자원을 유전적 침식으로부터 지켜서 그 다양성을 보존하는 일의 필요성은 이전부터 전문가에 의해서 지적되어 왔다. 오늘날 자연환경과 무역환경의 급속한 변화로 말미암아 식물육종가, 생물공학자, 자원식물학도 등 식물로부터 고품질 유용자원을 생산하려는 사람들에게 생물다양성의 중요성에 대한 인식을 토대로 한 합리적인 식물유전자원의 이용과 분배가 중요한 관심사가 되고 있다.

그러나 우리나라에서 그동안 식물유전자원의 이론과 실제에 대한 체계적 접근이 미흡했으며 오직 육종학의 일부분으로서 그다지 비중있게 다루어지지 못한 실정이었다. 농촌진흥청 농업생명공학 유전자원과의 실무적 노력이 그나마 우리나라에서 식물유전자원 활동의 모태가 되었고 이를 바탕으로 향후 괄목할만한 발전이 기대된다.

이 책은 대학에서 식물유전자원학을 공부하려는 학생들에게 이론적 체계를 세워 고도의 실무능력을 배양할 수 있게 하기 위하여 편찬되었다. 자료의 한계와 저자들의 천학비재로 부족한 점이 많지만 "구슬이 서말이어도 꿰어야 보배"라는 생각에서 산재된 관련 정보를 모아 감히 졸저를 내놓게 되었다.

1997년에 출간한 '식물유전자원학'의 일부 내용을 수정, 보완하고 한국의 식물유전자원 일부를 추가하였다. 앞으로 선배, 동학 여러분의 조언을 받아 수정, 보완할 것이며 더 필요한 것은 추가해 나갈 생각이다.

끝으로 이 책을 출간하는 데 성심성의를 다해 주신 도서출판 진솔의 조진성 사장님과 직원 여러분께 감사한다.

2012년 3월
著者 識

목 차

1. 식물유전자원의 의의 ···5
2. 식물유전자원 확보의 중요성 ···11
3. 식물유전자원의 탐색과 수집 ···19
   가. 탐색대상과 우선순위 (21)   나. 유전자원 채집방법 (24)
4. 식물유전자원의 평가 및 이용 ···45
   가. 유전자원의 평가 (46)   나. 도입과 순화 (51)
   다. 파종과 재식 (52)   라. 관리 (53)   마. 채종 (53)
   바. 순화 (53)   사. 용도개발에 의한 이용 (54)
5. 수집유전자원의 장기관리전략 ···56
   가. 종자의 생식질 보존 (56)   나. 영양체생식질 보존 (65)
   다. 화분보존 (69)
6. 유전자원으로서의 종자품질관리 ··72
   가. 종자의 수명 (72)   나. 종자 활력과 수명의 관계 (75)
   다. 종자 수명에 영향을 미치는 수확전, 수확시, 수확후 조건 (75)
   라. 종자의 저장과 관련된 구체적 작업 (88)
   마. 종자검사 (91)
7. 식물유전자원의 보존과 이용을 위한 생물공학의 이용 ·······························93
   가. 생물공학의 역할 (95)   나. 생식질의 보존 (120)
   다. 생식질의 안전이동 (132)   라. 생물계통학과 진화 (135)
   마. 생식질의 이용 (140)   바. IBPGR/IPGRI의 역할 (145)
8. 보존생물학에서 유전변이 평가방법의 비교 ···147
   가. 형태적 변이 (148)   나. 동위효소변이 (151)
   다. DNA변이 (155)
9. 유전자원의 정보처리 ···164
   가. 유전자원에 관한 정보 (164)
   나. 유전자원 데이터베이스 (168)

다. 정보검색과 해석 (172)　라. 네트워크와 기타 (173)
마. 시스템 (174)

10. 식물유전자원의 현대품종 육성에의 기여 ························· 175
    가. 벼 (175)　나. 맥류 (178)　다. 옥수수 (184)　라. 감자 (193)
    마. 토마토 (196)　바. 목초 (200)　사. 채소및 과수 (206)
    아. 특용작물(208)

11. 식물유전자원에 있어서 국제협력의 역사적 전개 ············· 211
    가. 초창기 (211)　나. 인식제고기 (212)　다. 공식적 행동기 (213)
    라. 실행기 (218)　마. IBPGR 창립이후 (219)
    바. 세계의 네트워크 (224)
    사. 식물유전에 관한 국제사업과 FAO위원회 (225)

12. 세계 주요국의 식물유전자원의 보존 및 이용 ···················· 229
    가. 한국 (229)　나. 미국 (238)　다. 러시아 (241)
    라. 오스트레일리아 (243)　마. 캐나다 (244)　바. 중국 (245)
    사. 영국 (247)　아. 프랑스 (248)　자. 일본 (249)

13. 지적재산보호와 유전자원 ·· 254
    가. 식물육종가의 권리 (255)
    나. 식물육종가의 권리시스템의 강화 (257)
    다. 특허권 보호 (258)　라. 지적재산 보호에 있어서의 변화 (259)
    마. 식물의 특허획득 (260)　바. 최근의 발전 (261)
    사. 유전자원 정책기획의 중심요소 (271)

14. 식물유전자원과 종자산업 ·· 286
    참고문헌 (292)
    부록 1 (298)
    부록 2 (313)
    부록 3 (331)
    부록 4 (339)
    부록 5 (344)
    부록 6 (539)
    찾아보기 (548)

1. 식물유전자원의 의의

　식물유전자원(Plant Genetic Resources)이란 말이 처음 사용된 것은 1968년 E. Bennet가 편저한 FAO/IBP Technical conference on the exploration utilization and conservation of plant genetic resources일 것으로 추정된다. 식물유전자원이란 식물이 지구상에 출현한 이래 수억년의 장구한 진화의 역사속에서 축적되어 온 유전변이로서 인류의 생존과 생활에 불가결한 것을 뜻한다. 즉, 유전자원이란 자연계에서 수억년을 경과하면서 창성된 모든 유전적 변이를 뜻하며 유전물질(genetic materials) 또는 생식질(germ plasm)이라고도 한다. 인류가 금후 영구히 이 지구상에서 생존을 지속하기 위해서는 유전자원을 적극적으로 탐색, 확보하고 그 이용을 촉진할 필요가 있다. 여기에는 과학적 방법과 소재의 중요성이 망각되어서는 안 된다. 이와 같은 유전자원에는 재배종 이외에 미개발의 야생종 및 재배식물의 기원에 관여한 야생종 등 인류에게 얼마든지 가능성을 갖는 소재가 포함되어 있다. 이러한 야생종은 재배종에 비하여 양적으로나 질적으로 매우 풍부한 유전자군을 갖는다.
　유전자원이 경제식물, 재배식물의 원종, 재배식물 및 그 원종의 근연관련식물을 총망라하는 黑川(1989)의 '자원식물'에 대한 정의와 다른 점은 자원식물이 과거에 이용되어 왔고 앞으로 이용될 수 있는 생물적 자재로서의 유용식물 자체를 대상으로 하는 것이라면 식물유전자원은 모든 식물이 가진 모든 유전자를 대상으로 한다는 것이다. 일반적으로 유전자원으로서 확보되어 있는 것은 생물개체(생식질)이며 어떠한 유전적 특성을 가진 계통의 유전자원이다. 田中(1984)는 자원생물 또는 생물자원이 인류에게 유용한 생물로서 대부분 직접적으로 이용가능한 자재를 의미하는 것에 반해 유전자원은 반드시 직접적으로 이용가능한 것만이 아니라 이용가능성이 있는 형질(유전자를 포함하는 것)을 가리키는 것이라고 설명하였다. 따라서 유전자원의 이용에 있어서 중요한 것은 식물 각각에 대하여 유전적 변이를 가능한 한 많이 수집하여 보존하고 평가하는 일이다.

인류는 衣, 食, 住, 情緒 생활과 관련된 거의 모든 생활필수품을 많은 식물에 의존하고 있다. 그 식물은 많은 종으로 분화되어 있으나 각각의 종가운데 다양한 유전변이를 내포하며 그 변이의 종류, 즉 유전자형에 따라서 자원적 가치가 높은 것으로부터 이용가치가 없는 것, 때로는 유해한 것까지 존재한다. 인류는 오랫동안 보다 자원적 가치가 높은 것을 찾아서 각종의 유전자원을 탐색, 추구하여 왔으며 근대과학에 기초한 육종기술의 발달에 힘입어 보다 고도의 유전변이를 인위적으로 창출하여 이용해 오기도 하였다.

과거에 인류는 오랫동안 야생동식물의 수렵과 채집에 의존하여 생활을 영위해 왔으며 그 중에서도 자원적 가치가 우수한 것을 골라서 가축과 작물로 이용함으로써 인간의 생활이 풍성해지고 인구도 늘어났다. 수천 년전 농업이 시작되면서부터 인간이 다양한 야생식물을 선택, 개량하여 자원적 가치를 높여왔음에도 불구하고 자연계에는 아직도 개량의 손길을 가하면 이용가치가 높은 미이용 또는 미개발 야생식물이 도처에 무수히 존재한다.

작물은 세계각지의 다양한 환경속에서 각각의 환경에서 자생하는 다양한 야생종으로부터 또는 근연야생종과의 자연교잡종으로부터 선발되어 재배되어 온 것이므로 재배초기부터 다양한 변이를 갖고 있다. 또한 인류의 교류와 더불어 각 지역의 독특한 재래종이 교환, 도입되어 변이가 점차 확대되었다. 그러한 변이가운데 인간의 생활양식과 시대에 부응하는 유용한 유전자원이 선택, 활용되어 온 것이다. 예를 들면 옛날 중근동에서 약간 재배되고 있던 4배체의 2립계 밀이 인접하여 자생하는 잡초와 자연교잡되어 게놈이 합성(6배체)됨으로써 多收良質의 광역적응성 빵밀이 탄생되었고 이것이 유럽에 널리 재배되어 빵식의 서구문화가 번성하게 된 것이다. 그 밖에 유전자원으로서 도입된 식물이 새로운 용도가 개발되어 직접 경제식물로 이용되는 예도 적지 않다.

　식물과 전통적인 민족간의 상호관계에 관련된 학문인 민족식물학(Ethnobotany)의 측면에서도 식물유전자원을 통하여 민족의 생활문화와 불가결한 관계를 명확히 할 수 있는 것이다. 예를 들면 재배식물의 전파 문제를 명확히 하기 위해서는 각 지역에서 재배되어 온 지방품종군의 특성과 그들의 상호관계를 비교하는 것이 중요하다. 만약 이러한 품종군이 모두 소실되어버렸다면 이와 같은 중요한 문화적 과제를 해결하는 열쇠를 영구히 잃어버리게 되는 것이다. 결과적으로 여러 가지 재배식물의 재래성이 높은 지방품종군은 이와 같은 문화적 문제를 해결하는데 이상적인 소재라고 말할 수 있다.

　이와 같이 옛날부터 유전자원의 활용은 인류의 복지와 문화발전의 원동력이 되었다. 따라서 현재 우리들이 실생활에 쓰이지 않는 재배식물이라도 그것을 문화재로서 탐색, 수집, 보존하는 일이 대단히 중요하다. 그러나 유감스럽게도 식물을 생산, 이용하고 육종에 관여하고 있는 사람들 가운데 이 점을 인식하고 있는 사람이 많지 않은 것 같다. 그러므로 식물유전자원을 단지 유용한 유전자원으로서만이 아니라 문화자원으로서의 인식을 토대로 한 지방명, 재배양식, 이용법 등 특정품종이 가지고 있는 문화정보를 가급적 완전한 형태로 수집하여 보존해 나가는 것이 중요하다.

  농부는 12,000년 동안 재배를 위한 종자를 보존해 왔고 야생식물을 작물화했으며 특수한 농경조건과 필요에 부합하는 품종을 선발, 육종해 왔다. 수 천년에 걸쳐 수 백종의 식물이 작물화되었고 종내에서는 인위적 또는 자연적 선발에 의하여 수 천종의 품종이 생산되었다. 하지만 오늘날에는 이러한 종 다양성이 상실되어 가고 있다. 먹거리로 이용되는 수천 종의 식물가운데 오늘날 약 150종이 재배되고 있으며 그중에서도 벼, 소맥, 옥수수 등 3종의 작물이 식물에서 얻는 칼로리와 단백질의 60%를 공급한다. 이와 같은 손실의 상당부분이 지난 수백 년 동안에 일어났다. 1995년 FAO의 컨트리 리포트(Country Report)에 의하면 중국은 1949년 중국에서 재배된 약 10,000종의 밀품종이 1970년대까지 여전히 재배되고 있었다. Fowler(1994)에 따르면 미국 농무성의 연구결과는

〈그림 1〉 파푸아뉴기니아에서 수집된 마 유전자원

1804년과 1904년 사이에 7,098종의 서로 다른 사과 품종이 재배된 것중의 86%가 상업농이나 유전자은행에서 더 이상 찾아볼 수가 없는 것을 나타내 준다고 하였다.

1996년 6월에 독일의 라이프찌히(Leipzig)에서는 식물유전자원에 관한 국제기술협회(IPGRI) 회의가 있었다. 150개국으로부터 전문가나 관리들이 참가하여 식물유전자원의 보존과 이용을 위한 20개의 우선사업을 확인한 Global Plan of Action의 초석을 놓았으며 식량과 농업을 위한 세계식물유전자원의 현황에 관한 첫 보고서를 검토하였다. 지난 25년 동안 많은 것이 이루어졌지만 아직도 부족한 점이 많기 때문에 라이프찌히 모임은 식물유전자원의 보존에 국제 수준에서 더욱 많은 노력을 기울이도록 관심을 이끌어 내었다. 국가별 보고서는 각국의 식물유전자원의 보존수준을 평가하여 문제의식을 갖고 노력할 수 있도록 하는 자극제가 되었다.

지금도 8억의 인구가 만성적인 영양부족 상태에 있고 그 수가 점차 증가하고 있으며 세계의 인구는 꾸준히 증가하여 아프리카 사하라 사막 이남에서만도 현재 5억5천만명의 인구가 2005년에는 12억명의 인구로 늘어날 것으로 추정하고 있다. 세계인구 증가에 따른 식량요구도는 농업생산성을 증대함으로써 충족시킬 수 있다. 식량과 농업을 위한 식물유전자원의 보존과 이용으로부터 발생되는 이익을 모두가 동등하게 분배할 수 있도록 배려되어야 한다.

우리나라에 도입된 외국의 식물유전자원의 예는 재배작물의 도입기원과 전파경로를 통하여 대략적인 이해가 가능하다. 그러나 정확한 연대 및 활동내용에 대한 기록과 문헌은 그리 흔하지 않다. 잘 알려진 예로서 고려말(공민왕 1364년) 원나라 사신으로 갔던 문익점이 귀국길에 아시아면인 *Gossypium arboreum*의 종자를 가져와서 그의 장인인 정천익에 의해 대량 번식하게 된 사실이 있다. 그 당시 '식물유전자원'이란 용어가 사용되지는 않았지만 문익점의 활동은 오늘날 인구에 회자되는 바로 그 식물유전자원 활동이었음을 알 수 있다.

우리나라에서 비록 현대적 의미의 조직적인 식물유전자원 활동은 서구의 여러나라에 비해 늦게 시작 되었지만 이 분야에 있어서도 귀감이 될만한 우리 선조들의 선견과 지혜를 찾아보면 관련되는 귀중한 사료들이 적지 않다.

근대에 들어서 우리나라의 '앉은뱅이밀'은 해외로 유출되어 국제맥류옥수수연구소(CIMMYT)의 Borlaug 박사로 하여금 세계적인 단간종 다수확 밀품종을 육성하게 하였으며 그는 이 품종이 인도, 파키스탄, 멕시코 등지에 보급되어 인류의 기아해결에 공헌한 공로로 1970년 노벨평화상을 수상하였다.

그럼에도 불구하고 정작 우리 자신은 한동안 식물유전자원에 대한 관심과 활동이 미약했던 점에 대해서는 반성의 여지가 적지 않다. 1993년 농업과학기술원이 발표한 우리나라의 작물재래종에 관한 조사결과는 1985년에 비하여 불과 8년동안 재래종의 74%가 소실되었음을 나타내었다.

이와 같은 실정에 대한 뼈아픈 반성과 향후 유전자원의 절멸에 따른 국가적 손실에 대한 깊은 우려에서 최근 일각에서 벌이고 있는 '토종지키기' 운동과 '한국토종연구회'의 발족(1997년 8월 19일)은 식물유전자원의 의의를 구현하는 실천적 행동으로 높이 평가할만 하다.

2. 식물유전자원 확보의 중요성

식물유전자원의 확보는 인류의 생존을 위한 중요한 과제이다. 그 주된 이유의 하나는 문명의 발전에 따르는 토지의 개발이 자연의 파괴와 함께 유전자원의 급원으로서 중요한 야생종의 소멸을 가져오기 때문이다. 또 하나는 경제적 생산성의 향상을 위하여 한정된 품종에만 의존한 결과 각 지역의 재래품종이 소멸되는 경향이 있는 등 작물의 유전적 획일화가 초래되고 있기 때문이다.

원래 자연에 분포하는 생물종은 다양한 유전적 변이를 보유함으로써 변화하는 환경에 적응하고 진화를 촉진하게 된다. 인간의 관리하에 있는 재배식물에 대해서도 이것은 당연하며 넓은 지역에 걸쳐서 오랫동안 재배되어 온 재배식물에는 오랜 역사속에서 각 지역의 환경에 적응한 많은 재래품종이 존재한다. 그러나 제2차 세계대전 이후 근대적 개량품종이 조직적으로 육종되어 왔다. 그 대부분이 집약적인 재배관리와 시비량이 많은 경작조건하에서 높은 수량을 올릴 수 있도록 육종된 것이며 지방적인 적응성은 오히려 감소하고 광역적응성을 갖춘 품종이 많다. 이와 같은 품종이 근대적 농업기술과 더불어 어느 지역에 조직적으로 도입됨으로써 이제까지 그 지역에 재배되어 온 많은 재래품종이 2, 3개의 근대적 품종으로 대체되었던 것이다. 따라서 그 지역의 품종군의 유전적 방향성이 급속히 감소되고 균질화를 가져오게 되었다. 그래서 재래품종은 더 이상 재배되지 않고 급속히 소멸하는 사태가 발생하게 된 것이다. 더욱이 이것은 또한 재배식물의 종류와 수를 감소시키고 소위 minor crop으로 불리는 재배식물의 감소와 소멸을 촉진하였다. 이와 같은 경향을 유전적 침식 또는 소실(genetic erosion)이라고 한다. 일예로 1930년부터 1970년까지 40년 동안 그리이스의 밀재배에 있어서 재래품종이 차지하는 비율을 조사한 결과 40년 전인 1930년경에는 그리이스에서 재배된 밀의 약 80%가 옛부터 재배되어 온 재래품종이었으나 1950년대에는 그것이 25%로 줄고 또다시 1960년대 중반에는 10%로 줄어 들었으며 대부분이 근대적 품종으로 대체되었다. 이것은 40년 동안에 그리이스의 밀에 급격한 유전적 침식이 초래된 것을 나타내는 것이다. 인도에서는 곧 전체 논면적의 4분의 3을 10개의 품종이 재배되어 30,000종의 서로 다른 품종의 대부분을 대체하게 될 것으로 예상되고 있다.

그밖에도 한정된 품종에 의한 의존이 얼마나 위험한가를 잘 나타내주는 수많은 역사적 교훈이 있다. 예를 들면, 1840년 아일랜드에서 감자역병이 돌발하여 대흉작을 가져왔으며 그 결과 200만명이 넘는 인원이 餓死하였고 그 이상의 사람들이 신천지를 찾아서 타국으로 이주하였다. 또한 1970년에 미국의 잡종 옥수수가 호마엽고병에 의한 괴멸적 타격을 받아 세계적 경제불황 등 많은 식량위기가 초래된 적이 있었다. 이러한 것은 모두 한정된 계통에 의해 육성된 품종에 크게 의존한 결과 초래된 파국의 전형이다.

항구적으로 저항성을 갖는 품종은 존재하지 않는다. 왜냐하면 병원균도 오랜 기간이 경과하는 동안 돌연변이 등에 의해서 새로운 병원균이 생겨날 수 있기 때문이다. 따라서 어떠한 병해에 의한 대흉작도 돌발적으로 일어날 수 있는 것이다. 上記한 감자의 경우 북유럽의 재배종은 16세기에 영국의 탐험대에 의해서 카리브해 연안으로부터 들여온 한 계통에 의해 육성된 품종군에 의존하였다. 옥수수의 경우도 단일 웅성불임세포질을 이용한 잡종조합을 오랫동안 사용해 온 결과이다. 병이 아닌 저온에 의해서 야기된 유

식물유전자원 확보의 중요성   13

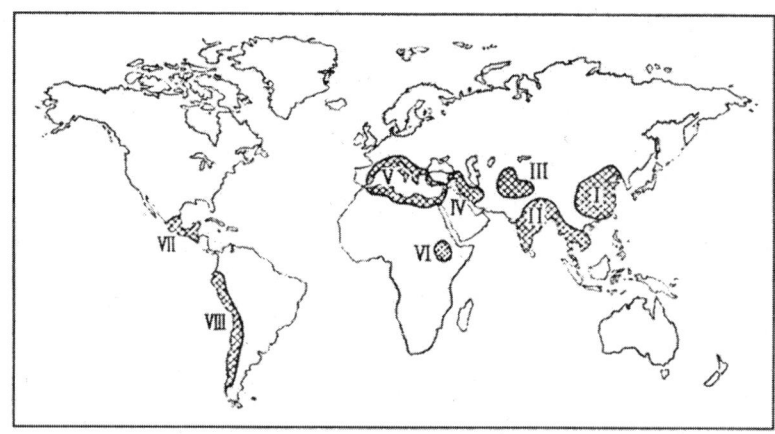

〈그림 2〉 재배식물 기원의 8대 중심지

(Ⅰ) 중국(중앙 및 서부중국의 산악지대와 주변의 저지대) … 메밀, 콩, 팥, 배추 등의 엽채류, 복숭아
(Ⅱ) 인도(북서인도 및 편잡을 제외한 지역, 단 아삼과 미얀마 포함) … 벼, 가지, 오이, 참깨, 토란
(Ⅱ-a) 인도-말레이(말레이, 자바, 보르네오, 수마트라, 필리핀 및 인도차이나) … 바나나, 사탕수수, 야자
(Ⅲ) 중앙아시아(편잡, 카슈미르를 포함하는 북서인도, 아프가니스탄, 구소련령 타지크스탄과 우즈베크스탄 및 톈산(天山)산맥의 서부) … 잠두, 양파, 시금치, 무, 서양배, 사과, 포도
(Ⅳ) 근동아시아(소아시아, 코카서스, 이란 및 카스피해 동남의 산악지대) … 밀, 마카로니 밀, 보리, 귀리, 당근
(Ⅴ) 지중해지역 … 완두, 양배추, 양상치, 사탕무, 아스파라거스, 아마, 올리브
(Ⅵ) 아비시니아(에리토리아 고원 포함) … 수수, 오크라, 커피
(Ⅶ) 남부 멕시코와 중미(서인도제도 포함) … 옥수수, 강낭콩, 호박, 고구마, 피망
(Ⅷ) 남미(페루, 에콰도르, 볼리비아) … 감자, 목화, 담배, 서양호박, 고추, 토마토, 리마콩, 땅콩
(Ⅷ-a) 칠레의 칠로에섬 … 딸기
(Ⅷ-b) 브라질, 파라과이 … 파인애플

전적 취약성(genetic vulnerability)의 문제는 그리 많이 알려져 있지 않다. 소련의 유명한 밀품종인 "Bezostaja"가 1972년까지 약 1500만ha에 재배되었다. 이 품종은 비교적 온난한 겨울이 지속되던 동안에는 원래의 재배지역보다 훨씬 북쪽의 우크라이나 지역까지 전파되었다. 그러나 1972년의 혹한이 밀어닥쳐 수 백만톤의 밀이 사라지고 말았다. 이와 같은 역사적 교훈이 있음에도 불구하고 작물의 한정된 품종에 의한 유전적 획일성과 그에 따른 유전적 침식이 세계적 규모로 진행되고 있다. 이러한 현상에 박차를 가해온 것은 1960년대 중반부터 1970년대 중반에 이르기까지 세계적 규모로 시도된 '녹색혁명'이라 불리우는 우량품종 육성사업이다. 녹색혁명의 주역인 밀의 다수확 품종은 밀의 기원지이며 변이의 다양성의 중심지인 근동의 밀재배지역에 도입되어 그들 지역에서는 1990년까지 완전히 재래품종이 소멸되어 버렸다. 지금까지는 병해에 의한 전멸의 위기도 그 다양성 중심지(재배식물 기원지)로부터 새로운 유전자원을 보급함으로써 그러한 위기를 극복하였다.

  과거에는 유전적 침식이 주로 기상변화에 기인하는 자연적 진화과정에 의해 초래되었다. 그러나 최근의 유전적 다양성 상실의 가속화는 주로 인간의 행동에 기인한다. 그림 3에서 보는 바와 같이 토지개발, 과도한 방목, 산화(山火), 비료와 농약의 무제한 사용, 전쟁 등과 같은 요인에 의해서 자연서식지와 그속에 있는 식물다양성이 파괴되어 왔다. 중국에서 1980년대 처음으로 야생벼의 분포 및 생태의 전국적인 조사가 대규모로 이루어졌었는데 10년이 경과한 뒤에 조사한 결과 생육지의 도시화에 의한 환경개발과 논주변의 환경정비 등에 의해서 많은 집단이 절멸한 것을 알았다. 예를 들면 벼육종에 혁명적인 효과를 가져다 준 hybrid rice의 최초의 웅성불임세포질제공친은 海南島 남부에 자생하는 다년생 야생벼

*Oryza rupipogon*이었으나 현재 그 장소에는 정비된 수로가 뻗어 있고 야생벼의 모습은 볼 수가 없다. 그러나 작물의 유전적 다양성이 감소되는 가장 주요한 이유중의 하나는 1950년대와 60년대에 대규모로 시작되어 점차 확대되어 온 다수확 신품종의 육성과 보급에 의한 유전적 획일화라고 말할 수 있다. 우리나라에서는 지난 10년간 재배작물의 재래종 가운데 3분의 1이 멸종된 것으로 조사되었으며 벼의 경우 1900년대에는 전국에 3,000여 종의 재래종이 재배되었으나 현재는 50여종의 현대육성품종만이 재배되고 있다. 인도는 지난 50년에 걸쳐 약 3만종의 벼 재래품종이 재배되었으나 현대품종이 빠른 속도로 육성, 보급되고 있으므로 향후 2005년경에는 10여개의 품종이 벼 재배면적의 75%를 차지하게 될 것이라는 우려가 있다.

　농경기술의 발달과 더불어 농업생산성 향상에 기본이 되는 재배식물의 품종개량을 위해서는 육종소재로서 재래품종이 가지고

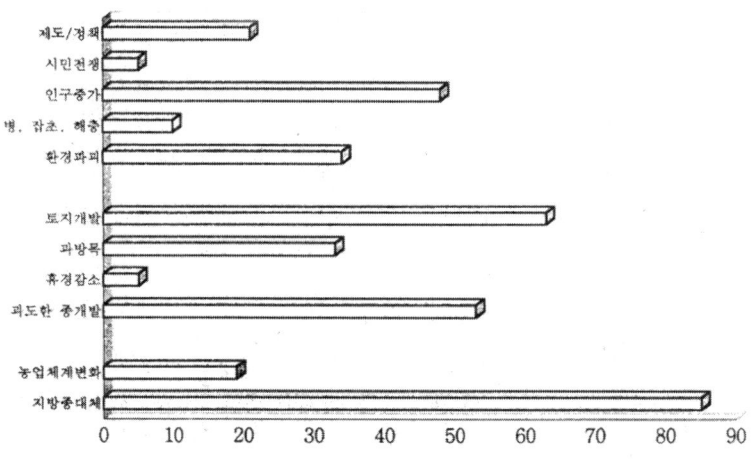

〈그림 3〉 유전적 침식의 원인(FAO, 1996)

있는 유용한 유전적 변이가 중요한 역할을 담당한다. 따라서 식물유전자원에 있어서 보다 중요한 것은 각각의 작물에 대하여 유전적 변이를 얼마나 많이 보유하는가 하는 것이다. 그것에 의해서 유전적 성질의 향상과 유전적 다양성(genetic diversity)의 증대를 가져올 수 있기 때문이다. 예를 들면 멕시코에 처음 재배된 半短稈型 밀은 녹병(black stem rust와 stripe rust)에 감염이 되었으나 지방종은 녹병에 저항성을 나타내었다. 그 지방종을 교배친으로 하여 교배한 결과 다수성이고 내병성인 밀이 육성되었다.

20세기초 미국에서 서부 탄자니아에 도입된 육지면이 해충인 목화jassid와 병해(bacterial blight)에 의하여 생산이 극히 제한되었다. 육종가들은 jassid저항성이 잎뒷면의 모용(毛茸)의 길이 및 밀도와 관련되어 있음을 알고 탄자니아의 육지면 지방종의 모용에 대한 유전적 변이를 발견하여 jassid 저항성 품종육성에 이용하였으며 지방종의 bacterial blight에 대한 저항성 유전변이도 신품종 육성에 효과적으로 이용되었다.

이와 같이 재래품종이나 야생근연종이 가지고 있는 유전적 다양성을 품종육종에 이용하기 위해서는 유전자원을 가급적 광범위하고 상세하게 탐색하고 주의깊게 수집하여 많은 것을 보존하는 것이 필요하다. 특히 유전적 침식이 급속하게 진행되고 있는 상황에서는 이러한 귀중한 식물유전자원은 그것들을 수집보전하기 이전에 그 지역으로부터 소멸되어 버릴 위험이 있다. 또한 단일의 우수한 근대적 품종을 넓은 지역에 재배하는 것은 이제까지 경지내에서 균형을 이루어 온 병원균류 및 해충 등의 생물상에 큰 변화를 가져올 수 있다. 따라서 수 년 사이에 저항성이 있는 우량품종이 지금까지 문제가 되지 않았던 병원균에 의해서 이병되어 수량이 급격히 저하하는 사태가 발생한다. 이러한 사태에 대처하기 위해서라도 풍부한 유전자원을 탐색, 수집, 보존하는 것이 급선무이다.

식물유전자원의 확보가 중요한 또 하나의 주된 이유는 문명의 발전에 따르는 다양한 식물자원에 대한 수요증가에 적극적으로 대처하기 위한 것이다. 지금까지 유전자원의 자재로서의 직접적 이용에 대해서는 비중있게 다루어 오지 않았으나 식물문화의 다변화, 식물자원의 민족주의(nationalism) 및 국제무역 환경의 변화에 따라 물질생산을 위한 식물소재(원료물질)의 탐색, 수집, 평가 및 보존도 중요한 과제로 대두되었다.

90년대 중반 이후에 세계무역기구(WTO)가 출범하면서 세계의 여러 나라에서는 자국의 경쟁력 강화를 위해 신작물 개발(New Crop Development)을 위한 전략에 부심하고 있다. 미국에서는 1996년 11월 인디애나폴리스에서 제1회 신작물 개발에 관한 심포지움을 개최하였고 호주에서는 1997년 7월 뉴질랜드와 공동으로 신작물 개발에 관한 국제심포지움을 개최하였다. 이와 같은 움직임은

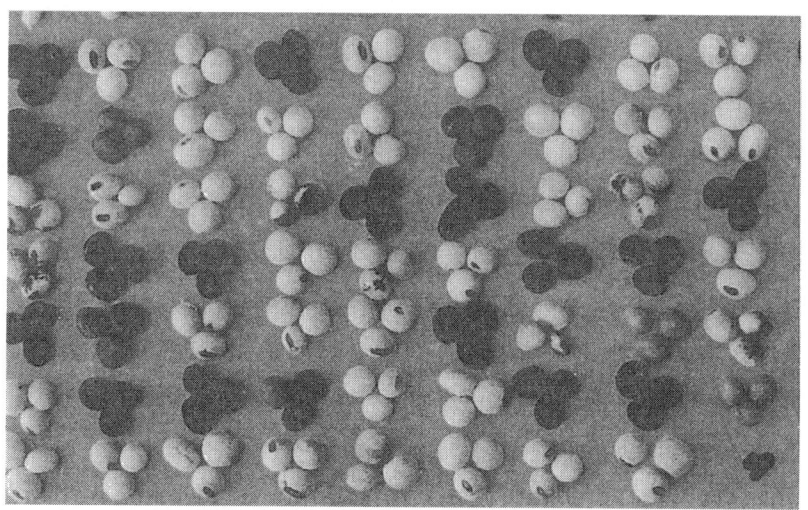

〈그림 4〉 콩유전자원의 다양성을 나타내는 종자크기 및 종피색

지금까지 널리 이용되지 않았던 야생유용식물의 작물화를 통하여 신소득작목을 개발함으로써 수출을 증대하고 국제시장에서의 경쟁력을 강화하기 위한 노력의 일단인 것이다. 또한 일본은 1970년대 초반부터 오늘에 이르기까지 꾸준히 해외식물유전자원의 탐색과 수집에 관심을 갖고 예산과 인력을 투입한 결과 육종은 물론 신상품 개발에 큰 성과를 거두었다. 이와 같은 일들은 식물유전자원의 직접적 이용을 폭넓게 발전시키려는 국가별 전략의 구체적 사례라고 볼 수 있다.

우리나라에서도 작물의 신품종 육성을 위한 식물유전자원의 중요성을 인식하여 농촌진흥청 산하의 각 시험연구기관과 민간기업에서 각종 식물유전자원의 수집 활동에 심혈을 기울이고 있다.

3. 식물유전자원의 탐색과 수집

인류의 역사시대의 초기부터 민족의 이동과 교역 또는 원정 등에 의해서 그 지역에 지금까지 없었던 재배식물이 문화가 다른 지역으로부터 전해지는 것에 대하여 분명한 기록이 전해지고 있지 않지만 지역에 따라서 식물의 이동이 빈번히 일어났으리라는 것은 충분히 짐작할 수 있다. 중국에서는 기원전 139년 한무제의 통치하에 아시아 서부에 파견된 쵸우겐(張騫)이 13년에 걸친 여행 뒤에 중국에 가지고 온 식물이 알팔파와 포도 등이었다고 하는 얘기가 전해내려 오고 있다. 또한 중국에서는 周代로부터 화훼재배가 시작되었는데 漢代에는 silk road를 통하여 서역으로부터 석류나무를 받아들여 과수로서보다는 관상용 화목으로서 이용하였다.

유럽의 장미는 고대 바빌론 시대에 재배된 장미가 유럽에서 서서히 개량되었지만 18세기가 되어 중국 원산의 장미가 탐색, 도입되어 로마시대 이래의 장미와 교잡됨으로써 매우 많은 잡종이 생겨났다. Columbus의 아메리카 발견에 따른 대항해시대에 유럽인은 개척한 세계 여러 지역의 식민지로부터 새로운 유용식물을 매우 열심히 탐색한 결과 싱가포르나 보고르 식물원을 비롯한 대규모 식물원을 식민지로 만들어 연구의 거점으로 삼았으며 사탕수수, 차, 커피 등의 탐색과 개발을 추진하였다. 19세기에는 인도와 중국에서 J. Hooker, E.T. Wilson, K. Ward 등이 대활약하여 아시아의 귀중한 식물을 탐색, 유럽에 소개하였으며 E. Kaempfer, C.P. Thunberg, P.F. Siebold, U. Faurie 등은 일본의 식물을 유럽에 전파하였다.

식물유전자원의 탐색은 크게 나누어 다음과 같은 연구와 사업의 중요한 소재를 얻기 위하여 실행되어 왔다.
1) 식물종의 유전적 상호관계와 종분화
2) 재배식물의 기원과 전파
3) 신품종 육종과 품종도입
4) 민족식물학적 연구(인류문화사 연구).

그러나 이러한 연구분야는 서로 상보적인 관계가 있으므로 밀접한 관련을 가진 연구가 진행되어 왔다. 예를 들면, 유전학적 연구재료로서 탐색, 수집된 것이 재배식물의 기원 연구에도 이용되며 또한 그 중의 일부는 육종소재로서도 이용된다. 특히 20세기초에 멘델의 유전법칙의 재발견을 계기로 유전학 연구가 성행하면서 유전학 연구재료로서 유용식물이 많이 재배되었다. 즉, 유전학적 분석을 위하여 많은 유전적 변이를 탐색, 수집하여 연구를 진행하였으며 그것을 조직적으로 계속하기 위하여 유전자 수준에서의 많은 변이가 연구기관에서 계통보존되고 상호 교환되었다. 이와 같은 계통보존사업이 현대의 유전자원 보존으로 발전된 경우가 많다.

유전자원 탐색, 수집의 역사는 원시시대로 거슬러올라가지만 경제식물의 탐색, 수집의 의의와 필요성에 기초한 방법론에 입각하여 식물유전자원의 탐색을 광범위한 지역에 걸쳐서 가장 조직적인 계획을 세워 실행에 옮김으로써 위대한 업적을 남긴 사람은 구소련의 N.I. Vavilov이다. 그는 1926년에 재배식물의 기원중심지에 관한 중요한 논문(Studies on the origin of cultivated plants)을 정리하였으나 그 방법론은 당연히 식물유전자원의 탐색과 수집을 조직적으로 행함으로써 유전적 변이의 지리적 분포를 조사하고 변이를 유전적으로 해석함과 더불어 육종소재로서 실제로 이용하는 것이었다. Vavilov는 유전자원의 지리적 분포에 대한 구체적인 조사와 흥미있는 계통을 수집할 목적으로 12년 동안 소련내외의 여러 지역에 많은 탐험대를 파견하였다. 이 조사에서 재배식물 종내의 계통구성에 대한 지식과 그 결과로서 식물학적 변종 및 계통의 지리적 분포에 관한 지식을 근본적으로 수정하게 되었으며 많은 식물에 대한 품종의 지리적 중심에 관한 구체적인 자료를 획득하였다. 그리고 자원 및 유전자의 보존에 대한 가능성을 제공할 수 있게 되었다.

    Vavilov와 그의 동료들은 1923년부터 1940년 사이에 구소련내에서 140회, 국외 65개국에서 40회에 걸쳐 식물유전자원의 탐색을 행함으로써 약 25만점의 재배식물과 그밖의 멸종위기에 처한 식물을 수집하였다. 그 중에서 밀이 3만 6천점, 옥수수가 1만점, 두류가 2만 3천점에 이르렀다. 이와 같이 근대 식물유전자원 탐색의 기초는 Vavilov에 의해서 확립되었다고 볼 수 있다.

    그러나 자원식물을 감별, 이용하고 유지, 보존하려는 노력은 그보다 훨씬 전인 神農(BC 2800)이 약초를 수집, 보존할 때부터 시작되었다. 宋代(AD 450경)에는 "桃梨園"에 약용식물을 재배하여 보존하였으며 유럽에서는 Norwich식물원(1266년), Venice식물원(1333년), Vatican식물원(1447년), Pisa식물원(1543년), Leiden식물원(1587년), Paris식물원(1626년), Edinburgh식물원(1670년), Amsterdam식물원(1682년), Kew식물원(1759년) 등 주요 식물원이 주로 약용식물의 수집과 보존을 목적으로 설립되었다.

가. 탐색대상과 우선순위

    그러면 무엇을 탐색할 것인가? 유용식물의 유전자원으로서 특히 중요하게 생각되는 것은 ① 장기간 전통적으로 재배되어 온 재래품종군, ② 그 유용식물의 선조 야생종 및 근연종, ③ 그 유용식물의 지리적 기원지역에 있어서 작물-잡초 복합을 형성하는 잡초종 등이라고 할 수 있다. Harlan 과 De Wet(1971)는 주요한 화본과 곡류의 유전자원을 유전자 공급원 분류라고 하는 형태로 파악할 것을 제안하였다. 즉, 재배곡류에 최대의 유전적 변이를 제공할 수 있는 공급원은 다음 세 가지 군으로 나눌 수 있다는 것이다.

제1차 유전자 공급원(GP-1)은 그 재배곡류와 교잡이 가능하며 잡종은 임성이 높고 염색체 접합도 양호하며 유전적 형질의 분리가 정상인 모든 식물이다. 대부분의 재래품종 및 직접적인 선조 야생종이 이 범주에 들어 간다. 제2차 유전자 공급원(GP-2)은 그 재배곡류와 교잡가능하나 유전자 유동이 제한되며 別種으로 분류되고 잡종도 불임이며 염색체 접합도 불량한 식물이다. 종종 치사되는 잡종 또는 허약한 잡종이 이 범주에 해당된다. 제3차 유전자 공급원(GP-3)은 그 재배곡류와 교잡은 가능하지만 잡종이 치사, 불임, 생육이상을 나타내는 식물을 가리킨다. 이들로부터 재배종으로의 유전자 도입은 배배양, 조직배양 또한 복잡한 교잡에 의해서만 가능한 경우가 많은 식물이다.

Frankel(1975)은 시급히 수집보존되어야 할 유전자원을 ① 재배작물의 종류가 바뀌거나 특정 개량품종에 의하여 지방종이 침식되어 존폐의 위기에 당면하여 가까운 장래에 소멸할 것 같은 종과 ② 야생종 기타 재배종 중에서 유전자 공급원으로 이용될 수 있어서 연구발전에 필요한 종으로 구분하였다.

田中(1984)는 유전자원의 탐색대상을 식량자원의 확보면에서 ① 세계적으로 주요한 식량작물(벼, 보리, 밀, 옥수수, 감자 등), ② 지역적으로 특수한 작물(조, 메밀, 고구마 등), ③ 신개발 연구발전을 위한 작물(맨드라미, 율무, 피 등) 등을 꼽았다. 또 대상에 따라서 야생종은 ① 석유식물 등 신개발을 위하여, ② 내병성 유전자 등 유전자 공급원으로서, ③ 先祖種에 의한 재육성을 위하여 수집되어야 하고 재배종 또는 재래종은 ①lysine함량 등과 같이 특정한 특성의 재평가를 위하여, ② 유전적 다양성을 유지하기 위하여 수집되어야 할 필요성을 지적하였다.

일본 농림수산성에서의 탐색수집의 우선순위는 두 가지 기준을 가지고 있다. 첫번째 기준은 육종 진행상 특히 필요한 작물유전자원으로서 ① 연구이용상의 관점에서는 연구이용의 빈도가 높고, 산업이용의 목적에 부합되며, 환경보전 등 공공이용목적에 부합되는 것 등에 우선순위를 부여하며 ② 잠재 유전자원 확보의 관점에서는 장래 이용가능성이 높은 것에 우선순위를 부여한다. 두번째 기준은 멸종위기에 처할 염려가 있는 것들로서 머지않아 소실될 염려가 있는 것, 분포가 편재되어 있고 대외적 관계로 수집이 어려운 것, 이 나라 특유한 것 또는 독자적으로 연구 개발된 것, 현재는 이용되고 있지 않지만 과거에는 많이 이용되었던 것들에 우선순위를 부여한다.

Chang(1987)은 유전자원을 확보하는데 있어서 ① 작물의 변이가 발견된 지역의 야생근연종, 잡초형 계통, 토종식물, ② 재배지역에 있는 개량된 생식질, 육종과정에서 생산된 육성계통이나 유전연구의 결과로 얻어진 유전검정종 등도 포함되어야 한다고 주장하였다.

나. 유전자원 채집방법

1. 채집절차
일반적인 유전자원의 탐색 수집의 절차는 계획입안 - 대상지역과의 연락 - 팀의 결성 - 협력의뢰 - 출발준비(장비조달) - 출발 - 현지기관과의 협조 - 수집실시 - 수집품의 정리 - 현지기관에의 보고 - 귀임 - 보고, 공표 - 재료의 인도, 보존 등과 같다. 이것은 모두 자연이나 농가를 대상으로 하는 기술적 문제들이며 그 밖에 政情, 현지에서의 협력여부, 이동방법의 확보, 수집재료의 수송방법, 식물방역 등에도 유의해야 한다.

2. 채집의 수단과 형태
어떠한 교통수단과 어느 정도의 인원으로 탐색 수집에 나설 것

〈그림 5〉 식물유전자원의 탐색 및 수집활동

인가. 팀의 인원수는 적은 편이 좋으며 때로는 통역과 두사람만으로도 좋으나 때로는 분류학자, 생리학자, 병리학자를 포함하는 비교적 큰 규모의 구성도 바람직하다. 전공이 같은 2인과 현지 사정에 밝은 1인으로 하는 3인을 기본단위로 하는 경우가 많다.

　교통수단은 수집의 효율을 높이는데 중요한 요소이므로 항공기, 헬리콥터, 버스, 열차, 승용차, 트럭, 지프, 오토바이, 모터보트, 마차, 자전거 등 현지 사정에 맞는 교통수단을 확보해야 한다. 수집을 위해 지참하는 장비는 적어도 출발 1개월 전에 결정하되 적을수록 좋다. 필수품목은 미리 선적하든가 출발할 때 지참한다. 현지에서 조달할 수 있는 것은 가급적 지참하지 않는다. 구급약, 구명로프, 텐트, 방수포, 방충망, 비닐봉지, 나일론 테이프 등은 각자가 준비한다. 유전자원을 수집할 때 농가를 방문하는 경우가 많으므로 이 때 상대방을 놀라게 하는 장비는 신뢰를 떨어뜨릴 수 있으므로 주의한다.

3. 채집장소

　방목에 의해 식생이 변화되지 않은 구릉지, 계곡, 하천둑, 삼림 주변, 해안 등의 야생종 자생지, 농가포장(탈곡장, 종자창고 포함), 시장, 연구기관 등지에서 채집한다. 채집장소가 지리적으로 큰 차이가 없는 경우에는 어느 정도 거리 간격을 두고 수집한다. 이와 같은 환경 변화가 적은 지역에서는 일반적으로 50km마다 수집지점을 선정하는 것이 바람직하다. 그러나 거리는 가깝더라도 험한 지역으로 나뉘어진 두 개의 부락에서는 식물의 생육환경에 큰 차이가 있으므로 보유한 유전자원도 크게 다를 수 있다. 표고차가 현저한 근접지역에서도 마찬가지다. 이러한 경우에는 충분히 판단하여 수집한다. 種族이 혼재하는 특수지역에서는 좁은 지역이지

26 식물유전자원학

만 종족에 따라 농업형태나 식습관이 다르기 때문에 유전적 다양성의 차이 뿐만 아니라 채집품의 종류도 다를 수 있음을 고려해야 한다. 이것은 동남아시아, 인도, 네팔 등지에서 흔히 경험할 수 있는 일이다. 따라서 이러한 특수지역에서의 채집은 세심한 행동이 요구된다.

4. 채집시기

채집시기는 채집장소 못지 않게 중요하다. 종자를 수집할 때 특히 그렇다. 재배종의 유전자원 수집은 대부분 농가방문에 의존한

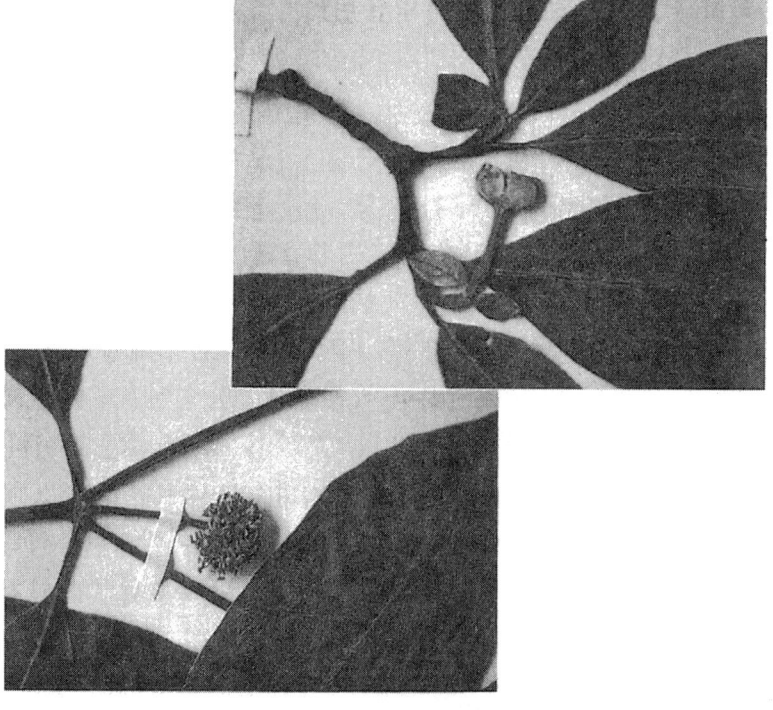

〈그림 6〉 멕시코 四照花의 채집표본

다. 이 경우 포장정보를 얻기 위해서라도 대상식물이 立毛의 상태로 있는 시기가 채집하기 가장 좋은 계절이다. 이 시기는 농가도 각자의 경작지에서 수확할 때이므로 정보를 얻기 쉽다. 그러나 관련 야생종의 종자를 수집하는 경우에 등숙과 동시에 탈락해 버리는 종류가 많으므로 그 전에 수집계획을 세우지 않으면 안된다. 수집 대상지역과 시기를 잘 조합하여 이동계획을 세워 대처할 필요가 있다. 한 번 수집에 필요한 기간은 유전자원의 분포, 지역의 넓이, 이동수단, 수집활동예산 등에 좌우된다. 통상 2개월에서 수개월이 소요된다. IBPGR은 특정 연구자를 1년간 특정 지역에 파견하여 실효를 거두고 있다.

5. 채집방법

채집방법은 종자, 과실, 穗木, 근경 등 구체적인 대상과 채종 후 이용목적에 따라 기준이 다르다. ① 지리적인 특징, 장소를 찾아내기 위하여, ② 수집 장소(site)내의 집단 또는 집단내의 개체의 구성을 조사하기 위하여, ③ 수집한 종자는 그대로 유전자원으로서 이용하는 것이 아니라 증식을 전제로 소량 채집한다. ④ 수집품을 그대로 저장, 보존하여 이용한다, ⑤ 재증식을 위한 채집, ⑥ 육종소재로서의 특이적인 개체를 얻기 위한 채집 등이다. 이상을 크게 나누면 ① 채집품을 유전자원으로서 보존하여 그 자체를 이용하는 경우와 ② 채집품을 가지고 돌아온 후에 재증식하여 유전자원으로 하는 경우 등이다. 유전자원의 유효변이를 안전하게 보존하는 입장에서는 전자의 경우가 기준이 되지만 수입금지품이나 격리품목으로 지정되어 있는 식물에 대해서는 전자를 채용할 수 없다.

6. 채집의 크기

식물채집의 목적은 최소한의 채집크기로 최대한의 유전적 다양성을 수집하는 데 있다. 보통 소립의 종자식물은 각지점에서 50-100개체, 1개체로부터 약 50종자를 취하여 2,500립 이상을 1 site의 크기로 할 것을 제안하였다. 또한 하나의 지점에서 노력을 들이기 보다는 가급적 많은 집단을 대상으로 하여 1집단당 10개체정도에서 종자를 취할 수도 있다. 한편 田中(1988)은 가시적인 형질을 대상으로 가능한 한 변이의 수집, 입지환경조건 등에 의한 생태적 특성을 지표로 하는 수집이 효과적이라고 하였다. 예를 들면 요르단의 사해주변에 분포하는 소맥근연종인 Aegilops속에는 내염성의 계통이 발견된다.

영양번식성 작물에서는 1지점의 개체군이 동일하거나 수 clone 일 가능성이 높으므로 가급적 넓은 지점으로부터 수집할 필요가 있다. 또한 바이러스 등에 이병되어 도입이 곤란한 경우가 있는 것은 종자에 의한 수집을 병행하는 것이 바람직하다. 채집자는 유전자 은행에 영구 저장하는데 필요한 채집크기를 염두에 두어야 한다.

1) 무작위채집(Random collection)

선발을 하지 않고 무작위로 채집하는 방법은 수집장소 가운데를 분할하여 여러 개의 plot으로 나누어 채집하고 이것을 1 collection으로 한다. 이와 같은 채집방법은 수집장소에 있어서 유전자(대립유전자)의 다양성을 높게 유지하고 결과적으로 유효유전자를 소실하지 않는다고 하는 이론적 연구가 있다. 구체적으로는 1개체로부터 50립씩 채종하고 10보나 20보 마다 무작위로 개체를 선정하여 전체가 50-100개체가 될 때까지 반복한다. 1개체로부터 수 粒밖에 채종할 수 없는 메밀과 같은 식물에서는 그 주변을 포함하여 1개체분으로 보고 규정된 수량을 얻도록 한다. 실제 채집현장에서 무작위 채집을 하면 어느 정도 노력과 시간이 소요된다. 여유없는 수집은 고된 작업이지만 이렇게 하여 얻은 collection은 가치가 높고 신뢰성이 있는 것은 당연하다. 무작위 채집은 야생종 집단의 경우는 비교적 기꺼이 채용할 수 있지만 재배종에서는 제약이 많다. 무엇보다도 포장은 농가소유이므로 농장주로부터 채집허가가 필요하다.

2) 작위채집(Non-random collection)

이것은 생물측의 정보를 주체로 특징있는 특정소재를 얻기 위해 개체를 선택하여 1점의 collection으로 하는 방법이다. 이 경우는 채집자의 식별안에 의한 것이며 채집지점을 대표하는 것이라고 할 수 없으나 보통 한꺼번에 얼마만큼의 collection으로서 수집한다. 따라서 non-random채집은 random채집을 병행하여 하는 것이 원칙이다. 어떠한 채종법을 취하더라도 포장관찰과 청취조사를 충분히 하여 혼종이 있는지, 본래의 변이에 기초한 집단인지를 판단하는 것이 중요하다.

7. 유전변이 표본추출(현지외 보존)

1) 개체선발

표본추출을 위한 집단이 한계가 정해지고 표본크기가 결정되면 수집자는 표본에 기여하는 개체를 어떻게 선발할 것인지를 결정해야 한다. 주요한 가능성은 ① 집단내의 각 식물이 거의 똑 같이 기여하는 단순임의표본(simple random sample), ② 서식지가 명백하게 다른 구획으로 나뉘어지고(외관, 경사도, 토양, 식생밀도, 수분 등이 다른) 각 미세환경으로부터 임의 표본이 취해지는 성층화된(층적) 임의표본(stratified random sample), ③ 표본추출된 개체가 똑같이 한 칸에 자리하는 체계적 표본(systematic sample), ④ 화색 등 외형의 변이에 기초한 편향된 표본(biased sample) 등이다.

  크기, 높이, 종자수와 같은 형질에 대한 표현형 변이는 주로 비유전적이며 유전적 다양성을 수집하기 위해서는 임의표본추출의 두 가지 방법 중의 어느 한 가지 방법이 편향된 표본보다 더 낫다. 체계적 표본추출(systematic sampling)은 엄격한 임의표본에 대해 두 가지 이점을 가진다. 즉, 체계적 표본추출은 수행하기 쉽고 집단에 대해 표본을 확산한다는 점이 그것이다. 층적임의표본추출 기술은 그것이 쉽게 수행된다면 아마도 가장 좋은 방법일 것이다. 논의의 여지가 있지만 식물이 자라는 곳이 식물의 표현형보다 더 우수한 유전적 적응성의 지표이다. 어떠한 변이체에 대한 보충적 편향표본이 취해지면 그것은 번호를 매겨서 따로 취급해야 한다. 따라서 그 변이체가 유전하고 특별한 이익이나 가치가 있는 경우에만 이러한 추가적인 노력을 기울여야 한다.

  편향된 표본추출은 그 편향이 유전자형에 기초하는 것이라면 그 과정상의 다른 점에서 어떤 역할을 할 수 있다. 예를 들면 포장에 유지되거나 再植될 수 있는 식물의 수는 매우 제한된다. 동위효소와 같은 넓은 범위의 유전적 표지인자의 사용을 통하여 가용한 재료가 그것의 유전적 상태에 대해 조사되었음을 가정해 보자. 검출된 대립유전자의 수는 전(全)게놈의 상대적 다양성 및 최근 육종에서 나타난 이형접합성 수준의 지표이다. 최대의 이형접합성과 대립유전자 다양성을 갖는 개체의 선발은 제한된 현지외 표본의 유전적 기초를 증대시키고 동계교배를 최소화할 것이다.

2) 수집된 재료(번식물)의 유형

수집자는 현지외 표본을 확립하기 위하여 자연에서 수집될 재료의 종류를 선택해야 한다. 그 선택물은 종자, 영양기관의 삽수, 영양기관 번식재료(propagules: 인경, 구경, 괴경) 및 전체식물(全草) 중에 있다. 많은 요인이 이러한 결정에 영향을 미친다. 종자와 삽수가 가장 자주 선택된다. 표본추출을 위한 종자, 삽수, 기타 선택물의 특성을 비교, 고찰해 본다.

① 종자

가용성(可用性) - 종자수집의 시기가 대부분의 종에 있어서 매우 중요하다. 과실이 완전히 여물었거나 수집 후에 성숙할 만큼 충분히 여물었을 때에만 수집활동을 할 수 있다. 반면에 방문지연은 탈립에 의해 양질의 종자를 잃어버릴 위험이 있다. 예를 들면 대부분의 *Acacia*종에서 落果期에 2일의 지연은 많은 양의 종자 손실을 초래할 수 있다. 종들이 성숙기에 차이가 있으므로 다목적 여행을 준비하기는 어렵다. 지역내 및 지역간의 개체간에 성숙기의 변이는 유전적 또는 환경적 원인에 기인할 수 있으며 표본추출을 위해 가용한 식물의 종류를 제한한다.

표본추출한 유전자형 - 육종체계는 종자표본의 충실도와 변이를 결정한다. 단일양친적 번식(자가수정 혹은 agamospermy)으로 종자는 일반적으로 표본추출된 양친식물에 매우 유사하다. 반대로 타가수정 식물의 종자는 모식물과 매우 차이가 나며 다양한데 자가수정된 부분도 포함될 수 있다. 아울러 타가수정된 원천집단에서 웅성임성분산에 대한 약간의 조절이 가능하다. 표본에서의 유전변이는 현지외 보존에 문제가 되기도 하면서 유익하기도 하다. 그것은 변화된 환경에서의 생존의 불확실성은 물론 생육에 대한 예측불가성의 요소를 도입한다. 종자가 표본을 증가시키고 후에 재생시키기 위하여 현지외에서 생육되면 선발이나 임의의 유전적 흐름이 현지 생존에 대한 적응에서 벗어나는 유전적 변화를 가져오지 않는다는 것에 주의를 기울여야 한다.

번식 - 후숙효과, 병해, 해충처리, 휴면요구, 저장수명 및 발아력에 관한 문제를 해소하기 위해서는 기술이 있어야 할 곳에 있어야 한다. 종은 발아를 위한 그들 자신의 균일한 취급을 어렵게 하는 특별한 요구를 가지고 있다. 포장에서의 증식은 표본이 병이나 해충으로 감염될 수 있는 기회를 제공하며 그러한 병해충은 무심코 현지(in situ source)로 옮겨질 수 있다.

저장 - 영속의 기관으로서 종자는 저장에 가장 알맞는 선택물이다. 저장기술은 작물, 목초 및 수목에 대해서 면밀히 연구되어 왔다. 일반적으로 온대종의 종자는 수분함량 6%이하로 건조한 후에 0℃정도에서 쉽게 장기간 보존된다. 열대종은 종자가 건조와 냉장저장을 견디지 못하고 쉽게 수명을 상실하기 때문에 이 방법에 잘 따르지 않는다. 장기저장을 위한 재료는 야외수집으로부터 즉시 이용할 수 있으며 종자수명에 대한 어느 정도의 감시(monitoring)가 요구된다. 실제로 Hawkes(1987)는 3년마다 종자수명(viability) 테스트를 하고 생존력이 85%이하로 떨어지면 표본을 재생할 것을 제의하였다. 그러나 그와 같은 기준은 최우선하는 종에 대해서만 가능할 지 모른다. 원래의 원천이나 실제로 또 다른 현지집단에 대한 재표본추출은 지속적인 감시와 묵은 표본의 재생보다도 더 적합한 선택(option)이 될 것이다.

표본크기 - 분산기관인 대개의 종자의 작은 크기는 비교적 많은 수의 생물체를 표본추출하고 처리하고 쉽게 저장할 수 있게 한다. 종자은행의 이용은 우리가 종의 유전변이 일부분을 보존하는 것을 가능하게 해준다. 많은 종에 있어서 충분한 종자가 현지 집단의 자연적 재생을 위해 충분히 남겨지는 반면 직접적인 저장을 위한 표본을 형성하기 위하여 한 지역에서 이용될 수 있다. 집단내의 개체별 식물이 대개 생산력이 다르기 때문에 원치 않는 편의(偏倚)나 부족한 유효크기를 피하기 위해서는 개체당 대략 같은 수의 종자가 표본추출되어야 한다.

② **삽수**

가용성 - 삽수는 비록 채취시기가 발근율에 영향을 미칠지라도 년중 대부분의 시기에 채취될 수 있다.

표본추출된 유전자형 - 표본추출된 유전자형은 야생상태에서 생존능력이 입증된 것들이다. 그들은 모식물의 유전자형과 동일한 유전자형을 가지며 또한 진정한 식물표본의 복제가 되거나 어느 정도 바람직한 원예적 특성(매력적인 花色같은)을 갖춘 이점을 가진다.

번식 - 삽수는 그들의 생존능력을 유지하기 위하여 신속한 처리를 필요로 하며 이용할 수 있는 공간과 검증된 기술의 준비를 필요로 한다. 목본이나 다년생종은 일년생 초본보다 처리하기가 더 쉽다. 삽수의 한 가지 이점은 그들이 쉽게 발근하여 식물체를 생산할 때 개화와 성숙에 이르는 시간이 유묘에 대한 것보다 종종 빠르다는 것이다. 그것은 수집된 재료에 대한 더 신속한 평가와 더 이른 종자 생산을 가능하게 한다. 시설이 적절하기만 하면 같은 범위의 호르몬 처리기술을 넓은 범위의 종으로부터 채취한 삽수에 사용할 수 있다. 더욱이 삽수로부터 자란 식물은 재식(再植)될 수 있으며 필요한 만큼 그 이상의 삽수로부터 복제될 수 있다. 그들은 밀식이 가능하며 그들을 작게 유지하고 앞으로의 삽수를 위한 연한 나무 생산을 조장하기 위하여 강도 높게 전정될 수 있다.

저장 - 표본추출된 삽수로부터 포장에 식물체를 확립하는 것이 보통의 절차이다. 그 다음 사로잡힌 상태에서 형성된 종자는 장기저장을 위해 수확될 수 있다. 이것은 그들의 원천과 다른 환경에서 자란 식물의 재배, 개화, 수분 및 결실을 필요로 한다. 포장에서 원하지 않는 종간교잡을 방지하기 위한 조치가 요구된다. 조직배양에서 분열조직과 같이 삽수의 직접적인 저장은 기술적으로 적합한 선택(option)일지라도 그것은 전문가적 지식과 종 특이적인 기술을 필요로 한다. 그것은 recalcitrant종자를 가진 수목의 보존에서 제한된 역할을 할 수 있다.

표본크기 - 보존을 위한 삽수의 사용은 주로 각 단위(unit)가 그것이 발근하여 성숙한 식물체로 자란 후에만 효과적으로 표본추출되기 때문에 표본의 크기에 엄격한 제한을 두게 된다. 하지만 수집자는 명확한 수의 독특한 자연발생 개체가 표본추출된 것을 확신할 수 있다. 반대로 실제로 종자 표본에 기여하는 양친의 수는 종종 알려지지 않으며 표본의 전체 종자수와 반드시 관련이 되지 않는다.

③ 인경, 구경 및 괴경

어떤 종에 대해서(예 Orchidaceae와 Droseraceae) 영양번식기관의 수집은 하나의 적합한 대체전략이다. 그들의 표본추출특성은 그들이 종자나 삽수에 소요되는 것보다 더 많은 시간과 노력이 소요될 수 있는 것을 제외하고 종자의 표본추출 특성과 삽수의 표본추출 특성과의 중간이다.

④ 전체식물(全草)

마지막으로 수집자는 식물전초를 표본추출하는 것을 고려할 수 있다. 이 기술은 원천집단을 파괴할 수 있다. 그것은 자연의 원천집단의 파괴의 근원이 여하튼 확실하지 않으면 희귀종이나 멸종위기종에 대해서 부적당하다. 현지 보존은 현지외 생육이나 저장을 위한 재료의 수집에 분명히 우선해야 한다. 더욱이 대개 자연으로부터 포장으로 심근성의 다년생 초草를 이식하는 것은 어렵거나 불가능하다.

8. 채집품의 기재방법과 양식

모든 수집품은 식물체와 환경에 대한 설명이 문서화되어야 한다. 수집품에 상세한 기재가 되어 있지 않으면 유전자원의 가치가 반감된다. 게다가 현지에서 얻어진 정보는 수집활동이 종료된 뒤에 기억을 떠올려 기록할 수가 없으므로 매일 기재하여 수집활동 종료와 동시에 기재를 완성한다.

9. 채집품 개표의 양식

채집품의 종류마다 요구되는 내용이 다르므로 엄밀하게 각각의 독자적인 개표를 만드는 것이 바람직하다. IBPGR의 제안에 의한 일반양식은 불특정 유전자원을 대상으로 하는 경우에 참고로 할 수 있다. 특정의 종·속을 대상으로 할 때는 이 양식에 준하여 기입하기 쉬운 個表를 작성하는 것이 좋다. 간편성을 중시하며 B6판 이하의 크기로 하여 50-100개를 철하고 개표에 미리 수집번호를 기입해 둔다. 각 철은 두꺼운 종이로 표지를 만들어 보호한다. 야외에서 조사와 기재를 혼자서 하는 것은 어렵고 시간도 많이 걸리므로 보통 짝을 지어 분담작업을 한다. 모든 수집품은 현지를 떠나기 전에 정리하여 표로 만들어 관계기관에 보고하며 돌아와서 속히 공표한다. 이를 위해서 현지조사총괄표를 수집활동중에 매일 기재한다. 표1은 식물생식질수집 탐험대를 위한 자료수집표이다. 표2는 총괄표의 기재예이며 표3는 보고서의 수집품 리스트의 예이다.

표1. 식물생식질수집 탐험대를 위한 자료수집표

DATA COLLECTION FORM

1. Collectors:
2. Date: mo. day yr.
3. Site number
4. Accession number
5. Country
6. Province/subdivision
7. Village/town
8. Direction form
9. Latitude N S
10. Longitude E W
11. Elevation meter

COLLECTION SITE HABITAT

Site physical description:(or refer to Site no. Accession no.)
12. Anthropogenic
13. Slope incline:
14. Slope aspect:
15. Light:
16. Soil texture:

☐ disturbances	☐ 0-5%	☐ N	☐ S	☐ open sand
☐ past now	☐ 6-10%	☐ NE	☐ SW	☐ 1/4shade loam
☐ cultivated	☐ 11-40%	☐ E	☐ W	☐ 1/2shade clay
☐ grazed	☐ 40-60%	☐ SE	☐ NW	☐ 3/4shade other
☐ logged/cleared	☐ >60%	☐ shade	☐ drained	☐ burned

17. Site natural moisture 18.Landform:

☐ roadway	☐ inundated all year	☐ ridgetop
☐ upper slope	☐ mid slope	
☐ settlement	☐ seasonally inundated	

☐ lower slope ☐ alluvial fan ☐ basin
19. Soil pH: ☐ moist ☐ ravine
　　　　　　　☐ stream terrace ☐ floodplain
20. Soil sample:
　　☐ seasonally dry ☐ plateau ☐ moraine
　　☐ glacial cirque
　　☐ yes ☐ no ☐ always dry
　　☐ cliff ☐ gravel bar ☐ talus
　　☐ dune ☐ rock outcrop ☐ other
Site vegetation description:
21. Primary structural group:
　　☐ closed ☐ open ☐ sparse
22. Photograph:habitat? ☐ yes ☐ no
23. Formation class
24. Formation group
25. Dominant tree species
26. Dominant shrub species
27. Dominant herb/grass species
28. Homogeneity of surrounding vegetation: All same formation group?
　　☐ yes 　　☐ no if not, other formation group(s)present
29. Is heterogeneity due to an obvious site specific compensatory effect (e.g.riparian area)?
　　☐ yes 　　☐ no if so what
30. Ecoregion(map-based)

ACCESSION INFORMATION

31. Scientific name
32. Local name
33. Local name in English
34. Type of propagule collected:
　　☐ seeds 　☐ vegetative cuttings ☐ root, rhizome, stolon

35. No.plants sampled
36. No, propagules sampled
37. Area sampled sq.meters
38. Population distribution:
39. Population abundance:
  ☐ patchy   ☐ uniform   ☐ abundant
  ☐ frequent   ☐ occasional   ☐ rare
40. Plant growth habit:
  ☐ prostrate   ☐ erect   ☐ spreading
41. Flower color
42. Herbarium specimins?   ☐ yes   ☐ no
43. No. duplicate specimens
44. Photograph: specimins?   ☐ yes   ☐ no
45. Rhizobia collected?   ☐ yes   ☐ no
46. Collection source:
  ☐ wide, in situ   ☐ wide, ex situ   ☐ cultivated, in situ
  ☐ cultivated, ex situ
47. GENERAL NOTES

표2. 현지조사총괄표의 예

작물종: LIST OF COLLECTED MATERIALS(   ) No.

Collection No.	Date Month	Genus & Species	Cultivar or local name	Sample P/In[1]	Status[2]	Locality(prov.Vill,km) & Altitude(m)	Crop season	Cultural practice	Usage	Diseases & pests	Topog raphy[4]	Site[4]	Drain age[5]	Plant Height(cm)			Notes Name & address etc.
001	1/11	Oryga Saliva	ATIE	Seed 100ind	Field cultiv.	10km Hof MAPID PUR.PABNA.BA(80)	(Month) 5-11th	Transpl.	Main food		Flood	level	poor	113	24	173	ISALI ALI
128	5/12	O. Saliva	SAPRADY	Seed 120ind	Famer Cultiv.	20km Wof Phe아, Sagarmala,NP(1700m)	5-10	Upland	-do-		do	do	good	120	20	253	
⋮	⋮	⋮	⋮	⋮	⋮	⋮	⋮⋮	⋮	⋮	⋮	⋮	⋮	⋮	⋮			
⋮	⋮	⋮	⋮	⋮	⋮	⋮	⋮⋮	⋮	⋮	⋮	⋮	⋮	⋮	⋮			

표3. 수집재료현지기록표(예: 일본) 1983 No. 2

수집번호	일부	작물명	종명	현지명 혹은 품종명	채집지	표고(m)	특기형질	비고
26	11.15	벼	Oryga sativa	Khomomrupa	Kadamchilam, Rajshahi, Ba.	25	褐色	
27	11.16	〃	〃	Oainnati	Gangohati, Santhia, Ba.	20	穗長21cm, 無芒, 班先赤	
28	〃	〃	〃	Madhushail	〃	〃	無芒	
29	〃	〃	〃	Baron	Utiarchar, Santhia, Ba.	〃	長360cm, 穗長25cm,水深20cm	
30	〃	〃	〃	Basshiraj	Komargothi, Ullapara, Ba.	30	無芒	
31	〃	〃	〃	Jatagajia	〃	〃	穗長29cm, 着粒多, 長芒稀	
32	〃	〃	〃	Mugi	Diarbaidynath, Sirajgang, Ba.	38	穗長25cm, 芒稀短, 褐色脫粒中	
33	〃	〃	〃	Dapa	〃	〃	枝梗開, 穗長27cm, 褐, 脫粒易	
34	〃	〃	〃	Paijra	Shealkol, Sirajgang, Ba.	38	無芒, 褐色	
35	〃	〃	〃	Fulgegjia	Jakri, Raiganj, . Ba	50	穗長24cm, 無芒, 脫粒	
36	11.17	〃	〃	Dapa	Parkhola, Shahajadpur, Ba.	—	穗長24cm, 無芒, 脫粒易	
37	〃	〃	〃	Kartikghul	〃	—	穗長25cm, 着粒多, 長芒中, 脫粒易	
38	〃	〃	〃	Aralia	〃	—	穗長25cm, 無芒, 班先赤, 脫粒難	
39	〃	〃	〃	Dhalabhawalia	Jagnido, Shahajadpur, Ba.	—	穗長20cm, 長芒多, 淡褐, 脫粒易	
40	〃	〃	〃	Lalbhawalia	〃	—	穗長22cm, 長芒多, 褐脫粒易	
41	〃	〃	〃	Bonsaj	〃	—	穗長29cm, 中芒稀, 班先紫, 脫粒易	
42	〃	〃	〃	Jhara	〃	—	長芒, 班先紫, 枝梗開, 穗長25cm	weed race O.sativa /O.rufipogon
43	〃	〃	〃	Raibhawalia	〃	—	穗長28cm, 着粒極多, 長芒多, 班先紫	
44	〃	〃	〃	Kechra	Sibpur, Ullapara, Ba.	—	穗長26cm, 長芒多, 인반선자,「57」同名異種	
45	〃	〃	〃	Koitormoni	〃	—	穗長28cm, 無芒, 班先紫, 脫粒易	
46	〃	〃	〃	Prasadbhog	Chandibhog, Tatas, Ba.	—	穗長24cm, 無芒, 先ゞ褐, 脫粒易	
47	〃	〃	〃	Puiyamagri	〃	—	穗長26cm, 中芒少, 班先紫, 脫粒難	
48	〃	〃	〃	sadamagri	〃	—	穗長27cm, 無芒, 班先紫, 脫粒易	
49	〃	〃	〃	Dolhochu	〃	—	穗長26cm, 枝梗開, 無芒 班先紫	「10」,「24」와 同名異種
50	〃	〃	〃	Sharsori	Taras,Taras, Ba.	—	早生, 有芒25cm, 稀長300cm, 長芒	

10. 중핵수집(Core collection)

　중핵수집의 원개념은 1984년 Frankel과 Brown에 의해서 제기되었으며 중핵수집은 현존하는 생식질로부터 유래되고 전체수집의 유전적 범위(spectrum)를 대표하는 제한된 세트의 수집물로 구성된다. 중핵은 가능한 한 많은 유전적 다양성을 포함해야 한다. 수집에서 중핵수집을 제외한 나머지 수집을 잔여수집(reserve collection)이라고 한다. 중핵수집과 잔여수집 사이에는 계급적 관계가 성립되므로 중핵단편은 전체수집에 대한 효율적인 접근을 제공해야 한다. 접근성과 식물유전자원의 이용을 향상시킬 필요가 널리 인식되었으며 일부 수집의 크기가 이용을 증대시키는데 장벽이 되기도 하였다. 현재 전세계를 통하여 보리속(*Hordeum*)종이 250,000점, 벼속(*Oryza*)종이 345,000점이 넘는 수집종이 수집되어 있는 것으로 추정된다. 이들 수집종의 많은 부분이 중복되어 있는 반면 주요 작물의 독특한 수집물의 수가 커서 가장 규모가 큰 육종기구에서조차 오직 단순히 표현된 형질에 대해서만 선발할 수 있었다.

　식물유전자원의 효과적인 관리와 이용을 위한 제1의 요건은 수집, 특성화의 조사 및 재료에서 발견된 변이를 설명하는 평가자료이다. 그러나 효과적인 관리와 이용에 대한 또 하나의 관건이 종의 변이나 유전적 다양성이 유전자 은행이나 자연상태에 분포되어 있는 방식에 대하여 더 잘 이해하는 데 있다는 것이 점차 인정되고 있다.

　중핵에 포함된 목록은 대표될만한 것이 1차적으로 선발된다. 그것들은 생태적으로나 유전적으로 서로 다르다. 유전적 범주(spectrum)와 생태적 범위를 망라하는 주요한 제한내에서 유전적 다양성을 최대화하는 것에 목적을 두어야 한다. 이것은 중핵이 중복되어서는 안된다는 것과 목록사이에 유사성을 최소화해야 함을 의미한다. 중핵수집의 개념은 하나의 종의 유전적 다양성의 정도와 분포에 초점을 두며 그 종래의 가용한 유전적 다양성을 적절히 대표하는 수집물의 동정을 가져오게 될 조사를 포함해야 한다. 중핵수집을 발달시키는데 있어서 여러 가지 이론적 실제적 문제가 야기될 수 있다. 즉, 수집내에 존재하는 유전적 다양성에 관한 정보가 요구되며 중핵의 크기가 결정되어야 하고 표본추출 방법이 개발되어 중핵내의 유전적 변이를 최대화할 수 있어야 한다. 전체 수집에 나타나는 대립유전자의 70% 이상을 보유하도록 목표를 설정하고 이를 달성해야 한다.

1989년말에 IBPGR은 중핵수집 작업의 정도에 관한 조사를 실시하였다. 이 조사는 특히 선진국과 CGIAR Commodity Centre에서 중핵수집의 개발에 폭넓은 관심을 가지고 있는 것을 나타냈다. 20개 이상의 사업(project)이 직접 중핵수집의 착수와 관련되며 4개의 중핵수집이 확립되었다. 보고된 사업은 곡류, 두류, 목초류, 과실 및 채소작물을 포함하며 단일 국가의 유전자은행이 보유한 생식질에 기초한 개별적인 선도로부터 상당한 국제적 협력을 포함하는 협력프로그램까지의 범위를 갖는다. 접근에 있어서 폭넓은 차이는 예를 들면 중핵을 선발한 수집물 군을 구별하는 데 사용한 기준이나 사용된 표본추출 절차, 중핵을 개발하고 유지하는 실질적인 면 등에서 발견되었다. 초기에 야생콩(*Glycine*), Okra, 보리, 밀 등 4개 작물에 대하여 중핵수집사업이 추진되었다.

11. 식물방역

해외로부터 식물유전자원을 탐색, 수집하여 도입하거나 다른 나라와 유전자원을 교환하는 경우에 반드시 식물방역이 요구된다. 외국으로부터 새롭게 침입한 병해충은 그 지역에 있는 재래의 병해충과는 달리 높은 위험성을 나타낼 수 있기 때문이다. 유전자원과 함께 국내에 침입한 병해충이 만연되기 시작하면 직접적으로 농작물의 수량감소와 품질저하 등 심대한 피해를 가져올 뿐만 아니라 병해충에 의한 유전자원의 감소를 초래할 우려가 있다. 우리나라에서 현재까지 큰 피해를 주고 있는 벼물바구미, 사과면충, 솔잎혹파리, 흰불나방 등은 외국으로부터 작물 또는 임산물의 도입과정에서 묻어 들어와 해마다 극심한 피해를 입히고 있는 것들이다.

병해충의 새로운 지역으로의 침입과 정착을 저지하거나 지체시키기 위해서는 어떠한 방지조치가 필요하므로 현재 대다수의 국가에서 그 수단으로서 식물검역을 실시하고 있다. 식물검역은 병해충이 자연전파가 아니라 인위적으로 원거리에서 운반된 경우에 유효한 조치로서 수입된 식물, 식물생산물, 흙, 배양체, 병원체, 해

〈그림 7〉 유황훈증에 의한 오이 노균병의 방제

충, 상품 및 용기 등이 규제된다. 규제방법으로는 검사와 소독을 실시하며 검역증명서를 발급하는 등 조기발견감시체제나 긴급방제 등의 조치가 취해진다.

외국으로부터의 병해충의 침입과 만연의 방지를 위해서는 국제협력이 요구되며 이를 위하여 1951년 제6회 FAO총회에서 국제식물방역조약이 정식으로 승인되어 1952년부터 발효됨으로써 국가간의 식물류의 수출입 및 이동규제에 대한 긴밀한 조정이 확보되었다.

우리나라에서는 1961년에 식물방역법을 제정하여 외국에서 수입된 식물은 검역규칙에 의해 검사하고 그 결과에 따라 소독 또는 폐기처분하며 필요한 경우에는 격리재배하여 검사한다. 격리재배 대상식물은 감자괴경, 고구마괴근, 화훼 및 채소류의 구근류, 과수류 및 유실수의 묘목, 접수의 묘목, 접수 등이다. 법으로 정한 수입금지품목을 연구목적으로 수입하고자 할 때에는 소정의 수입허가절차를 밟아 사전에 수입승인을 얻어야 한다.

식물유전자원은 그 성격상 재배목적으로 대량 수입되는 식물류와는 달라서 여러 가지 특수성이 있기 때문에 검사를 받는 절차에 있어서도 다음과 같은 특징이 있다.

1) 세계에서 탐색활동에 의해 극히 소량씩 채취된 것이며 재채취가 곤란한 귀중한 학술시료이기 때문에 상업용의 대량수입식물에 비하여 검사시 보다 세심한 주의를 필요로 한다.

2) 식물유전자원은 충분한 병해충방제관리가 이루어진 농장에서 재배된 식물에만 국한되지 않고 야생의 원종에 가까운 것도 많기 때문에 광범위한 종류의 병해충이 부착되어 들어올 위험성이 크므로 식물방역의 필요성도 그만큼 크다. 따라서 관계자의 이해와 협력이 중요하다.

3) 한번에 소량씩이지만 여러 종류의 식물이 도입되고 종류도 재배종으로 확립된 것과 달리 정확한 식물명도 알기 어려우므로 병해충의 기주범위에 대한 문헌 등 여러 가지 조사가 금방 되지 않아 검사에 힘이 많이 든다.

4) 여러 나라를 조사하면서 가지고 들어온 것이기 때문에 식물의 신선도가 떨어지기도 하고 고사하는 경우도 있으며 채취시기가 현지조사에 적합한 시기를 전제로 한 것도 있어 숙련된 기술과 노력, 장비와 시설의 준비 등을 필요로 한다.

4. 식물유전자원의 평가 및 이용

유전자원의 평가는 이용목적에 따라서 크게 다르다. 예를 들면 식용작물로서는 전혀 평가할 가치가 없는 식물일지라도 약용성분

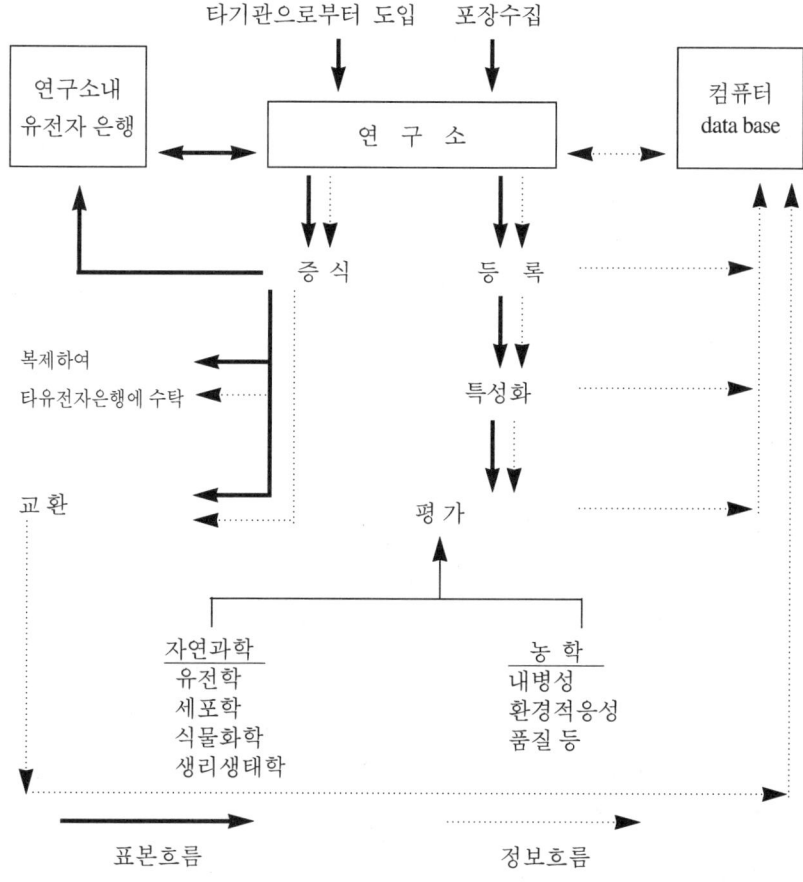

〈그림 8〉 유전자은행 운영절차(Smith, 1987)

이 검출되면 약용식물로서는 높이 평가된다. 또한 사회 및 기술의 진보에 따라서 재평가되는 경우도 많다. 관상식물은 가장 평가가 변화되기 쉬운 것 중의 하나일 것이다. 앞서 살펴본 바와 같이 근연야생종은 작물육종의 진보에 크게 기여한 것으로 높이 평가되고 있다.

최근의 생물공학의 발달에 힘입어 종내의 식물육종이 유용한 유전자원을 그 대상으로 하는 작물의 종 또는 속내에 한정되어 있던 것에 반하여 식물의 분류학상의 범주를 넘어서 이용될 수 있게 되었다. 이 때문에 유전자 수준에서의 유전자원의 수집, 보존 또는 생육지에서의 보전이 중요한 과제로 대두되었다. 결국 모든 식물, 품종, 변이 등을 유전자원으로 보아서 수집, 보존의 대상이 되는 것이다. 무한하다고 말할 수 있는 유전자원을 이용하는 데는 정확한 평가에 의해서 목적에 맞는 재료를 선발하는 것이 효율적이다(그림 8).

가. 유전자원의 평가

1. 원산지에서의 평가

원산지의 정보가 평가의 첫걸음이다. 일반적으로 종자의 경우에는 자루에 기재하든가, 카드(passport data)를 붙여두지만 이것만으로는 충분하지 않다. 국내산이면 현지에 나가기도 하고 물어보기도 하여 보다 많은 정보를 획득하는 것이 좋다. 작물의 경우에는 재배법과 이용법까지, 야생식물의 경우에는 생육환경, 생활환(life cycle)을 알아두면 훗날의 평가에 도움이 된다. 외국산의 유전자원은 원산지의 정보를 입수하기가 어렵지만 가급적 입수하도록 노력한다. 스스로 수집을 하는 경우는 모든 정보를 활용함과 동시에 현지인들의 평가도 귀담아 들어 둘 필요가 있다. 원산지는 그 식물과 품종에 있어서 최적조건, 적어도 생육에는 충분한 환경조건이므로 그 평가는 가장 중요한 정보이다. 특히 그 식물의 생육특성은 도입, 순화에 불가결한 정보이다. 예를 들면 종자의 발아성(파성, 경실성, 휴면성 등), 개화성(감광성, 감온성 등) 등이 알려져 있지 않으면 도입, 순화에 실패할 위험이 크다.

2. 특성조사

도입한 식물의 평가는 특성조사로부터 시작된다. 대개 3차로 나누어 특성조사를 실시하는데 1차 특성조사는 주로 형태적 특성에 대해 실시하며 도입식물의 종 및 작물의 품종에 대한 식별과 동정에 필요한 자료를 얻는다. 조사항목은 환경의 영향을 받는 것이 적고 유전성이 강한 형질을 중심으로 조사를 하지만 주요작물에 대해서는 IBPGR에 의한 통일기준이 순차적으로 작성되어 이용되고

〈그림 9〉 마의 특성 검정을 위한 비닐봉지재배

있다. 이와 같은 통일기준은 유전자원정보로서 컴퓨터처리하므로 각 형질을 0-9의 계급치로 나타낸다. 공시점수가 적을 때나 특수한 목적으로 평가하는 경우는 한번에 일제히 평가하는 편이 좋다. 유전적 형질인 形과 色이라도 실제로 조사해 보면 의외로 환경변이가 크다. 또한 기준의 중간치가 되는 형질도 많아 1차 특성조사라도 반복실시가 바람직하다. 2차 특성조사의 대상이 되는 것은 생태적 특성과 병충해 저항성, 불량환경 적응성 등은 영향을 받기 쉬워 연차, 장소의 반복이 필요하며 3차 특성조사항목의 이용특성 및 수량성의 평가는 전문연구자가 행하도록 한다.

3. 종 또는 품종의 동정

수집, 도입된 식물이 야생종인 경우는 종명이 판명되지 않은 것이 적지 않으므로 1차 특성조사를 하는 동안에 종을 동정한다. 표본을 분류학자에게 보내서 동정을 의뢰하는 일도 많다. 작물의 경우는 현지명이 붙여져 있는 것이 많지만 타지역의 별명의 것과 이명동종인 경우가 있으며 반대로 동명이종인 것도 적지 않으므로 품종의 동정이 필요하다. 대규모의 유전자원의 수집에서는 어느 정도 품종의 중복이 있는 것이 보통이다. 이 수집, 도입할 식물의 동정은 유전자원의 유지관리와 품종의 정확한 특성파악에 도움이 된다.

특성조사 중에 생기는 또 하나의 문제는 도입한 accession의 혼합이나 분리이다. 혼합은 수집, 도입할 때의 차이가 원인이 되는 경우가 많지만 자급용의 재래품종에서는 다른 유전자형을 가진 것을 혼합품종으로 취급하고 있는 경우도 적지 않다. 또한 마을의 시장등에서는 타품종, 경우에 따라서는 다른 작물이 혼합된 경우도 있다. 이와 같은 異品種이 혼합된 경우는 대체번호나 계통번호를 붙여 구분하고 이후의 작업을 하는 것이 좋지만 종자작물에서 분리가 일어나는 재료에 대해서는 취급하기가 곤란하다. 이 원인은 타식성작물에서는 異花粉의 수정, 자식성에서는 고정이 불충분하지만 환경이 바뀜에 따라서 균질해진 형질, 예를 들면 감광성, 감온성의 변이가 나타나는 일도 있다. 이것은 유전자형이 다른 집단이 어느 일정한 환경하에서 동일한 표현형을 나타내는 예이다.

4. 재배특성의 평가

1차 특성조사에서 유망하다고 판정된 것은 생육 또는 재배특성의 평가를 실시한다. 일반적인 재배법으로 직접이용이 가능한지 아닌지를 주목적으로 하여 유전자원으로서의 평가를 병행한다.

재배특성의 평가는 작물의 경우에 동종 또는 유사종의 기존 작물의 표준재배법을 준용한다. 위도가 다른 지역으로부터 도입한 경우는 감광성 또는 감온성이 다른 것이 많아 파종기의 결정이 곤란하나 초회는 표준시기가 된다. 유전자원으로서의 평가는 일반적인 재배특성보다 병충해 저항성이나 불량환경 적응성 등의 스트레스 내성의 평가가 중요하나 이러한 형질은 표준적인 재배조건에서는 평가할 수 없는 것이어서 특수한 지역, 예를 들면 병해충격발지, 불량토양, 건조지, 한냉지 등에서 실시하든가 인공적으로 만든 조건 하에서 실시한다. 이와 같은 평가법은 육종시험의 특성검정 및 선발시험과 같으며 특정의 병해에서는 인위접종법이 쓰인다. 표준재배법의 평가가 낮은 경우라 하더라도 이용적성의 평가가 높으면 방법을 바꾸어 재평가해야 한다. 예를 들면 파종기, 시비량, 재식밀도를 재검토하기도 하고 인공적인 보호재배를 통해서 경제작물로서 정착한 예는 적지 않다.

5. 이용적성의 평가

유전자원의 가치가 높게 평가되게 된 것은 생물공학(Biotechnology)의 진보에 의해서 모든 생물에 이용 가능성이 생겨난 것과 소비자와 사회의 요구가 다양해 짐에 따라 새로운 용도가 개발되고 있기 때문이다. 현재는 이용가치가 없는 유전자원이라 하더라도 장래는 이용의 길이 열린다고 생각하여 국가와 기업도 유전자원의 수집과 유지에 노력하고 있다. 평가 및 이용보다 수집이 선행하고 있는 것은 그런 까닭이며 그만큼 이용적성의 평가는 가장 중요하므로 오랜 기간을 들여 실시하고 있다. 일반적으로 특정한 용도에 대한 적성평가가 실시되지만 다른 용도의 가능성이 있으면 그 평가도 병행한다.

이용적성의 평가법은 그 목적에 따라서 다르며 담당자에 따라서 평가가 다른 경우도 적지 않다. 예를 들면 식용이더라도 요리법, 가공법에 의한 평가의 차이가 생기고 식미에 대한 개인차도 크다. 관상용, 약용, 향료 및 색소 등 특수성분을 이용하는 분야에서는 기업과 기관의 간부진에게 최종적인 판정을 맡기는 경우도 있다.

6. 육종소재로서의 평가

금후 도입 또는 이용되는 식물유전자원은 직접 작물 또는 원료로서 활용되기보다 육종소재로서 간접적으로 이용되는 일이 많을 것이다. 이제까지 근연야생종으로 불리고 있는 야생식물은 모두 교배모본으로 이용되고 있다. 이러한 식물의 평가는 재배품종과의 교배에 의한 후대를 이용하여 실시하기 때문에 시간과 노력이 들지만 일반적으로는 ① 표현형질의 평가, ② 재배품종과의 교배, ③ F_1집단의 평가, ④ F_2의 작성, 여교배, 형제교배 등, ⑤ 상기집단의 평가 등과 같은 순서로 실시된다. 이 중에서 재배품종과의 교배에서는 염색체의 배수화, 반수체의 작출, 수정배의 배양 등의 방법을 이용하는 일도 많고 더욱이 근연의 식물간에 세포융합 등 새로운 기술의 이용도 가능하다. 후대집단의 평가는 목적으로 하는 형질이 주동유전자에 의한 경우는 용이하지만 미동유전자의 경우에는 어려우며 더욱이 열악형질을 수반할 때는 유용유전자를 가지고 있더라도 이용불가능하다고 판정되는 경우도 있다.

나. 도입과 순화

현재 세계에서 재배되고 있는 작물의 대부분은 그 땅에서 재배화된 것이 아니라 도입되어 순화된 것이다. 원산지로부터 도입되고 개량되어 그 토지의 환경에 적응하는 작물로 개발된 예가 많다. 유럽의 감자, 브라질의 커피, 말레이시아의 고무, 중국의 고구마 등 세계의 농업역사는 새로운 작물의 도입과 순화의 역사라고 해도 과언이 아닐 것이다. 그러나 역사에 남는 것은 성공한 경우뿐이고 실패한 예는 묻혀 버린다. 성공한 예라 하더라도 오랜 시간과 노력이 들었음은 당연하다.

식물유전자원의 도입과 순화에 있어서 선조들의 경험과 성과를 토대로 보다 효율적으로 행해지고는 있지만 이용하기 쉬운 자원부터 도입하므로 나중에 도입되는 식물은 이용이 잘 안되는 면도 있다. 그러므로 새롭게 개발된 기술을 활용하여 이용에 관한 연구를 할 필요가 있다.

다. 파종과 재식

 도입한 식물이 종자인 경우 파종을 하고 영양체인 경우 재식을 한다. 휴면성, 경실성에 주의함과 동시에 위도와 고도가 다른 산지에서 도입한 식물에 대해서는 감광성, 감온성을 고려하여 파종기를 결정한다.
 단일성 식물을 춘파하여 미개화 상태로 도복되는 예가 적지 않다. 종자 수가 많으면 시기를 나누어 파종하는 것도 좋으며 귀중한 식물이면 인공기상실과 초자실을 사용한다. 파종상은 물빠짐이 좋고 무비료가 좋다. 야생식물의 경우는 발아에 여러 날이 소요되며 발아율, 발아세도 불량한 것이 많으므로 시간을 두고 발아를 기다린다. 도입한 식물이 미지의 종일 때 유식물의 식별이 곤란하므로 잡초종자가 혼입되지 않은 흙을 사용하는 것이 좋다. 토양균에 의한 묘입고병 등의 예방도 겸하여 열살균한 용토가 안전할 것이

〈그림 10〉 조 도입품종의 증식을 위한 포장재배

식물유전자원의 평가 및 이용   53

다. 관수는 적게 하는 것이 좋고 한여름에는 차광을 해준다. 구근, 괴경, 괴근을 도입하는 경우에는 재식이 용이하나 가지나 덩굴 끝, 시험관내의 경우는 활착에 주의를 요한다.

간단한 방법으로 신선한 물이끼(水苔), 살균한 버미큐라이트 등을 사용하는 방법이 있다.

라. 관리

발아, 활착 후 도입식물의 중요한 관리는 병해충의 확인 및 방제, 변이개체의 확인 및 逸出(일출 : 도입한 식물이 야생화하는 것) 방지, 제초, 물관리, 해가림 등이다.

마. 채종

도입식물의 채종에 있어서는 異種, 異品種의 혼입을 주의해야 한다. 풍매화와 충매화는 봉지를 씌우거나 격리재배를 하며 야생 감자의 보존재배에서는 울타리를 둘러준다. 또한 야생의 종자식물은 부착, 비산, 風散 등 여러 가지 특성을 갖으며 성숙시기도 다르므로 채종에 상당한 노력과 기술이 요구된다. 일출의 방지를 위해서도 채종에 주의하고 남은 식물체는 완전히 처분하는 것이 좋다.

바. 순화

도입한 작물이 한 번의 시험재배로 목표에 도달하기는 어려우므로 장소와 재배조건을 달리하여 수 년간 시험재배를 반복하여 평가한다. 작물화 과정에서 적지와 최적재배방법이 확립된다. 이 작물로서의 순화(domestication)는 도입한 식물의 작물로서의 평가 즉, 생산하는 부가가치의 크기에 따라서 다르다. 예를 들면 목초와 같이 방임된 것에서는 기후순화(acclimatization)가 필요하지만 원예작물에서는 인공적인 보호재배에 의한 순화가 가능하다.

유전자원을 문자 그대로 유전자자원이라고 한다면 육종소재로서 이용하고 새로운 작물과 품종을 육성하는 것도 넓은 의미에서는 유전자의 순화라고 할 수 있다.

사. 용도개발에 의한 이용

유전자원이 중시되고 있는 것은 이 육종소재로서의 가치 뿐만 아니라 직접 이용가능한 유전자원도 있기 때문이다. 유전자원으로서 도입한 식물이 새로운 용도기 개발되어 직접 이용되는 예는 적지 않다. 관상용 식물에서는 소비자의 잠재수요를 창출하는 것에 의해서 모든 식물이 이용될 가능성을 갖는다. 분석 및 추출기술의 발달은 특수성분을 가지고 있는 식물의 이용분야를 확립한다. 자연식품에의 높은 관심은 산채의 재배화를 촉진하고 가공기술의 개발에 의해서 미이용자원의 활용이 가능하다.

이와 같은 새로운 용도개발에 의한 식물유전자원의 이용은 이미 도입, 보존되고 있는 것의 재평가 - 재배화만이 아니라 탐색도입사업이 적극적으로 실시되고 있다. 예를 들면 관엽식물의 생산자는 매년 중남미, 동남아시아에 나가서 상품화 가능한 식물을 도입하고 있다. 또한 해외 주재원이나 출장자에게 특정 식물이나 토양, 균류 등의 채집을 의뢰하는 기업도 있으며 식물원을 조성하여 국내외에서 수집된 자원식물을 유지, 보존하는 데 적지 않은 예산

식물유전자원의 평가 및 이용 55

〈그림 11〉 식물유전자원의 현지외 보존을 위한 포장

과 전문인력을 투입하는 민간기업 및 연구소가 점차 늘어나고 있다.

5. 수집유전자원의 장기관리전략

자연적인 진화과정을 통하여 수천 종의 식물이 존재해 왔다. 이들 중 적은 수의 식물만이 선발되어 농업적(작물, 원예, 삼림식물 등)으로 이용되어 왔다. 그러므로 대부분의 식물유전자원은 적자생존의 원칙에 입각하여 인위적인 보존관리 없이 자연생태계에 존재하고 있다. 세계의 인구가 증가 일로에 있음으로서 요구되는 집약적인 농림업 지역은 식물서식지에 대한 희생을 증가시키고 있다. 앞으로 현지보존은 적당치 않을지 모르므로 현지외 보존이 늘어나게 될 것이다. 그러나 현지외 보존의 성공은 저장조건하에서의 종자수명과 종자활력이 감소할 때 유전적인 변화없이 고품질의 종자를 적당량 재생시킬 수 있는 능력에 달려 있다. 따라서 종자 또는 식물생식질에 대한 장기적 현지외 보존전략이 요구된다.

가. 종자의 생식질 보존

생식질(germplasm) 보존의 가장 일반적인 형태는 종자저장이다. 종자는 약 5-10%의 수분함량 이하로 건조된 뒤에 활력을 보유할 수 있는 orthodox(desiccation tolerant) 종자와 12-30% 수분함량 이하로 저장된 뒤에 활력을 상실하는 recalcitrant(즉, desiccation intolerant - 단명종자라고도 함) 종자로 구분된다.

대부분의 온대식물은 orthodox종자를 가지며 열대식물 가운데 recalcitrant 종자가 흔하다.

1. Orthodox 종자저장

orthodox 종자의 활력을 유지함에 있어서 종자 수분함량과 저장온도가 무엇보다도 더 중요하다. 종자수명은 또한 종자생산 동안의 생육기간과 수확 및 저장전 건조동안의 기간을 통하여 환경요인에 의하여 영향을 받을 수 있다. 종자의 수분함량을 5-7%로 낮추고 저장온도를 낮추는 것이 여러 종의 종자수명을 증가시킨다. 동결건조 또한 종자 수분함량을 감소시키고 종자저장력을 증가시키는데 사용되어 왔다. 0℃이하의 냉장저장에 관하여 많은 보고가 있었으나 대개 저장기간은 5-10년에 불과하였다. -5℃에서 저장한 수분함량 4.7%의 *Lobelia cardinalis* 종자는 보통 발아율이 73%이었으나 25년 뒤에 64%의 발아율을 나타냈다. 10.4%의 수분을 보유한 *Hibiscus cannabinus* 종자를 -12℃에 25년간 저장했을 때 88%의 발아율을 보였다. 화본과 및 두과 목초의 발아 및 목초생산에 대한 종자의 0℃이하 냉장저장의 영향을 조사한 결과 7종의 291 seed lot를 -15℃와 상대습도 60%에서 20년간 저장하였다.

일반적으로 초기 발아율이 높은 seed lot이 저장 후 발아율도 높은 것으로 알려져 있다. 예를 들면 14개의 벌노랑이(Birdsfoot trefoil, *Lotus corniculatus* L.) seed lot은 18년 동안 저장하였는데 저장 전후 모두 95%의 발아율을 나타냈다. 반면 초기 발아율이 낮은 seed lot에서 저장 후에도 급격히 발아율이 감소하였는데 20개의 Bromegrass(*Bromus inermis* Leyss) seed lot은 초기 발아율이 87%였으며 18년간 저장후 발아율은 55%로 떨어졌다. 다른 연구에서는 목초류 9종의 200seed lot를 수확직후 0℃이하의 냉장저장을 하여 20년 뒤에 20%이상 활력이 상실된 것은 불과 3개의 seed lot였다.

Colorado에 있는 National Seed Storage Laboratory(NSSL)에서 장기 종자저장 연구를 계속하여 3,000개가 넘는 seed lot에 대하여 종

자 활력(viability)과 종자 수분함량을 측정하였다. 발아에 미치는 생산년도와 장소의 영향에 관한 분석을 실시한 결과 생산장소는 저장후 발아에 최소한의 영향을 미친 반면 생산년도는 저장력에 중대한 영향을 미쳤다. 대략 -20℃에서 종자를 저장하는 것이 높은 온도에서의 저장보다 수명을 증가시켰으므로 비용이 드는 발아시험과 재생 cycle의 빈도를 줄일 수 있다. -20℃에서 저장할 때 많은 종의 종자가 100년 이상의 수명을 갖을 수 있다는 것을 나타내는 가정이 다수 존재한다.

　냉장저장(cryogenic storage)은 초저온 저장이다. -130℃ 이하의 온도가 선호되는데 그 이유는 매우 낮은 분자의 kinetic 에너지인 액체상태의 물이 없고 매우 완만한 확산(diffusion)때문이다. 그래서 화학반응(대사 등)이 매우 느리게 일어나며 저장 수명이 극히 길어지고 오로지 background 조사(irradiation)로 부터 결과지어지는 유전적 상해(lesion)의 축적에 의해서만 제한된다. 장기간의 저장은 재생비용과 병해 및 환경문제에 기인하는 손실 위험을 포함하

〈그림 12〉 종자저장실내의 종자저장병

는 종자재생과 관련된 문제를 경감시키는 것이 바람직하다. 초저온 저장은 대개 값이 싼 액체질소(-196℃)나 -150℃~-180℃의 액체질소위의 증발기체를 사용한다.

수분함량이 낮은 Orthodox종자는 대개 액체질소 처리 후에 처리 전과 같은 비율의 발아력을 보유하므로 종자수명의 연장이 기대된다. Orthodox종자에 대한 액체질소의 사용이 제한될 수도 있는데 종피, 종자유 함량, 종자수분함량 등과 관련된다. 온대과실류(*Corylus* spp., *Juglans* spp., *Prunus* spp.)와 nut류를 포함하는 일부 orthodox종자는 건조에 강하나 저온에 민감한데 그 민감한 정도나 상해기작에 대해서는 알려져 있지 않다. Orthodox종자의 냉장은 특별한 장비를 요하지 않으며 종자는 저온저장탱크(Crystank)내의 증발기체 상태(vapor phase)에 놓아둔다. 액체질소로부터의 종자의 warming은 조절되지 않으며 대개 시료는 저온저장탱크에서 꺼내 바로 실온에 놓아둔다.

2. Recalcitrant 종자저장

Recalcitrant종자는 몇 주에서 몇 개월까지 짧은 수명 범위를 갖는다. 저장된 recalcitrant종자의 짧은 수명에 기여하는 세 가지 요인은 건조에 대한 감응성, 저온상해, 미생물 오염 및 고수분함유 종자와 관련된 저장중 발아와 같은 문제 등이다.

Recalcitrant종자는 수생식물, 대립종, 열대원산종, 일부 온대수목(oak 등)종에 의해서 생산된다. 코코넛, 코코아, 망고, nutmeg, 고무(rubber)는 recalcitrant종자를 갖는 경제식물의 예다. 어떤 종의 종자가 실제로 recalcitrant행동을 나타내는지를 알기 위해서는 적당한 검사(test)가 이루어져야 한다. 예를 들면 감귤(*Citrus*)의 종자는 전에 recalcitrant종자로 생각되었으나 휴면이 있으며 건조하지 않은 종자보다 더 오랜 기간의 발아를 요하는 것으로 나타났다.

　활력(viability)을 보유하기 위하여 recalcitrant종자는 가급적 저온에서 비교적 높은 종자 수분함량을 보유하여 호흡을 위한 산소 공급이 가능한 조건에서 저장된다. 이러한 조건에서 종자수명은 몇 주에서 몇 개월간의 범위를 갖으며 적당한 생식질 보호에는 너무 짧아 이러한 종들은 대개 영양체로서 저장된다. 이들 종에 상당한 다양성이 발견되면 많은 개체가 보호되어야 하며 따라서 넓은 면적과 유지 비용이 들게 된다. 건조와 저온상해의 기작을 구명하고 그것을 완화시키는 방법을 연구하기 위해서는 더 많은 연구가 필요하다. 냉매제(cryoprotectants)를 포함하는 냉장처리나 절제한 배의 이용은 유용할 것으로 판명될 수 있을지 모르나 실용적으로 반복 가능한 recalcitrant종자에 대한 냉장보존에 대한 방법의 개발이 미흡한 실정이다. 생체 또는 기내 식물의 액아생장점(axillary shoot tip)이나 芽(bud)의 냉장보존이 이들 종의 기본 수집종 저장을 위해 유용하다.

3. 활력감시(Viability monitoring)

　성공적인 종자보존은 지속적인 활력의 감시(monitoring)에 달려 있다. 현재의 기술은 주기적인 발아시험을 필요로 한다. 이러한 파괴적인 모니터링 방법으로는(예상 종자활력에 따라 5년 내지 10년 간격으로) 매번의 발아시험에서 최소한의 종자를 사용하는 것이 중요하다.

　각 종자 시료에 대하여 수명을 예측하는데 신빙성이 있으며 활력 모니터링에 비파괴적인 방법을 추구하는 연구가 진행되고 있다. 연장된 기간동안 활력을 유지하리라고 예상되는 종(예를 들어 콩, 옥수수, 밀, 담배, 토마토 등)에 대한 가장 최근의 활력검정에서 발아가 85%를 초과할 때는 일반적으로 10년 간격의 검사가 적합하다. 특히 저장특성이 알려져 있지 않으면 다른 재료에 대해서는 5년 간격이 더 적합하다. 대부분의 야생종에 대한 경우가 그런 것처럼 최초의 발아율이 높은 고품질 종자는 대개 적당한 저장환경 하에서 연장된 기간 동안 잘 저장된다. 하지만 한번 퇴화(deterioration)과정이 시작되면 활력의 추가 감퇴가 최상의 저장조건에 의해서조차 저지되거나 방지되지는 않고 다만 퇴화가 늦어질 뿐이다. 휴면이 하나의 요인일 때 휴면타파를 위한 발아전 처리, 광요구도, 주야온도, 종자수분함량을 포함하는 최적발아조건이 각 종에 대해서 구명되어야 할 필요가 있다.

종자발아시험은 인력면과 활력평가에 사용되는 귀중한 종자를 희생시키는 면에 있어서 비용이 많이 든다. National Seed Storage Laboratory에서는 초기의 발아시험에 100립씩 2반복의 종자를 사용하고 재시험에는 50립의 1반복의 종자를 사용한다. 종자공급이 제한될 때는 민감도가 떨어지기는 하지만 그보다 적은 수의 종자가 사용될 수 있다. 종자공급과 활력이 모두 낮을 때 발아율을 구명하는데 종자를 다 써버려야 할지 말지 선택이 어렵게 된다. 발아하는 종자를 확보하기 위한 시도가 이루어져야 하며 저장종자를 갱신하는 것이 유망하다. seed lot의 수명 범위가 저온저장에 의해 상당히 연장될 수 있다 하더라도 종자는 결국 발아력을 잃고 죽고 말 것이다.

가속화된 노화시험<accelerated aging (AA) test>은 원래 seed lot의 상대적 저장력을 예측하기 위해서 개발되었다. AA test에서 종자는 2-5일의 짧은 기간 동안 40-45℃의 고온과 상대습도 90%이상의 다습 조건하에 둔다. 그 다음 표준 발아시험을 한다. 결과를 동시에 시행된 노화되지 않은 종자(unaged seed)의 발아시험 결과와 비교한다. 이것이 현재 수용되고 있는 활력검정방법이 되었지만 그것의 원래 목적은 seed lot이 종자회사에 의해서 다음 해로 넘겨져야 하는지를 예측하기 위한 것이었다. 이 검사는 미시시피에서 개발되었기 때문에 인도된 종자는 그 주에 널리 퍼져 있는 덥고 습한 조건에 처하게 되었을 것이다. AA test의 기본원리-낮은 활력의 종자는 높은 활력의 종자 만큼 잘 저장되지 않을 것이다-는 아마 유효할지라도 0℃이하의 온도에서 저장된 종자가 꼭 같은 양식으로 행동하지는 않을 것이다. 두 가지 세트의 조건하에서 발아력 상실의 기작은 아마 서로 다를 것이다. 이에 대한 증거는 다음 세 가지 관찰에서 비롯된다.

① AA하에서 종자 수분은 미생물이 쉽게 자랄 수 있는 수준까지 올라간다.

② 정상적인 완만한 노화(ageing)하에서 비정상유묘의 비율은 발아율(정상유묘비율)이 떨어질 때 증가한다. 반면 AA하에서는 아마도 종자가 빠르게 이 단계를 통과하기 때문에 비정상유묘의 대폭 증가가 거의 보이지 않는다.

③ 대개 정상적으로 발아율과 관계가 있는 발아종자의 근단 염색체 이상의 빈도가 AA에 처해진 종자에서는 더 높다.

AA와 유사한 gene bank에서의 종자퇴화를 예측하기 위한 또 다른 시도는 인위적인 노화기술을 포함한다. 이 두 가지 시도의 중요한 차이는 더 낮은 종자수분함량과 저장온도 및 더 긴 저장기간의 사용에 있다. 종자수분함량은 전형적으로 활동적인 곰팡이가 생장할 수 있는(15%이하) 수준 이하이어야 하며 저장온도는 35℃이하이다. 저장기간은 몇 주 혹은 몇 개월의 순서가 되어야 한다. 목적은 장기간 냉장저장 종자에서 일어나는 퇴화와 매우 유사한 완만한 퇴화가 일어나도록 하는 것이다. 퇴화율을 평가하고 통계적으로 양적 반응을 분석하기 위하여 서로 다른 인위적인 노화를 비교한 결과 고온(32℃) 다습(90%RH) 조건에서 이루어진 인위적 노화는 많은 불균질 성적(heterogeneity data)을 가져와 종자생존을 예측하는 데 신뢰도의 부수적인 결여를 초래하였다. 더 완만한 노화조건(21℃, 70%)에서는 적은 불균질 성적을 얻었다. 퇴화율을 계산하고 통계적 분석에 적용하기 위하여 컴퓨터 프로그램이 개발되었으며 이 프로그램은 종 수준에서 종자수명의 차이를 구명하는 데 이용되었다.

종자퇴화에 대한 수학적 모델은 Roberts와 Elis & Roberts에 의해서 제안되었다. 그들은 이 기본적인 활력공식(viability equation)이 어떤 온도와 수분함량(적당한 범위 내에서)에서 일정 저장기간을 경과한 후에 발아력을 예측하는 데 사용될 수 있음을 제안하였다. 그 공식은 최초의 종자품질(각 seed lot에 대한 특정의)을 포함하는 몇 가지 상수와 온도, 종자수분(각 종에 대해 측정된), 종에 대한 그 밖의 4가지 상수의 결정에 좌우된다. 주어진 종과 seed lot에 대해 한번 상수가 결정되면 서로 다른 저장조건에 있는 종자의 수명에 관하여 예측이 가능하다. 모든 예측모델에 존재하는 하나의 중대한 문제는 여러 가지 상수개발에 사용된 자료(온도, 종자 및 수분조건)의 범위를 넘어서 보외(補外)될 때 그 공식이 무효화될 수도 있다는 점이다.

4. 종자저장방법

종자의 취급, 포장 발아시험, 선적 등의 방법이 평가되고 다소 표준화되었다. orthodox종자는 대개 수분함량이 5-7%로 건조한 다음 -20℃저장을 위해 방수foil bag이나 알루미늄 캔에 넣어 봉한다. 완전히 밀봉되도록 하고 bag이 구멍이 나지 않도록 주의해야 한

〈그림 13〉 종자의 장기보존시설

다. 정확한 종자활력 검정과 휴면타파 방법이 수명평가를 위해 필요하다.

　IBPGR(the International Board for Plant Genetic Resources)의 각각의 accession내에 최대의 다양성을 보유하기 위한 권장사항은 발아율이 최초의 발아율보다 15%이하로 떨어질 때마다 종자를 갱신하는 것이다. 그러나 가용한 인력, 공간, 시간 등의 실질적인 문제 때문에 종종 활력이 20-50% 혹은 심지어 원래의 값에서 훨씬 더 떨어질 때까지 갱신이 늦어지는 경우가 있다. 자연집단이 아직 존재할 때는 이전의 수집으로부터 새로운 공급을 재생하는 것보다 재수집하는 것이 더 좋을 수 있다. 염색체 손상과 점돌연변이의 축적 등 돌연변이는 저장동안의 활력상실과 관련이 있다. 염색체변이를 가지고 세포는 대개 유묘의 생장 동안에 선발된다(diplontic selection). 그러나 점돌연변이(point mutation)는 다음 세대로 전해질 수도 있다. 그러므로 어느 정도의 유전적인 변화가 저장 중에 일어날 수 있다.

나. 영양체생식질 보존

일부 생식질은 영양체로만 유지될 수 있다. 영양체(clone)는 대개 온실이나 과수원, 농원과 같은 포장 식재로 유지된다. 포장과 온실에서의 유지는 상당한 면적이 요구되며 전정(pruning), 병해 및 잡초방제, 번식 등과 관련된 비용이 많이 든다. 포장에서 유지하는 재료들은 병해 혹은 재난으로부터 손실을 입기가 더 쉽다. 식물위생(Phytosanitury practices)은 온실과 망실(screen house)에서 더 엄격함에 따라서 병 발생과 확산이 감소될 수 있다. 다른 기후조건 하에서 생존과 관련된 훌륭한 적응형질이 종종 종내에 존재한다. 삽수, budwood, 근주, 괴경과 같은 식물 부위는 냉장 조건하에서 1년정도 저장될 수 있으므로 번식과 보급에 흔히 이용된다. 유용한 저장시간은 종에 따라 매우 다양하며 저온에 민감한 종의 번식재료(propagules)는 온난한 온도에서의 저장을 요한다.

1. 기내보존(*In vitro* preservation)

용기내에 유지되는 식물은 많은 종의 보존에 유용하다. 기내식물<*in vitro* plants (plantlets)>은 분열조직 선단, 정아, 줄기선단에서 비롯되며 분열을 통해 번식되므로 계통은 영양체로서 유지된다. 기내에서 신초의 증식은 조직덩어리내에 생산된 부정아(adventitious bud)로부터 생겨날 수 있는 체세포 조직배양에 의한 변이체(somaclonal variants)의 선발을 피하기 위해 측아 증식에 의해 이루어져야 한다. *in vitro*라는 말은 배양 중에 있는 세포 조직기관을 말하는 것이나 생식질 저장을 위해 *in vitro*라는 말을 사용하는 것은 재분화 식물에 있어서 세포유전학적 불안정성과 somaclonal variation의 가능성 때문에 오늘날 적합하지 않다. 기내 식물의 저장은 정상적인 생장조건(광 조건의 20-25℃), 온도를 내린 조건(-3℃~-120℃의 광 또는 암 상태), 실온 또는 온도를 저하시킨 조건에서의 생장제한 영양배지상에서 실시한다. 이렇게 하여 저장하면 몇 주 또는 몇 개월, 경우에 따라서는 계대배양이 요구되기 전에 수 년간 수명을 유지할 수 있다.

　기내식물보존의 적용에서 생길 수 있는 문제는 배양체계확립, 미세번식, 발근, 순화(acclimatiration)등에서의 어려움을 포함한다. 이들 단계에서의 여러 가지 세부사항은 유전자형(품종)에 따라 차이가 있다. 성숙한 수목류로부터의 절편체는 종종 어린식물로부터의 절편체보다 배양이 확립되기 어렵다. 다양한 유전자형이 같은 물리적, 화학적 환경에서 생존할 수 없는 경우가 있다. 비정상적인 생장이 일어날 수 있으며 체세포 변이체(somaclonal variants)가 발생할 불확실성이 있다. 각각의 기내 계통에 대한 충분한 특성 파악이 이루어져야 하며(전기영동, 동위원소, RFLP 등의 방법으로) 주기적으로 계통을 검사하여 동정에 오류가 없도록 해야 한다.

　기내식물보존은 작물의 야생근연종에 대해 약간의 정보가 있긴 하지만 주로 작물에 대해 이용되어 왔다. 배양을 시작하고 유도하는 방법이 매우 단순하고 식물원에서의 프로그램과 통합할 수 있다. 그러나 수집종을 완벽하게 유지하는 데는 상당한 노력이 든다. 작물 종에 있어서조차 생식질 보존을 위한 기내유지에 대한 경험은 한정적이며 따라서 시간과 비용분석이 결여되어 있다. 현재 재료를 배가시키고 장소도 늘리며 요구되는 취급요령에 관한 질문에 해답을 줄 수 있는 자료가 충분치 못하다. 경험을 통해 수용되기까지 기내저장이 생체저장의 보조수단으로서 가장 잘 이용되고 있는 실정이다.

2. 냉동저장(Cryopreservation)

분열조직선단, 신초(shoot)선단, 정아(bud)의 냉동저장은 그것이 장기저장을 위한 값싸고 공간을 절약하는 방법을 제공하기 때문에 영양체 수집에 유용할 것이다. 두 가지 일반적인 방법이 쓰이고 있다. 하나는 어떤 종이 가지고 있는 초저온에 대한 저온순화 능력을 이용하는 것이며 다른 하나는 저온내성이 적거나 전혀 없는 종의 생존을 증가시키기 위해 냉동보호제를 첨가하여 이용하는 것이다.

어떤 종에 발달하는 극도의 내한성은 잘 설명되어 있다. 이러한 종의 잔가지가 올바른 생리적 상태에서 수집된다면, 그것들은 조절된 비율로 냉장되며 그 후 액체질소에 보존될 수 있다. 해빙 후에 절제된 정아는 신초를 생산하기 위하여 적당한 대목에 접목할 수 있다. 그렇지 않다면 액체질소를 처리한 정아로부터 분열조직선단을 절제하여 배양해서도 신초를 생산할 수 있다. 어떠한 방법을 이용하더라도 종내에 유전자형(genotype)에 따라 견고성이 다르다는 점을 고려해야 한다. 더 적은 정도로 저온 순화하거나 전혀 순화하지 않는 종의 냉동보존은 DMSO, DMSO+sucrose, glucose, polyethylene glycol, 혹은 proline과 같은 냉동보호제의 적용을 필요로 한다. 포장, 온실, 생장상, 또는 기내식물로부터의 정아나 신초 선단(shoot tip)이 처리를 위해 절제된다. 어떤 경우에는 모식물 (stock plant)에 대한 저온처리가 효과적이기도 하다. 절제후 냉장 protocol의 일련의 단계는 낮은 수준의 냉동보호제를 함유한 생장 배지에서의 예비배양(수시간 내지 2일)을 포함한다. 즉, 냉동보호제의 정제된 농도에 일정시간 노출, 용액의 영점 이하에서 바로 시료의 빙핵형성(ice nucleation), -35℃~-40℃에서 일정하게 냉각을 시킴(0.25~1℃/min)후 액체질소로 옮김, 급속한 warming, 활력을 검정하기 위해 배양하기전 후해빙처리 등이다.

   기본 protocol에 대한 변이는 매우 여러 가지다. 냉동보호제를 적용하는 신초선단내의 organization의 유지 및 callus의 형성없이 신초가 재분화하는 일 또는 부정아(adventitious bud)의 발달이다. 현재의 방법으로 액체질소에 노출된 초본류의 신초선단은 종종 신초가 재분화되기 전에 약간의 callus를 형성하거나 선단내의 다른 곳에 부정신초(adventitious shoot)를 형성한다. 두 가지 모두 somaclonal variation의 기회를 증가시킬 수 있다. 견고하고 순화된 수목류로부터 액체질소를 처리한 芽는 바로 신초를 발달시키나 모든 종에서 다 그런 것은 아니다.

   대부분의 저온생물학자들의 의견은 냉장저장이 여러 해 동안 활력을 보유하는 데 안전한 방법이라는 것이다. 냉장저장은 미생물과 동물세포배양, 정액과 난소 등에 대해 실제적으로 사용되어 왔다. 저장시간은 불과 몇 개월에서 몇 년까지의 범위를 갖는다. 그러나 영양체로부터의 芽와 신초선단의 냉장저장은 실질적인 저장에 들어가기 전에 추가적인 연구를 요한다. 일부 실험실과 연구기관에서 그런 연구가 시도되고 있으나 저장체계, 복구(retrieval), 검사절차, 분배, accession당 요구되는 반복수, 수집재료 배가 정도 등에 관한 가용한 정보가 미흡하다.

　냉장보존이 작물의 영양체 생식질에 유용할 수 있을지라도 그것이 야생종에 대해서 바람직하지 못할 수 있다. 종자와 화분보존은 다양성(특히 초본류 종에 대해서)의 보존에 더 유용할 것이다. 영양체 유지가 요구되면 - 예를 들어 긴 유령기 때문에 - 냉장보존이 타당할지도 모른다. 그러나 여러 가지 다른 종에 대한 적용에 대해서는 더 많은 정보가 요구되며 방법도 더 간단하고 덜 시간이 걸리게끔 개발되어야 한다.

다. 화분보존(Pollen preservation)

　화분은 생식질 보존에 전래적인 운반자가 아니나 orhtodox종자를 생산하지 않는 종의 기본수집을 위해서 사용될 수도 있다. 화분의 저장은 좁은 면적을 필요로 한다. 일반적으로 유전적으로 서로 다른 개체에서 수집한 화분립 집단은 그 집단내에 핵유전자를 포

〈그림 13〉 종자의 장기보존시설

함한다. 일부 세포질적 유전자는 잃어버릴 수 있다.

종자와 같이 화분은 건조저항군과 건조민감군으로 나눌 수 있다. recalcitrant종자를 가진 종은 반드시 건조에 민감한 화분을 가지지는 않는다. 건조저항성 화분은 낮은 수분함량에서 건조될 때 orthodox종자 저장온도와 유사한 저온에 두었을 때 가장 잘 저장된다. 온대 및 아열대 기후의 일부 과실류로부터의 화분과 같이 건조한 화분은 저온에 노출되더라도 생존한다. 건조에 민감한 화분은 종종 수명이 짧고 또한 건조 동안에 활력을 상실한다. 그러므로 이러한 화분들은 많은 세포가 동결하는 온도에 저항성이 없다. 옥수수 화분의 경우처럼 저온에서 건조에 민감한 화분을 보존하는 데 성공한 예가 몇 가지 보고되어 있으나 자료는 충분치 못하다. 수분함량을 특정 범위로 주의깊게 조정하는 것이 중요하다. 조(pearl millet), 수수 등과 같이 저장이 어려운 화분은 액체질소에 노출하여 생존시켰다.

실질적인 저장이 이루어지기 전에 취급체계의 개발과 0℃이하의 온도에서의 안정성과 수명에 관한 정보가 요구된다. 야생종 화분의 저장특성에 관한 정보는 단편적이며 주로 일부 작물의 근연종과 약용식물과 삼림식물에 대해 존재한다. 저장특성은 건조반응이 알려진 화분을 가진 종과의 체계적인 관계로부터 추론될 수 있다. 그러나 건조민감성은 여러 과의 종과 속 가운데서 일어나며 어떤 분류군(taxa)에 제한되지는 않는다. 수분생물학 연구가 선발된 종으로부터의 화분에 대한 건조반응을 예측하는데 유용할 수 있는 자료를 제공하였으나 이러한 정보 역시 단편적이다.

결론적으로 인구 압력이 증가함에 따라 현지(*in situ*)보존이 자연적 진화과정에서 만들어진 수천 종의 식물 종으로 대표되는 유전적 다양성을 보존하는 데 충분하지 않을지도 모른다. 현지보존은 광범위한 현지외(*ex situ*)보존에 의해 보완되어야 한다.

장기저장 기술이 개발되어 orthodox종자에 대해 시험되었으며 이러한 기술은 건조종자를 액체질소가 들어있는 저온저장탱크에 저장하거나 방수 용기에 넣어 -20℃에서 전래적인 종자저장실에 저장하는 것이 필요하다. recalcitrant종자와 종자생산이 불가능한 식물의 영양체에 대한 성공적인 냉장보존을 위한 기술을 발명하고 개발하는 연구가 확장되어야 한다. 성공적인 장기보존은 활력이 최소 수준 밑으로 떨어질 때마다 재수집 및 갱신과 더불어 지속적인 활력 모니터링을 하는 데 좌우된다. 적정 저장조건의 개발과 사용은 활력 검정의 빈도와 재수집 및 갱신을 경감시켜 줄 것이다.

6. 유전자원으로서의 종자품질관리

 최근 캐나다의 박물학자들은 캐나다의 어느 泥炭 늪지에서 발견된 Lupin종자가 10,000년이 지났는데도 발아했다고 보고하였다. 이것은 종자가 가장 오랜 기간 수명을 保持한 예가 된다. 만주의 호수에 있는 蓮 종자는 120년 내지 400년을 생존하였는데 방사선을 이용하여 종자의 수명을 추정한 결과 10,000년 이상 되었음을 알았다.
 이와 같이 종자는 조건만 적당하면 생명을 유지할 능력을 가지고 있으나 무한정 장기간 살아남을 수는 없으므로 유전자원으로서의 종자를 장기간 살아있는 상태로 보존, 유지하는데 필요한 종자품질관리에 대한 이해가 중요하다.

가. 종자의 수명

 농업에서 가장 중요한 기본 투입(input)이며 식물유전자원의 가장 일반적인 형태로서의 종자는 매우 우수한 품질을 유지해야 하며 그러한 품질의 가장 중요한 면이 종자수명(seed viability)이다. 종자의 수명은 세계의 고대 농업(agrarian)문명의 성립과 유지에 하나의 중요한 요소였다. 오늘날에도 세계의 여러 나라에서, 특히 덥고 습한 기후를 가진 나라에서 종자수명의 유지는 중요한 문제가 되고 있다. 또한 예기치 않은 저장 전후의 조건으로 인하여 저장중에 있는 종자의 수명 상실이 종자의 생산과 저장에 좋은 조건을 가진 나라에서 보고되고 있다. 그러므로 종자수명의 기본성질

(tenets)에 대한 이해는 건실한 종자생산 및 저장전략을 수립하는 데 필수적이다. 더욱이 재배작물의 야생선조는 물론 재배작물의 생식질 보존에 대한 관심의 고조로 말미암아 미래의 작물개량 프로그램을 목적으로 하는 식물육종가와 생물공학기술자들에게 살아있는 재료를 공급하기 위해서 많은 나라에서 생식질은행에 장기저장시설의 개발을 가져오게 되었다. 철학적인 견지에서 종자수명의 연구는 생명과 퇴화적 노화, 죽음에 대한 태도에 매우 유망한 통찰의 기회를 제공해주기도 한다.

종자는 넓게 두 가지 그룹(群)으로 분류될 수 있는데 수분함량 대 저장력에 좌우되는 orthodox seed와 recalcitrant seed가 그것이다. Orthodox종자는 수분함량의 점진적인 감소에 의해서 수명이 연장되는 종자이며 반면에 recalcitrant종자는 어떤 기준점이 되는 높은 수분함량 이하에서는 수명의 감소없이 건조될 수 없는 종자이다. 곡류, 조, 팥, 유채, 여름 및 겨울채소를 포함하여 일반적으로 건조저장하는 작물 및 원예작물 종자는 원래 orthodox하다. 야자수작물, 열대과일, 수목류는 건조에 민감한 recalcitrant단명종자이며 이들 recalcitrant종자에 대한 상업적 장기저장방법이 개발되어야 한다. 건조저장된 orthodox종자는 적당히 유지되면 장기간 수명을 보유한다. 그러나 자연조건하에서 생존한 종자의 보고된 수명범위에 대해서는 실제로는 반대되는 현상이 있다. 파리에 있는 자연사박물관의 오래된 수집품 가운데 인증된 한 종자의 수명범위는 55년에서 158년이다. 두과인 *Cassia multijuga* 종자가 가장 긴 수명을 갖는다. 종자 매장실험의 결과 *Verbasunm blattaria* 종자는 90년 뒤에도 살아남았다. 토양 중에서 장기간 생존하는 종자는 내부(innate)휴면을 갖는다. 그 휴면이 물리적 또는 생리적 수단에 의해서 타파되었을 때 종자는 쉽게 발아하나 토양을 뚫고 나오지 못하면 일정 기간내에 죽어 버린다.

   Nelumbium nucifera, Canna compacta 및 그 밖의 몇몇 재료에서 수명범위가 긴 것은 종자가 매우 낮은 함량의 수분을 가지고 저장기간 동안의 온도가 일정하게 낮았다는 것이 인정되면 가능한 얘기다. 5%의 종자 수분함량과 -20℃의 온도에서 저장될 때 보리종자의 발아율을 단지 5% 떨어뜨리는데 3,000년이 소요될 것으로 추정된다. 이것이 사실이라면 냉동한 *Lupinus articus* 종자의 수명범위가 10,000년이라는 것도 이상할 게 없다. 발아시험을 하기 전에 종자휴면이 타파된다면 발아적정조건에서 발아를 가능하게 하는 종자의 성질을 수명(viability)이라고 한다. 특별한 재료에 대한 표준발아시험에서 발아하는 종자의 비율은 그 종자구(seed lot)의 수명에 대한 양적인 측정이다. 휴면이 깊은 종자구에 대해서는 tetrazolium시험에 대한 적절한 플러스(+)반응을 나타내는 종자의 비율이 종자수명의 양적인 측정치로서 자리한다. 수명의 측정은 경작이나 양조와 같은 산업적 목적을 위한 종자의 가치를 평가하는 데 필수불가결한 선결조건이다.

   종자구에 대한 표준발아시험은 국제종자검사협회(ISTA, International Seed Testing Association)에 의해 정해진 규정을 따라 적절히 수행될 때 수명에 대한 양호한 측정이 가능하고 파종에 대한 종자구의 적합성 여부를 만족스럽게 예견할 수 있다.

   저장성(storability)라는 용어는 교과서에서 저장후 발아력(poststorage germination)과 동의어로 사용해 왔다. 저장전 발아력과 저장후 발아력은 수명(viability)의 개념에 포함된다. 자연상태에서의 종자수명은 longevity라고 하여 viability와 구별된다.

나. 종자활력과 수명의 관계

 종자활력(seed vigor)은 대부분 본성적으로 종자수명과 관련되는 종자의 질적인 속성이며 수명의 상실은 대개 활력의 상실에 의해 선행된다. 그러므로 활력에 대한 이해는 수명의 상실기작을 밝히는 데 기본이다. 신속하고 균일한 발아, 증가된 저장성, 양호한 포장출현, 광범위한 포장조건에서 잘 생육되는 능력에 책임이 있는 종자의 품질이 활력이다.

다. 종자수명에 영향을 미치는 수확전, 수확시, 수확후 조건

 다른 농업지역에서 다른 해에 생산된 같은 품종 및 인접구에서 같은 해에 생산된 같은 품종의 종자품질의 두드러진 차이는 생산환경과 모식물 생산조건의 종자발아에 대한 역할을 강조한다. 수확하는 동안의 조건, 수확방법 및 수확 후 조제과정 또한 저장전·후의 종자품질을 결정한다. 양질의 종자가 생산되고 수확되었을지라도 잘못된 저장기술은 활력과 수명을 유지하는 데 해로운 것임을 입증할 수 있다.

1. 수확전 조건과 종자수명
 모식물의 생장에 영향을 미치고 생산된 종자의 품질에 영향을 미치는 요인에는
  1) 초기 종자의 품질,
  2) 토양비옥도,
  3) 온도 및 일장,

4) 토양수분,
5) 제초제 및 농약사용
등이 있다.

1)종자의 품질

이론적으로 모식물이 자란 잘 발달된 G_1종자(제1세대 종자)는 양질의 G_2종자(제2세대 종자)를 생산하는 것으로 기대된다. 이것은 그 개선이 일차적으로 모본조직을 통하여 영속되기 때문에 유전자적 유전을 내포하지 않을 것이다. Seed lot내의 종자크기는 많은 재료에서 발아력에 영향을 미친다. 작은 종자에서 나온 유묘의 크기는 많은 작물종자에서 작은 것으로 판명되었다.

더 가벼운 다년생 ryegrass종자는 25㎜깊이로 파종된 더 무거운 종자보다도 25% 적은 수의 유묘를 출현시켰다. 조(pearl millet)에서 유묘출현은 작은 종자를 疎植하였을 때 40%에서 큰 종자를 密植하였을 때 62%로 증가하였다. 녹두(mungbean, *Vigna radiata*)의 큰 종자와 중간크기 종자는 작은 종자보다도 포장출현, 작물생장, 최종적인 종자수량의 면에서 우수하였으며 종자크기에 상관없이 정상의 녹색 종피색을 가진 종자가 갈색 종피색을 가진 종자보다 上記한 특성에서 우수하였다. 그러나 발아력, 식물생장 및 최종 작물수량에 관한 종자크기의 역할에 관한 연구는 종종 전혀 반대의 결과를 가져오기도 한다. 즉, 작은 종자가 큰 종자보다 우수한 결과가 보고되기도 하였다. 수확, 조제 동안의 굵은 종자에 대한 더 큰 기계적 상해가 그러한 결과를 가져올 수 있다. 땅콩(*Arachis hypogaea*)에서 큰 종자의 증가된 막투과성(membrane permeability)은 종자의 조제과정에서 생긴 가시적인 균열에 기인하였다.

재식방법의 차이가 작물수량에 관한 종자크기, 활력, 성숙도의

유전자원으로서의 종자품질관리   77

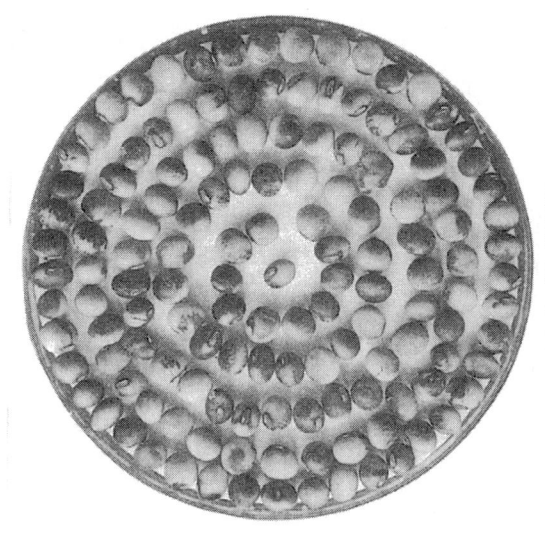

〈그림 15〉 재배환경의 차이에 따른 콩 종자의 품질차이

차별적인 영향을 나타낼 수 있다. 대두(soybean)에서 저지구의 종자 수량이 종자의 크기 및 활력과는 관련이 없었으나 고지구에서는 구당 종자수량이 종자의 크기 및 활력과 관련이 있어 크기가 작고 활력이 낮은 종자구에서 수량이 낮았다. 두 가지 겨울밀 품종에서 무겁고 큰 종자는 가볍고 작은 종자에 비하여 지속적으로 수량 증가를 가져왔다. 무겁고 크며 단백질 함량이 높은 종자는 가볍고 작으며 단백질 함량이 낮은 종자보다 더 잘 저장이 되고 더 큰 加齡後 發芽力(postaging germination)을 나타냈다. 이것은 제한된 환경에서 큰 종자로부터 나온 큰 식물이 서로 더 큰 경합을 보이고 그 결과로서 큰 종자의 상대적 利點이 시간이 경과함에 따라 감소한다는 것을 의미하는 것이다. 마찬가지로 종자의 미성숙에 대한 부작용이 최종 수량의 차이를 적게 하면서 점점 줄어들었다. 그럼에도 불구하고 그 주제는 확실히 결론이 나지 않는다. 따라서 G_1종

자의 크기, 밀도, 성숙도가 G_2종자의 즉각적인 수명, 유묘출현, 작물생장, 수량 및 품질에 기여하는 역할에 대해서는 더 연구 검토할 여지가 많다.

2) 작물영양

토양조건은 작물의 생육에 중요한 요소이다. 토양의 이화학적 상태, 비옥도 수준, pH, 미생물 환경 등은 모두 활착, 식물생장, 최종 종자수량 면에서 종자의 성취를 결정하는 인자이다. 이와 같은 주제에 대한 정보는 드물게 이용할 수 있으며 수명에 관한 미네랄 영양의 영향과 같은 불과 소수의 면이 연구자에 의해서 어느 정도 연구되어 왔다.

당근, 상치, 고추에서 심한 질소결핍은 매우 낮은 종자수량을 가져왔으며 많은 비율의 종자가 비정상이었다. 그러나 질소결핍식물에서 얻은 정상적인 종자의 발아력은 대조식물의 정상종자의 발아력과 비슷하였다. 밀에서 높은 단백질 함량과 저장후 발아력 간의 상관관계는 종자의 높은 단백질 함량을 가져오는 재배기술이 저장된 종자로부터의 작물활착에 유리한 것을 시사한다. 질소수준이 높은 포장에서 자란 모식물로부터 얻은 okra(*Abelmoschus esculentus*)종자의 저장전·후 발아력은 추비를 시용하지 않은 식물에서 얻은 종자의 그것보다 더 우수하였다. 그러나 사탕무우에서는 결과가 달랐다. 즉 질소영양이 다량 투여(260kg/ha)된 식물로부터 생산된 과실은 질소를 시용하지 않은 대조식물의 과실에 비하여 발아력이 감소하였다. 사탕무우의 경우는 특별한 것으로서 질소를 다량 시비한 식물의 과실에 발아저해물질이 축적되어 나타난 결과로 추정된다.

종자내 인산함량은 발아하는 종자의 대사에 매우 중요한 역할을 한다. 종자내 주요한 인산물질인 phytic acid는 그것의 영양적 역할 외에 천연의 항산화제로서 작용하는 것으로 믿어진다. 그만큼 인산의 결핍은 저장전·후의 발아력에 부정적인 영향을 미치는 것으로 예견된다. 실제로 인산이 결핍된 식물에서 생산된 물냉이(watercress)종자는 발아력이 떨어졌다. 인산이 극도로 결핍된 포장에서 자란 모식물로부터 생산된 인산결핍 완두종자를 포장에 파종했을 때 대조종자를 파종했을 때보다 더 작은 식물체를 생산하였고 수량도 더 낮았다. 그러나 상업적인 종자생산에 있어서 그렇게 극도로 인산이 결핍될 것 같지는 않다. 보통의 토양비옥도를 갖는 토양에 인산의 추가적인 시용은 가속적인 가령(accelerated aging)이나 자연적인 저장전·후의 okra종자의 발아력에 어떠한 중대한 영향을 보이지 않았다.

식물영양에서 칼리(potassium)의 중요성은 잘 알려져 있다. 인산칼리(potassium phosphate)와 그 밖의 몇 가지 칼리염은 발아 기질(substrate)에 사용하거나 침수-탈수처리(hydration-dehydration treatment)에서 종자침적을 위해 사용했을 때 즉각적인 발아력과 저장후 발아력을 향상시키는 것으로 판명되었다. 칼륨 양이온(K^+)은 가령(aging)동안에 밀종자의 수명을 유지시킬 수 있으며 가령배(aged embryos)의 양자(proton)방출 능력에 대한 K^+의 영향은 수명에 관한 회복효과에 관련된다. 칼리염에 의한 발아향상과 휘발성 알데히드(aldehydes)의 생산감소 사이에 밀접한 관계가 있다. 그러므로 영양적 효과 이외에 K는 아직 완전히 밝혀지지 않은 어떠한 특별한 방식으로 종자수명에 영향을 미칠 수 있다. 고추에서 심한 K^+결핍은 K^+가 결핍되지 않은 모식물에서 얻은 종자보다 더 높은 비율의 비정상 종자 생산과 낮은 저장전·후의 발아력을 가져왔다. South India의 Tamil Nadu 농업대학에서 곡류, 두류, 및 채소에 대한 칼리영양을 연구한 결과에 의하면 토양에 K⁺를 시용하거나 보충적인 엽면시비 또는 종자처리를 하였을 때 생산된 종자의 발아율과 유묘활력(seedling vigor)이 증가하였다.

그 밖의 다른 필수 다량원소 및 미량원소의 결핍 또한 종자의 품질과 수명에 영향을 미칠 수 있다. 그러나 그러한 문제에 대한 정보는 미약하며 연구자는 또한 모식물이 그와 같은 원소가 결핍되지 않은 토양에서 생육될 때조차 종자의 다음 세대까지 그러한 영향이 전달될 것인가에 대해 알지 못하는 경우가 많다.

3) 온도와 일장

온도는 궁극적으로 종자수명에 반영될 수 있는 종자의 발달과 성숙에 심대한 영향을 미친다. 극단적인 온도는 종자의 생장과 발달에 바람직하지 않다. 매우 낮은 온도(0℃이하)는 옥수수 종자의 성숙에 손상을 입히며 지온상해의 정도는 성숙의 상태에 좌우된다. 매우 높은 온도는 호흡율을 증가시키고 粒重을 감소시키며 결과적으로 즉시 발아력 및 저장후 발아력에 부정적인 영향을 미치게 될 시기적으로 부적당한 건조를 촉진할 수 있다. 높은 온도에서 성숙한 상치 종자가 저온에서 성숙한 종자보다 암상태의 26℃에서 발아를 시켰을 때 발아율이 더 낮았다.

주간온도 20℃와 야간온도 15℃에서 성숙한 *Anagalis arvensis*종자는 수확 후 10주 동안 휴면상태로 남아 있었으나 주간온도 30℃ 야간온도 25℃에서 성숙한 종자는 휴면을 나타내지 않았다. 성숙하는 동안에 온도차이 또한 밀, *Bromus*, 그 밖의 다른 작물에서의 휴면 유형을 변화시켰다. 종자의 발아력은 또한 모식물의 종자성숙 동안의 일장에 의해서 영향을 받는다. 장일조건에서 성숙한 *Chenopodium amaranticolor*와 *Ononis siunla*종자는 종피가 두꺼워

짐으로써 종피에 의한(coat-imposed) 휴면을 나타냈다.
　4)토양수분
　　양질의 종자를 위해서는 성숙단계 동안에 비교적 건조한 기후가 선호된다. 벼와 같은 작물을 제외하고 과습한 토양은 특히 공기의 높은 상대습도와 조합하여 종자건강에 미세기상 불이익을 초래할 수 있다. 벼와 같은 습지작물에 대해서조차 등숙단계 동안의 건조한 기후가 양질의 활력과 수명을 갖는 종자를 생산한다.
　　토양수의 원천은 여러 가지이나 밭작물에 대해서는 강우와 관개가 종자품질에 대한 두 가지 중요한 결정인자이다. 관개가 조절될 수 있더라도 성공적인 농업을 위해 사실상 중요한 강우는 종종 불량한 종자품질의 원인이 된다.
　　적당한 토양수분은 작물생육에 필수적이며 작물의 요구에 따르는 물공급의 조절은 양질의 종자를 공급한다. 그러나 과다한 관개나 호우에 기인하는 과습토양은 질소와 단백질 함량이 낮은 종자를 생산한다. 밀의 경우에는 그러한 낮은 질소 및 단백질 함량이 불량한 발아력과 상관관계를 가진다. 개화기 동안의 건조는 수정을 간섭하여 종자수를 감소시키기도 한다. 대개 수명과 상관이 있는 종자의 무게와 크기가 종자 발달 및 성숙기 동안의 건조에 의해서 감소된다. 극도의 수분부족은 성숙전 건조를 촉진하여 저장 전·후 발아력 면에서 종자의 품질을 불량하게 만든다. 땅콩에서는 온건한 수분스트레스가 갓 수확한 종자의 활력과 수명에 영향을 미치지 않았으며 종자의 저장성이 유의하게 향상되었다. 이것은 침수종자의 낮아진 유리지방산(free fatty acid) 및 전기전도도와 관계가 있다. 고의적으로 수분스트레스하에서 생산된 종자는 단백질이 증가되었으나 油(oil)함량은 감소하였다.
　　수확전 강우는 종자품질에 매우 중대한 손상을 초래할 수 있다.

병리학적 고려 이외에도 비휴면종자의 수발아(穗發芽, *in situ* sprouting)의 가능성이나 부분적인 조기발아는 생리적으로 바람직하지 않다. 실험실에서 매우 활력이 높은 종자를 침지와 건조를 반복하는 것은 저장중의 활력과 수명을 유지하는 데 해롭다. 그만큼 수확전 강우는 종자에 나쁜 영향을 미치며 그러한 불량종자를 재식을 목적으로 저장해서는 안된다.

5) 모식물에 대한 제초제 및 농약사용

토양이나 생육중인 작물에 시용한 제초제와 농약은 종자의 발달에 영향을 미칠 수 있으며 품질에도 영향을 미칠 수 있는데 특히 관심있는 제초제나 농약이 쉽게 생분해(biodegradable)되지 않으면 더 그렇다. 농약시용의 영향에 관한 정보는 약간 존재하며 한 보고서는 simazine의 subherbicidal dose로 밀의 단백질 함량을 증가시켰음을 나타내이 그것이 수명향상에 대한 설명을 추정케 할 수도 있다.

출현전에 사용한 제초제 fluchloralin, pendimethalin, Oxyfluo-rfen 등의 땅콩 종자의 수명에 대한 영향을 체계적으로 연구한 결과 제초제가 저장전 발아력에는 전혀 영향을 미치지 않았으나 저장 후 fluchloralin을 제외한 제초제의 사용은 더 나은 발아력과 종자활력을 가져왔다. 그런 향상에 대한 생리적 및 생화학적 원인은 아직 구명되어 있지 않다.

2. 수명에 영향을 미치는 수확 및 조제조건

손으로 하던지 또는 기계적으로 하던지 간에 수확 및 조제는 종자의 수명에 영향을 미칠 수 있다. 손으로 하는 것이 더 안전하긴 하지만 더 많은 비용이 들고 개발도상국가에서조차 특히 큰 규모의 seed lot에 대해서 기계를 사용한 수확 및 조제가 점진적으로 늘어나고 있다. 탈곡과 수세 등을 포함하는 수확 동안의 종자에 대한 기계적 상해는 불량한 저장 전·후 발아력에 대한 중요한 이유가 될 수 있을 것이다. 종자에 대한 단순한 육안검사는 기계적 상해가 매우 광범위하지 않으면 기계적 상해를 검출할 수 없을지 모른다.

파쇄된 종피와 종자의 다른 구조에 대한 검사와 뒤이은 생장테스트는 발생한 손상의 성질에 관한 정보를 제공해 준다. 표준생장테스트에서 검출되는 기계적 상해로는 분리된 종자구조, 구조내 파괴, 비정상형의 구조, 엽흔조직, 감염, 제한된 생장, 자엽의 비정상적 위치, 자엽의 인위적 수축, 뭉툭한 끝을 갖는 왜소하고 비틀린 뿌리 등을 열거할 수 있다.

Tetrazolium test는 기계적 상해의 정도를 검정하고 평가하는 데 매우 유용한 것이 입증되었으며 내부상해에 관한 비교할 만한 정보도 X-ray방법에 의해 얻을 수 있다. 큰 상해는 즉각적으로 발아력에 반영이 되는 반면 작은 타박상의 부정적 영향은 저장 중에 커져서 저장종자의 활력과 수명의 유의한 감소를 초래한다. 비파괴, 약간 파괴, 중간정도 파괴 등 세 가지 범주의 soybean종자의 포장 출현율은 각각 96, 72, 52%였다. 이것은 가볍게 상해를 입은 종자일지라도 포장의 스트레스 조건에 노출되면 포장에서의 활착 및 생육이 불량하다는 것을 의미한다.

손상의 정도는 종자의 유형, 종자의 모양과 크기, 종피의 두께, 배의 구조와 위치, 종자수분과 같은 외적요인 등에 좌우된다. 완두와 bean같은 대립종자 두류는 심한 상해를 회피하는 소립종자인 조 및 곡류보다 기계적 상해를 더 받기 쉽다. 단단한 종피, 外穎, 內穎 등의 존재는 기계적 상해에 저항하는 데 유리하다. 굵은 종자의 두류가 더 상해를 받기 쉬울지라도 많은 두류의 견고성

(hardseedness)은 기계적 상해에 대한 보호를 제공해 준다. 기계적 상해에 저항성인 snap bean 품종에서 종피가 자엽에 단단히 붙어 있는 것이 발견된다. 예를 들면 참깨(*Sesamum iodocum*)의 납작한 종자의 얇은 종피는 손수확과 조제에 문제점이 많으며 저장중에 활력과 수명이 상당히 감소된다. 구형종자는 불규칙하며 납작하거나 긴 종자보다 손상에 더 강할지라도 작고 둥근 사탕수수(*Sorghum vulgare*)종자는 약간 돌출한 胚 때문에 기계적 상해를 받는다.

종자 수분함량의 영향면에서는 매우 건조한 종자가 파쇄나 기계적 충격을 받는 반면 같은 상황에서 수분함량이 높은 종자는 단지 약간의 타박상을 입는 정도라는 것은 일반적으로 경험하는 일이다. 종자에 따라 기계수확이나 손수확을 위한 적정수분의 수준은 다르다. 기계적 상해를 받기 쉬운 종자의 저장을 위해서는 상해를 피하기 위한 비교적 높은 종자 수분함량과 저장중의 활력과 수명을 유지하는 데 도움이 되는 낮은 종자수분 사이에 타협을 이루어야 한다.

성숙한 굵은 종자를 갖는 두류 종자의 습윤과 건조에 의해 초래된 수분손상과 보통의 기계적 상해와는 구별된다. 수분손상(water damage)은 침적상해(soaking injury) 또는 흡수상해(imbibitional injury)와 같은 말로서 급격한 물흡수 동안에 종피와 자엽의 불균등한 팽창과 접힘에 기인할 수 있으며 tetrazolium test에 의해서 검출될 수 있다. 아마도 비에 젖은 다음 건조한 종자에서 수분손상형(型)이 저장중에 매우 확대됨으로써 활력과 수명의 실질적 손실을 가져온다. 침적-건조한 soybean 종자의 감소한 발아력 또한 그런 상황의 예가 될 것이다.

3. 종자수명에 영향을 미치는 수확후 저장조건

종자수명에 영향을 미치는 여러 가지 요인의 역할은 적절한 저장체계를 설계하기 위하여 명확히 이해되어야 한다. 건조저장한 orthodox종자의 수명은 종자 수분함량, 온도 및 산소압력에 좌우된다. 종자수분과 온도의 저하는 수명을 상당히 연장하며 용접 밀봉된 용기의 내부가스에 산소를 대체하는 것은 공기내에 밀봉된 종자보다 나은 저장후 발아력(poststorage germinability)을 갖는다. 종자수분, 저장온도 및 산소의 저장종자의 수명에 관한 영향은 수십년 동안 검토되어 왔다.

1)종자수분과 건조

종자수분의 커다란 중요성 때문에 종자건조는 종자공학자 및 농업공학자들에게 주요한 연구분야가 되어왔다. 상업적인 종자건조는 매우 전문적인 일이며 종자수명을 결정하는 것은 단순한 최종 종자수분이 아니라 최초의 종자수분, 건조기의 온도, 건조속도 등이다. 비록 너무 급속한 건조가 수명을 감소시킨다 할지라도 recalcitrant Avicennia marina 종자에서 급속건조는 낮은 수분함량에서 천천히 건조된 것보다 더 오랜 수명을 보유하였다.

Orthodox종자에서조차 건조의 최적속도는 종자의 종류에 따라 다르다. 과도한 종자건조는 연료소비와 운용비를 증가시킬 뿐만 아니라 생리적인 기초에 관련해서는 권장할만한 것이 못된다.

저장중에 종자는 발아에 충분한 수분함량에 이르지는 않을 것 같다. 그러나 기준이 되는 수준이하의 수분함량에서 생리적, 생화학적 반응(그 중에서도 가장 중요한 것은 호흡이다)의 host가 행동을 취할 것이다. 그런 상황은 저장중에 있는 orthodox종자의 near-cryptobiotic성질을 유지하는 데 바람직하지 못하다. 산소가 쉽게 이용될 수 없을 때 높은 수준의 종자수분은 ethanol과 acetaldehyde 같은 무기호흡의 산물이 종자에 유독하므로 더 해가 될 것이다. 가수분해효소(hydrolyzing enzyme)의 촉매활동 또한 종자수분함량의 점진적인 증가에 따라 증가할 것이다.

   2)저장온도
   온도의 증가는 화학적 생화학적 반응의 비율을 증가시킨다. Orthodox 건조저장된 종자에 있어서 효소촉매의 대사반응이 나빠지게 되는 장기간의 정지 상태는 이상적이다. 건조종자는 매우 약하기는 하지만 대사적으로 활성이 있다. 그처럼 온도의 증가는 휴지기간을 방해한다. 보통의 생리적인 범위를 넘어서는 매우 높은 온도에서 매우 낮은 수분함량을 가진 종자의 고온 저항성에도 불구하고 효소의 불활성과 생물기관의 섬세한 구조의 붕괴가 일어난다. 너욱이 autoxidation산물의 열방출과 결부되어 지질 autoxidation과 같은 비효소적 퇴화과정이 고온에서 더 많아지게 되며 활력을 감소시킨다.

   3)산소압력
   산소의 부분압력의 감소에 따라 종자의 저장성이 유의하게 증가된다는 것은 주의깊게 제어된 실험을 통하여 명백한 근거를 갖는다. 활력에 관한 산소의 역할은 앰플(ampoules)과 밀폐된 용기내에서 조사되었으며 수분함량이 높은 종자에서는 에탄올, 아세트알데히드 등의 생성을 가져오는 무기호흡(anaerobiosis)의 누적효과가 불규칙한 결과를 가져올 수 있다. 그와 같은 연구에서 재생산이 가능한 결과를 얻기 위해서는 수분함량이 낮은 종자를 사용하는 것이 좋을 것이다.

종자노화에 있어서 지질 peroxidation의 가능한 관여는 산소의 심대한 역할과 관련됨을 보여 준다. autoxidative나 lipoxygenase 효소의 촉매에 의한 지질의 산화는 산소가 없는 저장환경에서 덜하다. 종자수명에 관한 여러 가지 항산화제의 유익한 효과는 상당한 생리적 관련성을 갖는다. 철(Fe) 유래 hydroxyl발생을 막고 지질 peroxidation을 억제하는 phytic acid는 또 하나의 천연 항산화제이며 종자노화에 대한 그것의 역할은 더 구명되어야 한다.

수명(viability)에 관한 내부 가스의 역할은 10종의 lettuce 품종에 대한 실험에서 검토된 예가 있다. 즉, 저장 중 산소의 유해한 영향이 확인되었으며 가스의 종류에 따라 유익한 효과에 있어서의 실질적인 차이가 나타났다. 산소의 부분압력의 감소는 대두(soybean)를 일반적인 저장소에 저장한 것보다 질소가스저장에서 효과가 더 컸던 질소처럼 내부 가스의 유익한 효과를 나타냈다. 현재 내부 가스의 상이한 종류에 따른 서로 다른 반응에 대한 설명은 불확실하지만 종자의 대사작용이 관련되는 한 argon과 질소와 같은 내부 가스의 기본 성질에 관한 의심은 던져 버릴 수 있다.

4) 종자수명의 감소제어

저장된 orthodox 종자의 수명을 증가시키기 위해서는 종자의 수분함량을 낮추고 비교적 저온의 건조한 곳에 종자를 저장하는 것이 중요하다. 종자의 수명과 활력을 유지하기 위한 몇 가지 새로운 시도를 강조하면 종자를 음극에서 遊離電子(free electron)源에 노출시키는 것과 건조침투기술(dry permeation technique) 및 '침수'와 '건조' 종자처리 기술을 적용하면서 항산화제를 사용하는 것 등이다.

라. 종자의 저장과 관련된 구체적 작업

종자를 저장하기 위해서는 모든 종자를 건조시킴과 동시에 발아시험을 할 필요가 있다.

1. 종자건조와 함수율의 측정

종자의 수분은 주로 주위의 상대습도에 의해서 결정되므로 종자는 가열 또는 제습에 의해서 건조된다. 구체적인 건조방법으로는 자연건조, 천일건조, 송풍기건조, 열풍순환건조 등이 있으며 실리카겔(silicagel) 등과 같은 건조제가 이용되기도 한다.

저장하는 작물의 종류와 종자량에 따라 적용되는 건조법이 다르다. 특히 열풍건조의 경우에는 종자의 활력이 감퇴되지 않도록 주의하고 가급적 35°C의 낮은 온도에서 건조시킨다. 국제유전자원이사회(IBPGR)는 15°C, 10-15% RH에서 건조시켜 종자수분이 5%로 유지시키는 것이 바람직하다고 하였다. 건조후의 함수율의 측정은 종래의 중량법에 의한 측정이 일반적이지만 최근에는 고주파에 의한 비파괴식으로 10초 이내에 간단히 측정할 수 있는 수분측정계가 이용된다.

2. 종자의 발아시험

종자의 발아력을 검정하는 방법은 국제종자검사협회(ISTA)규정을 따르는 것이 원칙이지만 여과지법에 의한 통상의 발아시험법이 관행적으로 사용되기도 한다. ISTA규정에 의하면 주로 하작물은 25°C, 동작물은 20°C의 발아시험기내에 치상하여 발아가 더 이상되지 않는 날의 데이터를 토대로 발아율을 계산한다. 발아상은 샤레에 여과지를 깔고 그 위에 종자를 뿌리는 Top Paper(TP) 방

유전자원으로서의 종자품질관리   89

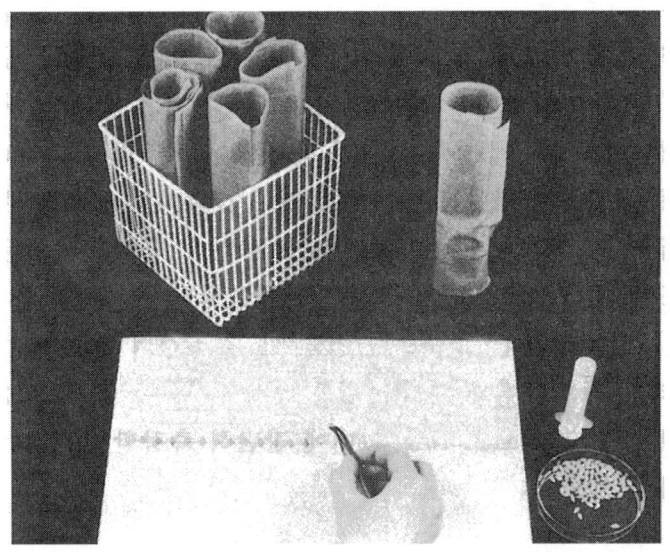

〈그림 16〉 BP방식에 의한 발아 및 유묘검사

식(주로 벼, 밀보다 작은 소립종자에 적용), 종이와 종이사이에 종자를 뿌리고 종이 전체를 말아두는 Between Paper(BP)방식(주로 콩, 옥수수와 같이 중-대립종자에 적용) 등이 있다. BP의 경우에는 말아둔 종이를 비커에 넣어 세워두고 전체를 비닐자루로 씌워 수분의 증발을 막아준다. 한번에 다수의 발아시험을 하는 경우에는 종자의 대소에 관계없이 이 BP방식을 사용하는 것이 생력적이며 TP방식보다 발아시험기내에서 면적을 적게 차지하여 더 경제적이며 효율적이다.

통상 발아시험법에 의하지 않는 활력검정법으로는 tetrazolium에 의한 염색법이 있다. 방법으로서는 하루밤 흡수시킨 종자를 세로로 잘라서 분할한 다음 그 반쪽을 0.1%의 tetrazolium용액에 침적시켜 40°C에서 2-3시간처리한다. 활력이 있는 종자의 배는 적색으로 염색이 되며 활력이 없는 배는 무색이다. 이 방법에 의한 발아

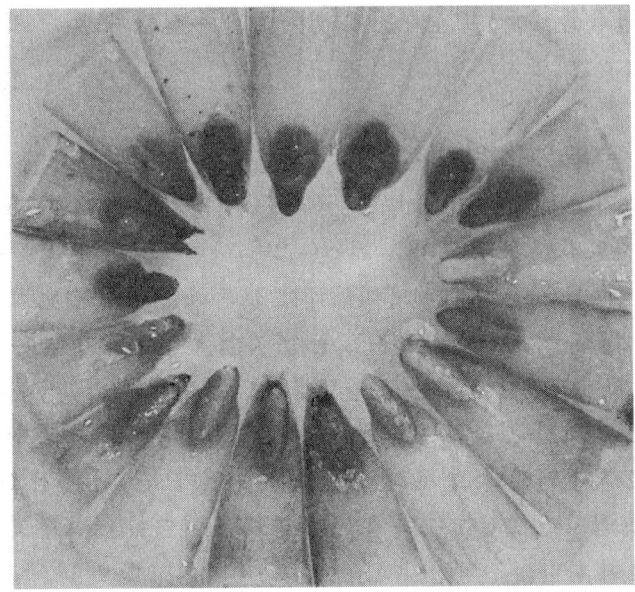

〈그림 17〉 개밀종자에 대한 tetrazolium 검사

시험 결과와 통상의 발아시험법에 의한 발아시험 결과 사이에는 높은 정의 상관관계가 인정된다. 판정기준에 숙달하면 충분히 활용할 수 있고 하루만에 발아율을 추정할 수 있으므로 편리하다.

3. 종자의 저장방법

　종자의 저장은 작물의 종류, 종자량, 저장기간 등에 따라서 방법이 다르지만 소규모의 단기간(1-2년)시험이라면 실리카겔 등의 건조제를 사용한 데시케이터내에 보존하는 것이 일반적이다. 한편 대규모의 장기저장법으로는 종자의 입출빈도가 높은 경우에는 그 저장기간에 맞는 온습도를 설정해야 한다. 그러나 저온만으로 장기간 저장하는 경우에는 방습용기나 알미늄상자 등의 방습포장에 의해서 그 목적을 달성할 수 있다. 단, 저온 건조시킨 종자를 갑자기 고온고습하에 꺼내 놓으면 이슬이 맺히게 되므로 주의해야 한다.

일반적으로 유전자원 관리시설에서 base collection으로서 영년용 보존에는 영하 10°C에 상대습도 30%, active collection으로서 배포용 보존에는 영하 1°C에 상대습도 30%로 저장하는 경우가 많다. 저장종자의 활력검정은 5년에 1회 정도 표본을 추출하여 발아율을 검정하고 발아력이 저하된 작물은 갱신을 위한 년차계획에 의해서 증식채종을 주기적으로 실시한다.

마. 종자검사

종자검사는 종자품질관리에 필수적인 종자평가기술이다. 인간이 종자를 사용한 것은 선사시대부터라고 하겠으나 인간이 종자검사를 하나의 과학이며 기술로 발달시킨 것은 근래의 일이다. 식물유전자원의 효율적 관리를 위하여 합리적인 종자검사를 통한 올바른 종자품질의 평가는 중요한 과제이다.

세계적으로 가장 먼저 종자검사를 위한 실험실이 마련된 곳은 1869년 독일의 Saxomy이며 미국에서는 1876년 Connecticut농업시험장에 최초로 종자검사실이 설치되었다. 우리나라에서는 근래에 농산물품질관리원에 국제종자검사연합회(ISTA)의 기준에 부합하는 종자검사실이 갖추어졌다.

종자검사기술의 이해를 위하여 국제공인종자검사기관이 표준화한 기준과 방법을 숙지해야 한다. 유럽에서는 1900년대 초반 국제종자검사연합회(ISTA)가 설립되어 종자조사에 필요한 제규정을 정하고 종자검사에 필요한 제기술을 표준화하였으며 종자에 관한 연구 및 종자개량을 위한 국제적 협력을 증진해 왔다. 미국에서는 1908년 16개주의 대표가 모여 공식종자분석가협회(Association of Official Seed Analysis :AOSA)를 설립하였는데 여기에는 주로 미국과 캐나다의 종자분석가들이 참여하여 종자검사에 관한 제반사항을 고도로 복잡한 수준까지 발전시켰으며 종자검사에 관한 법규와 방법을 발전시키고 해석을 표준화시켰다.

7. 식물유전자원의 보존과 이용을 위한 생물공학의 이용

식물생식질의 수집은 식물체, 종자 및 조직배양물의 형태로 유지되는 품종, 유전저장물(genetic stocks), 야생종 등을 대표하는 유전자형 또는 집단의 집합이다. 기능적으로 식물유전자원은 재래종, 개량된 품종, 작물의 야생 및 잡초근연종을 포함할 수 있다. 작물화되었거나, 반작물화되었거나 작물화되지 않은 재래종은 많은 돌연변이체와 작물이 점차적으로 노출되고 식물유전자원에 가장 중요한 자연적 및 문화적 환경의 상호작용에 적응된 독특한 지방형이다.

특히 최근에 개량된 품종은 식물 선발의 초기 단계에서 그들의 선임자에 집적되었던 가장 적응된 복합물과 통합되었을 것이다. 이것들은 유전적 저장물(자연돌연변이 또는 인위돌연변이, 특별한 특성을 지닌 육종계통, 저항성을 갖는 accession)과 함께 경제적으로 중요한 식물종의 미래의 개량에 일정한 역할을 할 것이며 따라서 보존될 필요성이 있는 것이다.

1920년부터 1940년까지의 Nikolai Vavilov의 활동은 식물유전자원 분야에서 획기적인 일이었다. Vavilov는 처음으로 "길들인 식물과 동물의 기원의 중심지"라고 불리운 것을 확인하였다. 후에 이것은 '유전적 다양성의 중심지'로 간주하게 되었으며 몇 개의 추가적인 중심지와 함께 기본적으로 현재의 견해를 이루고 있다. 이러한 활동은 인간의 생활과 생존에 필수적인 식물의 유전자 pool의 동정을 가져왔다. 이것들은 자주 식물육종가에 의해 작물개량을 위하여 사용되었으며 농업발달에 새로운 기회를 제공해 주었다.

식물의 유전변이는 무제한의 원천(source)인 것으로 생각된다. 그러나 다양성의 중심지에서 이용할 수 있는 유전변이의 상당수가 그것을 돌보지 않으면 곧 소멸될 것이라는 것을 지금 인식하게 되었다. 증가하고 있는 인구에 의해 요구된 농업개발의 물결에 따라 문제가 심각해졌으며 이것은 전통적인 품종을 포함하여 전통적 농업에 깊은 영향을 미쳤다. 토지 이용에 있어서의 확장과 변화, 현대 농업기술의 도입과 비료, 살충제, 살균제의 사용과 같은 많은 요인이 전통적인 품종을 폐기시켰으며 개량된 품종으로 그것들을 재빨리 대체하기 위한 필요성을 강조하였다. 유전자 pool에 존재하는 풍부한 유전적 다양성은 인류의 이익을 위해 현재와 미래에 사용될 방대한 가능성을 가진다. 식물유전자원은 대체될 수 없으며 우리가 종 수준, 유전자 pool수준 또는 생태계 수준에서 그들의 보존에 관심을 기울여야 하는 것은 필수불가결한 일이다.

식물유전자원의 가능성은 전래적인 수단과 생물공학의 이용을 통하여 가일층 증대될 수 있다. 어느 경우에나 식물유전자원은 원료이며 그것이 없이는 발전이 될 수 없다. 그러므로 우리가 식물유전자원을 보존하고 연구하며 적절히 이용하는 것이 무엇보다도 긴요하다.

식물유전자원의 보존과 이용에 관련되는 활동은 탐사와 수집, 특성화 및 평가, 보존, 변이의 평가 및 유용 유전자의 동정, 교환 및 유전적 강화 등을 포함한다. 탐사는 생식질 수집이 수행될 지역에 대한 예비조사이다. 그러나 자원의 제한에 기인하여 종종 탐사와 수집이 동시에 수행된다. 수집은 야외에서 재래종, 야생종 등의 종자나 번식재료(propagules)를 모으는 것을 말한다. 그것은 또한 통신과 교환을 통한 재료의 집합이라고 할 수도 있다. 수집된 생식질은 그것의 유전적 조성을 이해하고 유용한 형질을 확인하기 위하여 연구되어야 한다. 이것은 재료에 대한 체계적인 특성파악과 평가를 통하여 이루어진다.

보존은 알려진 유전자원의 관리와 보존을 포함한다. 식물유전자원의 보존은 현지외 보존과 현지보존 등 두 가지 접근으로 나뉘어 진다. 현지외 보존은 원래의 서식지 바깥의 종자, 포장, 기내유전자은행(*in vitro* gene-bank) 또는 식물원과 같은 특별히 만든 시설에서 생식질을 유지하는 것이다. 식물유전자원은 또한 화분, DNA 라이브러리(libraries)로서 보존될 수 있다. 다른 접근인 현지보존은 생태계 및 자생지 보존으로서 정의되었으며 그들의 자연 환경에서 혹은 작물화되었거나 재배되는 종의 경우에 그들이 독특한 성질을 나타낸 환경에서 종의 생존집단을 유지하고 회복하는 것으로서 정의되었다. 양자의 경우에 인간생활의 향상을 위해 보존된 식물유전자원의 이용은 중요하다. 보존된 재료를 가장 잘 이용하기 위해서는 재료를 자유롭게 교환해야 하는데 이것은 한 국가내에서 뿐만 아니라 국가간에 생식질의 이동을 포함한다.

마지막으로 수집, 연구, 보존된 생식질은 작물의 현존하는 품종의 개량을 위해 이용되어야 한다. 이것은 수집된 재료로부터의 단순한 선발을 통하여 이루어질 수 있으며 개량의 목적을 위해 사용되는 재료 사이의 유전적 거리에 따라 교잡, 검정 및 선발의 매우 복잡한 과정을 포함하게 된다.

가. 생물공학의 역할

생식질에 대한 주제영역은 탐사와 수집, 보존, 특성파악과 평가,

생식질의 교환 및 유전적 강화로 구성된다. 기능적인 면에서는 이러한 것들은 주로 기내공학(*in vitro* technology)과 분자공학(molecular technology)으로 구성된다. 조직배양, 보존 및 식물재료의 재분화를 포함하는 기내공학은 수집, 보존, 생식질 건강 및 교환을 위하여 유용하다. 식물유전자원 관련활동을 효율적으로 수행하도록 도울 수 있는 가용한 생물공학기술을 살펴본다.

1. 탐사 및 수집

인간에게 가용한 식물유전자원은 빠르게 침식되고 있다. 여기에 대한 이유는 여러 가지가 있으며 새롭고 균일한 품종의 도입, 삼림벌채, 개발활동(관개, 수력발전 프로젝트, 주택 및 도로건설 등), 도시화 및 농업기술의 변화 등을 포함한다. 이러한 환경하에서 농민의 포장이나 자연으로부터 아직 이용 가능한 유전적 다양성은 무엇이든지 애써서 수집할 긴급한 필요성이 있다.

생물공학은 ① 주어진 지역내의 가용한 유전적 다양성에 관한 정보를 제공함으로써 ② 특히 영양번식 종과 recalcitrant종자를 갖는 종과 같은 문제의 종을 수집하는 새로운 방법을 제공하기 위하여 포장에서의 적용을 위한 기내방법을 개발함으로써 효율적인 수집을 보장하고 실질적인 장애를 줄일 수 있다. 생식질 수집은 일반적으로 종의 집단으로부터 종자의 표본을 수집하는 것을 포함한다. 그러나 영양번식 식물과 recalcitrant 종자를 갖는 종을 수집하는 것이 종종 문제가 된다. 이것은 수집한 재료가 흔히 부피가 크고 빨리 퇴화될 수 있으며 해충이 들끓을 수 있기 때문이다. 조직배양의 발달은 문제가 되는 종의 생식질을 기내수집하는 데 사용할 수 있는 일련의 기술을 이용할 수 있게 하였다.

그와 같은 발전의 한 예는 cacao budwood를 수집하여 무독성 소독제로 살균한 다음 미리 실험실에서 준비해둔 살균제를 포함하는 배지상에 접종하는 것이었다. 이 방법은 열악한 열대조건하에서 성공적으로 이용되었다. Coconut의 경우에는 접합자배의 배지로의 성공적인 포장접종이 이루어졌다. 추출된 배는 실험실로 옮기기 위해서 무기염용액에 저장된다.

또 다른 예는 영양재료를 수집하는 전래적 방법의 퇴화, 검역을 위한 격리 및 부피 문제를 극복하기 위하여 *Digitaria eriantha* spp. Pentzii와 *Cynodon dactylon*을 수집하는 데 간단한 기내기술을 개발한 것이다. 조직배양을 위한 코코넛의 미숙화서를 수집하는 데 비파괴적 기술을 개발하려는 시도가 이루어지고 있다. 上記한 연구들의 대부분은 IPGRI/IBPGR에 의해 지원되었다.

한 집단내의 다양성의 정도와 분포를 이해하는 것은 효과적인 표본추출을 위해 필수적이다. 최근에 유전적 다양성을 연구하는 데 분자유전학적 기술의 이용은 일부 종의 유전적 다양성에 대한 보다 나은 이해에 공헌하였다. 생태지리학적 조사는 종내 다양성은 물론 종분포에 관한 정보를 제공한다. 분자유전학적 기술은 물론 생화학적 기술이 특별한 지역의 효과적인 표본추출을 허용하는 유전적 다양성 유형의 적절한 평가를 위한 조사를 하는 동안에 적용될 수 있다.

예를 들면 RFLPs(Restriction Fragment Length Polymorphisms)을 이용하여 하나의 토마토 수집 종에 새로운 유전자를 추가하는 확률은 토마토의 야생 근연종인 *Lycopersicon peruvianum*의 한 accession을 추가함으로써 약 20배 정도 높을 것임을 나타내었다. 식물표본 재료와 화석같은 건조표본으로부터 DNA의 추출영역에서의 최근의 발전은 우리가 유전적 다양성의 유형과 계통발생 유연관계를 더 잘 이해할 수 있게 해주고 있다. 집단 다양성을 평가하기 위해서 포장에서 사용됨으로써 최대의 다양성을 쉽게 표본추출할 수 있는 방법을 개발하려는 노력이 또한 진행되고 있다.

분자생물학의 발달은 생식질 수집가를 위한 하나의 추가적인 선택(option)인 DNA수집을 위한 실용분야의 protocol의 개발을 가져올 수 있다. 성공적인 탐사와 수집을 위하여 적당한 재정과 인적자원을 가진 잘 조정된 노력이 요구된다. 수반되는 방법은 다른 농장이나 지리적 장소의 표본추출을 통하여 최대의 유전적 다양성을 회복하기 위한 확실한 과학적 원리에 기초를 두어야 한다. IPGRI는 수집을 더 효율적으로 하는 데 가용한 생물공학적 방법의 사용을 포함하여 성공적인 수집 프로그램을 위한 여러 가지 필요조건을 설명하는 생식질 수집에 관한 종합적인 안내서를 발간하였다.

2. 특성파악과 평가

역사적으로 생식질 수집과 보존은 종간 및 종내의 분류학적 상태와 진화적 관계를 밝히는 데 의의가 있었다. 이것이 생식질 수집을 위한 중요한 역할일지라도 유전자원보존에 대한 주요한 정당화는 그것을 작물개량과 물질생산에 이용하는 데 있다.

넓은 유전자 pool로부터의 변이를 성공적으로 이용하기 위해서 우리는 생식질에서 이용할 수 있는 바람직한 형질은 물론 유전적 특질을 넓힐 필요가 있다. 이것은 오로지 생식질에 대한 체계적인 특성파악과 평가가 이루어진 다음에야 가능하다. 첫째는 개별적인 accession에 관해 기록된 많은 형질은 진단적 가치를 가지며 유전자은행의 큐레이터(curator)가 끊임없이 accession의 정보를 얻어내고 해를 거듭함에 따른 그것의 유전적 원상태를 확인하게 할 것이다. 둘째 기능은 재료의 사용에 관련된다. 특성파악과 평가는 많은 형질의 기록을 가져오며 이것은 사용자가 작물개량과 물질생산에 사용하기 위한 바람직한 형질을 가진 accession을 확인하게 한다.

대개 매우 유전적이며 흔히 형태적인 형질이 특성파악을 위하여 채택된다. 특성파악은 정상적으로는 생식질큐레이터에 의해 수행된다. 작물개량의 목적을 위해서 농경 및 경제적 형질에 대한 평가는 주로 여러 전문 분야로 이루어진 팀에 의해서 수행된다. 그러한 형질은 대개 폴리진 제어하에 있으며 환경에 의해 강하게 영향을 받는다. 그런 형질의 기록은 복잡한 기술과 적당한 시설을 필요로 한다. IPGRI는 식물유전자원의 보다 나은 특성파악과 평가를 용이하게 하기 위하여 여러 가지 주작물에 대한 많은 디스크립터를 발행하였다.

최근까지 식물유전자원의 특성파악과 평가의 대부분은 질적, 양적 형태적 형질의 기록에 기초를 두었다. 과거 10년 동안 더욱 더 많은 비중을 생화학적 특성화에 두었으며 더욱 최근에는 분자유전학적 기술의 이용에 더 많은 비중을 두었다. 유전자형 특성파악을 위한 형태적 표현형의 사용은 장단점을 갖는다. 이들 형질의 대부분의 복수유전자좌 성질은 육종가에게 매우 유용한 정보를 제공한다. 그러나 복잡한 유전이 육종의 예측을 어렵게 한다.

유전자 산물(단백질, peptides)또는 대사산물(terpenes, flavonoids 등)의 이용은 부분적으로 이 문제를 해결할 수 있게 하였으며 전기영동적 동위효소의 분리양상이 특정한 농업적 또는 형태적 형질과 관련이 있다면 이러한 유전형질의 분석을 더욱 쉽게 할 수 있다. 그러나 전기영동적으로 관찰할 수 있는 동위효소의 변이는 그 수가 제한적인 단점이 있다. 이러한 단점을 보완할 수 있는 방법이 DNA를 이용한 분자유전학적인 방법으로서 이 방법은 단백질을 분석하는 생화학적 방법에 비하여 몇 가지 유리한 점이 있기 때문에 근래에는 이 방법을 선호한다. 이것의 이점을 열거하면 다음과 같다.

① 환경의 영향을 받지 않는다.
② 어떠한 생육단계로 부터 어떠한 식물부위도 이용이 가능하다.
③ 분석을 위한 수에 제한이 없다.
④ 적은 양의 재료만이 요구된다.
⑤ DNA는 매우 안정하며 건조표본조차 이용될 수 있다.

그러나 실질적으로 불리한 점도 몇 가지 있는데 그것은 대규모 스크리닝에 부적합하고 nucleotide sequence 변이에 관한 실험성적(data)은 보통 전체 게놈의 매우 작은 부분만을 특성화하며 종종 경제적으로 관심있는 형질에 관련되지 않는다는 점이다. 반복성과 비방사선적 동위원소의 사용에 관해서도 더 많은 연구가 필요하다.

생물공학이 사용될 수 있는 생식질 특성화의 네 개 영역은 ① 중복되어 있는 二重의 accession을 포함하는 유전자형의 동정, ② 유전자형의 "fingerprinting" ③ 수집 또는 자생지에서의 유전적 다양성 분석 ④ 중핵수집(core collection)의 집합 등으로 확인되었다. Accession의 동정이 가능할지라도 수집에서 이중의 accession 확인을 위해서는 그것이 대규모로 사용되어야 한다. Fingerprinting의 가치는 품종확인 분야에서 더 높다. 이러한 연구들은 모두 상당히 많은 표본의 분석을 요구한다. 그런데 오늘날까지 수집에서 유전적 다양성을 분석하는 작업의 대부분은 작은 수집을 이용하여 수행되었다. 유전적 다양성의 그와 같은 분석은 최소량의 여분을 가지고 하나의 큰 수집에서 다양성의 대부분을 나타내는 중핵수집을 집합하는 데 이용된다.

하나의 수집에서의 유전적 다양성에 관한 정보는 작물개량을 위한 유전적 다양성을 사용하게 함은 물론 그것을 유지하는 데 또한 도움을 줄 것이다. 유전적 다양성의 정도에 대한 결정과 그것의 수집에서의 유지는 동위효소변이 및 분자유전변이의 분석에 의해서 도움을 받을 수 있다. DNA sequence에 있어서의 변이는 single copy유전자, 반복유전자 및 organelle게놈을 조사하기 위하여 이용되어 왔으나 집단에서의 변이에 대한 연구는 비교적 소수만 수행되었으며 80년대 후반 이후에 많은 발전이 있었다. 유전적 다양성을 연구하는데 그것들의 이용이 제한되었지만 RFLP지도가 일부 작물에서 만들어졌다. RFLP 연관지도가 옥수수, 토마토, 벼 및 감자를 포함하는 몇몇 작물에 대해서 작성되었다. 최근의 빠른 진보는 nucleotide sequence의 변이를 검출하기 위하여 여러 가지 방법의 개발을 가져 왔다<4. 분자마커기술의 종류 및 특성 참조>.

3. 식물유전자원의 연구에서 마커기술의 응용

불과 수 년전까지만 해도 식물유전학과 식물유전자원의 연구에서 조밀한 유전자지도를 작성하고 또 유전적 마커를 이용하여 유전자 분석 및 특정 형질에 대한 육종적 조작은 거의 기대할 수가 없을 정도로 미약하였다. 형태적인 마커를 이용한 유전자지도는 옥수수나 토마토 등의 극히 일부의 작물에서 이용되었으나 그 밖의 작물에서는 거의 작성되어 있지 않았다. 특히 목본류의 식물 등에 있어서는 이들 식물의 생활환이 길고 형태적인 마커의 수적인 제한으로 인하여 유전연구에 많은 제약이 있었다. 생화학적인 방법으로 동위효소를 이용한 표식유전자의 개발은 분자생물학적인 마커기술이 개발되기 이전에는 상당히 많은 가능성을 제시하는 마커기술이었으나, 최근에는 분자유전학적인 기법의 발달로 인하여 동위효소의 이용은 그렇게 활발하지 못한 실정이다.

　분자유전학적인 마커기술로서 첫번째 개발된 방법은 제한효소 단편다형화 현상(RFLP; restriction fragment length polymor-phism)이다. 이 방법은 기존의 표현형적 또는 생화학적 마커들과는 비교가 되지 않을 정도로 많은 대립유전자를 검정할 수 있으므로 많이 이용되고 있다. 또한 DNA연쇄중합반응의 발견과 자동연쇄중합반응기의 발명으로 식물유전자의 마커기술의 진보가 상당히 빠르게 진척되고 있다.

　유전학 연구에서 마커라 함은 특정한 형질과 밀접히 유전적으로 연관이 되어 있어서 마커 출현의 가부에 따라 연관된 형질의 발현을 유추할 수 있는 지표를 지칭한다. 따라서, 마커는 특정형질 발현에 관여하는 그 유전자 자체일 수도 있는데 이 경우는 완전연관이라 할 수 있다. 그러므로 특정 유전자와 마커간의 유전적 거리가 가까우면 가까울수록 분석하고자 하는 형질의 발현 정도를 유추하는 데 정확도가 높아진다.

　유전학적인 용어에 1cM이란 100개의 생식모세포(gametocyte)중 1개의 생식모세포에서 유전자간의 교차가 일어나서 비양친형(recombinant type)의 생식모세포가 나올 확율의 거리에 있는 두 유전자간의 거리를 의미하는 것으로, 두 유전자간의 거리가 멀면 멀수록 교차가 일어날 확률이 높으므로 유전적인 거리 또한 멀어지게 되고 50cM 이상의 거리에 위치한 두 유전자는 유전적으로 연관되어 있지 않다고 할 수 있다.

　통상의 경우 진핵생물의 세포에는 5만에서 10만개 정도의 단백질이 발현된다고 한다. 진핵생물의 DNA 염기의 수는 수천만에서 수십억 개 정도의 DNA 염기로 되어 있으며, 각각의 염색체도 수백만 bp에서 수천만 bp에 이르므로 대체로 생물의 종이나 유전자들의 염색체내의 위치에 따라 다르지만 1cM은 대개 20만에서 40만 bp정도로 보고 있다. 이들 유전자들의 염색체내에서의 위치를 밝히고, 각 유전자들간의 상대적거리를 조환가에 의하여 측정하고, 실제적 거리를 결정하는 일이 바로 유전학의 중심적인 연구로서 근간에는 주요 작물들을 중심으로 게놈의 연구가 매우 활발하다. 그리하여 애기장대(Arabidopsis), 벼, 보리, 옥수수, 토마토 등의 경우에는 상당히 조밀한 유전자 지도가 완성되었다.

1)유전자지도의 작성

Mendel이 1800년대 후반에 완두의 유전형질의 분리현상을 보고한 이후 수 많은 생물에서 유전자들이 분리·동정되었고, 이들의 유전양상에 다른 유전자들의 연관에 기초한 지도가 작성되었으며, 식물에서는 옥수수와 토마토에서 1930년대 초에 이미 이러한 현상에 대해서 연구되었다. 따라서 많은 식물유전학자들은 유전자 지도를 응용하여 식물이나 작물의 개량에 적용시키기 위한 노력을 끊임없이 시도하여 왔다. 하지만, 생화학적인 마커들이 등장하기 이전까지는 유전자지도에 사용된 마커들은 표현형적인 마커들로서 이들의 숫자는 극히 제한적인 것이었다. 그러나, 생화학적 또는 분자생물학적 마커기술의 진보에 의해 근래의 식물의 유전자 지도는 수백 개의 마커가 포함된 유전자지도의 작성이 가능하게 되었다.

2)특정 유전형질의 염색체 위치 결정과 유전자의 클로닝

유전자지도를 바탕으로 유전자를 클로닝할 수 있다는 가설이 제창되었을 때까지만 해도 분자유전자 지도를 작성하는 데는 많은 시간과 노력이 들었으나 최근에는 여러 가지 분석기법의 발전으로 유전자지도가 작성되어 보고된 식물체 만도 30여 종에 이르며, 유전자지도를 기초로 특정형질의 염색체 위치를 밝히는 것이 이미 보편화되어 있다.

특정 유전자의 마커를 개발하는 기법으로는 세 가지가 있는데, 첫번째 방법은 근동질계통(NIL, near isogenic lines)을 이용하는 방법으로 이 방법은 분석하고자 하는 형질이 상이한 두 계통을 교잡하여 그 후대에 계속 한쪽친을 여교잡한 후 선발하는 방법으로 계

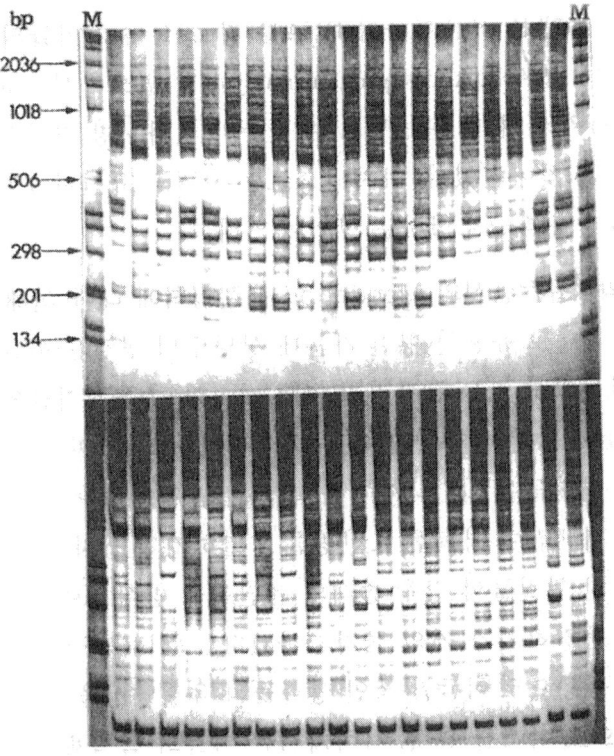

〈그림 18〉 RARD기법에 의한 벼유전자원의 DNA다형분석

산상으로는 5회정도의 여교잡과 선발에 의해서 약 97%정도의 유전자형이 동질이며 나머지 3%정도의 유전자형이 서로 다른 두 계통을 육성할 수 있다. 따라서 분석하고자 하는 농업형질은 서로 다르나 나머지의 유전자형은 거의 동질인 계통을 육성하면 이들간의 근동질계통이라 할 수 있으며, 근동질 계통들간에 서로 다른 분자마커를 찾는다면 이들은 원하는 형질과 상당히 근접하여 연관된 분자마커일 가능성이 높은 것이다. Martin 등(1991)은 토마토의 Pseudomonas에 저항성과 이병성인 근동질계통인 토마토 계통들을 RAPD법으로 분석한 결과 7개의 다형화현상을 보이는 분자표식을 찾아서 이들을 다시 F_2의 각 개체와 연결하여 분석한 결과 2개의 마커는 Pseudo-monas의 저항성 유전자 pto와 상당히 밀접하게 연관되어 있음을 밝혔다.

또 한 가지 방법은 특정 형질에 대해서 표현형을 달리하는 두 식물체를 교배한 후 F_2의 분리 집단을 작성하고 특정 형질에 대해서 같은 표현형을 가지는 F_2 식물체들의 DNA와 이에 대립되는 형질을 가진 F_2 식물체들의 DNA를 따로 섞어서 이들의 DNA를 분석하는 BSA(bulked segregant analysis)기법으로서 Michelmore 등(1991)은 이와 같은 방법으로 상추의 흰가루병 저항성 유전자들을 쉽게 찾아내었다. 마지막으로는 고밀도 유전자를 이용하여 특정 유전자를 클로닝하는 방법이 있다.

3) 양적유전형질의 Mendelian 유전법칙에 대한 이해

농업적으로 유용한 형질 가운데 상당수의 형질은 이들 형질발현에 관련하고 있는 유전자가 여러 개이며 각 유전자들의 형질발현 기여도가 다른 양적인 형질들이 대부분이다. 따라서, 이러한 양적인 형질들은 집단내에서 연속적인 변이를 보이면 경우에 따라서는 개체간에 명확한 표현형을 구별하기가 쉽지 않다. 이러한 양적인 형질들의 경우 종래의 유전분석 방식으로는 염색체의 위치를 동정하기가 거의 불가능하였다.

그러나 분자유전학적인 마커의 응용으로 이들 양적인 형질들의 유전양상을 Mendelian 유전방식으로 이해를 하며, 나아가서는 이들의 염색체내의 위치를 결정할 수 있다. 즉, 양적인 형질발현이 서로 상이한 두 계통을 교배하면 F_2분리 집단에서는 연속적인 변이를 나타내며 각 형질들의 출현율은 이항분포의 양상을 보이게 된다. 따라서, 이때 가장 극단의 형질을 보이는 두 집단의 개체들을 앞에서 기술한 BSA분석법으로 분석하고 이 두 집단간의 차이를 보이는 마커들의 염색체내의 위치를 결정하게 되는 것이다. 이론상은 기술한 바와 같으나 실제적인 분석의 경우는 QTL-Mapping PC Program들이 개발되어 있어 컴퓨터에 의해 자동적으로 계산된다.

4) 식물육종시 선발의 지표로서 활용

지금까지 식물의 육종에서 특정형질을 가진 식물체를 고정하기 위해서는 표현형 또는 병리학적 마커들을 이용하여 선발해 왔다. 그러나 이러한 표현형 마커들은 환경의 영향이나 유전자들의 상호작용에 의해 발현이 조절되어 정확한 진단이 어려운 경우가 많았으며 경우에 따라서는 이들 표현형질이 식물의 후기에 발현되어 발현될 때까지 식물을 생육시켜야 하는 번거로운 점들이 있었다.

그러나 분자마커를 이용하는 경우는 식물체를 진단하는 경우에 환경의 영향을 배제할 수 있어서 분석하고자 하는 식물체의 유전자형을 정확하게 진단할 수 있다. PCR을 이용한 마커의 경우는 극히 소량의 DNA를 사용하여도 분석이 가능하므로 생육의 초기에 약간의 식물조직에서 DNA를 분리하여 분석할 수 있으며, 조기선발이 가능하여 불필요한 식물체들을 조기에 도태시킴으로써 많은 노력의 절감을 가져온다. 실제적으로 직경 0.5cm의 leaf disc에서 추출한 DNA로 100회 이상의 RADP분석을 할 수 있다. Rafalski & Tingey(1993)는 식물의 육종연구에서 식물체의 유전자형 진단에서의 분자마커들의 이용과 선발에 대한 효율을 향상시키기 위해 컴퓨터를 이용한 자료의 자동화를 역설하고 마커를 이용한 식물육종의 일련의 과정을 설명하였다.

5)작물내 또는 작물간의 유전적 근연관계의 확립 및 식물분류에의 응용

종래의 식물분류에서는 식물체간의 비교는 주로 식물체들의 여러 가지 식물학적 표현형 특성에 따라 분류해 왔다. 하지만 이들 표현형질들은 이미 앞에서 기술한 바와 같이 환경의 영향에 의해 표현형질의 발현이 조절되는 경우가 있다. 그리고 어떤 유전형질의 경우는 단일 유전자에 의해 결정되지만 어떤 유전형질의 경우는 몇 개 유전자의 상호작용에 의해 결정되는 경우도 있다. 그 경우에 이들 표현형들을 분류의 지표로 사용함에 있어서 동일한 가중치를 부여하여 분류하는데 정확한 진단을 하기가 어려운 점이 많다.

하지만, 환경의 영향을 배제할 수 있는 분자마커들을 이용하는 경우는 대부분의 이들 마커들이 세포내에서의 기능이 알려져 있지 않은 무명의 DNA단편들이므로 이들간에 동일한 가중치를 부여하는데 무리가 없다. Sharma 등(1995)은 Lentil의 야생종과 재배종 27종의 식물을 RAPD기법으로 분석하여 이들의 유연관계를 구

명하였으며, Becerra 등(1994)은 강낭콩들의 재래종, 육성종 및 외래의 수도품종들을 RFLP와 RAPD기법을 이용하여 분석하여 이들의 유전적 다양성과 근연관계를 조사한 결과 표현형질 중의 하나인 종실의 형태에 따른 구분과 분자마커들을 이용한 구분이 잘 일치함을 보여 주었다.

6)식물유전자원의 평가

현재 우리가 재배하고 있는 작물들은 오랜기간 동안 재배를 거치면서 거듭된 선발에 의해 유전적인 다양성이 상당히 좁아져 환경적으로 조금만 스트레스를 받아도 그에 대한 대처 능력이 제한되므로 큰 피해를 입게 된다. 그러나 재배되지 않은 많은 야생의 근연식물체들이나 인간에 의해 선발되지 않아 그냥 농가에서 보존되고 있는 재래종들에는 아직도 이와 같은 환경의 변화에 적응힐 수 있는 유전자를 가진 것들이 많다. 따라서, 이러한 유전자원들의 중요성이 인식되어 현재에는 각 나라마다 유전자원의 수집에 큰 관심을 가지고 유전자은행이나 종자은행을 설치하여 유전자원을 관리하고 있고 매년 새로운 유전자원들을 농가나 야생으로부터 수집하고 있다.

그러나 이러한 방대한 양의 수집종들을 몇 가지의 가시적인 형질들로 분류하여 저장하고 재배하여 증식시키고 있으나 이들 중에는 상당한 양의 유전자원의 분류가 잘못되어 중복되어 있는 것도 많다. 실제로 Virk 등(1995)은 필리핀의 국제미작연구소에서 보유하고 있는 수도품종 또는 계통들을 분자마커들로 분석한 결과 그곳에서 보유하고 있는 상당량의 유전자원이 중복되어 있음을 보고하였다. 또한 타식성 식물의 경우 수집할 당시에는 유전적 조성이 고정되어 있지 않은 상태이므로 이들의 유전적 순도를 검정하는 일에도 분자마커들이 상당히 유용할 수 있다.

7) 핵산지문(DNA fingerprinting)에 의한 식물체의 동정

핵산지문에 의한 특정 개체의 감별은 이미 인간 유전학이나 가축의 유전학에서는 보편화되어 사용되고 있으나 식물에서는 아직 보편화되어 있지 않다. 하지만 앞에서 기술하였듯이 특정한 유전자원의 중요성이 크게 부각되고 있는 요즘 특정한 유전자 조합을 가진 식물체는 특허권을 획득하여 이들을 보호할 필요가 있으며 실제로 육종가들은 특별히 육성한 유전집단에 대해서 보호를 받고자 한다. 이러한 목적에서도 분자마커들은 잘 응용될 수 있다.

예를 들면 자식성 작물의 경우 RFLP의 각 분자표식마다 2개의 대립유전자가 있다고 가정하고 각각의 출현율이 0.5라 한다면 20개의 자식계통을 구별하기 위해서 20개의 probe를 사용할 경우 99% 정도의 정확성으로 각 개체를 구별할 수 있다. 그러나 microsatellite분석으로는 대립유전자의 수가 RFLP보다 월등히 많으므로 분석하는 회수를 줄이고도 보다 확실한 분석이 가능하다. Cregan 등(1994)에 의하면 96개의 다양한 대두품종을 구별하기 위해서 15개의 microsatellite loci를 분석함으로써 가능하였다고 한다.

8) 기타

앞에서 열거한 응용 이외에도 분자마커는 여러 가지 면에서 식물유전학, 식물유전자원학 및 육종학 연구에 응용될 수 있다. 현재 재배되고 있는 작물들은 처음에는 아주 먼 공통의 조상으로부터 유래되었는데 분자마커를 이용하여 이들의 비교 유전자지도를 작성, 분석함으로써 이들의 진화를 구명하고 게놈의 구성을 연구할 수 있는 것이다. 또한, 재배되고 있는 작물의 형질을 개량하고자 야생 근연종의 유전물질을 도입할 경우 이들 야생의 유전물질을 추적하고 분석할 필요가 있는데 이때에도 야생 유전물질에 특이한 분자표식을 이용하여 이들을 효과적으로 추적하고 관리할 수 있다.

4. 분자마커기술의 종류 및 특성

식물 종내의 개체들은 염기서열 치환, 삽입, 결실 등의 돌연변이에 의해 DNA 수준에서 다양한 변이를 보인다. 분자마커가 개발되기 전에는 DNA 수준에서 식물의 변이를 체계적으로 연구하는 일이 불가능했으나 분자마커의 개발로 DNA 수준에서 생물체 내의 변이 탐색이 가능해졌다.

현재 다양한 형태의 분자마커 기법들이 개발되어 있는데, 그 중에서 RFLP (Restriction Fragment Length Polymorphism) 분석법은 분자마커의 기법들 중에서 가장 먼저 개발되어 초창기 식물 게놈연구에 많이 이용되었다. 그 이후에 PCR을 응용한 분자생물학적 기구와 기법의 발전으로 많은 분자마커의 기법들이 개발되었는데, PCR을 이용한 분자마커의 기법으로는 RAPD(Random Amplified Polymorphic DNA), SSR(Simple Sequence Repeat 또는 Microsatellite), CAPs(Cleavable Amplified Ploymorphic Sequences), AFLP(Amplified Fragments Length Ploymorphism), ISA(Inter - SSR Amplification) 등의 기법이 있으며 이들은 분석하는 연구자에 따라 조금씩 다른 이름으로 불리기도 한다.

1) RFLP(Restriction Fragment Length Polymorphism)
분자마커의 기법들 중에서 가장 먼저 개발된 분석법으로 이 방법은 Southern blot hybridization 기법을 응용한 방법이다. 즉, 먼저 분석하고자 하는 식물체들의 게놈 DNA를 추출하고 이들을 몇 가지(통상 5~6 가지 정도)의 제한효소로 절단한 후 agarose 젤로 전기영동하여 분리된 DAN 단편들을 nitrocellulose membrane 또는 nylone membrane에 이전시킨 후 이미 클로닝된 단편을 동위원소나 biotin 등의 비동위원소로 표시하여 probe를 제작하고 이를 위의 nitrocellulose membrane 또는 nylone membrane에 붙여져 있는 제한효소 단편들과 분자교잡을 시키는 방법이다. 이때 어느 두 식물체 간에 제한효소가 인지하는 부위 등이 돌연변이로 이동되었거나 소멸되었을 경우 두 식물체는 제한효소 단편의 다형화 현상이 나타난다. 이 방법은 식물 게놈의 연구에서 지금까지 가장 많이 사용된 방법으로서 가장 뛰어난 장점은 재현성이 월등하다는 점이다. 그러나 이 방법은 실험을 진행하는 절차가 복잡하고 다량의 DNA가 필요하며 분석을 하기 위해서는 꼭 클로닝된 DNA단편들이 필요하다는 단점이 있다.

 RFLP 기법은 게놈 또는 염색체 수준에서 주로 유전자지도작성(gene mapping)과 표지인지 보조선발 (marker assisted selection) 에 유용한 표지인자기술이이지만 기술적으로 복잡하고 방사선 동위원소의 사용을 필요로 한다. 그러나 90년 초반부터 비방사선 표지의 사용에 관한 연구가 진행되고 있으나 대규모의 유전적 다양성 분석에서 RFLP 기법을 상례적으로 적용하는 것은 어려울 지도 모른다.

 2)RAPD(Random Amplified Polymorphic DNA)
 RAPD 분석법은 Polymerase Chain Reaction PCR) 기술을 사용하는 한가지 유형의 표지인자이다. 이 기법은 기본적으로 간단하고 빠르며 아주 적은 양의 DNA를 필요로 하고, 또한 방사능을 사용하지 않으며 다량의 표본분석에 적합하다. 분석능은 게놈수준에 있으며 그것은 하나의 전형적인 표지인자기술(marker technology)이다. RAPDs는 멘델식으로 분리하며 집단유전학 연구와 관심 있는 유전자의 위치 선정 및 조작, 체세포잡종의 초기단계에서의 확인, 집단간 및 집단내의 유전적 다양성 수준의 감시(monitoring), 개체별 accession의 fingerprinting 등에 유용하다.

RAPD 분석법은 William 등(1990)과 Welsh & McClelland(1990)에 의해 개발된 방법으로서 염기의 수가 9-10개 정도 되는 oligonucleotide를 primer로 사용하여 식물체의 게놈 DNA를 무작위로 PCR증폭시킨 후 증폭된 산물을 전기영동하여 분석하는 방법으로 분석절차가 아주 간편하여 최근 수년간 많은 실험실에서 사용하고 있는 방법이다. 이때 나타나는 다형화 현상은 게놈 DNA에서 primer의 접합부위가 돌연변이로 소멸되었거나 primer의 접합 부위간의 길이가 돌연변이에 의해 변했을 경우 등이다.

게놈 DNA가 PCR반응시 성공적으로 증폭되려면 증폭이 가능한 거리(대개 2Kb 이하)에서 primer가 주형의 DNA가닥에 서로 안쪽 방향으로 접합이 되어야 한다. 따라서 10개의 염기로 구성된 10mer primer는 이론상 4^{10}bp 정도마다 한 번씩 접합부위가 나타날 수 있으므로 진핵생물의 염색체들은 보통 수백 내지 수천만 개의 염기로 이루어져 있어서 수백 개 정도의 접합부위가 나타나게 된다. 이때 이들 접합부위가 증폭 가능한 거리에서 접합방향이 맞으면 증폭이 되는데 통상 고등식물들의 경우 약 2~15개 정도의 증폭되는 단편들이 나타나고 이들은 각 개체 간에 변이가 높고, 주형의 DNA가 아주 소량 요구되므로 간편하다.

그러나 이 방법은 재현성이 떨어지고 나타나는 마커는 우성으로서 F₂ 등의 분리 집단에서는 사용할 수 없다는 단점이 있다. 따라서 재현성을 높이기 위해서는 PCR primer를 선발시 3회 이상 재현이 되는 밴드들만을 골라서 마커로 선발하고 선발된 RAPD 마커들은 클로닝 후 sequencing을 하여 양끝 말단 염기서열을 가지고 primer의 길이가 약 20mer 정도가 되도록 primer를 제작하여 STS(sequence tagged sites)로 전환하여 PCR증폭을 하면 클로닝된 probe와 같이 재현성이 뛰어나서 다른 실험실에 분주도 할 수 있다. 또한 이 STS마커는 공우성으로서 이형접합의 식물체도 분석이 가능하므로 F₂ 집단의 분석도 가능하다. Paran & Michelmore(1993)는 상추에서 8개의 흰가루병 저항성 RAPD 마커들을 클로닝 후 sequencing하여 STS마커로 전환하여 보다 재현성 있는 마커로 전환하였는데 그들은 이러한 STS마커를 SCAR (sequence characterized amplified region) 마커라고 하였다.

3)CAPs(Cleavable Amplified Polymorphic Sequences)

이 방법은 PCR-RFLP 라고도 하며, Konieczny & Ausubel(1993)이 처음으로 제창한 방법으로 특별한 유전자좌의 DNA를 PCR증폭 후 증폭된 단편을 다시 여러 가지의 제한효소로 절단하여 전기영동을 한 후 각 개체간의 차이를 살펴보는 방법이다. 따라서 이 방법은 첫째로 증폭된 단편들의 길이에 의한 차이와 단편내의 제한효소 인지부위의 염기 차이 등에 의한 다형화 현상 등도 관찰할 수 있으므로 현상의 관찰을 증진시킬 수 있다.

하지만 이 방법에 의한 분석법은 PCR에 의해 증폭되는 amplicon 단편의 길이가 2Kb 이하로서 제한효소의 수를 많이 사용하여야만 다형화 현상을 증진시킬 수 있다. 이때 사용되는 특별한 유전자를 증폭시키기 위한 primer의 고안은 이미 sequence가 발표된 database

를 사용하거나 반복수가 적은 cDNA클론 등을 sequencing하여 그 primer sequence를 기초로 고안할 수 있다. 또한 RAPD 단편들이 다형화 현상을 보이지 않을 경우 이들 단편을 다시 제한효소로 절단하여 분석할 수도 있다. 그리고 PCR증폭 전에 주형의 DNA를 제한효소로 절단하여 PCR증폭을 할 수도 있다.

4) SSR(Simple Sequence Repeats, 또는 Microsatellite)

진핵세포 염색체의 도처에 존재하는 아주 간단한 mono-, di-, tri-, tetramer의 motif들이 반복된 microsatellite repeat unit의 차이를 분석하는 방법이다. 식물체의 게놈에는 약 50Kb마다 적어도 한 가지의 이와 같은 Microsatellite들이 존재한다. 이러한 DNA들은 unequal crossing-over 등의 기작에 의해 반복단위의 변이가 아주 심해서 polymorphism에 의한 마커의 개발로는 아주 좋은 소재가 되고 있다. 이 방법은 기존에 사용되고 있는 여러 가지 마커기법들 중에서 분석이 가능한 대립유전자의 수가 가장 많으므로 특정한 식물체의 fingerprinting을 위해서 상당히 좋은 기법이다. 분석방법으로는 우선 이들 반복되는 microsatellite의 5'과 3' flanking sequences를 바탕으로 primer를 제작하여 PCR로 이들 flanking primers의 중간에 있는 microsatellite sequence를 증폭한 후 3% metaphore agarose 젤이나 sequencing 젤로 분리하여 각 증폭된 amplicon들의 길이의 차이에 의해 반복단위를 분석한다.

따라서 이 방법은 일단 분석을 하기 위해서는 각 microsatellite loci들의 특이한 primer sets를 갖추어야 하는데 이러기 위해서는 microsatellite sequence가 풍부한 library를 구축하고 이들 각 클론 sequence를 바탕으로 primer를 제작해야 하는 등 적지 않은 자금과 노력이 필요하다. 그 밖에도 microsatellite sequences를 가진 DNA sequence를 DNA database에서 탐색하여 primer를 고안할 수도 있다. 이 방법은 이와 같이 준비상의 어려움에도 불구하고 일단 primer set만 갖추어지면 분석방법이 간단하고 재현성이 아주 높으므로 벼, 옥수수, 콩, 밀 등의 주요 농작물에서는 SSR 기법을 이용한 유전자지도 작성과 마커 개발에 많은 진전을 보이고 있다.

Microsatellite sequence를 분석하는 방법으로는 그 밖에도 PCR primer 자체를 microsatellite sequence를 사용하는 ISA(Inter-SSR Amplification) 기법이 있다. 이 방법은 분석 자체는 RAPD와 흡사하나 증폭된 단편들을 분리할 때에는 sequencing 젤을 사용하는데 한꺼번에 다량의 밴드들을 생성하나 이들도 재현성이 떨어지는 단점이 있다.

5) AFLP(Amplified Fragments Length Polymorphism)

이 방법은 RFLP의 재현성과 RAPD의 간편성이 합해진 방법이다. 이것은 아주 최근에 개발된 방법으로서 분석방법 자체가 European Patent에 걸려 있다. 분석방법은 우선 분석하고자 하는 주형의 게놈 DNA를 두 개의 상이한 제한효소로(staggering cutters)로 절단 후 절단된 staggered sites에 특이한 adaptors를 ligation시킨 후 adaptor에 특이한 primer들을 가지고 PCR증폭 후 sequencing 젤로 분리하고 분석한다. 이때 사용되는 primer들은 adaptor sequence에 완전히 상보적인 5' 부위의 constant sequence와 3' 부위의 selectable sequence 부위로 구성되어 있는데 이때 selectable sequence부위의 염기의 종류는 4가지 종류 중의 어느 것이나 가능하여 가능한 primer set는 무수히 많다.

그러므로 각 selectable sequence의 염기구성에 따라 생성되는 DNA밴드들이 달라서 분석 범위가 상당히 넓다. 각 반응마다 생성되는 단편들의 수는 약 50-100개 정도로서 이들은 각 개체간 변이가 아주 심하여 마커개발에 아주 유용하다. 실제로 Lin 등(1996)이 RFLP, RAPD, AFLP 등을 대두의 유전분리집단에 적용한 결과 AFLP 방법이 가장 유용한 것으로 나타났다.

6) VNTRs(Variable Number of Tandem Repeats)

이것은 중핵(core) DNA의 연속적인 반복이며 크기에 좌우되고 micro 또는 minisatellites 일 수 있다. 단일유전자좌 상황에서 VNTRs는 개체의 동정과 기원분석(paternity analysis)에 유용하다. 복수유전자좌 상황에서는 그것은 표지인자 보조선발과 개체의 상관성 및 유전변이 연구에 유용하다.

7) PCR/sequencing (Polymerase Chain Reaction)

이것은 알려진 유전자의 염기배열(sequence)을 연구하는 데 이용된다. 유전자는 증폭되고 배열되어 조성을 나타내며, PCR은 차이가 염기수준에서 측정되므로 가장 높은 수준의 분석능력을 가진다. 분석기술의 자동화가 어느 정도 가능하며 이것은 대규모 적용을 돕는다. 이것은 집단연구, 분류연구 및 계통발생학에 유용하며, PCR은 종내의 유전변이의 동정에 강력한 기술이다. 그리고 VNTR과 PCR은 RFLP, 동위효소 또는 형태적 분석에 비해 현저한 이점이 있다.

8) ASPCR(Allele-Specific Polymerase Chain Reaction)

이 기술은 PCR증폭에 있어서 대립유전자 특이적인 olignucleotide primer를 사용한다. 이것은 신속하고 정확하며 민감하나 대립유전자 특이적 시약의 개발이 주된 어려움이다. 이 기술은 유전자형의 동정에 사용되어 왔다.

다음은 위의 기술들을 식물유전자원을 특성화하기 위하여 개별적으로 또는 조합하여 적용한 몇 가지 예다. 옥수수와 비교하면 수수의 유전적 다양성은 그것의 범세계적 경제적 중요성에도 불구하고 유전적 및 분자수준에서 덜 특성화되어 있다. Vierling 등 (1994)은 Fingerprinting을 위한 oligonucleotide probe를 사용함으로써 식물유전자원의 보존과 이용에 몇 가지 적용이 가능하였으며 이들 중 일부가 강조되었다. 그것들은 계통(race)내의 유전변이의 정도를 특성화하고 자식계통(inbred lines)의 순도를 평가하며 작물의 품종을 동정하고 융합잡종을 특성화하며 분자수준에서 체세포배양에 의한 변이(somaclonal variation)의 정도를 평가하는 것을 포함한다. 이들 적용의 일부의 유용성이 사과, avocado 및 cabbage (*Brassica aleracea*)에서 나타났다.

유전자은행에서 보존된 재료, 특히 기내에서 보존된 재료의 유전적 안정성을 연구하기 위해서도 분자적 표지인자의 사용이 시도되었다. 동위효소분석, RFLPs 및 RAPDs가 바나나와 Plantain의 somaclonal variation을 감시하는 데 성공적으로 채택되었다. 유전자형의 동정, fingerprinting 및 유전적 다양성의 연구가 동위효소 표지인자를 사용하여 수행되었다. 그러나 대부분의 경우에 비교적 소수의 유전자좌와 대립유전자가 분석에 이용되었다. 어느 방법이든 게놈의 작은 부분을 검사하기 때문에 여러 가지 방법이 사용되어야 한다. 동위효소분석의 결점은 무엇이든지 분자기술의 개발로 극복될 수 있다.

완전한 상을 얻기 위해서는 생식질의 농경적 형태적 평가가 생화학적 분자유전학적 분석과 결합되어야 한다. 왜냐하면 이들 연구가 상보적인 정보를 제공해 주기 때문이다. 그와 같은 상보적인 연구의 매우 좋은 예는 야생보리(*Hordeum vulgare* ssp. *spontaneum*)에서의 동위효소와 RFLP 분석의 비교에서 찾아볼 수 있다. 이 연구에서 동위효소는 집단의 다양성내의 더 많은 양을 더 잘 나타낸 반면 RFLPs는 집단의 차이와 검출된 더 많은 이형접합성 사이에 동위효소분석보다 더 높은 비율을 나타냈다. 그러므로 이 두 가지 방법을 사용하여 *H. vulgare*의 특별한 세트의 집단이 분기할 뿐만 아니라 각 집단이 매우 이형접합인 것을 구명할 수 있었다. 그밖에도 형태적 분석과 분자적 분석의 상보성을 나타내는 유사한 예가 많이 있다.

　이와 같이 식물유전 및 육종학 연구는 현재 분자생물학적인 기술의 발전으로 과거에는 상상도 못했던 많은 정보를 분석하고 이를 이용하여 식물의 게놈을 보다 폭넓게 이해할 수 있게 되었다. 즉, 이용하고자 하는 특정 식물체의 유전자형을 정확히 분석하고 이를 이용하여 육종계획을 수립하여 품종의 육성을 할 수 있게 되었다. 또한 분자유전학적인 마커기술의 개발로 특정한 농업적 형질의 마커를 개발하고 이를 바탕으로 그러한 유전자들을 클로닝하며 더 나아가서는 이들 DNA를 재조합하여 다시 원하는 식물체에 주입함으로써 특정한 유전자형만 바꾸어 형질전환을 시키는 분자육종(molecular breeding)도 가능하게 되었다.

　하지만 이러한 기술적인 진보에도 불구하고 우리가 필요로 하는 많은 농업적 형질들은 유전양상이 복잡한 양적유전의 양상을 띠고 있으므로 이들의 유전자 조작이 필요시 되고 있다. 그러나 양적 유전자의 유전양식에 대한 이해는 이제 분자마커들을 이용하여 단계적으로 진전이 되고 있으므로 마커들을 이용한 조기선발 등의 육종적 이점 등을 생각할 수 있다.

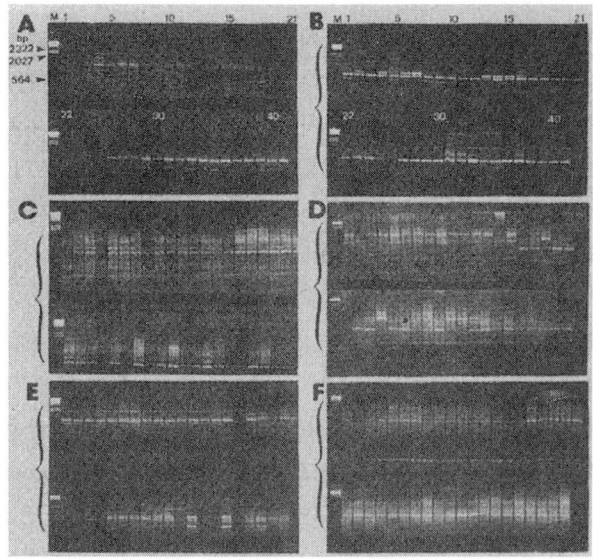

〈그림 19〉 RARD기법에 의한 산마늘 유전자원의 평가

   그밖에도 분자마커들은 유전자원의 관리나 분류, 작물이나 식물간의 근연관계 구명, 핵산 지문에 의한 특정식물체의 동정 등 여러 분야에서 유용하게 사용되고 있다. 따라서 앞서 기술된 여러 가지 마커들 중 연구목적에 맞는 마커들을 선택하여 응용하여야 할 것이다. 그렇다면 "위의 여러 가지 방법들 중에서 어느 방법이 각각의 연구자에게 유용한가?" 이것은 답하기가 어렵지만 각 연구과제와 실험을 수행하는 연구자의 연구능력 및 실험실의 연구여건에 따라 결정될 수 있을 것이다. 가령 microsatellite 분석 등은 가장 많은 정보를 분석할 수 있는 방법이긴 하나 개발하는 데 상당한 기술과 비용이 든다.
   또한 RFLP 기법도 상당히 재현성이 있고 많은 연구결과들이 축적되어 이들을 이용할 수 있지만 이를 위해서는 probe DNA들과 다양한 연구기자재가 필요하며 기술적으로도 상당한 훈련이 필요하다. 이에 비해 RAPD, CAPs, ISA 기법들은 분자생물학적인 많은 지식과 기술을 요하지도 않으며 쉽게 수행할 수 있고 인력이나 장비의 면에서도 많은 것을 요구하지 않으므로 처음 마커기술을 이용한 과제를 수행하는 실험실에서는 매우 적합한 기술이다. 그리고 AFLP 기법은 처음 수행할 때에는 약간 복잡하나 일단 확립이 되고 나면 상당히 많은 정보를 분석 할 수 있다. 따라서 연구과제의 연구내용과 실험을 수행하는 연구자의 연구능력 그리고 실험실의 연구여건 등에 따라서 지금까지 기술한 여러 가지의 분자마커 기법들 중에서 가장 적합한 분석방법을 택하여 실험을 설계하는 것이 가장 바람직하다고 할 수 있다.

나. 생식질의 보존

보존의 두 가지 접근 즉 현지보존과 현지외 보존이 상호 배타적이 아닌 상보적인 것임을 강조하는 것이 중요하다. genepool을 보존하는데 관계되는 활동은 자생지 보존지로부터 유전자은행까지 여러 가지 방법의 조합을 이용해야 한다. 이용되어질 적절한 전략과 균형은 genepool의 생물학적 특성, 하부조직과 인간자원, 주어진 수집에서의 accession의 수와 그것의 지리적 장소와 같은 요인에 의해 좌우된다. 어떠한 일정한 genepool에 대하여 특별한 방법이 사용되는 정도는 다른 genepool과 다를 수 있다. 사용되는 방법사이에 균형을 맞출 필요가 있으며 생물공학이 주요한 역할을 할 수 있는 분야에서, 특히 소위 종자번식이 어려운 작물(영양번식종, recalcitrant종자를 갖는 식물 및 종자생산에 심각한 문제가 있는 식물)에 대해서 그럴 필요가 있다.

1. 종자의 현지외 보존

 냉랭하고 건조한 조건에서는 orthodox종자가 종자수명이 어느 정도 저장온도, 습도 및 종자의 수분함량에 직접적으로 비례하기 때문에 장기간 생존할 수 있다. 종자가 그와 같은 조건에서 유지되면 종자의 생명과정이 최소화되어 종에 따라 유전적 다양성, 유전적 원상태 및 수명을 유지하면서 여러 해 동안 저장될 수 있다. 그러므로 잦은 간격으로 그것들을 재생시킬 필요가 없을 것이다.

 그럼에도 불구하고 대부분의 유전자은행이 작동되는 조건 때문에 accession의 주기적 재생과 종자의 냉장저장으로의 재저장이 필요하다. 이것은 종자수명의 감소 또는 사용과 분배의 결과로서 나타난 종자비축의 감소에 기인한다. 수명과 양에 대한 중요한 기준은 각각의 유전자은행과 종에 대해서 마련되며 그 기준에 도달했을 때 그와 같은 accession의 종자표본이 적당한 농경조건하에 재식되어 재생된다. 매 세대에 accession의 유전적 구조에 다소의 변화가 있을 것이다. 그러나 유전적 흐름, 유전적 전환, 선발, 이계교배에 의하여 또는 인간의 실수에 기인하는 단순한 기계적 혼입을 통하여 초래될 수 있는 어떠한 유전구조의 변화라도 최소화시키기 위하여 필요한 모든 조치를 취하는 것이 중요하다.

 장기저장이 유전적 손상을 초래할 수 있으며 손상의 정도는 매우 다양하다는 것이 오랫동안 알려져 왔다. DNA 수준에서 손상의 정도와 성격을 조사하기 위하여 분자적 탐침(probe)을 이용하는 최근의 연구는 RFLP와 그 밖의 기술이 유리하게 이용될 수 있음을 보여 주었다. 또한 이른바 recalcitrant종자의 종자저장법에 관한 연구도 많이 이루어져 왔다. 매우 낮은 종자수분함량(7% 미만)까지 건조될 수 있는, 일반적으로 orthodox종자로 불리우는 대부분의 일반 종자와 달리 종자가 적당한 저장을 위해서 낮은 수준까지 말릴 수 없는 recalcitrant종자의 장기저장을 위해서는 흡수저장(높은 수준의 종자수분함량에서 유지된 종자)이 상당히 중요하다. 이러한 문제를 취급하기 위하여 recalcitrance의 유전적 기초를 이해하려는 노력이 시도되고 있다. 액체질소를 이용한 초저온저장(cryopreservation)이 상당히 생명범위를 연장해 줌으로써 또한 유망한 것으로 보인다. 한 가지 예로 cassava의 분리된 접합자배와 종자의 액체질소에서의 냉동저장에서 97%의 높은 생존율을 보였다. 많은 발전이 되고 있는 또 다른 분야는 실온조건에서의 초건조종자(수분함량 2-5%까지 건조된)의 저장이다.

2. 영양번식 식물의 현지외 보존

종자에 의해 번식하는 것이 어렵거나 불가능하며 종자로서 보존될 수 없는 cassava, 감자, 고구마, taro, yam, 사과, 바나나, 귤과 같은 주식삭물과 과실류를 포함하는 많은 중요한 작물이 있다. 일반적으로 이들은 포장유전자은행(field genebank)에서 보존된다. 포장유전자은행이 이용은 물론 연구를 위해 보존된 재료에 대한 쉽고 빠른 접근을 제공하지만 그것들은 자연재해와 바이러스 감염에 의해 파괴될 더 큰 위험성을 안고 있다. 포장유전자은행은 또한 더 많은 공간과 노동을 필요로 하며 유지하는 데 비용이 많이 든다. 포장유전자은행에 보존되는 또하나의 다른 그룹의 식물종은 recalcitrant종자를 갖는 식물이다. Avocado, cacao, coconut, jack fruit, mango와 같은 많은 열대과실종과 많은 수목이 유전적 다양성의 보존에 큰 문제를 나타내는 recalcitrant종자를 생산한다. 그와 같은 영양번식종을 보존하기 위한 몇 가지 기술이 최근에 개발되었으며 그들 중 일부가 엄격한 테스트를 받고 있다.

3. 조직배양

식물유전자원을 조직배양물로서 보존할 수 있는데 일부 종에 대해서 기내보존은 이용할 수 있는 유일한 선택이다. 조직배양이 recalcitrant종자를 갖는 영양번식종의 생식질을 보존하는 가능성을 제공하더라도 두 가지 기술적 문제가 있는데 첫째는 식물체 재분화시에 somaclonal variation에 기인하는 조직배양물로서 보존되는 재료의 유전적 불안정성이며, 둘째는 조직으로서의 저장기간이 제한된다는 것이다. 일부작물에서 이 두 가지 면에 주목할 만한 연구가 이루어져 낮은 수준의 somaclonal variation을 가져오는 개선된 기술에 의하여 조직배양물의 유지가 가능하다.

조직배양물의 냉동보존에 관한 연구 또한 급속한 발전이 되고 있어 장기간 동안 보존할 수 있다. 형태형성적 가능성은 조직배양물의 냉동보존에 의해 영향을 받지 않으며 정상식물이 채생될 수 있다. 이들 기술이 추가적인 연구와 개발을 통하여 세련되면 대규모 사용이 가능할 것이며 식물유전자원의 보존이 비용면에서 매우 효율적이 될 것이다.

식물유전자원의 보존을 위해서 배양물의 생장은 완전히 정지되지 않는다면 최소한으로 유지되어야 한다. 이것은 높은 수준의 투입을 필요로 하고 기내보존 비용이 많이 드는 새 배지로의 잦은 이식을 회피하기 위해 필수적이다. 완만한 생장을 도모하는 몇 가지 방법에는 ① 미숙접합자배의 이용, ② 삼투적 또는 호르몬적 저해제나 생장억제제를 첨가하는 배지의 변경, ③ 저장온도의 저하 (온대종은 4-10℃, 열대종은 15-25℃), ④ 미네랄오일 덧씌우기, ⑤ 산소압력의 감소, ⑥ 신초 따주기(shoot defoliation)등이 있다.

식물의 조직배양에 관한 정보가 많지만 이 기술을 이용하는 기내보존의 가장 중요한 면은 식물의 기내재분화능력이다. 이 과정의 생리적 및 생화학적 기초는 아직도 잘 알려져 있지 않다. 최근에 토마토에서 이 분야의 연구에 다소의 진보가 있었다. 이 연구에서는 토마토의 재분화능력을 제어하는 유전자에 대한 RFLP연관 분석이 형태적 및 생리적 분석과 결합되었다. 이 분석은 재분화와 관련된 유전적 조성이 형태형성을 결정하며 이전에 가정된 호르몬에 대한 감응성이 아니라는 것을 나타냈다. 토마토의 조직배양 행동에 대하여 주요한 영향을 미치는 유전자좌의 위치가 결정되었다. 토마토 재분화유전자의 궁극적인 cloning은 재분화 과정에 대한 보다 나은 이해에 도움을 줄 것이다. 그러나 cloning 되었다고 이 기술이 상이한 유전자형이나 종을 재분화하는데 직면하는 모든 문제를 해결할 수는 없을 것이다. 왜냐하면 다른 유전자에 의해 제어되는 단계가 다른 유전자형이나 종에 대한 영향을 제한할 수 있을지도 모르기 때문이다. 따라서 배양으로부터 유전적으로 안정된 식물체를 재분화하고 성공적으로 번식하는 것은 어느 기내보존 노력에서든지 하나의 선결조건이다.

    지금까지 여러 종에 대하여 광범위한 연구가 이루어져 영양체 증식을 위한 protocol이 잘 확립되었다. 그럼에도 불구하고 아직 protocol이 개발되지 않은 coconut같은 종에 대해서 더 많은 연구가 수행되어야 할 필요가 있다. 보존재료의 유전적 원상태의 상실은 물론 유전적 불안정성을 가져오는 somaclonal variation을 줄이기 위한 번식방법이 주의깊게 고안되어야 한다.

    희귀한 약용식물에 관한 활동은 현지외 보존뿐만 아니라 효과적인 현지보존의 이행에 영향을 줄 것이다. 필요로 하는 화학물질을 생산하는 배양물의 미세번식(micropropagation)기술의 확립 또는 희귀한 약용식물 포장의 확립을 통하여 야생상태에 있는 재료에 대한 스트레스가 효과적으로 감소되고 야생으로부터의 무분별한 남획을 회피할 수 있을 것이다. 개발되고 이용된 어떠한 방법이 보존의 재료에 유전적 안정성을 방해하지 않는 것이 중요하다. 대개 캘러스(callus)와 같은 조직화되지 않은 배양물이 somaclonal variation에 더 취약하기 때문에 신초와 같은 조직화된 배양물이 완만한 생장의 저장을 위해 이용된다. 중기저장하는(상례적으로 1-15년 동안 완만한 생장저장을 나타내는) 일부 뿌리와 괴경작물, 온대과실류, 관상 및 원예식물, 소수의 수목류는 계대배양전에 2년까지의 순환(cycle)을 이용할 수 있다. 그러나 완만한 생장의 장기효과에 관한 연구자료는 충분하지 않다. 그러므로 이러한 생물공학적 도구가 유전적 다양성의 보존에 효과적으로 이용될 수 있도록 하기 위해서 기내보존에 관한 더 많은 연구가 진행되고 있다.

 IPGRI는 위와 같은 연구수행을 지원하고 있는데 장기보존으로는 somaclonal variation이 중대한 문제가 되는 *Musa*에서 중기 기내보존이 상례적으로 이용되도록 한 것이 하나의 예다. IPGRI는 RAPDs를 사용하여 변이체를 검출하는 초기 표지인자를 개발하기 위한 연구를 지원하였다. CIAT와의 장기협력은 cassava 생식질에 대한 기내보존기술 및 관리절차의 개발을 가져왔다. 이러한 성공은 많은 영양번식 식물에 대한 기내보존 기술의 전망을 밝게해 주는 것이다.

4. 냉동보존(Cryopreservation)

 저장매체로서 액체질소를 사용하는(침적 또는 분무형태로) 냉동저장은 이론적으로 장기저장에 이상적이다. 왜냐하면 그것은 사실상 종자상태, 세포현탁액, 캘러스, 배양조직, 화분이나 shoot tip 등 어떤 것이든 살아있는 조직에서 모든 대사활동을 정지시키기 때문이다. 그것은 비교적 새로운 보존방법이며 기내식물 재료의 냉동보존을 위한 protocol개발에 관한 연구가 1970년대 초 종자의 냉동보존실험이 착수된 때와 거의 동시에 시작되었다. 기내 재료의 냉동보존의 몇 가지 이점은 ① 적어도 이론적으로 장기간 동안의 물리적 및 유전적 안정성이 있는 점, ② 비교적 경제적인 점, ③ 보존재료를 쉽게 얻을 수 있는 점 등이다. 그러나 이러한 결론을 확인하기 위해서는 장기간의 자료수집이 필요하다. IPGRI는 감자의 냉동보존방법을 개량하기 위한 독일의 감자연구를 지원하였으며 Musa의 체세포배에 대한 냉동보존방법의 개발에 관한 Costa Rica에서의 연구를 지원하였다.

　기내배양 재료의 냉동보존의 제1단계는 ① 식물조직 또는 기관의 선택, 적출 및 원천재료의 배양, ② 건전한 배양물의 선발, ③ 생장전 관련처리, ④ 냉동보호제의 사용, ⑤ 냉장/냉동, ⑥ 저장, ⑦ 가온/해빙, ⑧ 해빙후 처리, ⑨ 생존력 검정 및 회복 생장 등이다. 분화된 배양물이 구조적 상해에 기인하여 냉동보존에 의해 손상될 수 있기 때문에 냉동보존은 세포배양을 위해 가장 성공적이다. 그러한 배양물의 구조적 상해를 회피하는 하나의 유망한 방법이 유리화(vitrification)이다. 이 방법은 매우 높은 농도의 냉동보호제 용액에 배양물을 침적한 다음 급냉시키는 것을 포함한다. 조직속에 잔존하는 물이 비결정체의 고체를 형성하면서 유리질화한다. 아스파라거스(asparagus)의 엽육조직으로부터 유래된 배양조직과 체세포배가 유리화에 의하여 보존되었으며 신초(shoot)형성에 의해 결정된 생존율은 63%였다(Uragami 등 1993). 체세포배, 화분유래배, 접합자배의 냉동보존 또한 일부 12종에서 성공적이었다. RFLPs와 RAPDs가 냉동보존재료의 유전적 안정성을 감시(monitoring)하는 데 이용될 수 있다. 지금까지 표현형적, 동위효소 및 분자적 기술을 사용하여 수행된 모든 분석이 대조에 비하여 보존재료에서 어떠한 유전적 변화를 나타내지 않았다. 그러나 검사 회수와 시간의 길이가 결론을 내리기에 아직 충분하지 않으며 이 방법에 의한 대규모 실험이 요구된다.

5. 합성(인공)종자(Synthetic seeds)

영양번식 식물이나 recalcitrant종자를 갖는 종의 보존을 위한 또 하나의 유망한 방법은 소위 '합성(synthetic)' 또는 '인공(artificial)' 종자의 생산과 그것들을 진정종자로서 보존하는 가능성이다. 이 것은 '구슬(bead)'을 만들면서 인공종피와 배유로 작용하는 반고체상태의 재료로 신초(shoot tip)와 체세포배를 피복(encapsulation) 하는 것을 포함한다. 구슬(bead)은 또한 영양분과 살균제를 함유한다. 체세포배와 신초는 효력이 있으며 건조저항성이 부족하다. 그래서 저항성을 유지하기 위하여 배지에 호르몬 '신호(signal)'를 포함시켜 발육전환이 제공될 수 있다. 이것은 Alfalfa의 체세포배에서 성취되었는데 10% 수분함량까지의 건조에서 100%의 체세포배가 생존하였다. 이 기술에 있어서의 발전이 현재의 속도로 계속되고 재생산될 수 있으며 널리 적용할 수 있는 결과가 얻어질 수 있다면 인공종자의 생산과 저장은 식물유전자원의 보존과 이용에 매우 중요한 기술이 될 수 있을 것이다.

Redenbaugh(1993)는 체세포배의 피복방법과 합성배유의 제조를 포함하는 합성종자에 관련한 최근의 발달을 검토하였다. 합성종자의 적용에 대한 사례연구는 alfalfa, 당근, celery, 포도, 상치, mango, mulberry, orchard grass, sandalwood, 대두 및 spruce같은 작물에서 나타난다. 체세포배의 피복은 그렇지 않으면 부서지기 쉬운 체세포배를 취급하는 데 하나의 효과적인 방법이다. Sodium alginate와 calcium chloride 용액을 사용하는 체세포배의 피복과 피

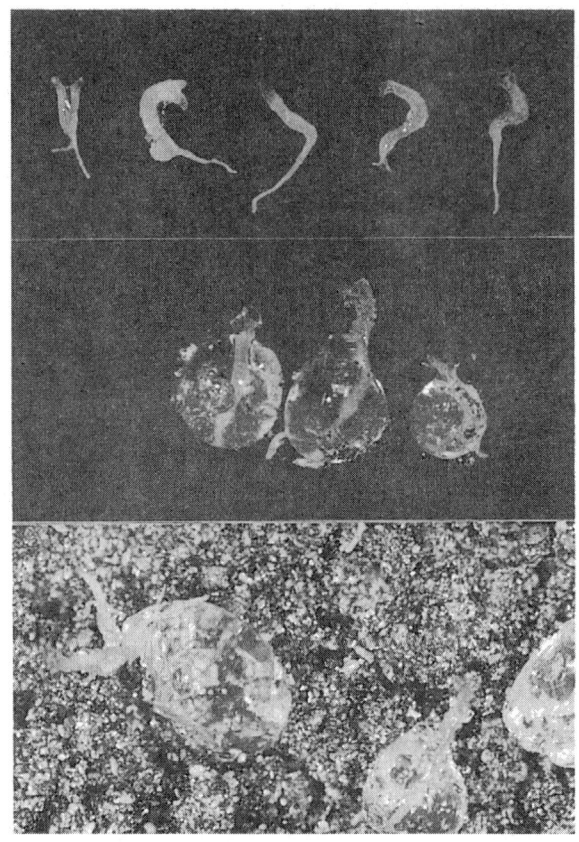

〈그림 20〉 두릅나무의 체세포배를 피복한 인공종자

복된 당근 배의 소식물체(plantlets)의 생장이 성공적으로 이루어졌다. IPGRI와 Florida 대학의 협력으로 수행된 mango연구에서 보존을 목적으로 한 인공종자가 개발될 가능성이 구체화되고 있다.

6. 기내유전자은행(in vitro genebank)

 in vitro 유전자은행을 위한 식물유전자원의 장기보존전략 수립을 하는 데 조직배양, 성공적인 재분화 및 토양이식, 유리화 또는

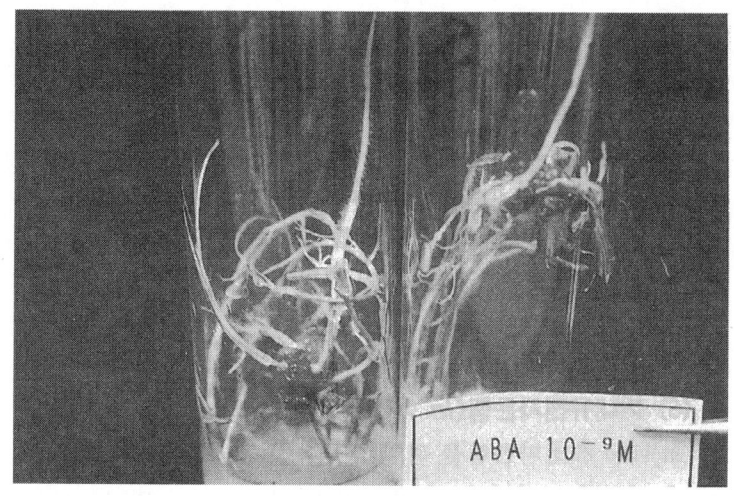

〈그림 21〉 Yam의 기내배양

피복에 의한 배양재료의 유전적 안정성 및 냉동보존 등을 위한 protocol을 종합할 필요가 있다.

오늘날 딸기, 감자, cassava의 경우에 기내보존계획의 전단계에서 주목할만한 발전이 있었다. 4년 동안 냉동보존된 감자와 cassava 식물의 분열조직으로부터 정상적인 괴경형성과 발근이 이루어졌으며 생존력과 유전적 조성에 유의한 변화가 나타나지 않았다.

기내유전자은행의 일일관리(day to day management)도 어느 정도 연구되어 왔다. 기내유전자은행의 일일관리는 포장유전자은행으로부터 영양기관 재료를 받는 것과 수집단이 요구하는 질병표시, 치료와 검역을 위하여 재료를 처리하는 것으로 구성된다. 건전하고 청정한 재료는 기내배양의 다음 단계로 넘어간다. 이 단계부터 재료는 냉동보존을 토대로 하는 유전자은행(장기)으로 들어가거나 완만한 생장조건을 갖는 기내유전자은행으로 들어간다. 후자의 경우에는 새 배지로의 계대배양과 이식이 재료에 따라 1~2년 간격으로 정기적으로 수행되어야 한다. 활동적인 유전자은행은 사용자에게 재료를 공급하고 포장유전자은행을 설립하는 데 이용될 것이다. 14종의 Yam에 대한 활동적인 기내유전자은행의 성공적인 이행이 IBPGR의 제안대로 이루어져 보고된 바 있다(Malaurie 1993).

7. DNA 또는 유전자은행

유전공학의 진보는 유전자 전이를 위한 종 또는 속의 장벽을 허무는 결과를 가져왔다. 식물 대 식물 유전자 전이의 첫 성공은 1983년에 있었다. 그 이후로 바이러스, 세균, 진균 및 심지어 쥐로부터 전이된 유전자를 갖는 형질전환식물이 생산되었다.

이 분야에서의 발전은 육종프로그램을 위한 단일 유용유전자를 포함하는 DNA libraries의 구축을 가져왔다. 아울러 생식질의 전(全)게놈정보가 DNA라이브러리의 형태로 저장될 수 있다는 것이 제안되었다. 이러한 접근에 있어서 현재의 문제점에도 불구하고 이 주제영역의 급속한 진전은 DNA저장을 식물유전자원의 추가적인 선택이 되게 할 수 있게 된 점이다. 분자적 수준에서 연구하고 있는 과학자들에게는 그와 같이 쉽게 이용할 수 있는 유전자원(수집, 추출과정을 통하지 않고)은 추가된 이점이 될 것이다. 그 기술은 화석의 DNA를 배열하는 등 식물표본이나 그 밖의 죽은 재료를 이용하여 분명히 멸종한 분류군으로부터 유전자의 회복을 가능하게 하고 있다.

8. 현지보존(*in situ* conservation)

현지보존은 식물의 종이 진화해 왔거나 존재해 온 자생지에서의 다양성 보존을 포함한다. 현지보존은 고려하는 재료에 따라 자생지 또는 농장에서 수행될 수 있다. 이러한 유형의 보존은 현지외 보존의 반정체적 성격과는 달리 역동적이며 종이나 집단이 자연조건하에서 진화할 수 있는 기회를 제공한다. 몇 가지 형의 생물다양성을 위하여 현지보존은 유일한 선택이다. 현지외 보존에 대해서 현지보존을 선택하는 주요한 이유 중의 하나는 종과 집단의 진화적 가능성을 유지하기 위한 필요성이다. 이러한 견해는 육종가의 시각에서 나왔을 뿐만 아니라 최근에는 작은 집단과 멸종위기종의 변이를 유지하기 위한 보존생물학자의 관심도 포용한다.

현지보존을 위해 필요한 세 가지 일반적 연구전략은 다음과 같다.

① 집단내 및 집단간의 지리적 변이(예: 동위효소 또는 DNA제한지역변이)에 대한 전반적 유형과의 관계를 설명하는 특별지역에 나타나는 유전변이를 분석, 시험한다. ② 종자지대 내 및 사이에서 자생지 유래 재료의 생육을 비교하기 위한 유전생태학적 연구(상호이식연구 및 후대검정)를 수행한다. ③ 이전의 연구나 집단이나 농원을 운영했던 경험을 나타낸 유전변이의 특별한 점에 대하여 추가적인 연구를 수행한다.

또한 이러한 전략으로부터 어떠한 현지보존 프로그램의 성공적 운용을 위하여 우리가 다음의 면에 관한 정보가 필요하다는 것을 알 수 있다. 그것은 ① 새로운 품종의 도입으로 인한 유전적 침식에 관한 연구, ② 유전적 다양성이 풍부한 지역의 확인, ③ 토지분할이 유전적 다양성에 미치는 영향, ④ 집단의 유전적 구조에 있어서의 일시적 및 공간적 변화, ⑤ 특히 이입이 내재되었을 때 생물지리학적 연구, ⑥ 최소한의 생존집단 크기와 지역, ⑦ 동계교배의 효과와 종자은행 등이다.

농업생물다양성의 경우에 농업경영자의 영농기술, 문화적 선호 및 환경적 요인에 대한 영향이 가장 중요하다. 위에 관한 정보를 제공하는 거의 모든 연구에서 공간과 시간 속에서의 변화는 물론 존재하는 다양성의 정확한 평가를 가능하게 하는 생물공학적 도구를 사용할 수 있어야 한다. 이러한 도구는 어느 보존프로그램에서나 핵심인 유전자 빈도에 발생하는 변화를 감시하는 데도 이용될 수 있다.

다. 생식질의 안전이동(Safe movement)

유전자은행에 있는 모든 accession이 그것들을 작물개량이나 혹은 그 밖의 다른 목적에 이용하기를 원하는 사람 모두에게 이용될 수 있어야 한다는 것은 중요하다. 어떤 국가도 그 나라의 작물개량 프로그램을 위해 요구되는 식물유전자원을 자급자족하지 못한다. 그러므로 범세계적인 생식질의 교환이 중요하다. 그런 식물유전자원의 자유로운 교환이 매우 바람직할지라도 생식질의 건강 관점에서 문제를 제기할 수 있다. 이것은 해충이 어떤 식물재료의 종자나 번식재료를 따라 이동할 수 있고 그들이 도입된 새로운 환경에서 심각한 문제를 야기시킬 수 있기 때문이다. 따라서 신속하고 안전한 전이(교환)를 위한 가장 중요한 요구조건 중의 하나는 분포된 번식재료가 병원균이 없어야 하는 것이다. 이것은 식물유전자원의 국제적 교환이 증가된 오늘날에 특히 중요하다. 영양번식 식물재료의 국내 및 국제적 이동은 현대농업에서 중요한 역할을 한다.

IBPGR은 많은 중요한 작물의 안전이동을 위한 지도기준을 개발하는 데 중요한 역할을 해왔다. IBPGR은 FAO와 그 밖의 기구들과 협력하여 cacao, cassava, citrus, edible aroids, grapevine, 두류, Musa, Vanilla 및 고구마에 대한 생식질의 안전이동을 위한 기술지도서를 발간하였다. 뒤이어 coconut, 감자, 작은 과실류 및 사탕수수에 대한 지도기준이 개발되었다. 이것들은 병이 없고 살아있는 생식질의 분배에 있어서 생식질큐레이터를 돕는 여러 가지 생물공학적 도구와 결합한다. 또한 감염된 생식질이 종자활력과 수명에 미치는 영향에 관한 정보를 갖는 것이 필수적이다. 영양번식 생식질의 교환에 있어서 병표시 및 방제는 두 가지의 가장 중요한 활동이다. 식물유전자원의 병표시와 방제에 따라야 할 필요가 있는 절차는 기내저장에 관한 IBPGR자문위원회의 권장사항에서 알 수 있다.

생물공학은 무병배양물로서의 생식질 교환을 통하여 식물유전자원의 안전한 분배를 지원하는 데 중요한 역할을 해왔다. 신빙성 있는 바이러스 검정방법이 중요하다. 일부 바이러스에 대해서(특히 잘 특성화되어 있지 않았거나 알려지지 않은 바이러스) 그들의 존재를 검정하는 방법이 아직 없다. 이것은 특히 덜 알려진 많은 식물이나 야생종을 취급할 때 문제이다. 효소와 연관된 immunosorbent assay(ELISA)테스트가 식물재료에서 바이러스 검출에 흔히 사용되는 진단방법이다. 단일 클론 항체가 특히 잘 특성화된 바이러스의 검정을 위하여 혈청검사의 특이성을 증가시켜 주었다.

생물학적 정량과 함께 이중나선의 RNA분석의 이용은 잘 특성화 되지 않았거나 알려지지 않은 바이러스의 존재에 관한 다소의 정보를 제공해 줄 수 있다. 오늘날 특별한 항혈과 DNA probe를 사용하여 별개의 테스트가 각 바이러스에 대해 수행될 필요가 있기 때문에 넓은 스펙트럼의 검사를 개발할 필요성이 시급하다. 최근에 potyvirus에 대해 개발된 것과 같은 넓은 스펙트럼의 혈청방법을 적용하는 것은 그것들이 적용하기에 상당히 단순하기 때문에 중요한 도구가 될 수 있으며 핵산 hybridization보다 덜 정교한 장비를 필요로 한다.

^{32}P를 사용하는 핵산 hybridization방법은 식물에서 적은 양의 바이러스 검출에 성공적으로 이용되어 왔다. 여러 가지 상이한 바이러스와 세균에 흔한 coat protein유전자 및 그 밖의 유전자를 인지하는 DNA probe사용에 관한 초기의 결과가 보고되었다. 그러나 probe의 이용성을 포함하여 여러 가지 문제가 이 기술이 아직 상례적인 토대에서 사용될 수 없다는 것을 의미한다. 혈청학적 방법 (immunofluoresceuce colony-staining 및 molecular hybridization)을 포함하여 세균과 진균에 대한 검출방법이 설명되었다. Polymerase chain reaction(PCR)을 사용하여 가장 적은 양의 병원균조차 검출하는 것이 가능하나. 그러나 상례적인 생식질 검시에 사용하는 것은 매우 부적합하다.

특수한 바이러스 검출을 위한 분자기술의 사용에 대한 일예는 원인이 되는 행위자에 대한 연구에 기초한 바나나 bunchy-top병에 대한 분자 probe의 개발이다(Harding 등 1991). 그들은 바나나 bunchy top병과 관련된 바이러스와 유사한 입자가 작은 단일나선 DNA에 포함된 것을 알았다. Hanold와 Randles(1991)는 Coconut의 'cadang cadang' viroid의 검정에 RNA hybridization기술의 사용을 설명하였다. 특별한 생식질의 안전한 교환과 보존이 이루어지려면 병원균의 검정에 이어 방제가 되어야 한다. 바이러스 제거를 위해 널리 사용되는 방법 중의 하나는 열처리 방제, 분열조직선단 배양 또는 화학적 방제를 곁들인 분열조직선단 배양 등이 있다. 전세계를 통한 생식질의 이동을 안전하게 하기 위하여 신속한 스크리닝, 검사 및 방제프로그램을 개발할 필요가 있다.

라. 생물계통학(Biosystematics)과 진화

여러 학문분야와 결합하여 식물유전자원에 관한 연구는 재배식물 및 그들의 야생근연종의 진화를 이해하는 데 크게 도움을 준다. 주어진 종의 진화, 원연종은 물론 전통적으로 구별되는 1차, 2차 혹은 3차 genepool에 포함된 다른 종에 대한 관계에 대한 온전한 이해는 식물유전자원의 보존과 이용에 매우 중요하다. 역사적으로 계통학, 종의 관계 및 진화를 연구하고 이해하는 데 사용된 것은 주로 형태적인 정보였다. 종간관계의 연구에 생화학적 표지인자와 동위효소의 사용이 뒤따랐다. 몇 가지 예를 콩, 옥수수, 수수, 토마토, 감자 및 *Musa*에 관한 연구에서 찾아볼 수 있다. 지난 10년 동안 생물계통학과 식물의 진화를 더 잘 이해하기 위하여 생물공학적 도구를 이용하는 연구에서 급격한 발전이 있었다. 종간 및 종내 수준에서 생물계통학이 식물유전자원의 효과적인 보존과 이용을 위해 유용한 것과 같이 불화합성과 같은 육종양식을 결정하기 위한 보존된 재료의 적절한 분류를 위해서도 필수적이다.

유전공학의 출현이 유전자가 완전히 관련이 되지 않는 분류군(taxa) 사이에서조차 훨씬 더 쉽게 이동될 수 있는 것을 의미할지라도 우리는 재조환 DNA기술이 유전학자들이 교잡을 하거나 집단을 스크리닝하는 일을 더 이상 하지 않아도 되게끔 하지는 않을 것이라는 것을 잊어서는 안된다. 아울러 분석과 고전적인 멘델법칙을 통한 조작에 가장 유순한 식물에 분자기술이 가장 잘 적용되고 있다(예를 들어, Arabidopsis, 토마토, 감자 및 옥수수 등). 게놈 상동성 및 종관계에 대한 충분한 지식은 한 종에서 다른 종으로의 유전자의 전이나 염색체 또는 염색체단편의 치환을 용이하게 할 것이다.

분자유전분석의 주요한 강점은 그것이 종종 엄밀히 momophyletic lineages를 정의할 수 있는 많은 독립적 분자적 특성을 제공하는 것이다. 분자적 표지인자의 사용은 두 가지 별개의 단계를 포함할 수 있다. 첫번째 단계는 계통발생학적 관계에 관한 의문을 제기하는 것을 취급하며 두번째 단계는 형질진화(언제, 어디서, 어떻게 형질상태가 일어났는가)에 관한 의문을 제기하는 것이다. 이러한 두번째 적용을 통하여 분자적 계통발생학이 계통학, 진화, 유전학 및 생태학의 여러 면에 주요한 영향을 미친다. 이러한 배경을 염두에 두고 생물공학이 계통학의 연구 및 식물의 진화에 도움이 된 경우를 살펴보기로 한다.

개념수준에서 몇몇 연구자들은 염색체적 장벽에 의해 분리된 두 종이 교잡을 통하여 양친으로부터 일부 생식적으로 분리된 새로운, 임성이 있는 2배체종을 낳을 수 있다고 믿는다. 이러한 형의 잡종 종형성(speciation)을 재조환적 종형성(recombinational speciation)이라고 한다. 이 가설은 새로운 잡종의 실험적 합성에 의하여 시험되어 왔다. 이러한 형의 종형성의 실제정도는 불명확하다. 이에 대하여 가설화된 잡종기원을 확인하거나 거부하기 위해 필요한 자세한 유전정보가 부족하다. 왜냐하면 대부분의 연구가 형태, 2차적 화학물질, 생태적 및 지리적 연구자료 및 합성종자의 생산으로부터의 증거에 의존해 왔기 때문이다.

모든 이러한 접근은 하나의 제약을 갖는다. 즉, 추정되고 있는 잡종의 유전적 상가성(additivity)이 특히 양적인 형태적 형질에 대해 일반적으로 나타날 수 없다. 동위효소 증거조차 그것이 또한 두 양친으로부터 유전된 형질이라고 결론지을 수 없다. 한 가지 해법은 양친으로부터 유전된 핵게놈(nuclear genome)과 한쪽 친 또는 영양체로 유전된 엽록체 또는 미토콘드리아 게놈과 같은 세포질 게놈(cytoplasmic genome)을 나타내는 유전적 표지인자를 사용하는 것이다.

　최근의 잡종기원의 증명을 위해서는 추정되는 잡종분류군이 두 가지 제안된 양친의 대립유전자를 결합하여 적어도 양친 중의 한쪽의 것과 같은 cpDNA를 가져야 한다. 이런 방법으로 유전적 상가성과 진화적 극성(polarity)에 대한 의문이 보통 풀리게 된다. Rieseberg등(1990)은 효소 전기영동과 엽록체 DNA (cpDNA)의 RFLP분석을 결합하였으며 *Helianthus neglectus*계통을 안정화시킨다는 가설을 검정하기 위하여 핵리보솜 DNA (rDNA)를 사용하였다. 그들의 연구는 부분적으로 확인되었지만 *H. paradoxus*가 *H. neglectus*와는 반대로 잡종을 통하여 파생되었다는 초기의 가정을 나타냈다.

　형태적, 지리적 및 고고학적 증거는 작물화된 재배종 해바라기가 *H. annuus*의 야생 또는 잡초형으로부터 파생되었다는 가설을 가져왔다. 정도가 높은 효소적 유사성과 cpDNA배열의 유사성이 야생종과 재배종 해바라기 사이에서 관찰되었으며 재배종 해바라기가 야생종 *H. annuus*에서 발견된 작은 한벌의 대립유전자와 cpDNA를 함유하였다. 동위효소와 분자적 표지인자에 대한 야생종의 광범위한 polymorphism과 재배종의 사실상의 monomorphism이 제한된 유전자 공급원(genepool)으로부터 재배종 해바라기의 단일기원을 시사한다.

　*Lycopersicon*속의 계통발생학적 관계와 유전변이를 연구하기 위하여 RFLP를 사용하였으며 자가불화합성종의 유전변이의 양이 자가화합성종에서 발견된 것보다 개체별 accession을 토대로 10배

이상을 초과한 것을 포함하여 재미있는 결론을 가져왔다. 또한 同 연구에서 유전자 공급원의 분류학에서 주요한 특성으로서 전통적으로 이용된 과실색깔이 종의 화합성(compatibility)으로 대체되어야 한다는 결론을 내렸다. Lycopersicon속의 RFLP를 토대로 한 계통발생유연관계(dendrogram)이 형태 및 교잡력을 근거로 한 이전의 분류의 상당부분과 매우 일치하였다. 형태적 연구자료 분석과 결합하여 cpDNA분석은 Solanaceae과의 속간, 아속간 및 종간의 관계를 조사하는 데 이용되었으며 Lycopersicon과 Solanum은 동종이며 모두 Potatoe 아속에 속하는 것을 나타내었다(Spooner 등 1990, 1993).

사탕무우는 극도의 유전적 복잡성 때문에 분류학 및 유전학적 연구와 육종작업이 어려운 편이다. 현대의 사탕수수 품종은 종종 100개 이상의 염색체를 갖는 이수체이며 이들 중의 80개 이상은 훌륭한 사탕수수인 Saccharum officinarum에서 유래되었고 대부분의 나머지는 소수의 S. spontaneum에 의한 것이었다. S. officinarum은 그것의 가장 가까운 야생근연종이 S. robustum으로 생각된다. 기여했을지 모르는 두 개의 다른 그룹은 인도와 중국에서 수 세기동안 재배된 옛품종을 포함하는 S. barberi와 S. sinense이다. 이들 그룹은 불확실한 분류상태에 있으며 S. officinarum과 S. spontaneum 사이의 자연교잡에서 파생되었다. DNA데이타에 근거하여 Glaszmann등 (1990)은 rDNA변이가 현존하는 분류와 일치하는 것으로 결론지었다.

조사된 야생종은 5개의 S. robustum영양계와 하나의 변이체를 나타낸 하나의 S. spontaneum을 제외하고 일반적으로 분화되었다. 그것은 또한 S. spontaneum의 다양성이 S. robustum의 다양성으로 완전히 둘러싸이지 않았음을 나타낸다. 그것들에 대한 연구에서

*S. baraeri*는 *S. officinarum*과 *S. officinarum*의 인도형의 매우 특징적인 rDNA변이체를 나타냈는데 이것은 그것의 기원이 *S. officinarum* × *S. spontaneum*의 잡종임을 뒷받침한다. Sobral 등(1993)은 *Saccharum*종에서 분자유전학적 연관지도 작성(molecular mapping)과 fingerprinting을 시도하였으며 계통발생학연구에 DNA fragment polymorphism을 이용하였다. 이러한 시도의 몇몇은 VNTRs을 이용하였는데 불과 소수의 염기쌍의 core sequence는 "microsatellite" 유전자좌로 불리우며 더 큰것은 mini satellite로 불리워진다. 그 밖에 Lentils, 감자, 벼, 옥수수, *Triticum*, Guinea, yam, cucurbits, *Musa*, *Glycine*종, 보리, Papaver 및 *Allium*종 등에서도 microsatellite DNA를 이용한 fingerprinting 연구가 많이 진행되고 있다.

많은 수목의 생물계통학에는 큰 문제점이 있다. Strauss 등(1992)은 비용이 들기는 하지만 종내분석에 많은 수의 polymorphism을 제공하고 종간차원의 분석에 highly conserved gene sequence를 제공함으로써 분자적 기술이 생물구성의 모든 수준에서 생물계통학적 관계를 이해하는 데 많은 기회를 제공해 줄 수 있을 것으로 결론지었다. 이러한 예는 식물유전자원의 보다 나은 보존과 이용을 보조할 분류학, 계통발생학 및 진화학의 몇 가지 문제를 해결하는 데 분자적 방법의 이용을 나타내는 것이다.

이와 같은 분자적 기술이 독특한 가능성을 제시해 주기는 하지만 신중할 필요가 있다. 고전적인 분류처리는 여러 가지 형태적 형질의 비교를 기초로 한다. 배수체잡종의 염색체접합은 또한 게놈상의 많은 Mendelian 유전자좌의 대합능력(Synaptic ability)의 비교를 나타낸다. DNA함량의 측정, DNA 들의 분자교잡(hybridization), 염색체 좌우완의 arm ratios, 염색체 분염법, 전기영동, 면역화학적 반응 및 RFLP연구와 같은 다른 기술이 모두 존재하는 전체 DNA

의 소량을 포함하는 비교를 가능하게 한다. 이러한 기술들은 모두 비교될 종에 대한 DNA의 유사성의 측정을 나타낸다. 이 기술의 신빙성은 직접 비교되는 DNA의 비율에 관계된다. 아울러 cpDNA 제한분석과 같은 형질의 한쪽친 유전은 DNA의 유사성을 비교하기 위한 분자적 기술을 매우 정밀하게 해준다. 그러나 cpDNA의 한쪽친 유전은 완전히 실증되지 않았다.

Harris와 Ingram(1991)은 낮은 수준의 종내 cpDNA변이에 대한 가정을 검토하고 드물기는커녕 종내 cpDNA변이가 비교적 흔하다는 결론을 내렸다. cpDNA의 양친유전은 소나무류와 그 밖의 식물에서 흔하며 벼의 최근 연구에서 이따금의 양친유전과 cpDNA의 재조환을 나타냈다. 결과적으로 자연집단에서 개체내 및 종내 cpDNA변이의 정도, 원래 모계 cpDNA 계통발생학에 관한 양친의 plastid DNA의 완만한 누출의 효과와 영향에 관하여 더 많이 아는 것이 중요하다. 또한 집단내 및 집단간에 plastid dynamics의 cpDNA변이에 미치는 영향과 야생식물에서 cpDNA사이의 재조환 정도를 알 필요가 있다.

마. 생식질의 이용

식물유전자원보존의 주요한 목적 중의 하나는 유전적 다양성을 즉시 또는 미래의 사용을 위해 이용할 수 있게 하는 것이다. 현재의 작물개량의 필요에 부응하기 위하여 넓은 범위의 다양성을 보존하는 것이 필요하다는 것을 보여주는 많은 증거가 있다. 그러나 유전적 다양성의 가장 넓은 가능한 범위가 미래의 필요에 부응하기 위하여 보존되어야 하는 것 또한 분명하다.

식물유전자원 프로그램은 관련된 정보의 적절한 정보관리를 통해서는 물론 충분히 온전하고 쉽게 접근할 수 있으며 충분히 특성화되고 평가된 재료의 유지를 통하여 생식질의 이용을 촉진하고 용이하게 할 것으로 기대된다. 유전적 다양성을 분석하는 것 이외에 분자적 기술은 미래의 식물개량 프로그램을 위한 이러한 다양성을 이용하는 데 중요한 역할을 할 수 있다. RFLPs는 집단의 전체적인 적합성(neutral)에 관한 어떠한 반대효과도 가질 수 없다. 결과적으로 특별한 RFLP표지인자의 적응품종으로의 전이는 수용자의 전체적 적합성을 조금이라도 손상하거나 감소시키지 않을 것으로 예측된다.

그러나 RFLP변이의 실질적 비율은 삽입의 결과일지 모르며 삽입적인 돌연변이가 다소 퇴화적이거나 불안정할 수 있는 가능성이 있다. 어느 경우에나 첫단계로서 삽입적 변이에 대한 세심한 집단조사를 수행하는 것이 중요하다. 앞서 언급한 문제점에도 불구하고 현대적인 방법의 적용은 원연종들간의 교배를 통한 원연교잡(wide hybridization)을 이용하여 육종에서의 급속한 발전에 기여할 것으로 보인다. 교잡프로그램에서 기내 배배양을 이용하여 생산된 잡종을 여러 가지 기술을 사용하여 진정잡종임을 확인하며 이어서 RFLP분석은 잡종의 초기 발육단계 및 진정잡종을 위한 선발에 있어서 신속하고 안전한 특성화를 가능하게 한다.

RFLPs는 유전자지도를 만들고 특별한 유전자형과 농업적 형질의 확인을 가능하게 하기 위한 fingerprinting을 위해 이용되었다. 고밀도 RFLP지도는 양적유전자(QTLs)와 같은 복잡한 형질을 그들의 개별적 유전조성으로 해체하는 기회를 제공해 주며 그 다음 이러한 형질들을 단일유전자 형질로서 처리할 수 있게 해준다. Polymerase chain reaction(PCR)의 사용은 특수한 DNA절편의 선택적 증폭을 통하여 DNA배열에 대한 이해를 넓힘으로써 생물공학의 적용을 더욱 발전시켰다. 이것은 바람직한 절편의 특수한 전이를 용이하게 한다. RAPD표지인자분석은 분자적 정보가 존재하지 않는 종의 유전적 다양성 연구를 가능하게 하며 RFLP보다 훨씬 더 신속한 데이타 수집을 허용한다. 이렇게 빠르고 비용효율적인 방법 때문에 많은 수의 accession을 분석하는 것이 가능하다.

    RFLPs등을 이용한 유전자지도 작성은 가용한 다양성의 보다 나은 이용을 촉진한다. 그러나 유전자지도가 개발되고 목표작물에 적용되는 용이성은 종의 유전적 복잡성과 종에 존재하는 DNA polymorphism의 정도에 좌우된다. 유전적으로 monomorphic종에서 유전자지도작성(genemapping)은 대개 매우 다른 양친의 유전자형 사이와 때로 다른 종을 사용하는 원연교잡(wide crosses)을 이용함으로써 이루어졌다. 종내의 낮은 빈도의 DNA polymorphism은 또한 농업적 중요성이 있으나 유전적으로 더 많은 monomorphic양친을 포함하는 교집에서 지도가 작성된 DNA표지인자의 이용을 제한할 수 있다.

    따라서 현대의 분자적 기술의 적용은 생식질 큐레이터가 개별적 accession, 전체 작물종 및 그것의 유전자 pool에 대한 지식토대를 유의하게 증가할 수 있게 할 것이다. 유전자 동정과 재조환DNA 기술 및 그 밖의 새로운 기술의 적용을 이용하여 현재의 유전적 배경에 유용유전자를 전이시키는 것은 현지외 보존의 중요성을 더욱 증가시키고 분자적 기술의 가치를 제고할 것이다.

    1850년의 세계의 인구는 약 1억 1천만 명이었으며 1930년까지 약 20억 정도로 증가하였다. 그러나 2010년에는 70억 정도로 인구가 증가할 것으로 추정된다. 세계인구의 지속적인 증가는 농업에서 점점 더 많은 수량을 요구한다. 세포생물학, 분자유전학, 재조환DNA, 조직배양 및 관련 분야가 농업발전의 새로운 가능성을 열고 있다. 생물공학의 발달은 과학자가 비교적 짧은 시간 내에 작물 개량을 위한 유전자 전이를 가능하게 한다. 그러나 그러한 공학적 조작을 위한 유전자는 유전자원으로부터 공급되지 않으면 안된다.

세계의 농업은 늘 많은 문제에 직면해 왔다. 예를 들면 우리는 우리가 미래에 어떠한 새로운 병, 해충, 토양 및 대기문제에 직면하게 될지 모른다. 해충의 계통이 계속 발달하고 이들 해충에 원래 저항성인 작물품종 혹은 재래종을 공격한다. 우리는 핵전쟁의 가능성이 전보다 덜하다 할지라도 가능한 핵전쟁 이후시대에 작물이 잘 생육하기 위해서는 어떠한 생리적 및 형태적 형질이 필요할 것인지 모른다. 우리는 온실효과(greenhouse effect)가 대기 중에 높은 함량의 이산화탄소와 기타 가스를 통하여 온도변화가 초래할 수 있다는 것을 되풀이하여 경고해 왔다. 이것이 일어나면 새로운 환경에 적응할 수 있는 신품종이 요구될 것이다. 그러나 우리의 미래환경의 상태는 대단히 알 수 없기 때문에 전문가조차도 어떠한 유전자가 미래에 필요하게 될지 모른다. 그러므로 유전자원이 수집되고 연구되며 영원히 사라지기 전에 미래의 사용을 위해서 보존되어야 하는 것이다.

또한 우리는 오랜 진화과정 동안에 종내에 집적되어온 유전적 다양성의 보존에 관해서 똑같이 관심을 가져야 한다. 그런 종의 대부분은 농업이 시작된 이래로 인간에게 유용하였다. 인간은 생존하고 생활의 질을 향상시키기 위하여 다양한 종으로부터 식품, 약품, 섬유 등을 생산하였다. 현재의 상황은 매우 변화하고 있는 병해충 문제, 인간영양에 대한 변화하는 욕구, 인구증가, 농업을 환경적으로 스트레스받고 한계적인 조건에까지 더욱 확장시키려는 욕구, 에너지를 위한 생물자원으로서의 증가된 식물사용 등 역동적이며 이 모든 것이 변화하는 수요에 부응하기 위해 필요로 되는 유전적 다양성을 예측할 수 없게 만든다. 이것이 식물생식질의 대규모 수집과 다양한 유전자원의 보존에 대한 필요성을 갖게 한다.

복잡한 genepool을 보존하고 이용하기 위해서는 앞서 살펴본 바와 같이 생물공학적 도구를 유리하게 이용할 수 있다. 그러나 현대의 생물공학적 도구의 모든 이점에도 불구하고 특히 개발도상국가에서 그것들을 사용하는데 대하여 접근, 재산보호 등의 면에서 현재 많은 논의가 있다. 지구 삼림에 관한 국가 실무그룹간 첫 회의에서 첨단의 생물공학을 가진 나라가 개발도상국가로부터 생물다양성과 일련의 유전자를 식물유전자원의 주권 소유자와 공유하지 않고 수십억 달러의 이윤을 내면서 개발해 왔다는 것을 지적하였다.

우리는 녹색혁명과는 달리 생물공학 진보의 대부분은 주로 민간 부문에 의해 재정지원이 되었음을 알아둘 필요가 있다. 아울러 적절한 배려가 없으면 생물공학은 개발도상국가들에게는 너무 비용부담이 큰 것이므로 개발이 지연될 수도 있으며 생물공학의 이용이 개발도상국가와 선진국사이의 틈을 증가시킬 수 있음을 알아야 한다. 또한 우리는 생물공학을 통한 식물유전자원의 개발로부터의 상업적 이익과 식물유전자원의 보존과를 연결하는 점에서도 생각해야 한다. 이것은 원료에 접근하기 쉽게 함으로써 생물공학자들에게 이익을 줄 우리의 보존노력의 장기간 지속을 지원할 것이다. 아울러 기술은 물론 이해의 정신과 아이디어의 공유는 우리에게 현재와 많은 다음세대를 위해 인간에게 가장 중요한 자연자원인 식물유전자원을 보존하고 이용하는 보다 나은 과업을 수행하여 지속성을 유지하도록 할 것이다.

바. IBPGR/IPGRI의 역할

　식물유전자원을 위한 국제이사회(IBPGR)는 식물유전자원에 관한 활동을 전세계적으로 촉진하고 조정하기 위해서 1974년에 설립되었으며 행정적 목적을 위해 UN의 FAO에 연결되어 있다(제11장에서 상세히 설명). 지난 20년 동안 IBPGR은 많은 성과가 있었으며 현재 완전히 독립적인 연구소 즉, 국제식물유전자원연구소(International Plant Genetic Resources Institute- IPGRI)로 성장하였는데 이것은 국제농업연구시스템에 관한 자문그룹(the Consultative Group on International Agricultural Research- CGIAR)의 19개 연구소 중의 하나이다.

　IPGRI의 의무는 현재와 미래세대를 위하여 식물유전자원의 보존과 이용을 추진하는 것이다. IPGRI는 유전자은행과 실험실을 가지고 있지 않다. 그것은 식물유전자원을 보존하고 이용하는데 관심을 가지고 있는 다른 파트너와 협력함으로써 공헌한다. 이들 파트너는 국가프로그램, 대학, 비정부기관 및 기타 국제 및 지역 단체를 포함한다. IPGRI는 개발도상국에 특별한 비중을 두고 전 세계의 식물유전자원의 보존과 이용을 강화함을 목표로 하는 활동을 격려하고 지원하며 참여한다. 이러한 목적을 달성하도록 하기 위하여 IPGRI는 다음 4가지 목적을 갖는다.

　① 식물유전자원의 보존을 위한 필요성을 평가하고 부응함에 있어서 여러 국가 특히 개발도상국가를 지원하고 사용자와의 연결을 강화하기 위하여,

　② 식물유전자원의 보존과 이용에 있어서 국제협력을 촉진하고 건설하기 위하여,

　③ 식물유전자원을 위한 개선된 전략과 기술 및 보존에 대한 보

완 방법을 개발하고 촉진하기 위하여,

④ 일선에서 실제적 개발, 과학적 개발을 하는 세계 유전자원공동체에게 알리기 위한 정보서비스를 제공하기 위하여

이러한 목적을 달성하기 위한 기초는 일련의 활동을 구성하는 한 세트의 여러 전문분야로 이루어진 프로젝트이다. 이러한 것들은 5개 지역사무소와 로마에 있는 본부 사이에 네트워크 또는 매트릭스(행렬)를 형성한다. 아시아, 태평양 및 오세아니아 지역사무소는 싱가포르에 위치한다.

IPGRI는 생물공학이 어느 정도 식물유전자원의 효율적인 보존과 이용을 위한 중요한 도구를 제공한다는 것을 인지하고 있다. 이러한 도구는 조직, 세포 및 기관배양, 분자유전학 기술, 혈청학, 배구조 기술 및 DNA추출과 sequencing을 포함한다. 기내보존기술의 조합, 유전학 및 분자생물학과 같은 생물공학의 발달은 우리에게 이용가능한 넓은 범위의 다양성을 수집하고 관리하며 이용하는 방법을 변화시키고 있다.

식물유전자원의 보존을 향상시키기 위하여 생물공학적 도구를 적절히 사용하려면 생물공학자들이 식물유전자원 활동의 필요성에 대하여 잘 알아야 하며 보존학자들은 생물공학에 의해 제공되는 기술과 정보의 기회에 정통해야 한다.

8. 보존생물학에서 유전변이 평가방법의 비교

 현존하는 유전적 다양성의 수준을 파악하고 이들 다양성의 수준을 유지하는 것이 보존생물학에서 중요한 이슈이다. 유전적 다양성은 Frankel(1970)이 유전적인 변이가 멸종위기에 처한 종의 장기 생존에 필수적이라는 것을 주장할 때 이슈가 되었다. 유전변이는 어떤 장래에 적응하는 변화나 진화에 필요한 선결조건이다. 충분한 유전변이가 결여된 종은 소멸의 더 큰 위험에 처하게 될 것이다. 보존의 측면에서 집단이 성공적으로 야생지에 재도입되거나 새로운 서식지에 도입되려면 유전변이의 유지가 필수적이다. 아울러 잡종강세가 이형접합체의 이점에 의해 고정이 유지되는 식물 종에 있어서 유전변이가 즉각적인 고정에 기여하는 것을 제시하는 많은 연구자료가 있다. 유전변이의 감소는 이형접합체의 소실을 가져와 결국 적합성(fitness)의 상실을 가져온다. 유전적 다양성의 감소에 따른 부수적인 영향은 집단 크기의 감소에 이어지는 불량 적응유전자형의 임의적인 적합성을 가능케 할 수도 있다. 결국 종에 있어서 현존하는 유전적 다양성의 유지는 미래에 응용하게 될 유전자원의 보존을 위하여 중요한 과제이다.
 재조합DNA기술은 현재 종과 종 사이의 유전자 전이와 발현을 가능하게 한다. 그런 형질전환 식물들은 작물의 수량을 증가하고 약리성분과 같은 유용화합물의 생산에 이용될 수 있다. 유용한 대립유전자의 대체 불가능한 자원은 많은 종류의 식물 종에 대한 유전적 다양성의 보존에 의해서 보호될 수 있다.

한때 널리 퍼지고 교배되어 많은 유전적 다양성을 보유한 식물 종이 범위와 집단 크기의 제한과 관련된 유전변이의 감소에 가장 민감할 것이다. 집단 크기의 극도의 제한하에서 육종체계 (Breeding system)는 타가수분으로부터 자식의 증가로 변하게 될 것이며 그런 집단은 자식약세를 보이게 될 것이다. 반대로 자연상태에서 장기간의 자식에 처해진 종들은 자식약세를 보이는 것이 덜할 것이다. 항상 작고 격리된 집단과 거칠게 자가수분되는 식물 종에 있어서 다양성의 보존은 아마도 덜 필수적일 것이다.

그러나 이들 종에 있어서조차 집단내에 발생하는 유전적 차이의 보존이 바람직할 것이며 그래야 그 종의 전 범위의 유전변이가 보존될 수 있을 것이다. 그러므로 종내의 유전변이의 수준에 대한 측정과 평가는 여러 경우에 그들의 보존과 관리에 중요하다. 세 가지의 주요한 특성이 변이 수준의 평가에 사용되어 왔다. 즉, ① 형태석 변이, ② 동위효소 allozyme의 변이, ③ DNA염기의 차이 (DNA sequences)가 그것이다. 형태적 변이와 allozyme에 관한 자료는 흔히 이용되어 왔으므로 보존생물학자에게 덜 친숙한 방법에 대한 토의를 강조하여 설명한다.

가. 형태적 변이

가장 쉽게 획득할 수 있는 유전변이의 평가는 형태 또는 표현형 변이를 측정하는 것이다. 형태는 육종도 실험실 연구도 요구하지 않는 이점을 가지며 포장수집으로부터 곧 바로 이루어질 수 있는 것이 가장 중요하다. 형태변이 연구의 또 다른 두드러진 이점은 표현형 형질이 종종 생태적으로 적합한 것이라는 것이다. 그런 형태 변이는 종종 유전변이, 지역적 분화, 생태형을 나타내는 것으로 가정된다. 이러한 경우에 표현형변이는 게놈상의 중점 변이를 나타낸다.

　Achillea lanulosa 생태형에 대한 고전적인 연구에서 생태형의 형태적 차이가 종종 생리적인 유전자와 같은 많은 다른 유전자에 있어서의 유전적 분화를 나타내는 지표가 되기도 한다는 것을 보여주었다. 식물에서 흔한 표현형적 유연성(Plasticity)은 이러한 관계에 대한 하나의 중요한 변형이다. 그러나 많은 경우에 있어서 유전변이를 평가하는 데 형태를 사용하는 것은 변이의 빠른 평가가 요구될 때 또는 생화학적 조사가 비실용적인 곳에서 가장 현실적인 방법이다. 그런 경우에 형태적인 변이에 대한 고려는 유전변이를 평가하는 유일한 실질적 방법일 수 있다.

　형태적 변이가 그룹 사이에 유전변이와 유전적 차이를 평가하는 데 어떻게 이용될 수 있는가에 대한 하나의 좋은 예는 *Clematis fremontii* ssp. *riehlii*이다. *Clematis*의 이 아종(亞種)은 Missouri Ozarks의 작은 지역 내에 있는 석회암의 숲속 빈터에서만 자란다. Erickson(1945)은 숲속내와 숲사이에서 엽형변이의 계급적 분포를 발견했다. 그는 엽형이 비교적 균일한 지역이 glade상의 군체(aggregates)내에 존재하는 것과 숲속의 집단이 이러한 군체들로 나뉘어 있다는 것을 알았다. 이웃 glade는 종종 엽형에서 유사성을 보였으며 이들은 clusters라고 하였고 이 cluster는 일련의 glade system으로 grouping 되었다. 이 경우에 단일 형질(엽형)의 변이 분포가 그룹 간의 유전자 흐름(gene flow)의 추정량에 의해서 결정된 다른 유전자군(genetic grouping)에 해당되었다. 이들 연구자료로부터 Erickson은 집단이 유전적으로 세분된 것으로 결론지었다. 유전적 분화의 정도는 한 두개의 유전자가 아니라 전 게놈에 영향을 미칠 것이다. *C. fremontii*의 DNA 변이를 연구한 결과 DNA sequences도

같은 집단의 세분을 보여 주었다.

유전변이를 측정하기 위한 또 하나의 약간 다른 형태적 접근은 양적 형질(quan-titative traits)을 분석하는 것이다. *Clematis*와 *Achillea*의 경우처럼 형태적 혹은 표현형 차이는 여러 식물에서 설명되었다. 많은 경우에 이러한 변이의 유전적 근거는 일반적인 포장실험으로부터 구명되었다. 또 하나의 다른 형태적 접근은 양적 유전의 분석으로서 부모로부터 선택된 교잡에 의한 후대로의 형태적 형질의 전이를 기록하는 것이다. 그런 연구는 일련의 교잡을 포함하며 교잡에 의해 얻어진 후대를 종종 서로 다른 환경에서 생장시켜 polygenic 형태적 특성에 대한 유전적 제어 對 환경의 정도를 구명한다. 양적 형질은 최소 자승(least-squares) 또는 maximum likel-ihood procedure(Shaw 1987)에 의해서 추정된다. 그러한 분석은 표현형 특성이 어느 정도 유전자 또는 환경의 제어 하에 있는가를 나타낼 뿐만 아니라 집단 내의 진화석 변화의 가능성을 추정하는데 중요한 좁은 의미의 유전력(h^2)과 형질간의 유전적 공분산(genetic covariance COVA)과 같은 변수(Parameter)를 결정해 준다. 이들 연구는 또한 선발반응에 대한 기회를 추정한다. 그러므로 양적 분석은 보존유전학(conservation genetic)의 중요하고 중심적인 면에 관한 정보를 제공해 줄 수 있다. 즉, 집단이 환경의 변화와 관련될 수 있는 선택적 체제(regime)에서의 변화에 어떻게 반응할 것인가에 관한 정보를 줄 수 있을 것이다. 야생종의 자연집단에 관한 소수의 형태적 특성에 대한 양적 유전분석의 예는 타가수분 다년생 grass인 *Holcus lanatus* L.에서 찾아볼 수 있다.

방목과 예취의 두 가지 서로 다른 관리 영역하에 있었던 두 개의 이웃하고 있는 집단이 연구되었다. 그 집단은 공통의 포장환경에서 여러 가지 형태적 특성에 있어서 유의한 차이를 보였다. 다계교잡(polycross) 실험은 진화적으로 중요한 유전적인 차이가 이 두 인접지역 사이에서 비교적 짧은 시간에 걸쳐 발생하였음을 나타냈다. 더욱이 두 집단 사이에서 유전적 구조상의 차이가 단지 양적 분석의 결과로 분명하였다. 집단이 이웃하고 있었더라도 선발에 대한 그들의 가능한 반응은 같은 환경에서조차 아주 다를 수 있는 것이다. 생활특성에 있어서의 양적인 차이가 또한 종의 집단간에 검정된다. 그런 양적 분석은 보존생물학을 위해서 매우 중요하다. 유전변이가 집단내에서 측정될 수 있고 집단간의 차이가 구명될 수 있을 뿐만 아니라 그런 측정은 선발에 대한 반응을 예측하는 데 사용될 수 있다.

하나의 집단이 선발에 어떻게 반응할 수 있는가를 구명하는 것은 그 종이 새로운 지역이나 서식지에 도입되려고 하는 경우 매우 중요하다. 현재 미완성의 보존생물학 연구에 있어서 그와 같은 연구를 비실용적으로 만드는 몇 가지 장애물이 있다. 그런 연구는 매우 시간이 걸리며 주의깊은 실험설계와 자료분석을 필요로 한다. 또한 그러한 연구는 쉽게 교잡이 되지 않거나 긴 수명 범위를 갖는 종에서는 시행될 수 없다. 그럼에도 불구하고 양적 분석은 가능한 작물의 야생근연종과 같은 특별한 중요성을 갖는 종의 보존에 매우 유용하다.

나. 동위효소 변이(Allozyme variation)

근년에 allozyme 전기영동이 유전변이를 조사하는 데 우세한 기술이 되었다. 이 기술은 식물에서 일어나는 유전과정을 이해하는 데로 점차 확대되었고 그것 없이는 우리가 야생종(비경작 작물)의 유전구조에 관한 정보를 거의 가지지 못할 것이다. 그것의 유용성과 확산된 응용에도 불구하고 전기영동은 몇 가지 제약이 있는 것으로 알려져 있다. 더욱이 가용성 효소로 encoding된 single class의 유전자만이 분석될 수 있으며 종종 그것들은 그들의 생산물 추출의 용이성과 전분 gel상에서의 이동능력(migrate ability)에 근거하여 선택되어진다. 또한 생산물 아미노산 조성의 변화를 가져오는 유전자의 nucleotide차이만을 검정할 수 있어서 아미노산의 정보를 지정하지 않는 부위의 차이는 측정할 수 없다. 그리고 검정이 대개 생산물 분자를 담당하는 순변화(net change)를 가져오는 아미노산 조성의 변화에 제한된다. 아울러 이러한 유전자는 일반적으로 게놈을 대표하지 않을 수 있다.

예를 들면 흔히 공통적으로 연구된 allozyme이 유전자 산물의 다른 범주보다 더 다양하다는 것과 이러한 다양성(변이)이 부분적으로 전사후 변형(posttranslational change)과 같은 과정에서 비롯된다는 증거가 있다. 옥수수에서 Adh-1유전자의 F와 S 대립유전지에 대한 분자연구에서 단일 염기쌍 치환보다도 sequence에서 많은 차이를 보인 것은 흥미로운 일이다. 이러한 제약에도 불구하고 동위효소(allozyme)분석은 종종 유전변이를 측정하는 최상의 수단을 제공해 준다. 이 기술은 비교적 분석방법이 쉬워서 여러 종류의 식물에 대해서 방법이 개발되었다.

Allozyme 표지인자(marker)의 멘델성 유전이 여러 종에서 설명되었으며 교배가 어려운 식물에서 유전양식을 추론 가능케 해주었다. Allozyme분석은 집단내의 유전자와 유전자형의 빈도의 추정을 제공해 준다. 그런 자료를 여러 가지 방법으로 분석하여 유전적 분화, 집단의 세분화, 유전적 다양성 및 유전자 흐름(gene flow)을 측정할 수 있다. 이러한 분석 기술의 목록 때문에 allozyme data는 종의 유전적 구조의 결정 및 種間의 비교에 있어서 매우 유용하다.

많은 수의 식물 종이 분석되었으므로 변이 수준과 그 수준이 생활사, 서식지, 육종체계와 같은 다른 요인에 의해 얼마나 영향을 받는가에 대한 일반화가 가능할 수 있는 것이다.

일반적으로 allozyme 변이는 게놈내의 변이의 전반적 수준을 반영하는 것으로 보인다. Allozyme 변이를 다른 형질의 변이와 비교하여 일반적으로 상당한 일치를 발견한 경우가 적지 않다. 표4는 allozyme data를 변이의 다른 측정과 비교한 예를 보여준다. 연구된 대부분의 종에서 형태적인 자료와 allozyme 자료가 종종 일치한다. 다른 변이 측정 사이에 일치가 결여된 종의 대부분은 이례적이거나 급속한 진화율을 나타낸다.

표4. Allozyme data의 일치

종	비 교	일치여부
Avena barbata	Allozyme / morphometric	+
Avena fatua	Allozyme / single gene	+
Hordeum jubatum	Allozyme / morphometric	+
Hordeum spontaneum	Allozyme / morphometric	+
Hordeum vulgare	Allozyme / morphometric/DNA	+
Layia spp.	Allozyme / morphometric	+
Lisianthus	Allozyme / DNA	+
Phlox drummondii	Allozyme / morphometric	+
Pseudotsuga menziesii	〃	+
Trifolium hirtum	〃	+
Bidens	〃	-
Clarkia	〃	-
Hordeum murinum	〃	-
Hordeum spontaneum	〃	-
Pinus contorta	〃	-
Silene diclinis	〃	-

(Hamrick, 1989)

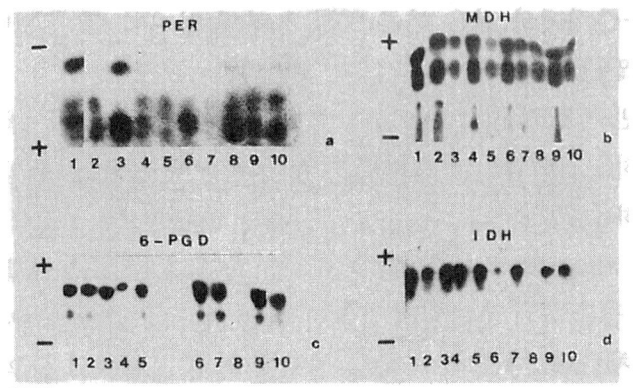

〈그림 22〉 Canada wildrye의 조직배양 영양체의 동위효소분석

그런 상황은 Hawaiian Bidens에서 볼 수 있다. 하와이 섬의 *Bidens*속은 섬의 최초의 식민지화 이후에 적응방사선을 받았다. 그 종은 형태와 서식지에 있어서 서로 나르며 그것은 게놈의 이러한 부분에서의 급속한 진화를 시사하는 것이다. 하지만 그 종은 염색체상으로는 비슷하며 약간의 allozyme 변이를 보이고 이 종간에 수정이 되며 엽록체 DNA도 유사하다. 형태적인 자료로부터 전체의 genome에서 발견되는 것보다 분류군 가운데서 더 큰 유전적 차이를 추정할 수 있다. *Bidens*에 있어서 서로 다른 진화율에 대한 가장 그럴듯한 설명은 적응방사선 조사 동안에 서식지 적응과 관련된 형태적 및 생리적 유전자에 대한 매우 빠른 선발이 이루어졌을 것이라는 것이다. 다행히 그런 예가 비교적 드물다.

Allozyme은 우수하고 신속한 유전변이 추정방법을 제공해 준다. 그 방법은 특히 오랜 기간 진화의 역사를 공유한, 밀접히 관련된 종 가운데서 유력하다. 진화적으로 유사한 종 가운데서 allozyme 변이상의 차이는 대부분 전체의 변이에 영향을 미칠 수 있는 집단과정에서의 차이를 반영하는 것 같다. 이러한 종에 있어서 유전변이의 상대적 수준은 일반적으로 allozyme data로부터 높은 확률을 가지는 것으로 평가될 수 있다.

다. DNA 변이

재조환 DNA기술의 발달로 사실상 어느 식물 종에 있어서도 DNA 염기배열(sequence)의 변이를 조사할 수 있게 되었다. DNA sequence의 분석은 유전변이에 대한 형태적 추정 및 allozyme 추정이 지니고 있는 문제와 편의(偏倚)의 대부분을 회피한다. DNA가 직접 분석되기 때문에 유전변이가 표현형으로부터 추정되는 것과는 달리 직접 측정될 수 있다. 더욱이 사실상 식물 게놈의 어떠한 절편도 분석될 수 있다. 그 기술은 아미노산 정보를 지정하는 부위나 지정하지 않는 부위, 보존적(conservative)이거나 아니면 변화가 많은 (hypervariable)염기들, 핵이나 organelle(기관)의 DNA 염기배열을 연구하는 데 이용된다. 다른 DNA 염기배열은 선택적 제한의 범위를 가지며 변이를 일으키는 분자기작에 의해 다르게 영향을 받는다. 따라서 뉴클레오티드 치환(nucleotide substitution)의 수준은 게놈의 다른 부위내에서 다양하다. Ribosomal DNA의 coding지역과 같은 어떤 sequence는 종내에서 약간의 변이를 보이며 genus(속)의 member 가운데서 변이가 적은 반면에 변화가 많은 sequence는 유전자형 특이적(genotype-specific)변이를 나타낼 수 있다. 아울러 DNA 염기배열은 역사적 정보를 함유하여 계통발생적 유연성(類緣性)이 결정될 수 있다.

종간의 진화관계는 관련된 종간의 염기배열의 유사성에 의해서 검정될 수 있다. 그러므로 DNA 염기배열 분석은 매우 유력하며 이

전에 다루기 어려웠던 종에서 문제가 되었던 부분에 관한 정보를 제공해 줄 수 있다. 그러나 DNA 분석에도 약간의 매우 중요한 결점이 있다. 그것은 실험실 기술이 상당히 복잡하고 시간이 걸리며 비교적 비용이 많이 들고 많은 실험실에서 그런 분석이 실용적이지 못하다는 점이다. Allozyme 분석에서와 같이 일련의 기술적 함정이 있으며 약품 등의 자극에 의해 조직속에 생기는 물질이 있을 수 있다. 결국 한번에 게놈의 작은 절편만이 분석되므로 한 가지 형의 염기배열로 전체 게놈에 대한 변이에 관하여 과장된 결론을 내릴 위험성이 있는 것이다.

1. DNA 기술

DNA sequence를 분석하는 데 현재 두 가지의 선택 가능한 시도가 있다. 첫번째는 대립유전자의 직접 염기순서 결정(sequencing)과 염기쌍 염기배열의 직접 비교를 포함한다. 그런 시도는 정교한 구조의 변이에 대한 궁극적인 정보를 제공하며 진화적 추론을 끌어내는 매우 강력한 자료를 생산한다. 염기순서 결정은 매우 시간이 걸리며 비교적 소수의 개체만을 분석할 수 있으므로 그런 시도가 현재 실용적이지 못하다.

그러나 분자생물학에서의 기술발달(혁명)이 빠른 속도로 일어나서 집단연구를 위한 많은 개체의 sequencing이 가까운 장래에 가능할 것이다. Polymerase chain reaction(PCR)을 통해 증폭된 DNA로부터 직접 유전자를 sequencing(염기순서결정)함으로써 이미 sequencing에 소요되는 시간을 상당히 줄였다. 현재 DNA 염기배열 변이에 관한 자료의 대부분은 RFLPs(restriction fragment-length polymorphisms)로부터 얻어진다. 여기서 변이는 어떤 특정 제한효소(restriction endonu-clease)에 특이적인 DNA의 작은 sequence(4, 5

혹은 6 염기쌍)의 존재 혹은 결여를 구명함으로써 측정된다. Endonuclease는 그것의 특이적 인식부위가 일어나는 곳마다 이중나선의 DNA를 절단한다. 결과적인 DNA 절편의 유형들을 비교하여 제한효소의 인식부위의 변이를 구명한다. 그런 연구를 시작하기 위하여 여러 가지 가용한 방법의 하나로 DNA를 분리한다. 흔히 사용되는 방법은 CTAB(cetyltrimethylammonium bromide) 추출방법이다. 이것은 간편한 방법이며 몇 시간내에 많은 시료로부터 DNA를 분리할 수 있다.

다른 화학적 분리방법으로는 cesium chloride density-gradient centrifugation이 있는데 이것은 그것의 부력밀도에 기초하여 DNA를 분리하는 것이다. 전체의 게놈 DNA를 분리할 때 엽록체, 핵, 미토콘드리아DNA를 포함한 모든 식물게놈의 핵과 엽록체 게놈의 절편은 그와 같은 DNA 분리로부터 직접 분석될 수 있다. 엽록체 DNA의 연구에서 엽록체는 분리될 수 있으며 그 엽록체로부터 직접 DNA를 얻을 수 있다. Probe가 사용되면 이러한 시도가 항상 필요한 것은 아니다.

한번 DNA가 분리되면 그 다음은 게놈DNA가 하나의 제한효소로 digestion된다. 각각의 특이적인 인지 sequence내의 많은 제한효소 인지부위는 일련의 제한효소를 사용하여 분석될 수 있다. 즉, 제한효소로 분석하고자 하는 DNA를 절단한 후에 DNA 단편은 전기영동으로 분자량에 따라 agarose나 acrylamide겔상에서 분리된다. 하나의 restriction endonuclease digestion은 전형적으로 수천 개의 단편을 생산하며 ethidium bromide 염색으로 보이게 하면 DNA는 단편의 얼룩(오점)으로 보인다. 다음 일은 연구하고자 하는 특정 sequence의 DNA에 해당하는 단편만을 보이게 하는 것이다. 그러한 분석은 클론(cloned)된 probe의 사용을 필요로 한다.

클론된 probe는 DNA sequence의 cloning을 위해 특별히 유전적으로 가공된 바이러스 또는 plasmid와 같은 cloning vector로서 시작한다. Probe를 준비하는 데 있어서 식물과 같은 다른 생물체로부터 DNA sequence는 운반자(vector) DNA에 겹쳐 이어진다. 이러한 삽입된 sequence가 분석을 위해 연구되어질 DNA sequence이다. 엽록체 게놈, ribosomal DNA와 같은 multicopy 유전자, Adh-1과 같은 single-copy 유전자, 혹은 변화가 많은 sequence를 포함하여 많은 유전자가 클론되었고 분석에 이용될 수 있다. 개념상으로 어떤 종으로부터 어떠한 형태의 DNA도 클론될 수 있고 그 다음 연구될 수 있다.

Gel상에 분리된 DNA 단편은 Southern blot에 의해서 나일론이나 nitrocellulose filter membrane에 옮겨진다. 그 단편은 gel상에서 정확한 분리유형으로 옮겨진다. 클론된 probe DNA는 ^{32}P 방사성 동위원소로 표지되며 이어서 그 membrane 상의 DNA에 분자교잡된다. 표지된 probe DNA는 동형 sequence인 membrane상의 DNA 단편에만 교잡될 것이다. 그 membrane을 세척하면 교잡된 DNA만 세척 후 그 filter에 붙어 남아 있게 된다. 클론된 sequence에 해당하는 그러한 단편이 이제 방사선 동위원소로 표지되어 autoradiography에 의해 보이게 된다. 제한효소 인지부위의 변이는 그 단편 유형에 의해 검정될 수 있다.

2. 엽록체 DNA

DNA sequence의 변이에 관한 초기 정보의 많은 부분이 엽록체 DNA의 연구에서 비롯되었다. 엽록체 DNA는 일반적으로 100~200 kilobase 크기의 원형의 분자이다. 일반적으로 이 엽록체 게놈은 보존적이며 많은 식물종에서 염기배열의 진화 속도가 비교적 완만하다. 변화의 대부분은 작은 삽입 또는 삭제이거나 염기쌍의 변화이다.

 엽록체DNA에 관한 초기 연구의 대부분은 계통발생학의 추론을 끌어내기 위하여 종간 차이를 이용하였다. 그러한 연구는 *Brassica*종의 기원에 대한 근거를 제공하였으며 *Lycopersicon*, *Clarkia*, *Lisianthas* 종가운데의 계통발생학적 관계(유연관계)를 구명하였다. 엽록체 DNA의 집단적 연구는 비교적 적었다. 많은 종에서 매우 적은 종내변이가 있다. 예를 들면 *Pennesitum*에서 엽록체 게놈은 보존적이어서 genus(속)의 member 가운데서조차 적은 변이가 발견된다. *Lupinus texensis*에서 엽록체 DNA 변이는 집중적인 집단조사 가운데 하나의 집단에서만 발견되었다. 더 많은 식물종이 연구되어 엽록체 DNA의 종내 및 집단 변이의 예가 발견되었다. 변이의 수준은 낮을 수 있고(*Hordeum vulgare*) 혹은 교잡(*Helianthus*)이나 체세포 변이(*Taraxacum*)에 의해서 높을 수도 있다. 나자식물(*Gymnosperms*)은 훨씬 더 많은 엽록체 DNA 변이를 갖는 것으로 보이며 *Pinus*에서와 같이 엽록체 DNA가 집단연구에 이용될 수 있다.

 대부분의 경우에 엽록체 DNA의 진화 속도는 너무 느려서 집단이나 종내의 변이에 대한 우수한 측정을 제공하지 못한다. 몇 가지 예에서 교잡과 introgression(이입)의 문제가 보존생물학자들에게 관심이 되고 있다. 대부분의 식물종에서 엽록체 게놈은 한쪽 양친으로 유전되며 무성적 가계로서 계속 이어진다. 이러한 유전양식은 엽록체 DNA를 교잡이나 가능한 이입의 검정을 위한 우수한 표지인자가 되게 한다. 왜냐하면 엽록체 DNA 분자는 재조환(recombination)에 의해서 새로운 조합의 분자를 생성하지 않기 때문이다. 고대의 이입에 대한 예조차 다른 종의 엽록체게놈을 포함하는 이입된 집단에 의해 검정될 수 있어야 한다.

3. Ribosomal DNA

많은 연구에서 변이의 수준을 조사하기 위하여 ribosomal DNA 가 사용되었다. Ribosomal DNA는 리보소옴의 17S, 5.8S, 27S RNA subunit에 대해 유전정보를 지정(code)한다. 그 sequence는 게놈당 3000~1400 카피를 가지고 세로로 나란히 반복된다. 코딩 sequence 는 전사되지 않는 intergenic spare region(IGS)에 의해 분리된다. IGS region은 125 base pair로부터 300 base pair 이상까지의 범위를 가질 수 있는 다양한 수의 반복 subunit로 되어 있는 내부구조를 가지고 있다. Ribosomal DNA는 집단과 계통발생(유연관계) 분석에 적합한 몇 가지 특징을 가지고 있다. 코딩 sequence는 보존되며 대규모 진화 연구에 이용될 수 있다. 코딩되지 않는 지역은 매우 변화가 심하여 하나의 식물이 몇 개의 변이체를 함유할 수 있는데 *Vicia faba* 개체에서는 20개의 변이체까지 존재하여 집단연구를 가능케 한다.

현재 rDNA 변이가 일반적으로 게놈내의 변이를 잘 반영하는 것 인지를 결정하는 것은 어렵다. *Lisanthus*속에서 rDNA 변이유형과 allozyme변이 사이에 양호한 일치를 보인다. *Clematis fremontii*는 형태적 변이에 대해 관찰된 것과 유사한 유형으로 집단내에 rDNA 변이체에 대하여 통계적으로 유의한 지역적 차이를 보인다. rDNA 변이체에 대한 유전적 차이는 야생보리의 변이체에 대해 관찰된 것과 rDNA의 분포와 지정은 *Phlox divaricata*에 있어서 집단과 아 종적 범주에 해당하였다. 반면에 어떤 종은 제한효소 인지부위나 길이 변이체에 있어서 rDNA변이를 조금 보이거나 전혀 보이지 않는다. *Clematis*와 같은 glade(숲속) 서식지에서 연구된 *Rudbeckia*

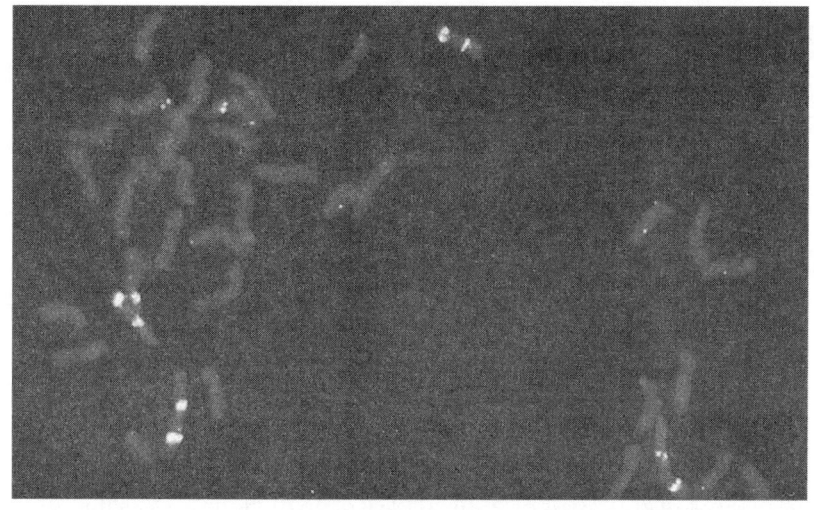

〈그림 23〉 고추유전자원의 Ribosomal DNA *in situ* hybridization

*missouriensis*의 몇몇 집단에서 단지 세 개의 restriction site 변이가 있었고 이것들은 지리적으로 격리된 이들 지역에서 *Clematis*의 rDNA가 대단히 변이가 많았던 것과는 현저히 대조적으로 낮은 빈도로 발생하였다. 확실히 보존생물학을 위한 rDNA의 유용성을 평가하기 전에 rDNA의 집단 변이에 관한 더 많은 연구를 수행하는 것이 필요하다.

4. 높은 변이를 함유하고 있는 DNA 염기배열 (Hypervariable DNA sequences)

적당한 유전적 표지인자(marker)의 개발에 있어서 중대한 발전은 hypervariable 혹은 minisatellite DNA의 발견이었다. 이러한 sequence는 많은 식물과 동물에서 매우 변이가 많을 수 있다. 몇몇 경우에 그것들은 유전자형이 특이적이며 유전적 지문(genetic fingerprints)을 생산한다. Minisatellite DNA는 일부 예에서 E. coli에 있는 Chi replicon sequence에 유사한 세로로 나란히 반복된 core 또는 consensus sequence로 구성된다. 이러한 sequence는 많은 수의 유전자좌와 대립유전자에 대하여 급속한 진화를 받아 왔다. 예를 들면 인간에게서 일부 minisatellite sequence가 게놈 전체에 펴져서 종종 90%가 넘는 이형접합체를 갖는 많은 유전자좌(hypervariable loci)를 생산하였다. 일부 minisatellite probe는 한 번의 탐침(probing)으로 수많은 hypervariable 유전자좌에 대립유전자를 나타낼 수 있다. 결과적인 단편의 개체별 특이적인 유형이 하나의 DNA fingerprint이다.

 Minisatellite 변이는 많은 식물의 종에서 발견되었다. 몇 가지 재배되고 야생하는 식물의 종이 집단내와 집단간의 minisatellite 변이에 대해 조사되었다. 일부 종에서 변이의 수준이 fingerprinting에 필요한 수준에 접근한다(예:*Rubus, Malus*). Hypervariable sequence는 부계(父系)분석과 자연 집단의 clonal 구조결정에 이용되어 왔다. 더욱이 수행된 변이에 대한 소수의 비교에 있어서 이러한 sequence가 allozyme보다 훨씬 더 변이가 많을 수 있음을 나타낸다. 이러한 sequence의 분석은 보존생물학에 있어서 매우 중요하다. 왜냐하면 그것들은 집단내 및 집단간의 유전적 변이에 대한 추정을 가능하게 할 뿐만 아니라 일부 경우에 실제로 집단내에 유전자의 존재를 구명할 수 있게 해주기 때문이다. 유전자를 긍정적으로 동정하는 능력은 현재의 수집물이 평가될 때 특히 중요하다. 종종 포장사이에서 수집품이나 이식한 것에 대한 기록을 잃어버려 두 식물이 같은 accession을 나타내는지 구명하는 것이 불가능할 때가 있다. 변이가 많은 minisatellite sequence는 보존노력으로 유전자형의 다양성이 보존되는 것을 확실하게 하는 데 사용될 수 있다.

 현재 유전변이를 구명하는 데 이상적인 방법은 없다. 각각의 기술이 독특한 이점과 단점을 가지고 있다. 형태적인 변이는 매우 쉽게 구명될 수 있지만 표현형의 변이에 대한 유전적 기초를 명시하는 것이 애매할 경우가 종종 있다. Allozyme은 유전자와 유전자형의 빈도를 결정하는 데 우수한 기술이지만 더욱 광범위한 실험작업을 요하며 항상 전체 게놈을 나타내는 것이 아니다. Hypervariable DNA sequence는 유전자형 변이에 관한 매우 유력한 자료를 제공하나 기술이 복잡하여 응용에 제약이 따른다.

보존생물학자들은 주어진 식물종에 대한 특수한 상황에 기초하여 어느 방법을 사용할 것인지를 선택해야 한다. 수집이 즉각적으로 이루어지면 그 때는 확실히 형태연구가 유전변이의 정도에 관한 어느 정도의 추론을 가능하게 하는 가장 신속한 방법이 될 것이다. 현재의 수집 상태가 평가되고 실험실과 기술자원이 가용하면 그 때는 hypervariable DNA sequence가 유전적 다양성에 대한 가장 우수한 평가를 가져다 줄 것이다. 많은 경우에 allozyme은 자료의 질과 기술적 접근 용이성 사이에 이상적인 타협을 마련해 준다. 대부분 allozyme은 전체 게놈내의 유전변이를 잘 반영해 준다. 그것들은 기술적으로 분석이 간단하므로 많은 재료에 쉽게 이용할 수 있다. 그 종이 특별히 진화적으로 흥미가 있고 농업적으로 이용가능한 가치를 가지는 것이라면 그 종에 대하여 DNA분석과 양적 연구를 수행하는 것이 적당할 것이다.

9. 유전자원의 정보처리

가. 유전자원에 관한 정보(시스템의 입력정보)

집단, 개체, 종자, 화분, 조직, 세포 등 어떤 형태로든 수집, 보존되어 있는 유전자원은 관련된 많은 정보를 포함한다. 그래서 그것을 알지 못하는 한 결국 그러한 모든 것이 전혀 없는 것과 다름없는 것이 된다. 여기에 유전자원의 정보로서의 가치가 있다.

유전자원이란 한마디로 쓸모가 있을 가능성을 가지고 있는 유전물질 및 그것을 갖고 있는 생물적 소재(집단이나 개체에서, 개체보다 작은 조직 또는 세포, 또는 더욱더 작은 단위까지 포함한다)라고 할 수 있다. 유전자원이 관련된 생물적 소재는 전생물적 소재에 이르는 한 개의 파지 집합에 해당한다.

즉, 구체적으로 대상이 되는 어떤 생물종의 개체, 종자, 조직, 또는 단세포 덩어리 등이 여러 가지 정보를 데이터베이스 할 수 있는 하나하나의 기록(EXIR 등의 데이터시스템에서의 항목<items>에 해당되는 것)을 형성한다. 그리고 기록이 포함되어 있는 내용은 매우 다양하므로 대부분의 경우 기록을 몇 개의 부분으로 나누는 것이 편리하다. 각각의 부분은 데이터베이스의 용어로 영역이라고 불리어진다(EXIR에서는 디스크립터-기술자-라고 한다). 대상의 집합이 파지이기 때문에 적당한 membership 관수(關數)의 값도 한 개의 영역으로 취급하지 않으면 안된다. 어쨌든 전체의 대상은 방대하고 상당히 막연하게 있으므로 데이터베이스의 구축에서는 가능한 한 공통의 영역을 지닌 대상을 모음으로써 몇 개 단위의 데이터베이스로 구분하는 것이 가장 합리적이다.

그리고 이러한 것을 기본으로 하여 필요에 따라 관계를 정한다면 보다 큰 데이터베이스로 모아 갈수도 있고, 또한 상이한 모양의 데이터베이스도 만들어 갈 수 있다. 이러한 작업을 이른바 관계 데이터베이스(relational database)라고 생각할 수 있으나 유전자원의 데이터베이스를 한마디로 정의한다면 여러 장소에서 여러 사람들이 여러 가지의 흥미에 의하여 만들어 놓은 것이라고 할 수 있다. 그리고 데이터베이스를 만들 때의 여러 가지의 제약은 단위 데이터베이스의 내에서 생각하는 것이 좋고 전체를 통하여 제약 등을 생각하는 것은 불가능할 뿐만 아니라 그렇게 할 필요성도 없다. 문제는 단위 데이터베이스 내에서의 기록의 정리를 어떻게 할 것인가. 즉 어느 정도의 영역을 설계하고, 어떻게 기술할 것인가 하는 것이다. 이 점에 대하여 일반적인 내용을 검토해 보기로 한다.

우선 수집, 보존 등에 관련하여 대상이 되는 것이 어느 곳에 어떠한 상태로 존재하고 있는지에 관한 것은 객관적인 기재가 가능한 정보로 생각된다. 여기에서도 기재방법이라든가 상세함의 정도에서는 다소 문제가 없는 것은 아니지만 이러한 일은 사무적으로 결정이 가능한 것이므로 일단 본질적인 문제는 없는 정보로 생각해도 좋을 것이다.

여기에서 문제가 되는 것은 수집 대상이 갖고 있는 특성이라든가, 형질 등과 같은 평가에 관계된 정보일 것이다. 이것들은 대부분의 경우 어느 정도의 양을 어떻게 취급하여야 좋은지를 포함하여 결정할 때 상당히 주관적 부분이 자신도 모르게 들어가기 쉬운 정보이다. 어떤 종의 특성에 대하여 다루는 경우 사람의 흥미 또는 관심에 따라 제각기 다르게 평가하고 판단하기 쉽기 때문이다. 예를 들면 유전자원적 가치라는 것은 그 자체가 최고인데도 불구하고 평가라고 하는 것은 이러한 가치를 어느 척도의 수준에서 정할 것인가이다. 즉, 인간에게 아름다움을 주는 꽃과 식량을 제공해주는 식물 사이에서 어느 쪽이 보다 더 유전적 가치가 있는 것일까를 평가한다면 이러한 것의 평가는 정보로 취급할 필요성이 전혀 없는 것이다.

그러나 어떤 극한적인 시기와 장소에서 경제적 이익 등을 고려할 경우 꽃과 식물사이에서의 가치를 논하는 것은 가능할 것이다. 경우에 따라서는 이러한 평가도 가치가 있을 수도 있다. 하지만 이러한 평가는 결국 몇 개의 객관적인 정보를 기준으로 두고 있기는 하나 주관적인 관수(關數)임에 틀림이 없다. 따라서 기본이 되어 있는 정보가 있다면 필요에 따라서 이러한 평가는 후술한 시스템에서 해석을 하는 것이 좋을 것이다. 그러나 근원적, 객관적 정보는 필요하지만 파생적, 주관적 정보는 이 단계에서 배제하는 것이 좋다.

앞에서의 예로 들은 복잡한 것뿐만이 아니라, 또 다른 예의 경우는 식물의 초장과 같은 형질을 평가할 때 대, 중. 소와 같이 비연속적인 서열척도로 기재를 할 것인가, 아니면 00cm와 같이 연속적인 량으로 기재할 것인가에 대하여 진지하게 논의한 결과 기본적인 정보로서 후자의 연속적인 량의 정보를 가지고 있음에도 불구하고 전자의 기재방법이 채용되어 정보를 생산하는 측도 사용하는 측도 어려움을 겪게 되는 일이 현실로 나타나고 있다. 이러한 경우 후자를 먼저 정보로 취급하여 입력해 놓으면 전자와 같은 기재는 경우에 따라서 더욱 적절한 각종 변환을 후자에 주는 것에 의해 자료를 인출시킬 수 있다. 여기서 근원적, 객관적 정보라고 하는 것은 두 말할 필요 없이 후자이며, 후자로부터 전자를 인출시킬 수는 있으나 전자로부터 후자를 인출시킬 수는 없다. 다른 것으로부터 인출시킬 수 없는, 결국 근원적인 정보가 반드시 객관적인 정보에 국한된 것은 아니고 다소 주관적이더라도 근원적인 것이라면 그만한 가치가 있는 것은 말할 나위가 없다. 이것은 다른 정보로부터 생산되지 않는 기본 정보로서 취급되어야 할 가치를 지니고 있는 것이다. 반대로 몇 개의 근원적, 객관적 정보의 객관적 관수(關數)는 그 자체는 객관적이지만 기본 정보로서의 가치가 거의 없다. 어느 쪽이든지 간에 정보의 평가라는 것은 중요하며 시스템 내에서의 연속적인 정보라는 것은 어떤 종의 오류를 체크하는 데 필요하다. 기본 정보의 데이터베이스를 기본으로 하여 필요로 하는 흥미에 따라서 이차적 정보는 생산되기 때문에 이러한 일은 해석시스템에 위임을 하면 된다.

다음은 정보를 다른 측면에서 구분하여 보자. 즉, 수치, 문자, 도형 그리고 영상 정보로 분류하는 것이다. 여기서 수치정보에는 정수치와 같은 비연속적인 것과 실수치와 같은 연속적인 것이 있으며, 문자정보에는 코드로서 문자를 의미하는 단어 및 단어들의 집합에 의하여 전체로서 의미를 나타내는 문장 등의 구별이 있다. 입력 또한 데이터베이스로 생각되어지는 것은 보통의 시스템에서는 수치문자까지이고 그리고 출력의 경우에는 그 외의 도형도 고려가 된다. 정보는 수치문자 정보만으로 어느 정도 목적을 달성하며 다루기 쉬우므로 이것에 중점을 들 필요가 있다. 예를 들면 형태나 색과 같은 생물의 기본적 특성은 옛말에 "百聞以不如一見"이라는 속담과 같이 영상에 의한 것은 직감으로 작용하는 부분이 많고 정보로서의 훌륭한 가치를 가지며, 특히 사람과 컴퓨터가 일체가 되는 시스템을 고려할 경우 상당히 중요한 요소이다. 그리고 또한 영상정보라는 것은 종합정보이고 여기에서 제한 없이 항상 정보를 꺼낼 수 있는 근원이 된다. 그러므로 시스템을 계획할 때 영상정보를 적극적으로 검토할 필요가 있다는 것은 당연한 것이다.

　여기서 도형정보도 조금 언급하면 스크롤데이터라고 하는 특별하게 부르는 경우나 그 밖의 많은 경우와 같이 유전자원 정보로서 독립한 것으로 배려할 필요가 있다. 그것은 해석결과의 표현과 같이 이차적인 것으로도 중요하지만 입력정보로도 고려할 필요가 있다. 생물형태의 도형적 표현으로 말하는 것은 원래 시간이나 공간적 위치 등과 관계하는 각종 연속적인 측정결과의 일차원에서 다차원으로 전개된 아날로그데이터와 같은 측정치를 갖고 있는 성질은 생물의 특성을 표현하기에 상당히 중요한 위치를 차지하고 있기 때문이다. 그리고 정보를 가능한 한 잃지 않고 입력하기에는 도형정보 그대로를 입력하는 것이 가장 적절하기 때문이다.

　이상과 같이 정보의 모양은 그 정보가 지니고 있는 본질과 관계를 지닌 문제에 있고, 결코 시스템의 쪽에서 규제를 하는 문제는 아니다. 게다가 주위를 하지 않으면 안 되는 중요한 것은 유전자원에 관한 정보는 결코 정적인 것이 아니고 상당히 동적인 것에 있다는 인식이다. 단지 정보의 추가, 삭제 그리고 변경이 상당히 있다는 것만이 아니고 정보 그 자체가 시계열적인 것이 상당히 많다는 것이다.

나. 유전자원 데이터베이스

　데이터베이스의 문제는 시스템을 만드는 입장에서 말한다면 어떤 방법으로 자료를 컴퓨터에 입력하고 그리고 어떤 방법으로 그것을 사용하기 쉽게 만들 것인가 하는 이 두 가지의 상반된 요구를 적절히 만족시켜야 하는 데 있다. 그런데 데이터베이스는 기본적인 검색의 소프트를 포함시켜 고려하지 않으면 안 되므로 실제로 이러한 것을 포함시키는 데이터베이스가 많다.

먼저 수치문자정보에 관하여 언급하면 기본적으로는 이원표 (행과 열로 구성된 표)를 기초로 한 것이다. 생물분류를 위하여 정보검색시스템 TAXIR 또는 EXIR 그리고 이것의 발전형인 GRIMS 등의 언어로 말하면 행과 열의 항목(item)과 기술자(descriptor)라는 것이 되는데 여러 가지 생물종이라든가 품종이라든가 하는 것은 결국 기재되어야 할 대상의 항이 되며 이것의 종명, 특성, 그리고 형질 등은 각 항목으로 기재되어야 하는 내용이고 이것을 적당한 구분으로 나눈 것이 기술자이다. 그러나 어떤 시스템에서는 항목과 기술자라고 하는 언어를 완전히 반대로 사용하고 있기 때문에 주의가 필요하다. 앞에서의 설명과 같이 더욱 일반적인 데이터베이스의 용어에서는 각각을 레코드와 영역이라고 하는데 이러한 용어를 사용하는 것이 혼동이 되지 않아서 좋을 지도 모른다. 어찌 되었든 TAXIR 또는 EXIR은 정보를 기술하는 수단으로서 전체 기술자의 상태(표에 입력해야 하는 수치 또는 문자)를 코드화하여 비트로 환원해 버리는 복잡한 방법을 사용하고 있다. 정보를 변경하기가 어려운 점을 제거하면 컴퓨터에서도 비교적 검색 시간이 걸리지 않는 뛰어난 장점을 지니고 있다.

그러나 이러한 것은 시스템이 상대하는 하드(초대형 컴퓨터 등)에 상당히 관계되는 것이기도 한다. 어떻든 간에 이 시스템에는, 전체정보가 1매의 2원표이라는 생각의 데이터베이스이고, 이것을 수치문자정보에 한해 생각하는 것은 상당히 문제가 있다. 입력정보의 내용으로 생각하는 것처럼 일반적으로는 다른 성질의 정보가 들어와 섞이기 때문에 무리하게 1매의 2원표에 집어넣으려고 하면 제멋대로 공간만 커져 큰 표가 되어버린다. 여기서 보통의 문헌정보의 데이터베이스에서 수행하는 것처럼 하나의 기술자밖에는 갖지 않는다. 즉, 기술자를 고려하지 않는 1원표로 해버리는 것도 생각할 수 있지만 기재가 상당히 장황해지고 정보의 기재가 누출될 가능성이 많아지며, 더욱이 검색에는 많은 일손이 필요해 그다지 대책이라고 말할 수 없다. 여기서 우리는 전체 데이타는 다종다양한 2원표의 집합이라는 생각이 가장 자연스럽고 전술한 것과 같은 관계데이타베이스를 고려하지 않으면 얻을 수 없게 된다.

이 시스템은 현재 SIRA/GA이라는 이름을 붙어 있다. 물론 관계데이타베이스이기 때문에 그것을 사용하는 소프트웨어가 몇 가지 존재하고 있으며 통계프로그램 팩키지로서 대단히 우수하고 상당히 널리 이용되고 있는 SAS에 의한 데이터 관리의 방법이 대략 이것에 기초를 두고 있다. 또한 컴퓨터 소프트웨어로서 유명한 dBASE-II 및 III 등은 이것을 목적으로 판매하고 있는 것이다. 그러나 이것은 하나의 프로그램언어로 생각하는 것이 좋으며 이대로는 유전자원성보가 포함되어 있는 구체적인 각각의 요구를 만족시켜주는 것이 아니다. 이에 비해 단위 데이터베이스, 즉 하나의 2원표만 있다면 먼저 주어진 TAXIR 또는 EXIR 게다가 GRIMS 등은 상당히 우리의 요구를 채워주는 것이라고 말할 수 있다.

다음으로 도형화상데이터베이스에 대해 언급하면 입력정보의 도형에 관해서는 전술한 것과 같이 도형특유의 문제를 배려할 필요가 있지만 최종적으로는 수치문자정보로 환원하는가, 화상정보로서 취급하는가, 어느 쪽으로 생각해도 좋다. 여기서 화상정보는 어떻게 취급되면 좋은가? 원리적으로는 화상이라는 아날로그정보를 디지털화 하는 것에 의해 수치문자정보로 될 것이므로 전부는 수치문자정보에 환원해 생각하는 것이 좋다고 할 수 있다. 그러나 어느 정도의 정보를 잃어버릴 것을 각오로 상당히 대략적으로 디지털화하더라도 1화면(예를 들어 사진 1매)에 필요로 하는 정보의 양은 상당한 것이 되어 따라서 큰 파일이 필요하게 된다.

　예를 들어 그것이 가능하더라도 정보를 꺼내는 데에는 상당한 시간을 필요로 하고 하나의 시스템으로 취급하는 화상매수도 매우 한정되고 만다. 여기서 아날로그정보 그대로, 예를 들어 레이저 디스크와 같은 무작위 악세스가 가능한 기록모체에 축적해 놓는 것이 현실적이라는 점을 알 수 있다. 그러나 이렇게 하는 것은 기술의 진보와의 관계에서 있어서 대단히 유동적인 부분이므로 그다지 하나의 패턴에 고집하지 않는 것이 좋다. 현행의 레이저디스크는 1매로 수만의 아날로그 정지화(靜止畵)를 축적하는 것이 가능하고 거의 기다리는 시간 없이 CRT화면 등에 디스플레이 하는 것이 가능하므로 필요한 검색출력이 입력한 화상그대로 또는 일부분만 있어서도 괜찮은 경우에는 이것만으로도 충분히 목적을 달성할 수 있다.

　유전자원의 화상정보에서는 도감적(圖鑑的)으로 그것을 이용하는 것 많기 때문에 화상해석을 하지 않고 이것으로 상당수의 목적을 달성할 수 있다. 단지 출력으로서는 이러한 화상과 수치문자정보와의 적당한 결합이 요구된다. 한편 진정한 의미에서 화상해석을 필요로 하는 정보에는 원아날로그화상을 끄집어내는 디지털화로 적당한 해석을 수행하고 그 결과는 필요에 따라 수치문자도형, 또는 역으로 DA변환해서 화상으로서 표현하면 좋다. 간단한 수치문자정보로의 환원이 곤란한 도형에 관해서는 데이터베이스는 화상으로서 축적해 놓고 재량껏 AD변환해서 검색, 해석할 수 있다.

다. 정보검색과 해석

해석과 연관하여 검색에 대해 기술하기로 한다. SIRA/GR에서는 전술한 것같이 정보는 다종다양의 2원표로서 축적되는 것이지만 표와 표와의 관계에 대해서도 가능하게 되어 있다. 몇 개의 표에 걸친 정보를 하나로 해석하고 싶은 경우는 이 관계 가짐을 단서로 여러 가지의 표로부터 정보를 모아오고 1매의 2원표를 만들어 내게 되는 것이다. 그리고 이 표를 기초로 해서 필요한 해석을 수행하면 된다. 여기에서 해석이라는 것은 통계처리와 같은 것만이 아니라 입력정보에서 기술한 바와 같이 기본정보를 기초로 해서 새로운 특성, 형질, 평가기준 및 기술방법을 만들어내는 것도 포함하고 또한 그 결과를 기초로 해서 검색하는 것도 포함된다.

따라서 필요에 따라 해석결과를 데이터베이스화하는 것도 당연히 생각될 수 있다. 이것은 해석결과의 정보로서의 객관적 가치에 의해서 만이 아니라 해석에 걸린 노력이라든가, 다른 정보와 연결시켜 한 번 더 해석을 할 가치가 있다든가, 여러 가지의 관점으로부터의 가치에 의해 데이터베이스화의 필요성을 판단하게 된다. 출력은 수치문자 외에 도형으로서 표현하는 것이 적절한 경우도 상당히 있고, 더욱이 DA변환해서 화상으로 표현하고 싶은 경우도 있을 것이다.

화상정보의 해석도 본질적으로는 다를 바 없다. 디지털화 됐다면 수치정보이외에는 되지 않기 때문이다. 단, 정보의 양이 상당히 크다는 것에 기초한 해석의 면, 즉 알고리즘의 면으로서의 많은 연구를 필요로 하는 것은 확실하다. 또 시스템의 하드 면에서의 요구도 제기되고 있다. 어떠한 경우라도 이러한 조건이 만족된다면 화상을 기초로 한, 예를 들면 형태 및 색에 관한 많은 특성의 수치문자정보를 끌어내는 것이 가능하다.

라. 네트워크와 기타

　데이터베이스 전체가 하나의 곳이라야만 되는 것은 아니다. 특히 유전자원에 관련해서는 대상이 대단히 여러 갈래에 걸쳐 있고, 따라서 정보가 생산되는 것도 여러 갈래에 걸쳐 있어 적어도 기본 데이터베이스는 요소요소에 여러 가지의 형태로 산재해있는 것으로 생각하는 것이 좋다. 정보가 동적이라는 것을 고려하면 항시 정보의 부가갱신이 있기 때문에 정보를 생산하는 것이 기본적인 몇 개의 단위 데이터베이스를 가지지 않으면 안 된다.
　그리고 정보를 필요로 하는 정보이용자는 항시 이러한 정보를 끄집어내지 않고 해석을 하기를 원하므로 그 요구를 만족하기 위해서는 직접 상대측의 시스템을 사용하든가, 몇 가지의 필요한 파일을 전송받아 그것을 기초로 해서 이쪽의 시스템을 사용하는 것이라든가 등을 접어놓더라도 통신네트워크를 이용하는 것은 적어도 현 단계에서는 가장 최적인 처리라고 생각된다.
　여기서 유전자원데이터베이스에 적당한 네트워크시스템이라는 것은 어떠한 것을 사용할 것인가라는 것이 문제가 된다. 그렇더라도 유전자원정보처리시스템을 생각하면 통신네트워크시스템을 생각하지 않을 수 없다. 또한 이러한 것을 포함해 검색해석을 할 경우에 어떠한 요구에서 무엇을 목적으로 할 것인가 하는 것이 있고, 어떠한 종의 포맷을 따라서 서술할 정도로 명확하지 않은 것이 있다. 따라서 인공지능까지는 가지 않더라도 엑스파트시스템이라는 것을 생각할 필요가 있다.

마. 시스템

여기에서 유전자원정보처리시스템은 결국 어떠한 것인가에 대하여 결론지어 보자. 1) 수치문자정보만이 아니라 화상정보가 취급되는 것이 상당히 필요하다. 2) 기본정보와 이것으로부터 도출되지 않고 연역할 수 있는 정보는 완전히 분리해서 전자를 가장 중요한 정보로서 축적하고 후자는 해석시스템에 의해 얻어내 필요에 따른 데이터베이스로서 갖춘다. 3) 단위데이터베이스는 이원표이지만 전체는 불특정다수의 2원표로부터 구축되고 이것들을 기초로 해서 새로운 이원표가 어떻게라도 만들어지지 않으면 안 된다. 4) 데이터베이스 전체는 하나의 것으로 집합되어 있을 필요는 없지만 3)의 특징을 살려 통신네트워크를 통해서 상호 연결되는 것에 의해 어디에서라도 데이터베이스 전체가 존재하고 있는 것같이 되지 않으면 안 된다. 5) 검색해석의 다양한 현실적 요구에 응하기 위해서는 어느 종의 엑스파트시스템을 고려하지 않으면 안 된다.

10. 식물유전자원의 현대품종 육성에의 기여

식물육종은 식물의 생산능력을 유전적으로 개량하여 생산에 기여하는 것을 목적으로 한다. 육종의 기본은 유전적인 母材가 되는 유전자원의 수집과 평가이다. 유전자원의 소재없이는 육종에 한계가 있으며 생산성 및 품질향상을 위한 식물개량에 성공할 수 없다. 최근 유전학자나 육종가에게 유전자원에 대한 관심과 노력이 점증하고 있고 여러 국가에서 민족주의(nationalism)를 앞세워 유전자원의 국외유출을 금지하고 있다. 이와 같은 종자전쟁의 시대에 유전자원을 적극적으로 수집하여 활용함으로써 경쟁력있는 육종사업을 국가시책으로 추진해 나가야 할 때이다. 주요 작물의 육종에 있어서 식물유전자원이 어떻게 활용되었는지 몇 가지 예를 들어본다.

가. 벼

*Oryza*속에 해당하는 재배벼는 20여종의 야생종을 포함한다. 아시아종인 *Oryza sativa*는 아프리카종인 *O. glaberrima*보다 더욱 다양성이 풍부하고 재배역사도 길다. 과학적인 육종과 육종재료의 교환으로 말미암아 반왜성벼가 급속히 보급되기 시작한 1970년대 초반까지 벼의 주목할만한 정도의 다양성이 잘 보존되었다.

*Oryza*속의 유전자원의 범주는 ① 야생종, 품종과 야생근연종 및 다양성 지역의 원품종과의 자연잡종, ② 상업형이며 더 이상 쓰이

지 않는 종자와 게다가 문명의 중심지내의 특수목적형, ③ 농민의 품종, 잡종기원의 우수품종, F₁잡종, 육종재료, 돌연변이체, 배수체, 이수체, 속간 및 종간 잡종, 육종프로그램으로부터의 세포질급원 등 가운데서 순계선발된 계통 등이며 관련된 속(genera)들은 *Leersia, Rynchoryza, Sclerophyllum, Zizania* 등이다.

1970년 이전의 벼 유전자원 보존노력을 살펴보면 아시아의 대부분의 벼재배국가에서 1930년대 또는 1950년대 동안에 상당한 수의 고유종을 수집하였다. 국가별 수집물의 크기는 라오스의 수 백 점으로부터 인도의 20,000점 이상에 이르기까지 다양하였다. 중국은 40,000점, 미국은 7,000점을 유지하였다. 1961년에 설립된 국제미작연구소(IRRI)의 생식질 은행이 여러 국가센터와의 협력을 통하여 1970년까지 12,000점의 유전자원을 보유하였다. 여러 국가의 식물학자와 유전학자들이 제공한 740분류군(taxa)의 야생종 벼가

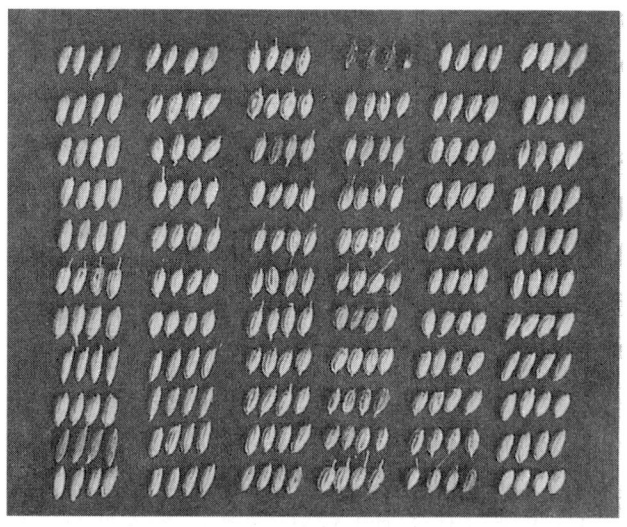

〈그림 24〉 벼 유전자원의 종자형태 특성

IRRI에서 유지되었다.

　1970년 이후에는 다수확을 내는 반왜성형이 남부아시아와 동남아시아의 전통적 품종을 대체하기 시작하면서 열대아시아의 벼연구센타 및 유관기관에서 IRRI에 참여하여 유전자원의 보충 및 탐색활동을 벌이고 운영을 토론한 결과 1971년부터 1981년사이에 10,472점(도합 26,503점)을 수집하였다. 이중에서 8,000점이 내한성, 내건성 등 한 가지 이상의 특수한 형질을 보유하고 있는 것으로 알려졌다. 벼백엽고병저항성을 예로 들면 일반적으로 야생벼가 재배벼보다, 또한 수도가 육도보다 저항성유전자를 고빈도로 가지고 있다. 이것은 벼백엽고병균 *Xanthomonous campes-tris* PV. *oryzae*가 번식, 전파하기에 호적한 조건(담수조건이 오래 지속하는 환경)에서는 자연선택이 강하게 일어나 저항성유전자의 빈도가 높아지는 것을 시사한다.

　집중적이고 범세계적인 유전자원에 대한 평가를 통하여 IRRI의 육종연구가들은 IRRI의 생식질 은행이 보유한 유전자 공급원(gene pool)의 유용성을 극대화시켰다. 벼의 재래품종에는 1년생 야생벼에 필적하는 고도의 집단내 다형성을 가지고 있는 것이 많다. 변이의 기원은 본래 가지고 있던 다양성 이외에 가까이 생육하는 다른 재배품종 또는 야생벼로부터 종자나 화분에 의한 유전자의 이입이 초래된 결과로 추정된다. 일반적으로 저지보다도 산지, 같은 고도라도 수도보다 육도가 집단내 변이가 큰 경향이 있다. 종래 엄격히 방향적 선택을 받는 일이 없었던 유용유전자는 재래품종의 집단 가운데 다형적으로 존재하는 일이 있다. 재래종 가운데 다수확에 기여한 주요 유전자원은 대만의 臺中在來 1호(1956년), 중국의 廣場矮(1959년), IRRI의 연구진이 대만의 반왜성품종 '低脚烏尖' 과 인도네시아의 'Peta'를 교배모본으로하여 육성된 직립형이고 短稈이며 耐肥多收性인 IR8 등이 있다. 특히 IR8은 기적의 볍씨로 알려지면서 각국으로 단간다수성 개량품종의 도입과 육종이 급속히 이루어지고 우리나라의 '통일벼'를 비롯하여 세계 각국의 벼수량증가에 크게 기여하였다.

나. 맥류

1. 밀 육종을 위한 *Agropyron*과 *Elymus*의 이용

*Agropyron*과 *Elymus*는 내한성, 내염성, 내한(旱)성, 내병성, 내충성 등 농업적으로 흥미있는 특질을 나타내어 오랫동안 밀육종가의 관심을 끌어왔다. 20세기초 이래로 사람들은 밀에서의 유전변이를 증가시키기 위하여 혹은 새로운 종을 창성하기 위하여 *Agropyron*과 *Elymus*를 이용하려고 애써 왔다. 1920년대와 1930년내에 특히 소련, 미국, 개나다, 독일 등지에서 대륙성 기후를 갖는 스텝(steppe)과 같은 지역에 적응하는 다년생 밀을 얻기 위하여 육종프로그램을 착수하였다. 청예와 곡립을 생산할 새로운 종을 창성하기 위한 희망은 많은 열정(enthusiasm)을 불러일으켰고 생산된 첫 잡종은 과학자, 기술자, 보고자 등 여러 사람에게 지금의 Triticale만큼 화제였다. 얻어진 다년생 밀은 일반적으로 70개 혹은 56개의 염색체를 가지는 완전하거나 부분적인 복이배체(複二倍體)였다. 그러나 그것들이 모든 희망을 충족시키지는 못했다.

그럼에도 불구하고 일부 복이배체는 밀과 여교잡되었으며 적당한 방법으로 주로 내병성과 같은 *Agropyron*의 유용형질을 밀로 전이하는 것이 가능하였다. 그러한 프로그램에 초기에는 단지 소수의 *Agropyron* 배우자가 관여하였다. Triticeae tribe 가운데는 큰 자연적 유전변이를 나타내는 많은 종의 *Agropyron*이 있다. 점차 이들을 이용한 여러 가지 원연종간 잡종이 생산, 이용되는 방법으로 중요한 발전이 이루어졌다. Triticeae tribe에서 *Triticum*과 *Agropyron*, *Triticum*과 *Elymus* 이 두 속에 대한 세포계통분류학적 관계, 세포유전학적 구조 및 진화의 역사에 대한 이해가 선결조건이다. *Triticum*속은 일년생으로만 구성되며 이배체와 배수체의 자가수분식물이다.

*Triticum*속은 복이배체의 모델로 간주되어 왔다. 게놈이 밀접히 관련 되며 homoeologous 염색체들간의 접합을 방해하는 5B염색체 상의 ph유전자의 존재로 인하여 homoeologues가 서로 접합하지 못하고 완전상동인 *homologous* 염색체들간의 preferential paring을 증대시킨다. 그러나 *Agropyron*속은 아직도 덜 연구되어 이해가 부족하다. 그것은 여러 가지 계통분류 및 명명에 어려움을 나타낸다. 아직도 그것에 포함된 분류군의 수 및 위치에 대한 의견이 일치하지 않는 경우가 있다. 밀과 쉽게 교잡이 되는 종은 *Triticum*, *Agropyron*, *Elymus*, *Elytrigia* 속으로 분류되었다.

*Triticum*과 *Agropyron* 두 속간에는 약간의 친화성이 있으므로 다음과 같은 6종(또는 아종)의 *Agropyron*이 밀과 교잡되었다.

A. elongatum(2×) × T. turgidum, T. timopheevi, T. aestivum

A. elongatum(4×) × T. aestivum

A. elongatum(10×) × T. turgidum, T. timopheevi, T. aestivum

A. junceum(4×) × T. turgidum

A. campestre(8×) × T. turgidum, T. timopheevi

A. intermedium(6×) × T. turgidum, T. timopheevi, T. aestivum, T. monococcum(4×)

극소수의 예외가 있긴 하지만 F_1은 대부분 강세를 보이나 불임이었다. 감수분열 연구 결과 상동성이 적거나 전혀 없는 것으로 나타났으며 밀과 *Agropyron* 염색체간 조금이라도 접합을 보이는 것은 소수에 불과하였다. 그러나 대부분의 잡종은 colchicine 처리, 또는 밀과의 여교잡의 경우에 후대를 생산하였다.

복이배체는 *A. elongatum*(2×) × *T. turgidum*, *T. timopheevi*, *T. aestivum* 사이의 F_1으로부터 쉽게 얻어졌으며 *A. intermedium* × *T. turgidum* 또는 *T. timopheevi* 사이의 F_1으로부터 얻어졌다. 모든 복이배체는 밀이나 Triticale을 개량하기 위한 유전자 저장소이다. F1이나 복이배체를 유용한 *Agropyron*의 형질을 선발하면서 밀에 여교잡하는 것은 *Agropyron*으로부터 초과 게놈이나 전(全)게놈을 중개하도록 이끄는 것으로 판명되었다. 이 단계에서 실질적으로 두 속의 염색체 사이에 접합은 일어나지 않는다. 여교잡 回數와 선발된 형질의 유전적 행동에 좌우되어 *A. intermedium* 혹은 *A. elongatum* (10×)과 밀을 포함하는 잡종의 후대에서 다른 첨가형이 분리되었다.

부분적인 첫 복이배체는 8배체(2n=56)이며 밀의 염색체 전량 외에 하나 더 많은 게놈을 가진다. 그들의 농업적 가치에도 불구하고 그들이 *Agropyron*의 여러 가지 불량한 형질을 보유하고 수량이 낮아 Triticale과 같은 가능성을 갖는지는 의심스럽다. 부분적인 복이배체는 쉽게 얻어질 수 있다. 그들은 *homozygosis*에 대한 저항성과 *Agropyron* 염색체의 밀게놈과의 양호한 조화에 대해 자동적으로 선발된다. 이 점은 *Agropyron*이 다년생이라는 점과 함께 사실상 *Agropyron*이 밀육종을 위한 생식질원으로서 평가되는 데 하나의 좋은 단계이다.

두번째는 *Agropyron* 염색체 한 쌍을 밀 염색체 전량에 첨가하는 외래첨가형이다. 그들은 대부분 부분적인 복이배체를 밀에 여교잡한 후에 얻어졌으며 내병성에 대한 선발이 이루어졌다. 그것들은 거의 항상 밀보다 덜 임성을 가지거나 덜 안정되어 있기 때문에 작물로서의 이용가치는 별로 없다. 그러나 그것들은 밀을 배경으로 *Agropyron* 형질의 유전적 행동을 이해하는 데 선결조건이다. 그것이 외래 첨가형의 완전한 세트를 생산하기 위한 프로그램이 시작된 이유이다. 그것들의 일부는 *T. aestivum* × *A. intermedium*의 부분적 복이배체(2n=56)로부터 또한 *T. turgidum* × *A. elongatum*(2×) 복이배체(2n=24)로부터 분리되었다. 경우에 따라서 Agropyron 염색체 1쌍이 밀 염색체 1쌍을 대체하는 균형치환계통이 얻어지기도 하였다. 그것들은 밀과 *A. elongatum*(10×) 또는 *A. intermedium* 사이의 잡종을 밀 양친에 여교잡하여 얻어졌으며 그 후대에서 단순한 형질과 일반적인 강세에 대한 선발이 이루어졌다. 그런 계통은 일반적으로 안정되고 임성을 가지며 그들 중의 일부는 녹병 抵抗性源으로 이용되었다.

그러나 그것들은 *Agropyron* 염색체가 밀 염색체의 상실에 의해 생기게 된 불균형을 보상할 수 있는 경우에만 가치가 있다. 이것은 두 염색체 사이의 homoeology(부분상동성)을 의미한다. 밀 부분상동 염색체에 대한 일염색체 결핍을 이용하여 체계적으로 그런 치환 계통을 얻는 것은 오히려 훌륭한 단계이다. 더욱이 그것들은 종종 염색체가 전이의 단위이기 때문에 제거하기 어려운 불량 유전자를 낳는다. 이 단위를 줄이기 위해 방사선 조사에 의한 전이가 시도되어 왔다. 그것은 이온화한 조사에 의해 두 염색체를 절단한 후에 밀과 *Agropyron* 염색체 사이의 상호전좌를 유기하는 것으로 구성된다. 이론적으로 이 방법은 교환된 절편 사이에 어떠한 부분상동성을 의미하지 않는다.

A. elongatum(10×), *A. intermedium*으로부터 밀에 엽녹병저항성

이 전이되었으며 A. elongatum(10×)으로부터 밀에 줄기녹병저항성이 전이된 예는 밀육종 프로그램에서 성공적인 야생종으로부터의 유전자 전이의 예이다. Agropyron 기여를 줄이기 위하여 특별한 절차를 밟을 필요성은 Agropyron과 밀 염색체 사이의 접합과 교차(crossing-over)의 결여에 기인한다. 그러나 이러한 상황은 두 가지 효과에 좌우된다는 것이 설명되었다.

① 밀과 Agropyron 염색체 사이에 상동성이 약하나 특정한 치환계통의 생산에 의해 몇몇 경우에서 설명된 것과 A. elon-gatum(2×)의 E genome에서와 같이 약간의 부분상동성이 있다.

② 6배체 밀에서 부분상동염색체 접합의 억제에 주로 책임있는 5B 염색체 상의 ph유전자가 또한 밀과 Agropyron 염색체 사이의 접합을 억제하는 데 효과적이다.

밀과 근연종 사이에 유전자의 교환을 위한 길을 열기 위하여 이러한 영향을 억제하기 위한 몇 가지 방법이 제안되었다. 첫째는 일염색체적 5B와 그 밖에 이수체를 포함하는 일련의 교잡에 의해서 5B 염색체를 제거하는 것이다. 둘째는 ph유전자의 영향을 중화시키기 위해 Aegilops를 사용하는 것이다. 이 두 가지 방법이 밀 Agropyron 계통의 경우에 효과적임이 입증되었다. 셋째 방법은 지금 열성 ph가 대립유전자나 ph유전자좌의 결실을 가지고 있는 밀의 돌연변이 덕분에 가능하다. 그런 돌연변이를 치환계통과 교배하여 A. intermedium의 4번 염색체와 그것의 밀 부분상동염색체 4B와의 사이에서 접합을 유기하였다.

2. 보리와 호밀 육종을 위한 Triticeae종의 이용

보리와 호밀은 다른 종이 교잡되어 새로운 이질배수체를 형성해 온 소맥과 연맥의 진화과정과는 달리 같은 게놈중에서 유전자

표5. 재배보리의 다양성의 중심지

다양성의 중심지	지 역	주요 형질
Ethiopian	Ethiopia	다양성 크고 고유종이 많음
East Asiatic	중국동부, 한국, 일본, 티벳 동쪽 지역	고유종의 다양성, 단간, 짧은 이삭, 작고 둥근 종자, 단망 또는 무망
Near Asiatic	Azerbaijan, Armenia, Georgia, Anatolia	생태적 다양성이 크고 *Hordeum spontaneum*의 지역과 중복되는 지역
Mediterranean	Egypt, Algeria, Tunisia, Palestine, Syria, Greece, the Greek islands, Spain, Italy, Anatolia 남부, Anatolia 남서부	납질, 내건성, 내병성
Centre Asiatic	Afghanistan, western tien-Shan, Tadjikistan, Uzbekistan	내열내건성, 주로 사료작물형
European-Siberian	서유럽, Ukraine, Caucasus 북부, Siberia 동서부	육종수준 높고 산성토양에 저항성
New World	북미, 남미, 중미	도복저항성, 조숙성, 내병성

수준의 변이에 의해서 야생종으로부터 재배종이 성립된 것이라고 할 수 있다. 따라서 이배체 곡물인 보리와 호밀은 돌연변이와 교잡에 의해서 새로운 유전적 변이가 확대되었으며 외래 유전물질의 도입은 밀에 비하여 덜 이루어졌다. 이것은 이배체가 배수체보다 불균형한 유전적 조성에 대한 저항성이 약하기 때문인 것으로 추정된다. 보리육종가는 야생하는 *Hordeum spontaneum*을 비롯한 야생보리의 유전변이를 이용하여 녹병, 흰가루병 등 병해저항성과 스트레스 저항성을 나타내는 다수의 잡종을 생산하였다(표5).

또한 보리와 호밀은 *Psathyrostachys, Critesion, Elymus, Leymus* 등

과도 속간교잡이 가능하여 이들 속으로부터 재배종으로의 유용유전자의 전이가 가능하나 아직은 상업화가 될 정도의 품종을 생산해내지는 못하고 있다. 보리와 호밀의 유전자의 분포역은 이동에 따라서 확대되는 것으로 생각된다. 즉, 다른 지역에서 재배되는 보리와 호밀은 각각 다른 유전자를 보유하는 규칙성을 가지고 지리적으로 분포되어 있는 것으로 추정된다. 그러므로 세계 각지로부터 수집한 품종과 계통을 이용하여 여러 가지 유전자의 지리적 분포를 조사하고 그 결과에 기초하여 보리와 호밀의 계통분화를 고찰하며 육종에 이용하는 노력이 지속적으로 이루어져야 할 것이다.

다. 옥수수

옥수수의 가장 가까운 야생 근연종은 아종인 mexicana(schrad) Iltis(teosinte)이다. 옥수수는 중앙아메리카 전역에서 그들이 함께 자라고 있는 곳에서 teosinte와 교잡이 되었다. 멕시코의 농부들은 때때로 작물의 농업적 적응성을 개선하기 위하여 그와 같은 이입(introgression)을 장려하였다. 비교적인 형태는 teosinte와의 이입이 멕시코 옥수수 계통사이의 진화에 중요한 역할을 하였음을 나타내었다. 옥수수의 원연종인 *Tripsacum*종과의 이입이 실험적으로 유도되었다. 그러나 옥수수와 *Tripsacum*은 자연상태에서 번식적으로는 분리된다. 하지만 *Zea-Tripsacum*이입이 남미 옥수수의 계통진화에 공헌하였음이 인정되어 왔다.

*Tripsacum*은 키가 작으나 형태적으로 다양하며 토양조건에 넓은 적응성을 갖는 속이다. 그것은 대부분의 일반적인 옥수수의 병해 및 충해에 강하며 북위 40°부터 남위 42°까지 거의 연속적으로

분포한다. 옥수수육종에 *Tripsacum* 생식질을 이용하기 위하여 산발적인 시도가 있었으며 그 중 얼마간의 성공을 가져왔다. 2배체 *T. dactyloides*(2n=36)로부터의 이입을 통하여 옥수수 교배계통의 강세를 증가시키는 데 성공하였으며 *T. floridanum*(2n=36)으로부터 옥수수잎마름병(northern corn leaf blight) 저항성을 corn belt 옥수수에 전이하였다. 4배체 *T. dactyloides*(2n=72)로부터 배우자적 무성번식(gametophytic apomixis)을 옥수수에 도입하였으며 4배체 *T. dactyloides*와의 이입으로부터 유도된 tripsacoid maize에서 여섯 가지 병에 대한 저항성을 확인하였다.

그러나 *Tripsacum*의 거대한 유전자 pool은 대단히 미개발 상태로 남아 있다. 이것은 주로 *Tripsacum*의 유전자를 옥수수에 전이하는 어려움에 기인한다. 이러한 어려움은 근래에 상당히 극복되고 있다. *Tripsacum*양친의 선택이 성공적인 교잡에 중요하며 잡종과 초기 여교잡 계통에서 일어나는 세포유전학적 현상이 tripsacoid maize를 회복하는데 대한 성패를 좌우한다.

1. Maize Tripsacum 이입의 세포유전학

옥수수(2n=20)는 2배체(2n=36)와 4배체(2n=72)의 *Tripsacum*과 교잡된다. 그러나 *Zea*와 *Tripsacum*은 웅성배우자(소포자)와 자성배우자(대포자) 장벽에 의해서 번식적으로 분리되며 연구된 *Tripsacum*수집종의 1%미만이 옥수수와 교잡된다. 옥수수가 자성친으로 사용될 때 잡종의 caryopses에서 배유 발달이 불량하여 잡종유묘를 생존시키기 위해서는 특별한 주의가 요구된다.

그러나 일단 유묘가 활착되면 대개 세력이 왕성하게 자라며 다년생이고 영양기관의 형태는 양친중의 *Tripsacum*과 유사하다. 배유발육은 정역교잡에서 근본적으로 정상이며 세력이 왕성한 잡종

유묘가 생산된다. *Tripsacum*을 자성친으로 한 잡종은 4세대에 걸쳐 옥수수와 여교잡되었으며 20개의 옥수수염색체와 *Tripsacum*의 세포질을 가진 2배체 개체가 회복되었다. 여기서 설명하는 잡종은 모두 옥수수를 자성친으로 하고 2배체 또는 4배체 *T. dactyloides*를 화분친으로 사용한 것이다. 잡종은 20개의 옥수수 염색체를 가지는 Tripsacoid후대가 회복될 때까지 8세대 이상 옥수수와 연속적으로 여교잡되었다.

2배체(2n=20)옥수수(Zm)와 2배체(2n=36) *Tripsacum dactyloides*(Td)사이의 잡종은 10Zm+18Td염색체로 조성된다. 이들 잡종에서 게놈간 염색체들의 접합이 최소로 이루어진다. 그것들은 웅성불임이나 세포학적으로 감수되지 않은 자성 배우자가 성적으로 기능을 할 수 있다. 이들 잡종이 옥수수 화분으로 수분되었을 때 그들의 후대는 규칙적으로 20Zm+18Td염색체를 갖는다. 38개의 염색체를 갖는 식물은 여전히 웅성불임이나 옥수수 화분으로 수분될 때 흔히 후대를 생산한다. 여교잡2세대 계통은 20Zm+1-18Td 염색체를 결합하며 한 두번 더 여교잡하면 20개의 옥수수 염색체를 갖는 완전 가임의 개체를 어느 정도 생산한다. 회복된 옥수수는 드물게 tripsacoid형질을 나타낸다.

그러나 *T. florida-num*(2n=36)으로부터 옥수수잎마름병(nothern corn leaf blight) 저항성을 corn belt옥수수에 전이하는 데 성공한 경우도 있다. 옥수수와 4배체 *T. dactyloides*(2n=72)사이의 잡종은 10Zm+36Td염색체로 특징지워진다. 이들 잡종은 대개 세력이 왕성하나 종종 완전 불임이다. 그러나 일부 잡종은 부분적으로 자성 가임이며 옥수수 화분으로 수분될 때 후대를 생산한다. 4배체 *T. dactyloides*는 두 개의 기본적인 세포학적 型(type)이 있다. 하나는 소포자 형성의 감수분열 동안 근본적으로 정상적인 염색체 행동에 의해 특징지워진다. 이들 식물체는 유성번식하며 이 계통과 옥수수사이의 잡종은 감수분열 전기 동안의 동형적(autosyndetic chromosome pairing) 염색체 접합을 하는 특징을 갖는다. 36개의 *Tripsacum* 염색체는 규칙적으로 18개의 2가를 형성하고 10개의 옥수수염색체는 1가로 남으며 드물게 옥수수염색체 사이에 접합이 이루어진다. 이들 잡종은 흔히 불임이며 자성 가임일 때 기본적으로 순수 옥수수가 옥수수를 화분친으로 사용하는 5회의 여교잡 세대내에 회복된다. *T. dactyloides*의 다른 하나의 型은 세포유전학적으로 동질4배체처럼 행동한다. 소포자 형성의 감수분열 동안 4가 염색체가 흔히 생산되며 개체는 facultative gametophytive apomictics로 번식한다. 자성친으로서의 옥수수와 facultative apomictic 4배체 *T. dactylo-ides* 사이의 잡종은 10Zm+36Td 염색체로 조성되며 웅성불임이나 부분적으로 자성가임이다. 자성배우자는 유성적 또는 무성적으로 기능할 수 있다. 이들 잡종은 소포자 형성의 감수분열전기 동안에 *Tripsacum*염색체 가운데서 autosyndetic 2가염색체를 형성하는 반면 대개 옥수수염색체는 접

〈그림 25〉 농가에서의 옥수수 수확 및 유전자원 보존

합하지 않는 특징이 있다.

그러나 간혹 4개의 옥수수염색체가 각각의 *Tripsacum* 염색체와 접합을 하거나 *Tripsacum* 2가 염색체와의 3가 염색체 형성에 참가한다. 여기에 개입하는 옥수수 염색체는 항상 2, 4, 7, 9번 염색체이며 그것들과 공동으로 유전자좌를 가지는 *Tripsacum*염색체가 동정되었다. 이들 잡종은 흔히 배우자적 apomixis(gameto-pytic apomixis)에 의해서 번식한다. 그러나 10Zm+36Td 혹은 20Zm+36Td 염색체를 갖는 유성번식 후대도 생산된다. 옥수수염색체는 종종 소포자형성의 제1감수분열 동안에 소실되며 제2감수분열 동안 세포질 분열의 실패로 인하여 36개의 *Tripsacum*염색체를 갖는 자성배우자가 생산된다. 46개 염색체를 갖는 후대가 마찬가지로 나중의 여교잡 세대에서 얻어질 수 있다.

그러나 이들 여교잡 계통에서의 maizoid 형질의 출현으로 판단긴대 *Tripsacum*게놈은 매번의 추가적인 옥수수 여교잡에 의해서 옥수수 유전물질로 계속해서 더 오염된다. 10Zm+36Td 염색체를 갖는 *Tripsacum*게놈이 옥수수 염색체를 갖는 개체는 다양한 수의 염색체가 흔하다. 20개의 옥수수 유전물질로 오염된 식물에서 게놈간 접합은 예외라기보다는 정상이며 후대에서 다양한 수의 염색체를 갖는 개체가 흔히 발견된다. 20개의 염색체를 갖는 개체는 대개 3회 이상의 추가적인 여교잡 후에 이들 게놈 조합의 어느 것으로부터 회복될 수 있다. 옥수수를 회복하는 가장 흥미로운 경로는 20Zm+36Td염색체를 가지며 *Tripsacum*게놈이 옥수수의 유전물질로 오염되며 옥수수(Zea)게놈의 절반이 *Tripsacum* 유전물질로 오염된 선발된 식물을 포함한다. 이들 여교잡계통들은 세포유전학적으로 이질4배체처럼 행동하지 않는다. Zea와 *Tripsacum*염색체를 포함하는 1개 내지 4개의 3가 염색체 또는 간혹 4가 염색체가 감수분열 전기 동안에 형성된다. 그들은 여러 조합의 옥수수와 *Tripsacum*염색체를 갖는 후대를 생산한다. 이들 계통으로 부터 회복된 옥수수는 다양한 정도의 *Tripsacum*이입을 나타낸다.

2. Tripsacoid옥수수의 형태

*Tripsacum*이입후 회복된 tripsacoid옥수수는 부분적으로 불임이다. 임성은 대개 tripsacoid계통 사이의 교잡을 통하여 복구될 수 있으며 tripsacoid형질은 선발을 통해 유지될 수 있다. 임성이 있는 tripsacoid 선발 계통은 임성은 물론 tripsacoidness에 대해 같은 특질을 갖거나 혹은 분리한다. 그것들은 tripsacoidness의 정도에 있어서 광범위하게 다양하다.

20개의 옥수수염색체를 갖는 高 tripsacoid계통(line)은 종종 화서와 영양기관의 형태에 있어서 maizeteosinte 교잡의 초기계통을 닮는다. 이들 식물은 분얼을 가지며 화서축이 길고 화서의 지경은 흔히 양성이다. 자성 소수는 흔히 쌍으로 되어 있고 하나의 공통 화축(rachis)에 쌍으로 된 웅성수수밑에 배열된다. 웅수는 4열 혹은 8열이며 짝지은 반대편 쌍을 갖거나 8개의 나선상으로 합쳐진 짝을 이룬 쌍을 갖는다. 짝지은 쌍은 때때로 성숙기에 분리된다. 包穎(glume)과 花軸조직은 단단히 경화(硬化)되어 있으며 자성화서의 포피는 크기와 모양이 다양하다.

중간적인 tripsacoid집단은 일반적으로 전형적인 옥수수형의 숫이삭(웅수) 형태이며 세부적인 화서구조는 변이가 크다. 화서를 갖는 줄기 마디수는 한 개 내지 두 개로부터 8개까지 있으며 각 화서는 두 개 이상의 잘 발달된 웅수를 생산한다. 웅수는 6-20cm정도이며 여러 가지 모양을 하고 열 수는 8~14의 범위를 갖는다. 영(穎)은 대개 옥수수 양친보다 더 단단하며 화축도 단단하다. 포피는 일반적으로 순수 옥수수보다 더 깊다. 식물은 때때로 분얼하며 어떤 것은 어느 정도 다년생이다. maize-tripsacum이입계통들은 멕시코 옥수수계통이 teosintoid이며 남미 옥수수계통은 tripsacoid인 것과 똑같은 형질로 tripsacoid이다. 이것은 *Tripsacum*이입이 남미 옥수수의 계통진화에 중요한 역할을 해 왔음을 시사한다.

그러나 현대의 옥수수계통과 *Tripsacum*사이에 자연적 이입의 증거는 존재하지 않는다. *Tripsacum*과 옥수수 사이에 유일하게 가능한 자연잡종은 *T. andersonii*이다. 이 종은 게놈구성에 있어서 54개의 *Tripsacum*염색체와 10개의 옥수수염색체로 조성된다. 이 종은 유성적으로 대단히 불임이며 여교잡계통이 자연 상태에서 존재하지 않는다. 남미 옥수수계통들은 Tripsacoid라기 보다는 teosintoid인 것 같다. 그것들은 아마도 teosintoid Mesoamerican옥수수계통으로부터 나온 것이다. 실제로 teosinte가 야생옥수수임을 보여주는 증거가 축적되고 있다. 영(穎)과 화축조직의 특징적인 경화(硬化)를 보이지 않는 옥수수계통은 teosintoid가 아니다. 왜냐하면 종피가 있는 유전자좌 대립유전자의 중간적인 표현 때문이다. 제거된 이러한 유전자의 영향으로 옥수수의 모든 계통은 이런 점에서 teosintoid이다.

3. Tripsacoid의 형질과 옥수수개량

옥수수에 전이될 수 있는 *Tripsacum*생식질의 가능한 농업적 유용성에 대해서는 많이 알려져 있지 않다. 일반적으로 *Tripsacum*과의 이입은 표준 옥수수 교잡계통의 수량과 농업적 적합성을 감소시킨다. 때때로 영양생장의 강세가 개선되나 화서 형태의 변화가 일반적으로 바람직하지 않다. 그러나 개별적인 *Tripsacum*유전자나 유전자군(群)은 옥수수개량에 유용한 것으로 판명된다.

지금까지 옥수수 육종계통에 전이된 가장 성공적인 *Tripsacum* 형질은 여러 가지 일반 옥수수 병해에 대한 저항성이다. *T. floridanum*으로부터 옥수수 잎마름병 저항성을 추출하였으며 Pfister Hybrid Corn 社에서는 4배체 *T. dactyloides*와의 이입으로부터 유도된 高tripsacoid계통에서 잎마름병, 녹병, 줄기썩음병 (fusarium stalk rot), 세균병(Stewart's bacterial blight), 탄저병 (anthracnose)등에 저항성을 확인하였다. 이들 tripsacoid계통의 저항성은 이병성 계통과 교잡했을 때 유전적으로 우성인 것으로 판명되었으며 저항성을 제어하는 유전자는 옥수수 장려품종에 전이되었다.

그러나 이와 같은 저항성 유전자와 함께 전이된 다른 불량한 *Tripsacum*형질이 그 육종계통으로부터 제거될 수 있는지 검토되어야 한다. 이러한 면에서 일부 성취도 상기한 연구그룹에 의해서 성공적으로 이루어졌다. 선발된 tripsacoid계통에 rootworm손상과 침수된 토양에 대한 저항성도 존재한다. 더욱이 tripsacoid계통은 식물의 구조(architecture)를 변화시키는 데도 사용될 수 있다. 마디당 웅수수는 물론 웅수를 갖는 마디수가 줄기와 髓(cob)의 물질을 강화할 수 있는 것과 같이 *Tripsacum*이입을 통해 증가될 수 있다. 웅성불임이 일부 Tripsacoid계통에서 흔하지만 유전적 웅성불임의 신소재가 잡종 옥수수의 상업적 생산에 이용되기 전에 이 형질의 유전학에 대한 연구가 이루어져야 할 필요가 있다.

Gametopytic apomixis는 4배체 *Tripsacum*으로부터 옥수수로 쉽게 전이될 수 있다. 그러나 corn belt 옥수수와 같은 1년생 작물에서 apomixis가 바람직한 것인지는 의심의 여지가 있다. 지금까지 옥수수 육종은 재배 옥수수에 존재하지 않는 형질을 찾지 않고도 늘 변화하는 농업환경에서 농업적 적응성을 증가시키는 데 매우 성공적이었다. 그러나 corn belt 옥수수는 좁은 유전적 기반(base)으로부터 유래되었으며 Zea mays의 유전자 pool을 증가시키기 위한 어떠한 기작이 바람직하다.

Corn belt 옥수수의 유전적 취약성(vulnerability)에 대한 관심이 반복적으로 포함되어 왔다. 좁은 유전자 pool은 이상적인 조건에서 즉각적인 적합성과 수량 증가를 가능하게 한다. 불행히도 그런 집단은 환경의 변화에 영향을 받기 쉽다. 이것은 1970년에 특히 남부옥수수잎마름병(seuthern corn leaf blight)의 병원균에 의한 공격으로 중서부에서 옥수수 수량이 약 15%까지 감소한 데서 잘 설명된다. 이러한 병은 주로 장려품종에서 웅성불임을 유기하는 데 사용되는 T-cytoplasm의 *Helminthosporium maydis* 균계에 대한 감응성에 기인한다. 이러한 문제에 대한 해결은 간단히 정상의 세포질로 환원함으로써 손쉽게 이루어질 수 있었다.

옥수수의 유전석 기반을 넓히고 다양화하는 것은 지속적인 옥수수 개량을 위해서 긴요하다. *Zea mays*의 유전자 pool은 넓다. 초기 계통이 아직도 널리 분포하며 옥수수의 야생 선조인 teosinte는 아직 현존하고 있다. *Tripsacum*과의 이입을 통하여 옥수수의 유전적 기반을 넓히는 것도 충분히 가능할 것으로 보인다. 어느 정도 *Tripsacum* 생식질이 옥수수의 농업적 적응성에 영향을 줄 것인지는 아직 모른다. 잡종강세와 병해 저항성이 tripsacoid 회복 옥수수로부터 선발된 계통에 전이될 수 있음이 알려지고 있다. 유용한 *Tripsacum* 유전자가 농업생산에 부작용이 없이 옥수수 장려 품종에 전이될 수 있다면 귀중한 육종계통이 생산될 수 있을 것이다. 지금까지의 기초적인 연구는 *Tripsacum*으로부터 옥수수로의 유전자 전이가 내병성 육종에 전망을 가져다 줄 것을 시사한다.

라. 감자

　재배감자의 유전자 공급원(gene pool)에 관해서는 모순이 있다. 감자는 영양번식을 하는 동질4배체이며 대부분의 현대 품종들은 교잡 1대로부터 선발된 것이다. 결과적으로, 이론적으로는 각 품종에 유전자좌당 4개의 서로 다른 대립유전자가 있을 수 있으며 소수의 품종이 대규모의 유전자 공급원을 나타낼 수 있다. 품종 사이와 양친과 조상 사이의 상호관계를 통하여 실제의 유전자 공급원이 제한되며 품종은 이론대로 될 수 있는 것만큼 이형접합체는 아니다. 그렇더라도 그 유전자 공급원은 실제로 2배체의 자식성 종자번식종의 비슷한 수의 품종에 의해 나타날 수 있는 것보다는 크다.

　그러나 유전자 공급원은 여전히 육종을 제한한다. 감자의 유전자 공급원이 불충분하다는 것은 야생종과 초기 품종으로부터 내병성을 재배감자에 추가하려는 지속적인 노력을 보더라도 잘 알 수 있다. 다른 한편으로 감자에서 수량의 잡종강세에 대한 초우성 모형에 알맞는 자료(data)가 발표되었는데 이것을 근거로 최대의 수량을 위해서는 많은 유전자좌에서 4개의 서로 다른 대립유전자가 요구된다. 그런 수준의 이형접합성을 제공하기 위해서는 대규모 유전자 공급원에 대한 숙련된 조작이 요구된다. 따라서 확실히 바람직하지 않은 우성 대립유전자 이외의 유전자 공급원에 조금이라도 추가하는 것은 본질적으로 이로울 것이다.

　육종방법에 관해서도 모순이 있다. 중요도를 달리하지만 40~50개 정도로 상당히 많은 형질이 하나의 품종을 평가하는 데 고려되어야 한다. 넓은 범위의 진균, 바이러스, 세균병이 감자를 공격할 수 있으며 흔히 면역이 불필요하며 가용하지 않는 반면 이들 병에 대한 과도한 이병성이 품종의 가치를(때로는 O으로) 떨어뜨린다. 품종은 적당한 성숙기와, 적당한 크기의 모양, 색깔의 괴경이어야 한다. 형태와 색깔에 역으로 영향을 미치는 많은 수의 우성 형질이 없어야 한다. 괴경의 조리품질과, 주부와 가공업자들의 일반적 선호도 등에 영향을 미치는 형질이 있다.

새로운 품종을 생산하는 가장 쉬운 방법은 현존하는 판매품종을 서로 교잡하는 것이다. 중요한 진보가 아니더라도 형질의 유용한 재조환이 이렇게 하여 이루어질 수 있다. 야생종이나 초기품종으로부터 새로운 형질을 도입하는 전통적인 방법은 일반적으로 3 혹은 그 이상의 세대를 통하여 상품화된 재료(품종)에 여교잡하는 것을 포함한다. 내병성의 충분한 수준이나 복수의 유전자좌나 한 개 혹은 두 개의 유전자좌에 좌위하는 많은 수의 저항성 인자에 의해 지배되는 형태의 다른 형질을 요구하는 곳에서는 이형접합성의 감소를 수반하는 근연종간의 상호교잡이 요구된다. 따라서 육

〈그림 26〉 생산방법을 달리한 감자종서의 비교

종에서는 특별한 형질에 대한 요구가 수량을 최대로 하기 위한 높은 이형접합성에 대한 요구와 상충된다.

감자 육종에 있어서 야생종과 초기 품종을 이용하여 예기치 않은 혜택을 본 예는 X바이러스에 강한 칠레의 수집종 Villaroella (또는 Villaroela)이다. 미국에서 1921년에 X바이러스 저항성 육종에 사용하여 10년 뒤에 41956 육묘에서 X바이러스에 저항성과는 별개의 면역성이 발견되었다. 고감도의 저항성은 다른 자원(sources)에서도 이용할 수 있었지만 면역성의 인지는 이것이 처음이었다. 이어서 Saco 품종이 41956×96-56으로부터 육종되었으며 S바이러스(latent mosaic virus)에 면역을 갖는 것으로 판명되었다. 이것이 그러한 면역성의 첫 발견이었다. 이 면역성의 유전은 복잡하다. 즉, 41956이나 96-56 계통은 면역을 갖지 않으나 Saco의 자식 후대 가운데 일부가 면역성을 갖는다. 아마도 Villaroella는 다른 유전자와 결합할 때 S면역성에 기여하는 유전자를 만들어 낸다. 이것은 Villaroella를 사용하여 얻은 보너스인 것이다. 선충 저항성 초기 품종인 CPC 1673도 Villaroella에서와 같은 X면역성 유전자를 우연히 보너스로 갖게 되었다.

*Solanum demissum*과 그것의 근연종은 노균병(blight)에 면역성을 나타내는 R유전자를 위해 광범위하게 사용되었다. 이러한 육종은 R유전자를 갖는 품종을 감염시킬 수 있는 노균병이 개별적으로 혹은 조합하여 궁극적으로 나타났기 때문에 실패로 생각될 수 있었다. 그러나 그 후 일부 *demissum* 계통이 면역성은 부족하지만 식물이 과도한 손상없이 노균병의 공격에서 살아날 수 있게 되어 일반화된 노균병저항성을 가지고 있음이 입증되었다. 지금도 육종에 사용되고 있는 이렇게 다른 저항성 기작은 *demissum*을 사용해서 얻은 보너스이다. 아울러 *demissum*으로부터 유래된 품종과

육종계통은 종종 수량이 높고 모양과 기타 성질이 좋으며 blight가 발생했을 때 결코 버려지지 않았다. 또한 *demissum* 파생계통에서는 높은 단백질 함량과 여러 가지 바이러스 저항성이 발견되기도 하였다. 그 밖에 다른 초기 품종과 야생종이 바이러스, 선충, 서리, 해충 등에 대한 저항성 육종에 이용되고 있다.

마. 토마토

토마토는 초기품종, 야생종, 우수한 생식질의 기타 형태로부터 유전자의 제어된 이입(introgression)에 의해 폭넓게 개선된 작물의 좋은 예이다. 어떤 다른 품종에서 그렇게 많은 스트레스 문제가 유전적으로 해결되었는지 알 수 없을 정도이다. 캘리포니아 대학 (UC Davis)에는 Tomato Genetics Stock Center가 있으며 여기에 500 accession 이상이 유지되고 있다. Rick과 그의 동료들은 이들 야생종을 이용한 토마토 개량에 공헌하였다. 토마토 개량에 生殖質源으로서 이용된 종은 *Lycopersicon esculentum var ceraso-forme*, *L. pimpinellifolium* Mill, *L. cheesmanii* Riley, *L. chmielewskii* Rick, *L. parriflorum* Rick, *L. hirsutum* Humbf Bonpl, *L. perurianum* Mill, *L. chilense* Dun, *Solanum pennellii* Corr 등이다.

유용한 生殖質源으로서의 이들 야생종의 가치에 대한 평가는 여러 가지 방법으로 이루어졌다. 자생지에서 수집자에 의한 관찰이 종종 소홀히 되고 있지만 보통 자생지에서 진화해 온 일련의 종으로부터 그 자생지에 적응해 온 유전자를 얻는다. 예를 들면 어떤 스트레스 환경에 저항성인 유전자는 그런 스트레스 가운데서도 성공적으로 생육한 야생집단에 존재하는 것으로 추정된다. 재배 토마토는 염(saline) 조건에 매우 약하다. 하지만 어떤 종 특히 종내의 어떤 생태형(biotype)은 결정적으로 훨씬 더 강하다. *L. cheesmanii*는 1970년에 Isabela island의 서쪽 해안을 따라 수집되었는데 그 지역은 염분 함량이 높은 토양이었음에도 불구하고 이 종의 몇몇 집단이 그 지역에 무성히 자라고 있음이 발견되었다. 이 수집종(accession)에 대한 광범위한 시험 결과 이 종의 세포는 높은 수준의 sodium에 잘 견디는 능력이 있다는 것과 이 저항성에 대한 유전적 성질이 복잡하지만 저항성에 대한 선발이 효과적일 수 있음을 알았다.

*Solanum pennellii*는 잎의 수분보유능력에 기인하여 자생지의 건조한 조건에서도 생존하는 능력을 지녔다. 선발을 계속하여 이 형질이 몇몇 여교잡 세대를 통하여 성공적으로 유지되었다. 이러한 형질이 토마토의 물요구량을 줄이는 데 이용될 수 있는지에 대해 평가가 이루어졌다.

그 밖에도 개체생태학(autecology)적 연구에 의한 유용 생식질원의 평가에 대한 예는 *L. chmielewskii*에서도 찾아볼 수 있다. 이 종의 과실은 가용고형물의 함량이 높은데 식물의 큰 크기, 많은 꽃, 양호한 결실에도 불구하고 여무는 과실이 적은 것이 특징이다. Davis에서 여문 과실을 분석한 결과 이 종은 표준 품종에 비하여 2배나 높은 refractometer 수치(10-11%)를 보였다. 여교잡 선발로 정상의 대형 赤果를 생산하는 계통에서 가용고형물 함량을 5%에서 7%로 끌어올릴 수 있었다. 이처럼 결점이 있는 종은 직접 적합한 품종으로 이용되지 못하더라도 육종가에 의해 육종소재로 활용되어 더 개선될 수가 있는 것이다. *L. cheesmanii*로부터 유도된 jointless pedicel(j-2)계통은 기계 수확에서 과도한 탈과를 방지하는 장치로서 토마토 육종프로그램에 이용되고 있다. 평가의 또 다른 범주는 정상적으로 야생종에서 관찰되지 않는 형질에 관련된 새로운 변

〈그림 27〉 우량품종에 의한 토마토의 시설재배

이(noble variation)를 표시하는 것이다.

새로운 변이체는 대개 교잡과 검정을 위한 분리 후대의 분석을 요구한다. 그러한 예측 불가한 변이체의 기원으로 다음 네 가지를 들 수 있다.

① 유전자 상호 작용(genic interaction)
② 세포질 상호작용(plasmatic interaction)
③ 양친 잠복변이(parental latent variation)
④ 돌연변이(mutation)

① 유전자 상호작용은 재배 양친 유전자형의 환경으로 이입될 때 표현이 되는 야생 양친으로부터의 단성 형질에 의해 가장 확실히 설명된다. 이러한 종류의 상호작용으로 잘 알려진 예는 *L. hirsutum*과 그 밖의 綠果種(green-fruited)에 보편적으로 존재하는 B

유전자이다. B가 여문 과실에서 β-carotene의 합성에 대한 유전정보를 암호화하더라도 그들이 유색의 카로티노이드를 합성하지 않으므로 녹과종에는 검정할만한 영향을 미치지 않는다. 그러나 적과(赤果)인 L. esculentum으로 육종될 때 B는 제1여교잡세대에서 red와 오렌지가 1:1로 검정되는 극적인 영향을 미친다. 따라서 유도된 B유전자가 몇 개의 품종에 편입되었다. 비슷한 예는 L. chmielewskii로부터 과육색소 증강인자(intensifier, Ip)의 발견이다. 그러한 인자는 esculentum의 배경으로 전이한 뒤에 표현된다. 기본적으로 초과변이는 그것이 두 양친 계통의 양적 유전자 세트의 상호작용에 좌우되므로 이 범주에 속한다.

② 세포질 상호작용(plasmatic interactions)은 토마토의 종간잡종의 이용에서 좀처럼 나타나지 않는다. 거의 변함없이 L. esculentum이 그런 교잡에서 자성친(雌性親)으로 사용되어 유도된 산물은 esculentum 세포질을 가지며 그들의 유전조성에서 esculentum 게놈의 대부분을 갖는다. 그러나 야생 게놈이 esculentum 세포질과 결합되는 정역간 잡종이 연구되면 새로운 형질이 나타나는 경향이 있다. Solanum pennellii의 게놈이 esculentum 세포질에 여교잡 될 때 점진적으로 일어나는 androecium의 감소가 하나의 예다. 그러한 조합이 식물육종가에게 직접적인 소용이 없다하더라도 그것은 esculeutum-peruvianum 잡종에서 처럼 esculentum 게놈이 야생 세포질과 결합되도록 재료를 다루는 것이 가능할 것이다.

③ 잠복변이(latent variation)는 충분한 활력과 최대의 유전변이를 보유하기 위하여 대규모로 타가수분에 의해서 유지되기 때문에 accession에서는 좀처럼 표현되지 않는 자가불화합성종의 열성 유전자와 관련이 있다. 이 범주에 있어서 L. chilense와 L. peruvianum으로부터 유도된 웅성불임에 대한 몇몇 유전자를 포함

하여 뜻하지 않았던 형질의 여러 가지 예가 있다.

④ 돌연변이율은 흔히 종간 잡종에서 높은 것으로 관찰된다. 이러한 기원의 변이체는 돌발적으로 나타나며 어떠한 다른 범주의 것보다도 더 소수의 여교잡 계통에서 나타난다. 그러므로 유기된 돌연변이율은 EMS와 같은 효율적인 돌연변이 유발원의 적용으로 얻어지는 결과에 비교될 수 없다. 그러나 돌연변이의 범주(스펙트럼)는 필시 다를 것이다(조직배양, 세포잡종 등).

바. 목초

목초 품종과 오래된 초지와 그 밖의 서식지와 생태형 사이의 차이는 크지 않다. 이것은 다른 작물에 비해서 목초육종의 역사가 짧은 것과 관계가 있을 뿐만 아니라 특히 일부 생태형이 훌륭한 가치를 가지는 것과 관련이 있다. 풀은 작물화 되기 전에 오랫동안 인간에 의해 사용되었다. 그것들은 자연의 비옥하지 않은 곳에서 사용되었을 뿐만 아니라 적절히 시비되고 잘 관리된 오래된 초지에서 사용되었다. 그런 조건에서 집단이 지속적으로 발전하며 농경에 잘 적응하였다. 오래된 초지에서 농부는 종축과 종자가 교환되기 전에 다년생 목초의 적당한 식물체를 소유하였다. 자가 육성된 품종이 이용될 수 있기 전에는 초지의 재파종이 위태로웠다. 종종 수입된 시판 종자가 대부분 줄기가 있는 식물로부터 수확되었는데 줄기가 있는 식물은 잎이 지지않는 풀밭(잔디밭)을 위해서보다도 건조한 조건에서 종자생산을 위해 더 적합하였다. 시판 종자로부터의 식물과 구초지(舊草地)로부터의 식물 사이에 차이가 많이 나타날수록 토착종을 개발할 필요성을 더 느끼게 되었다. 직접적인 상업용을 위해서 자연 상태에서 종자를 수집하는 것이나 구초지로부터 종자를 수확하는 것은 확실한 종자공급을 하는 데 충분하지 않다. 그런 것은 초원에서 식물을 수집하고 그 집단으로부터 합성 품종의 양친으로 가장 좋은 식물을 선발함으로써만 달성된다. 여러 가지 육종방법에 의해서 일련의 특수 품종이 건초용, 초지용, 운동장용, 잔디밭용 등으로 개발되었다.

일반적으로 수용되는 가치를 지닌 종에 대한 수집과 육종에 중점을 두었음을 알 수 있다. 그러나 현재 소홀히 되고 있거나 세계의 다른 지역에서 진가가 인정되고 있는 일부 종은 쓸모가 있을 것이다. 예를 들면 네델란드에서 *Holcus lanatus*는 흔하지만 대단하게 평가되지 않았다. 1976년 영국의 자료에 따르면 *H. lanatus*는 질소 시용이 적을 때 *Lolium perenne*보다도 수량이 많다고 하였다. 그러므로 비료정책이 바뀌면 *H. lanatus*가 재평가될 지도 모른다. 뉴질랜드에서는 *H. lanatus*가 그것의 광역적응성 때문에 사용되고 있다. 이러한 *H. lanatus*의 예가 지구상의 자연자원이 충분히 개발되지 않았음을 암시한다.

연구소의 수집작업을 대부분 어려움 없이 찾아볼 수 있지만 민간 육종가에 의한 수집작업은 별로 알려져 있지 않다. 따라서 얼마나 많은 생식질이 수집되고 보존되어 왔는가에 대한 의문이 제기된다. 육종가의 기준을 만족시키지 못하는 집단과 품종의 지위를 달성하지 못한 선발은 아마도 소멸되었을 것이다. 그러므로 아직 수집된 생식질의 일부만이 영양체 苗床과 품종에 이용될 수 있을 것이다.

육종가의 노력이 다양하더라도 대부분의 현대 품종은 오래된 것보다 더 소수의 영양체에 기초한다. 웅성불임을 사용함으로써 잡종 목초종자의 생산이 가능한 것은 품종의 유전적 기반을 더 좁힐 것이다. 그러한 유전적 변이의 소실은 변이원이 가용한 한 극복

할 수 없는 것은 아닐 것이다. 하지만 서유럽에서 목초 육종가는 그의 주변에 많은 생식질을 가지고 있어 왔음에도 불구하고 구초지 구역에서는 감소하고 있다. 도시의 팽창, 신도로의 건설 및 초지경작과 재파종을 위한 새로운 농업기술이 모두 이러한 자연 및 준자연 유전자 저장고를 위협하고 있는 것이다.

1. 원연교잡(Wide crosses)

현대의 품종이 옛 품종보다 더 좁은 기초를 이루고 있다 하더라도 너무 기초가 좁은 품종이 타가수정 목초류에서는 큰 문제가 되지 않았었다. 이것이 목초류의 유전적 기반을 넓히려는 시도가 이루어지지 않았음을 의미하지는 않는다. *Phleum pratense*와 *Lolium perenne*와 같은 여러 종에는 조생종과 만생종이 있으며 대개 건초와 초지형으로 불린다. 네델란드로부터 *Phleum pratense* (2n=42) 집

〈그림 28〉 개밀의 자생지

단의 한 수집계통에서 식물체는 두 그룹으로 나뉘어진다. 즉, 토착종으로서 다얼형이며 만생종인 계통과 종자로서 도입되어 다년간 유지된 것으로 보이는 직립형의 조생종이 그것이다. 이러한 식물들이 서로 교배되어 주로 중간형을 구성하는 F_2를 생산한다. 많은 F_3 후대는 아마도 6배체 성질 때문에 출수일과 표현형에 대해 균일할 것이다.

그와 같은 다른 형의 교잡은 토착종과 외래종에 대해서 모두 적용될 수 있다. 영국의 *Lolium*과 *Dactylis*의 여름 생장형을 지중해 도입종의 춘추생산형과 결합시키기 위한 교잡이 시도되었다. 생장기간을 연장하기 위한 그와 같은 시도는 특히 겨울이 따뜻한 지역에 가망성을 나타낸다. 대부분의 종내에서의 원연교잡(wide cross)은 육종의 문제가 적으나 F_1잡종이 불임인 것이 보고되었다.

2. 종간교잡(Interspecific crosses)

화본과 식물에서 종간 교잡을 시도한 예는 많다. *Dactylis*속은 4배체와 2배체종으로 구성되는데 그 중에서 *D. glomerata*(2n=28)가 널리 이용된다. 많은 종의 종간 잡종이 임성을 갖는다. 4배체와 2배체의 교잡은 3배체 및 4배체 잡종을 낳는다. 4배체 양친에 대한 여교잡은 3배체 잡종으로부터 주로 4배체 후대를 가져온다. 이렇게 하여 유전자는 2배체로부터 *D. glomerata*로 전이될 수 있다. 4배체에 대해서 *D. glomerata* × *D. marina*의 교잡이 *D. glomerata*의 다수성과 *D. marina*의 더 양호한 소화력을 결합하기 위하여 이루어졌다.

*Lolium perenne*의 육종에 있어서 일련의 종간교잡이 알려져 있다. *Lolium multiflorum*은 *L. perenne*와 밀접한 관련이 있으며 임성을 갖는 잡종을 쉽게 얻을 수 있다. 뉴질랜드의 단기순환(short rotation) ryegrass는 *L. perenne* × *L. multiflorum* 교잡으로부터 유래되었음은 잘 알려져 있다. 이 교잡 프로그램의 목적은 *L. multiflorum* 의 빠른 생장과 높은 수량성을 *L. perenne*의 더 큰 내구성 및 더 우수한 내한성과 결합시키는 것이다. 그러나 많은 육종가들이 그 잡종이 유전적으로 불안정한 데 대해 실망하였다. 더욱 안정적인 잡종을 얻기 위해 세 가지 방법이 사용되었다. ① 4배체간 교잡 ② 웅성불임 *L. perenne*와 정상의 *L. multiflorum*으로부터 F_1잡종의 생산 ③ 그 잡종을 *L. perenne*에 여교잡. 이렇게 하여 얻은 잡종은 대개 임성에 문제가 없었다.

3. 속간교잡(Intergeneric crosses)

Lolium multiflorum(2n=14)과 *L. perenne*(2n=14)는 어느 정도 *Festuca pratensis*(2n=14)와 *F. arundinacea*(2n=42)와 교잡될 수 있으며 실제로 자연상태에서 삽종이 발견되기도 한다. 교잡 프로그램에서 2배체 양친의 4배체종이 사용되며 잡종은 콜히친 처리에 의해서나 감수분열적으로 염색체 배가가 이루어질 수 있다. *Lolium*의 고품질과 활착 용이성, *Festuca*의 여름 수량과 내한성 및 녹병저항성을 나타내는 잡종이 생산되었다. 1974년, 이와 같은 교잡 프로그램이 8개 나라에서 진행되었다. *Lolium*과 *F. pratensis* 사이의 교잡에서 대부분의 생존가능한 종자는 2배체 *Lolium*과 4배체 *F. pratensis*로부터 얻어졌다.

중요한 문제는 새로 형성된 잡종에서의 세포유전학적 불안정성과 임성의 결여이다. 잡종의 세포유전학적 불안정성은 이입에 대해 더 많은 비중을 두게 하였다.

많은 프로그램에서 일부 *Festuca* 특성을 갖는 2배체와 4배체 *Lolium* 식물을 조사한 결과 일부는 양호한 결실을 보이나 웅성불임이었으며 그러한 웅성불임은 목초 육종에 유용한 도구가 될 수 있었다. 임성과 안정성의 문제에도 불구하고 일부 잡종 품종이 시험되었다. Lolium과 F. arundinacea로부터 유래된 네델란드의 8배체 품종인 'Hazel'이 프랑스의 품종목록에 수용되었다. Lolium의 일부 특성을 갖는 F. arundinacea인 'Kenhy'가 미국에서 육종되었다.

4. Apomixis와 종간교잡

많은 종간교잡을 가능하게 하는 또다른 속은 Poa이다. 일예로 Poa pratensis의 육종 프로그램을 들 수 있다. P. pratensis는 36~150개의 체세포 염색체 수의 범위를 가지며 facultative apomict이다. 종간교잡은 육종에서 성적 단계를 도입하고 일부 형질을 이입하기 위해서 사용되었다. 구 소련의 흑해 주변으로부터의 타가수정 다년생인 P. longifolia와 P. pratensis의 교잡으로 유성적이며 충분히 임성을 갖는 잡종을 생산하였다. F_2에서는 여러 가지 유형이 발견되었다. 직접선발에 의해서 그리고 P. pratensis에 교잡함으로써 오히려 P. pratensis에 가까운 식물체가 선발되었으며 그들 중 일부는 매우 apomitic하였다. 外穎(lemma)의 유모성(有毛性)이 P. longifolia로 부터 P. pratensis로 도입되었다. 털이 있는 lemma는 털이 새종자를 서로 고정시켜주므로 종자탈곡과 세척을 쉽게 한다.

또한 정역교잡이 P. pratensis의 유성적 유전자형을 사용하여 실현되었다. 이러한 배수체 종에서 양친의 염색체가 자손에게 어떻게 분배되는가를 조사하는 것은 어렵다. 염색체 수를 세는 일에 많은 수고가 요구되지만 염색체 수에 대한 지식의 결여가 육종에의 이용을 가로막지는 않는다.

Poa종의 교잡에 있어서 종의 가장 우수한 조합이 선택되어야 하는 것은 의심의 여지가 없다. 구 소련에서는 100종 이상의 *Poa*종이 생육하고 뉴질랜드에 35종이 생육하는데 대부분이 토착종이므로 더 우수한 조합의 가능성은 높다고 말할 수 있다.

사. 채소 및 과수

우리나라에서 재래종 및 도입종 유전자원을 이용한 채소육종은 해방 이후 농촌진흥청 원예연구소와 종묘회사가 중심이 되어 많

표6. 원예작물의 선발계통 및 육성품종의 유용형질

작물	품종 (계통)명	선발및 육성년도	유용형질 (특성)
무	원교101호	1974	만추대성, 다수성, 채종량 많음
	고청대형	1987	만추대성, 육질상, 채종용이
	원교108호	1988	평지여름재배, 내병성(무름병, 바이러스)
배추	만하, 탐복	1979	여름용, 무름병강
고추	조생진흥	1976	조생종, 고건조율(20.4%), 다수성
	원교302호	1977	고신미
	원교301호	1974	풋고추용, 웅성불임성(최초), 조생종
	신흥고추	1982	고신미(3.55), 내병다수성
	장수고추	1985	고정종, 내병성, 다수성
마늘	자봉, 남도	1982	풋마늘 및 조기 햇마늘용
토마토	진흥	1982	가공용(무지주), 다수성
	조풍	1986	조기수량 많음
	강동	1987	내병성, 유한생장형
멜론	풍미	1981	고당도(14.8%), 양질, 넷트형
	서향	1986	고당도(14.8%), 겨울재배용
	황옥	1987	저장성강, 다수성
딸기	조생홍심	1982	촉성재배용, 상품수량 높음.
	초동	1986	촉성재배용, 초겨울 수량 높음.

식물유전자원의 현대품종 육성에의 기여 207

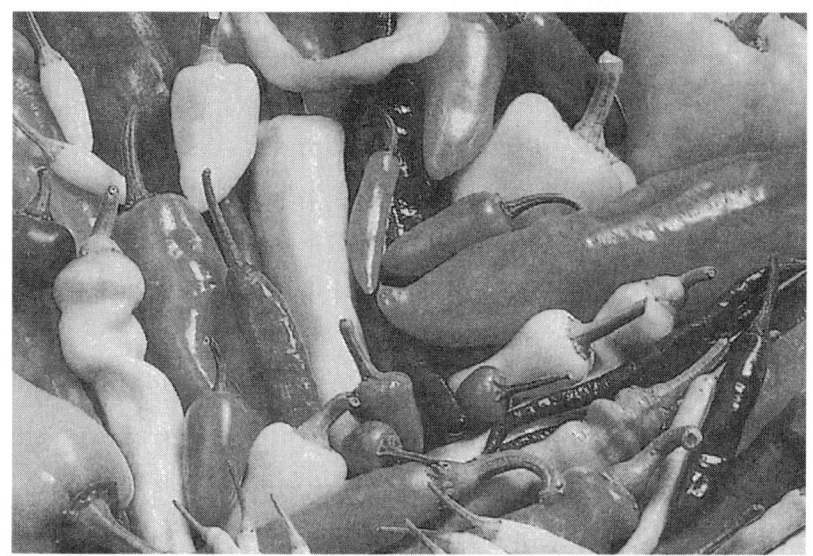
〈그림 29〉 고추의 유전자원

은 발전을 해왔다. 1953년 이래로 채소 재래종의 수집현황은 고추, 무, 배추, 오이, 호박, 참외 등 순으로 많은 품종을 수집하였다. 도입종은 무, 배추, 양배추, 상추, 당근, 시금치, 토마토, 오이, 호박, 멜론, 수박, 딸기, 고추, 마늘, 양파 등이 다량 도입되었으며 1951년 이후 도입량이 꾸준히 증가추세를 보여 왔다. 원예연구소에서는 무, 배추, 고추 등 7개 작물에서 19개 품종을 육성, 보급하였다(표6).

　각 작물들의 내병성, 다수성, 만추대성(무, 배추), 품질 및 내한성(호박), 당도와 과피색(참외), 신미, 건조난이도 및 과형(고추), 가공적성과 조숙성(토마토) 등의 유용형질의 개량을 목표로 채소육종이 이루어졌다. 민간종묘회사에서도 많은 품종을 개발하여 내수는 물론 미국, 일본, 동서남아시아, 유럽 등지에 수출하는 수준까지 품질향상을 가져왔다.

　우리나라에서 과수의 국내 재래종 및 자생종에 대한 분포조사는 1910년 이후 실시한 기록이 있으며 초기에는 배와 복숭아에 중점을 두었다. 1960년대 이후에는 살구, 감, 대추, 호두, 개암 등에 대한 자생지를 밝혀냈으며 1980년대에 들어서 사과속, 배속, 머루속, 핵과류에 대한 유전자원수집을 확대하는 동시에 모과, 유자 등에 대한 수집탐색을 강화하였다.

외국으로부터의 과수도입은 포도, 사과, 복숭아, 개암, 배, 감의 순으로 많았으며 80년대 이후에 과실소비수요의 고급화, 다양화 추세에 부응한 고급과수 품종을 육성하기 위하여 수많은 우량유전자원을 도입하고 있다. 국가별로는 일본으로부터 대부분의 과수가 도입되었고 미국으로부터는 사과, 배, 복숭아, 포도 등을, 뉴질랜드, 영국, 호주로부터 사과 및 사과왜성대목을, 프랑스와 이탈리아에서는 포도유전자원을 다량 도입하여 육종에 이용하였다.

아. 특용작물

특용작물에는 참깨를 비롯한 많은 작물이 포함된다. 우리나라에서 수집보존하고 있는 특용작물의 유전자원은 1999년 현재 17,025점이었으며 이들에 대한 특성평가가 단계적으로 이루어졌다. 특히 약용식물은 주목을 받기 시작한 것이 비교적 최근의 일이어서 육종의 역사가 짧으며 곡류, 야채, 과수 등의 농작물에 비해서는 육종이 초보적인 상황이다.

약용식물의 신품종은 주로 해외의 품종이나 새로이 입수한 유전자원 중에서 목적하는 신품종을 찾아내는 도입육종법과 도입된 신유전자원 또는 재래종의 집단으로부터 우량개체를 선발하여 고정하는 분리육종법으로 육종되었다(표7). 그 밖에 배수성육종법과 방사선육종법이 유망할 것으로 보이며 어떠한 육종법도 전체적인 성분의 균형을 붕괴시키지 않고 기존의 품종 또는 새로이 도입된 유전자원을 활용한 개량이 가능하며 안전다수 또는 왜성화 등 중요형질의 개량에 유효하다.

그러나 종종 한방제제에는 중국원산의 생약이 많이 배합되어 있는 관계로 우리나라에 그 유전자원이 없는 경우가 있으므로 육종을 진행시키는 데 재료가 되는 식물을 어떻게 입수하는가 하는 것이 중요한 요점이다. 약용식물에 관한 생식, 생육특성, 재배조건 등의 정보부족은 효율적인 육종을 수행하는 데 문제가 된다. 1980년 이후에 농촌진흥청 산하 연구기관이 중심이 되어 각종 유전자원을 이용한 우리나라 특용작물의 육종성과는 표7에 나타냈다.

표7. 1980년 이후 농촌진흥청에서 시행된 특용작물의 주요 육종성과
(농촌진흥청, 1980-1994)

주용도	종	년도	육종방법	주요성과
식용	Dioscorea japonica(마)	1980	선발육종	'대화마' 육성 - 35% 근수량 증가
	Stevia rebaudiana	1978-1981	순계육종	'수원 2호' 육성 - 11% stevioside 증가
	Brassica cernua(겨자)	1984-1985	순계선발	'영산포 황겨자' - 다수성, 환경적응성
	Perilla frutescens(들깨)	1979-1988	순계선발	'엽실들깨' 육성 - 다수성 (잎, 종자: 13-21%)
	〃	1980-1989	순계선발	'옥동들깨' 육성 - 고품질(oil, protein), 다수성
	〃	1985-1992	순계선발	'대엽들깨' 육성 - 고품질, 다수성 (잎: 34%, 종자: 11-33%)
	〃	1985-1993	순계선발	'백상들깨' 육성 - 고품질, 다수성(10%)
	〃	1985-1994	순계선발	'새엽실들깨' 육성 - 잎과 종자의 고품질 및 다수성
	Sesamum indicum(참깨)	1980-1992	돌연변이, 교잡	'수원깨' 육성 - 내병성, 다수성
		1984-1994	돌연변이, 선발	'양백깨' 육성 - 내병성, 고품질, 다수성
약용	Liriope koreana (개맥문동)	1987	선발육종	'밀양종' 선발 - 다수성
	Ophiopogon japonicus (소엽맥문동)	1988	선발육종	'밀양종' 선발 - 20% 근수량 증가
	Angelica acutiloba (당귀)	1986-1989	선발육종	'대덕종' 선발 - 39% 근수량 증가
	Bupleurum falcatum (시호)	1989	선발육종	'밀양 1' 선발 - 23% 근수량 증가
	〃	1991-1994	순계육종	'장수시호' 육성 - saikosaponin 성분증가, 14% 근수량 증가
	Liriope muscari (맥문동)	1984-1987	순계선발	'밀양 1' 육성 - 다수성(13%)
	Paeonia albiflora (백작약)	1984-1992	순계선발	'밀양 2' 육성 - peoniflorin 성분증가, 8% 수량증가
	Coix lachrymajobi (염주)	1987-1992	순계선발	'율무 1' 육성 - 얇은 종피, 16% 수량증가
	Cassia tora	1991-1994	순계선발	'명윤, 결명' 육성 - 작업편리, 다수성
방향,미용	Mentha canadensis (박하)	1984	선발육종	'박하 1' 선발 - 향료의 재료로 우수, 높은 환경적응성
	Luffa cylindrica (수세미오이)	1987	선발육종	'카리토리'로부터 선발 - 33% 다수성

11. 식물유전자원에 있어서 국제협력의 역사적 전개

가. 초창기

　1890년 Vienna에서 열린 국제농림업학술심포지움에서 Emanuel Ritter Von Proskowetz와 Franz Schindler는 품종 육종과 관련하여 농작물의 재래종의 가치에 관하여 보고하였다. Von Proskowetz Moravia에서의 보리 재래종의 체계적인 수집은 한때 유명했던 Hanna보리의 탄생을 가져왔을 뿐만 아니라 다른 나라의 육종가와 함께 이들 자원의 평가 및 교환을 가능하게 해주었다. 더욱이 그는 100년 전에 이미 유전자원센타가 수행해야 할 주요한 임무 즉, 수집, 특성화, 평가 및 문서화 등을 강조하였다. 100년전의 그 경우가 식물유전자원에 있어서의 활동과 협력의 초기발단이라고 할 수 있을 것이다.
　Von Proskowetz의 재래종 수집에 대한 호소는 이미 육종을 위한 가치에 의해서 뿐만 아니라 상실할 수 있는 가능성에 대한 관심에 의해서 이끌렸다. 또한 다른 점에서 1889년에 미국에서 식물도입기관(Plant Introduction Office)을 설립하고 도입된 생식질에 대한 항구적인 목록 기록을 도입한 것은 식물유전자원의 교환과 협력에 대한 중요한 초기의 승인으로서 언급될 수 있다.
　과학자와 과학자 사이와 기관과 기관사이의 접촉은 초창기부터 나아가 현재까지의 국제협력을 대단히 많이 결정지어 주었다. 20세기에 Nikolai Ivanovich Vavilov의 활동이 재배식물의 진화에 관한 연구와 식물육종에 준 중요한 자극과 그의 유전적 다양성의 중심지에 대한 요구는 다른 나라의 많은 과학자들이 야생식물 및 작물의 초기 형태의 유전적 다양성에 있어서의 그들의 세계적 경험으로부터 배우기 위하여 구소련에 있는 그와 그의 동료들을 방문하도록 유인하였다. Vavilov에 의해 발견된 이러한 예기치 못했던 풍부한 유전적 다양성과 식물육종을 위한 그것의 가능한 저장은 다른 나라의 과학자들에 의한 많은 수집과 탐사 활동을 촉진하였다.

이 초창기 동안의 국제협력으로는 재료 및 과학정보의 교류가 우세하였다. 식물육종에 유용한 새로운 유전변이를 위한 탐색과 유전학 및 식물진화에 있어서의 과학적 진보에 주요한 관심이 집중되었다. 현존하는 자원의 유전적 다양성을 유지하기 위한 필요성에 대한 관심은 재래종의 예외가 있긴 하지만 불과 몇몇 경우에만 표출되었다.

나. 인식제고기

식물육종을 위한 식물유전자원의 중요성, 현존하는 변이의 상실 위험 및 자원을 보호하기 위하여 국가적 경계를 넘어 협력하는 필요성에 대한 인식이 제고되기 시작한 것은 1940년대이며 1950년대와 1960년대 들어서는 그러한 인식이 한층 더 증대되었다.

FAO는 1950년에 세계에 존재하는 여러 가지 작물의 유전적 저장물의 목록을 발행하기 시작했으며 식물탐사 및 도입과 관련된 그 밖의 많은 활동을 개발하였다. 1959년의 제10차 FAO회의는 유전자원의 중요성과 위험에 대한 결의안을 통과시켰다. 1961년 로마에서 식물탐사와 도입에 관한 기술회의가 이미 새로운 유전물질에 대한 접근과 다른 지역으로의 도입을 용이하게 하기 위한 국제탐사센타의 설립을 포함하는 첫번째 국제활동계획을 제안하였다. 이들 센터 가운데 하나가 FAO와 UNDP의 지원으로 1964년 터키의 초청으로 설립되었다. 동시에 EUCARPIA가 식물도입과 유전자원보존에 관여하게 되었으며 Rudorf가 1960년 EUCARPIA회의에 그 주제를 도입하였다. Rudorf, Hawkes, 및 Ross에 의해 유럽에서 협력적인 감자유전자 은행을 위한 제안이 개발되었다. 그것은 6년 뒤에 몇몇 사람에 의해서 재활성화되었으며 지원과 이행을 위해 OECD(Organi-zation for European Economic Cooperation)에 제출되었다.

1962년 제3차 EUCARPIA회의는 이미 야생종과 초기형의 유전적 침식의 위험성에 대한 결의안을 통과시켰다. 소위 '녹색혁명'이 시작된 것 또한 60년대초이다. 멕시코, 파키스탄, 인도에서 처음으로 밀의 다수확 품종이 보급되고 1966년 이래로 아시아 국가에서 관개논이 확산된 것은 재배식물의 유전적 다양성의 중심지로 간주되는 그들 지역에 또한 중대한 영향을 미치면서 늘어나는 개발도상국가에서 전통적 품종의 복위속도를 악화시켰다.

다. 공식적 행동기

상실의 위험에 대비하고 유전되는 유전적 다양성을 보존하며 식물육종에 의한 사용을 개선하기 위하여 식물유전자원에 있어서 국제협력의 행동을 공식적으로 나타내고 수행하는 노력이 60년대 중반에 신장되었다. 이에 관여한 주요기구는 IBP(the International Biological Programme), FAO(the Food and Agriculture Organization) 및 EUCARPIA이었다.

ICSU(the International Council of Scientific Unions)의 후원하에 설립된 IBP는 주요한 주제의 하나로서 Stebbins의 제안에 따라 야생종 및 재배식물의 초기형에 대한 'genepool'의 유지를 채택하였다. IBP의 실무팀장인 Otto Frankel경은 1965년에 FAO와 접촉을 전개하여 1967년에 식물유전자원의 탐색, 이용 및 보존에 관한 FAO/IBP 공동실무회의의 구성을 가져왔다. 이 회의는 소위 '유전자원운동(Genetic Resources Movement)'을 위한 획기적인 사건으로 간주된다. Otto Frankel경과 Erma Bennett는 이 회의의 매우 철저한 준비를 맡았다. IBP 산하에서 그들의 회보(proc-eeding) 발행은 식물유전자원에 관한 최초의 종합서로 간주된다. 그 회의는 중점을 탐색, 평가, 정보관리, 이용 및 보존을 포함하는 유전자원의 종합적 체계에 두었다. 장기보존에 대한 필요성이 인식되었으며 그것의 가장 중요한 방법으로서 현지외 장기종자저장법을 채택하였다. 수집과 보존의 가상 일반적인 전략은 탐사대가 접근 방향을 맞춘 것보다도 더 적절한 것으로 확증되었다.

경제적인 중요성이 있는 초기 품종 및 멸종위기의 야생종에 최우선권을 부여하는 하나의 행동프로그램이 그 회의에서 제안되었다. FAO는 그 프로그램의 수행을 위하여 국제적인 공동작업과 지도에 책임을 지고 자원을 탐사하도록 촉구되었다. 이 제안에 대한 직접적인 이행은 다소 실망적이었다. 하지만 FAO는 1968년에 작물생태 및 유전자원과(Crop Ecology and Genetic Resources Unit)를 설치하였다. 1965년에 이미 결성된 식물탐사 및 도입에 관한 FAO 전문가단은 그 회의에서 제기된 많은 문제를 추구하였다. 그것은 실제로 그 후의 많은 활동에 굳건한 토대를 이루었다.

FAO는 또한 1986년에 삼림유전자원에 관한 전문가단을 설치하였다. 1967년 회의의 제안에 기초하여 FAO에서 개발한 프로그램은 1971년 UNDP(United Nations Development Programme)에 의한 재정지원을 받는 데 실패하였다. 하지만 1972년 Stockholm에서 개최된 인간환경을 위한 UN회의에서 FAO는 Otto Frankel경의 도움으로 식물유전자원의 문제에 대한 세계적 인식을 마련하였다. 그 회의는 FAO가 국제적 자원프로그램의 설정을 지원하는 데 책임을 지고 UNEP는 식물자원에 대한 부분적인 책임을 질 것을 요청하였으며 모든 나라에게 참여할 것을 요구하였다. FAO에서의 진전과 밀접히 접촉하여 EUCARPIA는 유럽에서 식물유전자원에 있어서의 협력을 위한 제안들을 추구하였다. 유전자은행위원회(Genebank Committee, EGBC)가 1968년 Ellerdtrom, Lamberts, Lein이 첫 위원으로 참가한 가운데 구성되었다. 그들은 유럽에 대륙의 주요한 농업기후대를 분간하는 네 개의 아구(亞區)유전자은행을 갖는 지역망을 제안하였다.

같은 해에 Kuckuck와 Scheibe가 하나의 유전자 은행을 독일(서독)에 설치할 것을 제안하였다. 불과 2년 뒤에 Bommer는 독일 식물육종가와 정부기관<연방농업연구센타(FAL)의 작물 및 종자연구소>의 지원으로 Braunschweig-Volkenrode에 유전자은행을 설치하였다. 그 유전자은행은 EUCARPIA에 의해 제안된 대로 북서부 유럽을 위한 아구센타로서 봉사할 셈으로 의도되었다.

Nordic Genebank가 1979년에 스웨덴의 Lund에 설치되어 스칸디나비아 국가들의 진정한 협력지역연구기관이 되었다. EUCARPIA가 OECD의 도움을 받아 유럽감자유전자은행을 설치하려던 초기의 다른 시도는 유럽국가의 충분한 지원을 받는 데 실패하였다. 파리에서의 논의가 실패하고 난 5년 뒤에 Lamberts와 Bommer는 농업연구협력에 관한 Dutch-German간 협정 안에서 1974년 가동된 Braunschweig 유전자은행에 연결된 Dutch-German 감자유전자은행

표8. CGIAR(국제농업연구협의그룹)산하 농업연구소

약칭	정식명칭	소재지	설립년도	주연구대상
CIAT	Centro International de Agricultura Tropical 국제열대농업센터	Cali, Colombia	1967	라틴아메리카의 카사바, 두류, 벼, 목초
CIMMYT	Centro International de Mejoramiento de Maizy Trigo 국제옥수수·밀 개량센터	Ei Batan, Mexico	1966	옥수수, 밀
CIP	Centro International de la Papa 국제감자센터	Lima, Peru	1972	감자
IPGRI	International Board for Plant Genetic Resources Instiute 국제식물유전자원연구소	Rome, Italy	1973	식물유전자원
ICARDA	International Centre for Agricultural Research Insitute 국제건조지농업연구센터	Aleppo, Syria	1976	건조지대의 곡류, 두류
ICRISAT	International Crops Research Institute for the Semi-Arid Tropics 국제반건조열대작물연구소	Hyderbad, India	1972	반건조지대의 곡류, 두류
IFPRI	International Food Policy Research Institute 국제식량정책연구소	Washington, D.C., United States	1974	식량정책
IITA	International Institute Tropical Agriculture 국제열대농업연구소	Ibadan, Nigeria	1967	열대의 옥수수, 벼, 고구마, 두류
ILCA	International Livestock Centre for Africa 국제아프리카가축센터	Addis Ababa, Ethiopia	1974	아프리카의 가축
ILRAD	International Labortory for Research on Animal Diseases 국제수역연구소	Nairobi, Kenya	1974	가축 역병
IRRI	International Rice Research Institute 국제미작연구소	Los Banos, Philippines	1960	벼

식물유전자원에 있어서 국제협력의 역사적 전개 217

〈그림 30〉 아시아 채소개발센타에서의 워크숍

을 설치하기 위한 지원을 획득하였다. 1984년에 다른 작물로 확장된 이 협정은 네덜란드와 독일에 있는 연구소 사이에서 분업 형태로 취급하였다. 그것은 유럽에서 협력의 진전에 좋은 예가 되었다.

FAO와 EUCARPIA의 노력과 동시에 CGIAR과 그것의 International Agricultural Research Centres(IARCs)에 대한 시스템이 출현하였다(표8). CGIAR의 발달에 기초를 둔 녹색혁명의 성공은 주로 식물육종에 의하여 영향을 받았기 때문에 유전자원에 있어서 IRACs의 관심이 일찍 발달하였다. 1960년 필리핀에 설립된 국제미작연구소(IRRI)는 초기의 생식질 수집물에 대한 광범위한 사용으로 1971년에 벼 생식질의 종합적 협력 프로그램의 리더가 되었으며 곧 다른 나라들이 그들의 국가적 프로그램과 시설을 설치하는 것을 지원하는 주요한 유전자원센타로 간주되었다. 1963년 멕시코에 설립된 국제옥수수밀개량센타(CIMMYT)는 유전자원보존에 있어서 그러한 주요한 역할을 떠맡지는 않았다. 그러나 이듬해에 설립된 다른 여러 곳의 IARCs는 또한 그들에게 필요한 작물에 대한 유전자원센타로서 중요하게 되었다. 1972년에 페루에 있는 국제감자센타(CIP)의 CGIAR에의 입회는 Andes지역의 감자종의 유전적 다양성을 발굴하고 보호하기 위한 아이디어에 의해 뒷받침되었다. 따라서 대부분의 IARCs는 중요한 사용자일 뿐만 아니라 개발도상국가 및 세계의 주요 식량 및 사료작물의 유전자원의 보존을 위한 강력한 집행자가 되었다.

라. 실행기

FAO가 UNDP와 세계은행과 함께 공동후원자로서 역할을 한 CGIAR의 새로운 발전에 의해 고무되어 FAO는 1972년에 CGIAR의 기술자문위원회(TAC)의 2차회의에 유전자원센타망을 확립하기 위한 제안서를 제출하였다. TAC는 Otto Frankel이 팀장으로 있는 특별실무팀에게 식물유전자원의 수집, 평가 및 보존을 위한 실천프로그램을 준비하도록 요청하였다. 그 실무팀에 의해 마련된 소위 'Beltsville보고서'는 상당 부분 FAO제안에 기초하였다. 그것은 개발도상국가와 선진국가를 똑같이 포함하는 지구적 네트워크를 권장하였다. 그것의 주요한 초점은 Vavilov에 의해 확립된 것과 같은 유전적 다양성의 주요지역에 전략적으로 위치한 아홉 군데의 유전자원센타와 주로 CGIAR의 IARCs를 포함하는 더 적은 수의 작물특수센타에 놓여져야 한다는 것이었다.

또한 FAO활동에 관련하는 긴밀한 협력과 네트워크의 행정 및 지원업무를 위하여 조정기능을 FAO에 두어야 하며 FAO신용기금이 네트워크의 여러 가지 활동을 지원해야 한다는 것이었다. 너무 야심적으로 생각된 Beltsville제안은 TAC와 CGIAR에 의해서 우선순위, 시기, FAO와 IARCs의 관련 역할에 있어서 수정이 가해졌다. 최종적으로 CGIAR의 소위원회가 세부작업을 하여 IBPGR(the International Board for Plant Genetic Resources)의 설립을 권장하였다. 그 위원회는 CGIAR에 보고하는 독립적인 실재로서 인지되었으며 FAO에 두어 FAO의 Crop Ecology and Genetic Resources Unit에서 직원을 제공하도록 하였다. 이렇게 하여 IBPGR은 1974년 6월에 로마에서 첫회의를 가졌다. IBPGR이 자신의 운영방식과 접근을 추구하면서 일정시간이 지나서 명확한 정책과 프로그램을 가지게 되었으며 결국 FAO전문가단과 Beltsville그룹에 의해 설정된 원칙적 요소로 복귀하였다.

그럼에도 불구하고 수 년 내에 IBPGR은 높은 명성을 얻게 되었으며 괄목할 만한 성과를 나타내었다. 그 이유 중의 하나는 IBPGR이 그것의 규모와 구조로 인하여 확립하게 된 전세계의 과학자들과의 폭넓은 협력이었다. 더욱이 FAO와의 융화는 특히 개발 중에 있는 세계의 모든 국가에게 접근을 상당히 용이하게 하였다. IBPGR의 기본적인 기능은 식물생식질의 수집, 보존, 정보관리, 평가 및 이용을 추진하기 위해 유전자원 활동의 국제적 Network를 발전시키며 그렇게 함으로써 전세계의 인류의 생활 수준과 복지를 향상시키는 데 기여하는 것으로 정의되었다.

마. IBPGR 창립 이후

IBPGR의 창립 이후 성과와 영향에 대한 인상적인 기록들이 많이 있다. IBPGR의 활동을 통하여 유전적 침식의 문제와 유전자원의 중요성에 대한 인식이 매우 증대되었다. 세계적인 활발한 협력이 추진되었고 나날이 더욱 강화되고 있다. 여러 해에 걸쳐서

IBPGR의 전략과 프로그램이 년차보고서와 전략문서 그리고 활동에 대한 주기적 외부 평가서 등으로 문서화되었다.

　IBPGR의 발전과정을 간략히 살펴본다. IBPGR은 처음에 각각 국가연구소의 네트워크를 조정하는 지역의 전략적 지정센타의 연구법을 따르기 위해 노력했다. 이들 센타는 그 지역에 있는 생식질의 발굴과 정보관리에 앞장서며 장기저장 조건하의 저장소로서 역할을 다한다. Beltsville보고서를 수정함에 있어서 TAC는 첫번째 기간에는 서남아시아, Ethiopia, Meso-America 등 세 곳의 지역센타에 집중할 것을 제안하였다. Turkey의 Izmir에 있는 센타가 서남아시아를 위한 지역센타로 간주되었으며 Ethiopia와 Costa Rica에 있는 다른 두 센타를 위한 제안은 독일의 쌍무원조에 의해서 선택되었다. 이들 센타는 1976년에 설립되어 그들의 지역적 기능이 수행될 수 없었음에도 불구하고 국제협력에서 유력한 동반자로 발전하였다.

　수 년 뒤에 이미 IBPGR은 Beltsville에서 제안된 것과 같은 지역적 개념을 이행하는 것은 가능성이 없다는 것을 알았다. 경험한 가장 두드러진 문제 가운데에는 국가적 이해관계와 정치적 어려움이 있었다. 그러므로 중점이 국가연구소와 여러 가지 형태의 지역협력에 놓이게 되었다. 그런 협조는 IBPGR지역위원회가 한동안 매우 활동적이었던 서남아시아, 지중해, 동남아시아에서 수행되었다. 작물유전자원의 보존과 교환을 위한 유럽협력프로그램(ECP/GR)은 아마 가장 성공적인 지역프로그램 중의 하나일 것이다. 유럽에 현존하는 수집물이 풍부한데다 식물육종에의 흥미와 EUCARPIA에 의한 지도에 기초하여 지속화를 위한 열망을 강조하는 협조정신이 발달하였다. 전적으로 참여국가들에 의해서 프로그램 운영에 필요한 자금이 지원되는 사실은 참여하는 구성국가수가 90개국이 넘기 때문에 일종의 보증이나 다름없었다.

　IBPGR의 구조에 있어서 중요한 점은 동부유럽과 서부유럽사이의 활발한 연결이었으며 COMECON내의 식물유전자원을 위한 과학기술위원회가 또한 그것에 공헌하였다. 창립 이후 10년 동안 프로그램의 개발을 위해 매우 기본적인 이러한 연결은 유럽에서의 최근의 정치적인 변화 이후에 새롭고 훨씬 더 중요한 성질이 되었다.

　국가연구기관과 프로그램은 곧 바로 IARCs 이외에 IBPGR이 추구하는 지구적 네트워크에 있어서 주요한 목표와 구성요소가 되었다. 국가프로그램을 발달시키거나 설립되도록 직접 및 간접의 지원을 해온 것은 IBPGR프로그램의 매우 귀중한 부분이다. 지도와 건조 및 저장장비 또는 컴퓨터기술에 대한 준비 이외에 그런 지원 중에서 가장 중요한 부분은 훈련(training)이다. 국가연구소의 수집활동지원 및 식물유전자원의 여러 부문에 대한 계약연구는 IBPGR에 의해 촉진된 것과 같은 협력의 중요성을 증가시켰다. 국가프로그램에 대한 직접적 접촉과 지역협력의 지원 및 개발은 최근에 세계의 일곱 지역에 배치된 IBPGR의 지역코디네이터들의 주요한 임무가 되었다.

　CGIAR에 의해 지원되고 있는 CIAT, CIMMYT, CIP, ICARDA, ICRISAT, IITA, ILCA, IRRI, WARDA 등 9개의 국제농업연구센타(IARC's)에서도 그들이 특별히 필요로 하는 작물에 관련된 일련의 유전자원활동을 수행하고 있는데 IBPGR과 그들과의 관계는 여러 과정을 통하여 발전해 왔다. 일부 센타는 처음부터 유전자원 활동의 주도세력이었던 반면에 다른 센타는 그들의 핵심자금을 수집이나 보존시설의 개선에 사용하는 것을 주저하였다.

　그러나 여러 해를 지나면서 실질적인 보족적인 관계로 발전하여 대부분의 IARC's가 그들의 요구작물에 대한 기본적이며 활발한 유전자원의 수집책임을 떠맡아 왔다. 1988년 CGIAR가 전체 시스템을 위하여 식물유전자원에 관한 정책을 채택하였을 때 IARC's와 IBPGR은 식물유전자원에 관한 센터간 실무팀(Intercenter Work-ing Group)을 구성하였다. 그것은 수집, 야생종, 훈련, 전략연구 및 네트워크 형성과 같은 여러 부문에서 협력을 추구한다.

작물의 경제적 중요성, 중요한 유전적 다양성 지역의 침식 위험 및 수집에서 이미 이용가능한 재료에 따라 IBPGR의 활동하에 고려되어야 하는 작물에 대해서 IBPGR가 개발한 우선순위를 관리하였다. 처음 몇 해 동안에는 주요 식량작물이 우세했던 반면에 작물의 범위가 곡류, 뿌리와 괴경, 식용두류, 과실 및 채소로부터 목초, 공예작물 및 수목류로 확장되었다.

그러나 그 우선순위가 충분히 지역의 관심을 반영하고 그것들이 야생 flora 중에 이용 가능한 식물의 소실 경험을 포함하여 작물의 다양성 감소에 관련되었는지는 의문이 제기된다. IBPGR은 최근에 생식질 획득에 대한 과거의 활동을 재검토하였다. 수집은 대규모의 유전적 침식이 일어난 초년도에 주요한 임무였으나 일부 주요 작물에 대한 수집단계는 완성에 이르렀다. 작물과 야생근연종을 포함하는 더 많은 목표수집물에 대한 중점의 전환은 현재의 획득프로그램을 결정한다. 생태지리학적 조사와 유전적 다양성에 대한 연구증대는 미래의 방향을 결정한다. 생식질의 수집은 IBPGR이 지원을 제공해 주는데 관심을 갖는 국가의 과학자들에게 주요한 임무로 생각하고 수집된 재료의 증식만이 그 나라로 하여금 지정된 종자분배센터를 통하여 배분받고 각각의 수집을 보호하게 할 수 있다는 것이 중요하다.

어떠한 육종이나 연구프로그램에서 유전자원에 대한 평가와 사용은 그것들에 관한 설명과 정보에 달려있다. 이러한 단순한 사실이 초창기부터 유전자원운동과 협력에 대해 잘 알려진 장애의 하나이다. IBPGR은 처음 5년 안에는 유전자원 정보를 위한 컴퓨터 소프트웨어의 개발에 우선권을 부여했는데 다소 잘못 이끌어 갔다. 하지만 IBPGR은 뒤이어 작물 생식질의 동정 특성화 및 평가를 위한 국제적으로 표준화된 디스크립터(descriptor)가 가장 중요한 빠진 도구임을 알았다. 동시에 60개 이상의 그와 같은 디스크립터가 발행되었으며 그들 중의 일부는 몇 차례 수정되었고 각각의 작물을 가장 잘 아는 과학자와 육종가들과의 긴밀한 협력으로 모두 개발되었다.

그러나 가장 어려운 일은 이미 보존되고 있는 많은 생식질을 완전히 동정하고 특성화하는데 이들 디스크립터를 실제로 이용하는 것이다. 참가하는 세계의 모든 나라에 의한 협력이 이루어져야 한다. 지금까지 상당한 발전이 있었지만 더 많은 수요가 있어야 한다. IBPGR은 그것의 지원 하에 새로이 수집된 재료에 대해서만 설명을 보증할 수 있다. 또한 현존하는 수집지역에 대한 주소, 성명록, 목록, 도서목록, 및 여러 가지 database를 포함하는 유전자원정보의 전분야에서 이루어진 진보는 강한 인상을 준다. 국제적 작물 database의 설립은 지금까지 작물별 탐색과 조사를 용이하게 하기 위한 노력의 당연한 결과이다.

생식질수집물의 평가에 대한 결여는 종종 잘 운영되고 있는 유전자원센타에서조차 현존하는 식물유전자원에 대한 식물육종가의 과소이용에 대한 하나의 주요한 이유이다. 육종에 쉽게 이용할 수 있도록 새로운 유전적 형질을 위한 생식질에 대한 목표지향적이며 선택적인 평가가 더욱 생산적이며 가능한 방법으로 이루어져야 할 것으로 생각된다.

바. 세계의 네트워크

　100개 이상의 연구기관, 국가연구소, 유전자원센타, 대학 및 국제연구센타가 IBPGR에 의해 추진된 국제네트워크에 여러 면으로 참여하고 있다. IBPGR은 연구협력에 의해 개발된 국제기준하에서 보존을 보증하는 특수작물이나 일단(一團)의 작물들에 대한 무제한적 교류를 조건으로 기본수집종을 보유하는 데 동의하는 현재의 유전자은행과 섭외를 하기 위해 여러 해에 걸쳐서 활발히 움직였다. 중기보존은 물론 재유령화, 특성화 및 가능한 평가에 책임이 있는 유력한 수집지를 통한 교환이 이루어졌다.

　영양번식작물의 유전자원의 유지 또한 네트워크에서 상당히 강조되었다. IBPGR은 그런 작물의 포장유전자은행(field genebank)을 위한 책임을 지고 있는 20개 이상의 연구소와 협정을 체결하였다. 기내보존방법과 식물조직의 냉동보존에 대한 강화된 연구는 영양번식 생식질의 보존을 더 향상시키기 위하여 의도되었다. 세계네트워크의 초기 발전은 장기저장시설을 가지고 있는 소수의 연구기관에 상당히 의존하였다. 그것들은 선진국이나 IARC's에 배치되었으므로 수집된 많은 재료를 그곳에 위탁하였다.

　IBPGR의 발족 이후 개발도상국가들의 국가유전자원 프로그램과 장기저장시설을 지원하기 위한 많은 노력을 기울인 결과 1990년 현재 세계의 106개 연구기관이 장기저장시설을 갖추고 있어 IBPGR 발족당시의 16개에 비교할 만하다. 그럼에도 불구하고 대부분의 식물유전자원이 선진국에 위치한 기본수집(base collection)에 유지되고 있는 부정적인 이미지가 만연되어 있다.

　현지외 유전자원 기본수집지의 위치와 그것들의 소유권은 IBPGR과 CGIAR에 대한 비판거리로서 제기되었다. 법적으로 소유권은 수집지를 가지고 있는 국가에 있다. 그러므로 CGIAR은 1989년의 정책에서 국제협력의 결과로서 수집된 수집물은 어떠한 한 개 국가의 재산이 되어서는 안되며 전 세계의 모든 나라에 있는 현재 및 다음 세대의 연구자들이 이용하도록 하기 위해서 신뢰속에서 유지되어야 한다는 것을 지적하였다. 이것은 IARC's가 식물유전자원의 세계적 수집물의 관리인으로서 그들의 주요한 기능을 가질 때 장기적 미래를 위해서 중요한 면이다.

또한 IBPGR이 정부간 기구가 아니라는 사실은 국제적으로 수집된 재료에 관련하여 연구기관과 체결한 협정의 법적 성격에 관한 의문을 갖게 한다. 특히 유전공학의 방법과 유전자나 유전적으로 조작된 식물의 특허출원 가능성에 관련된 지적 재산권을 고려하면서 소유권의 문제가 악화되었다. 생식질의 무제한 교환이 심하게 방해되고 유전자원에 관한 특허를 보유한 자들의 힘과 영향력이 상당히 증대될 지 모른다는 우려가 있는 것이 사실이다.

사. 식물유전자원에 관한 국제사업과 FAO위원회

공동의 인류유산으로서의 식물유전자원의 무제한 이용과 보존은 1983년에 FAO의 격렬한 토론의 주제였다. 결론적으로 FAO회의는 같은 해에 식물유전자원에 관한 국제사업을 채택하였다. 그 사업은 국가 및 국제적 활동과 협력을 위한 넓은 우산(엄호)을 제공한다. 그것의 목적은 경제적 또는 사회적 관심(특히 농업을 위한)이 있는 식물유전자원이 발굴되고 보존되며 평가되고 식물육종과 과학적 목적을 위하여 이용될 수 있는 것을 보증함을 목표로 한다. 그것의 주요한 특성은 주로 정부에 의한 강력한 책무를 확립하는 것이다.

식물유전자원에 관한 FAO위원회는 그 사업에서 제안된 국제적 타협을 감시하고 식물유전자원에 관한 지구적 체계의 이해를 확실하게 하는 조치를 권장하며 관련된 정책, 프로그램 및 FAO의 활동을 검토하기 위하여 설치되었다. 그 위원회는 1985년에 처음 개최되었고 3차회의가 1989년에 있었다. 사업의 주제에 있어서 많은 논쟁이 소거된 뒤에 위원회는 식물유전자원에 있어서의 국제협력을 진작하고 감시하는 중요한 정치적 도구가 되었다. 그 사업의 핵심에 있는 국제적 타협의 첫번째는 국제사회의 이익을 위하여 FAO의 후원아래 식물유전자원의 기초수집과 활성수집을 유지하는 책임을 가지는 국가, 지역 및 국제센터의 네트워크의 발달에 관계된다. 이러한 타협은 IBPGR의 지원으로 개발하는 네트워크를 보충할 뿐만 아니라 이들 수집에 국제적인 체제를 마련해 주기 위해 의도되었다. FAO의 후원아래 네트워크는 발전하기 시작했으며 최근의 FAO와 IBPGR간의 협정에서 양쪽은 기본수집의 양 네트워크를 연결하는 작업에 동의하였다. 즉, IBPGR은 과학적, 기술적 지도력을 제공하고 FAO는 법적, 정치적 체제를 마련하는 것이다. 양 기구 사이의 이 협정은 논쟁의 종식과 때때로 지도력을 얻기 위한 노력을 가져오게 되었다. 여러 해를 통하여 IBPGR은 성장하여 FAO에의 통합을 벗어났으며 실제의 자율적인 IARC로 확장하였다. 공간과 시간은 그들의 관계에 대한 더욱 확대된 처리를 허용하지 않는다. 그러나 1990년의 새로운 타협이 식물유전자원에 있어서 국제협력의 확대를 위한 매우 건설적인 기초가 될 것임은 분명하다.

    국제사업은 또한 상당한 중점을 어떠한 현지외 수단보다 선호된다고 생각되는 현지보존의 개발에 두고 있다. FAO는 식물과 동물유전자원을 망라하는 현지보존지역의 네트워크를 연구하도록

〈그림 31〉 식물원에서의 국제적 유전자원활동

요구하였다. 그것은 기본수집에 있어서 현지보존의 네트워크를 보완해야 한다는 것이다. 일년생 작물의 야생근연종의 현지보존지역이 특별한 관심거리다. 농부들의 계획에 한 몫끼는 작물의 재래종에 대한 보존과 증대를 위하여 특별한 관심을 갖는다. 현지보존은 생태계보존과 밀접히 관련되므로 FAO, UNESCO, UNEP, IUCN(International Union for Conservation of Nature and Natural Resources)이 협력하는 생태계보존그룹(ECG; the Ecosystem Conservation Group)이 식물유전자원의 현지보존에 관한 특별 실무팀(working group)을 설치하였으며 IBPGR 또한 여기에 참여하고 있다. 그 working group은 FAO위원회의 권장사항을 따르는 프로그램을 개발하였다. 현지보존은 90년 이전까지는 식물유전자원에 관한 CGIAR정책에서 배제되었다.

그러나 IBPGR이 90년대를 위한 새로운 전략계획을 수립하면서 그것을 포함하고 있다. 특히 IBPGR은 현지외 보존과 현지보존의 병합에 급진적인 새로운 접근을 고려하고 있다. FAO위원회가 준비하고 1989년 FAO회의에서 채택된 농부의 권리(Farmer's right)에 관한 결의안은 중요하다. '농부의 권리'는 특히 재배식물의 원래의 각각의 유전적 다양성의 중심에 있는 농부들이 식물유전자원을 보존하고 개선하는 데 과거, 현재, 미래에 기여함을 인정하고 있다.

식물유전자원에 관한 관심은 지구상의 생물다양성의 위협에 관하여 점증하고 있는 관심의 일부분이다. 그러므로 식물유전자원에 관한 운동과 성과를 위한 세계적인 관심과 협력은 생물다양성의 감소를 저지하며 역으로 생물다양성을 증대시키는데 일조하게 될 것이다.

11. 세계 주요국의 식물유전자원의 보존과 이용

가. 한국

한국의 식물유전자원의 수집 및 보존은 1900년대초부터 각 작물별로 재래종을 수집하고 품종을 보존하는 형식으로 이루어져 왔으나 그 규모는 극히 작았으며 평가 및 정보화도 체계있게 이루어지지 못하였다. 즉, 한국에서는 1906년 수원에 권업모범장이 설립(광무 10년 일본통감부에 의해 설립되고 다음해 한국정부가 관장함)되어 벼, 밀, 보리, 콩 등의 재래종을 수집하면서 비록 체계적이지는 못했더라도 식물유전자원의 수집과 보존이 시작되었다고 볼 수 있다. 권업모범장에서 벼 품종을 전국적으로 수집하여 메벼 876점, 찰벼 383점, 밭메벼 117점, 밭찰벼 75점, 도합 1,451품종이 기록되어 있으며 그후 高橋(1933)가 많은 품종을 수집하여 수도재래종 991점과 육도재래종 167점의 異名品種數를 구별하였다.

그러나 유전자원의 육종적 이용은 1920년대부터 소규모로 이루어졌다고 할 수 있다. 1975년 농촌진흥청 시험국에 종자관리실을 신설하고 종자관리규정도 제정되면서 장, 단기저장을 시작하였고 1980년 이후부터 유전자원 수집 및 보존활용의 세계적 추세에 따라 국제회의 및 워크숍 참가, 장,단기 보존시설 가동 및 본격적인 연구착수(1988), 종자은행 발족(1991) 등 활기를 띠게 되었다. 1985년에는 기존의 종자관리규정이 유전자원관리규정으로 개정되었

표9. 한국의 유전자원별 등록 현황(2002년 현재)

	보존현황(자원수)										
	92이전	93	94	95	96	97	98	99	00	01	02	합계
계	112,645	3,979	5,893	7,012	5,476	3,465	3,568	2,372	1,744	1,038	1,785	148,977
벼	21,397	139	41	449	155	203	629	74	1,025	561	591	25,264
맥류	37,043	1,004	1,694	1,319	2,059	605	2,188	65	275	96	790	47,138
두류	21,903	2,016	1,462	851	677	278	11	799	82	211	85	28,375
잡곡	9,729	166	671	132	320	379	37	301	204	50	19	12,008
섬유	638	20	15	5	81	431		245		1	2	1,438
약용	640	96	59	28	55	21		96	2	2		999
유료	9,502	210	1,095	2,768	481	201	73	418	18	93	112	14,971
향신료	34	39	8	4	78	32		15	1		1	212
기타특용	227	1	1	5	184	110	1	26				555
채소	7,030	176	305	1,277	652	992	482	262	123	22	177	11,498
알리움	1,149	21	37	15	87	156	40	4	11	1	3	1,524
화훼	987	19	113	25	14	2	1	3				264
과수	114	14	47	27	11							213
서류	59	17	4	6	93							179
사료	2,262		171	6	44	5	2	1		1		2,492
기타작물	831	41	170	95	485	50	104	63	3		5	1,847

으며 소실의 위기에 놓인 재래종을 비롯한 유전자원 수집활동을 전개하여 식량작물, 특용작물, 원예작물 등 42작목 35,200여점을 보존하였고 그후 점차 증가하여 2002년 12월 현재 한국의 농촌진흥청 종자관리소 종자은행에 등록된 유전자원은 모두 148,977점 이며 작목별 등록현황(2002)은 표9와 같다. 2011년 현재 식물종자 165,303점, 식물영양체 27,474점, 미생물 20,077점, 가축 77,984점, 곤충누에 361점 등 291,199점이 등록되어 세계 6위 규모이다. 그 중에서 식물종자와 식물영양체의 구성비율은 표10과 같다.

유전자원의 보존시설은 1975년 농촌진흥청 구내에 50,000점의 종자를 저장할 수 있는 종자은행을 신축한 이후 현재는 종자 50만점, 미생물 5만점을 저장할 수 있는 시설을 보유하였고 농촌진흥청

표10. 식물종자 및 식물영양체 유전자원 작물별 구성비율(2010년)

식물종자		식물영양체	
식량작물	121,439(76.0%)	과수	8,370(30.8%)
특용작물	18,578(11.6%)	채소	3,391(12.5%)
원예작물	15,937(10.0%)	관상	3,636(13.4%)
기타작물	3,813(2.4%)	기타	11,751(43.3%)

과 FAO와 GCDT협정을 체결하여 국제허브뱅크로 공인받아 세계 종자안전중복보존소로 지정되었다. 이로써 우리나라는 아시아, 아프리카 등 세계 각국의 종자 보존 및 활용을 통하여 신품종, 기능성 바이오신소재 개발 등 동북아농업 R&D 허브를 구축하게 되었다.

임목유전자원은 주로 산림청 국립수목원(광릉), 홍능임업시험장, 서울대학교 관악식물원 및 수원수목원 등 5개의 국립 식물원과 4개소의 도산림환경연구소에 보존되어 있다. 그 밖에 1개소의 시립온실식물원 그리고 천리포와 제주도에 각각 1개소의 사립대형식물원과 전국에 분포하는 7개소의 사립 자생식물원 및 농업연구기관 식물원에도 다수의 초본과 목본 유전자원이 현지외 보존 방법으로 보존되고 있다(표11). 산림자원의 경우에 1971년부터 8개 수종의 18개 집단에 대해 2,305ha의 현지 보존림이 지정되어 있다. 이중 소나무 5개 집단이 2,138ha 로 가장 큰 면적을 차지하고 있으며 그 밖에 해송, 잣나무, 섬잣나무, 전나무, 구상나무, 황철나무, 종비나무 등 우리나라 고유수종에 대하여 현지보존의 연구가 이루어지고 있다.

바람직한 우리나라의 유전자원 운영체계로는 유전자원협의회와 유전자원자문회를 구성하는 것이 제안되었고 농촌진흥청에는 유전자원 전문위원회가 구성되어 있다(그림 32).

유전자원협의회는 농촌진흥청 시험국 관계관, 종자은행 관계

표11. 한국의 주요 식물원 및 전시포의 현지외 보존종수(2000)

식물원	식물종수
제주여미지식물원	2030
천리포수목원	6500
한택식물원	4200
광릉수목원	2844
기청산식물원	5000
미림식물원	740
서울대공원	1088
서울대관악수목원	1700
서울농대수목원	1000
용인자연농원	987
홍릉수목원	1722
동래금강식물원	2300
지피식물원	150
고산식물원	208
강원대농대포장	250
진해임업시험장	455
진주임업시험장	1093
임목육종연구소	146
각도산림환경연구소	2278
강원도농업기술원	250
평창산채시험장	200
고령지 농업시험장	150
원예연구소	300
작물시험장특작포장	280
작물시험장목포지장	150
경기도농업기술원	200
충청북도농업기술원	350
완도수목원	700
한라수목원	872
전주수목원	1702
북한중앙식물원	2000

세계 주요국의 식물유전자원의 보존과 이용 233

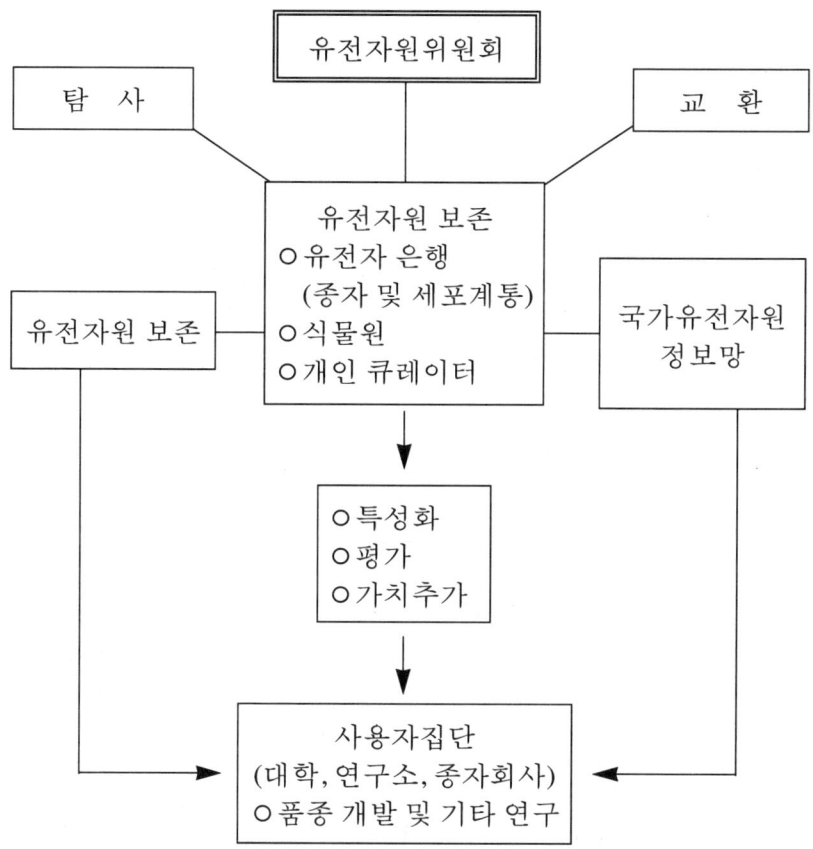

〈그림 32〉 한국의 식물유전자원 운영체계 모형(안, 1993)

관, 연구관, 대학교수, 종묘회사 연구원으로 구성되며 ① 유전자원 연구의 필요성과 중요성의 제시, ② 유전자원 연구수행 정책과 연구 우선순위 및 장기계획에 대한 조정과 개발 협의, ③ 유전자원 수집순위의 제안, ④ 종자은행과 대학, 연구기관 및 종자회사 등 지역센터와의 연계, 조정 협의, ⑤ 자원의 평가 및 기록에 대한 계획 및 운영개선 및 문제점 제기, ⑥ 유전자원 연구 및 관리를 위한 예산의 확보 권고 등 유전자원 연구발전을 위한 정책자료를 청장에게 제시하며 연구의 기본방향을 협의, 제시하는 임무를 수행할 수 있다.

유전자원자문회는 유전자원별로 12개 분야로 구성된다. 구성원은 해당분야별 농업연구관, 대학교수, 종묘회사 연구원 및 종자은행 관계관 등이며 ① 종자은행에 대한 기술자문, ② 평가기준 제정 및 기록, 종자의 재증식 및 평가의 수행 자문, ③ 평가기록에 대한 계획 수립 및 문제 제기, ④ 유전자원 수집, 평가에 대한 예산의 권

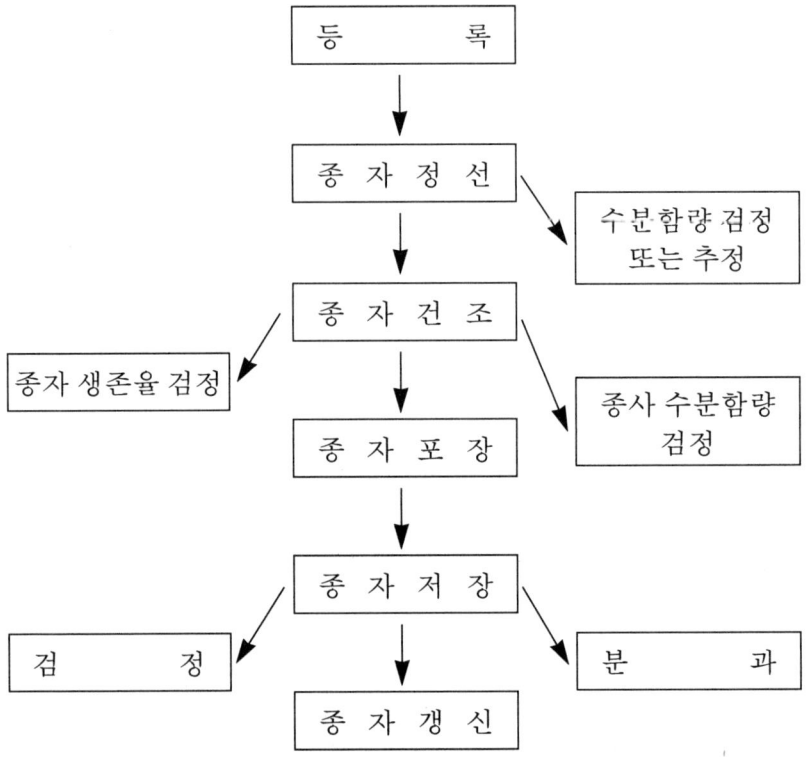

〈그림 33〉 종자은행 업무계통도

고 등을 주임무로 하여 유전자원 활동을 진작할 수 있다.

　농촌진흥청의 현행 유전자원 수집, 보존, 평가 및 활용체계는 다음과 같다. 즉, 종자은행을 유전자원의 중심창구로 하여 유전자원협의회를 두고 유전자원의 수집은 종자은행과 연구기관에서, 증식평가는 산하 연구기관에서 실시하며 평가된 정보는 종자은행에서 데이터베이스화한다. 보존되어 있는 유전자원과 정보는 소정의 절차를 밟아 연구기관, 대학, 종묘회사 등에 의하여 언제든지 활용이 가능하다. <그림 33>은 종자은행의 업무계통도를 나타낸 것이다.

　학계에서도 유전자원에 대한 관심이 고조되어 1993년 한국식물학회는 '자원식물의 보존과 이용'이란 주제로 심포지움을 개최하였고 1994년 경북대학교농업과학기술연구소는 '유전자원 보존과 생물다양성의 이용'에 관한 국제심포지움을 개최하여 유전자원의 중요성을 고취시키고 식물유전자원 활동전략을 수립하는데 필요한 기초를 제공하였다.

　작목별로 유전자원 수집 및 평가 활동을 살펴보면 1984년 작물시험장에서는 5개년간 수육도 10,464 품종에 대한 제특성을 조사하여 '한국수육도 유전자원의 특성'을 공표한 바 있으며 1990년에는 국내 약용가능 식물유전자원을 조사하여 151과 3,172종을 확인하였고 2년에 걸쳐 국내외에서 수집된 주요약용식물자원 120과 270종을 수집 수집, 특성평가를 실시하였으며 그중 강활, 백지 등 10여종이 우량품종 육성에 활용되었다. 1994년에는 식용유 식물유전자원 65종을 수집하여 이들에 대한 함유특성을 평가한 바 있다. 과수류 등의 영양번식성 작물에 대해서는 원예시험장 등의 전문연구기관에서 포장수집(field collection)으로서 보존하고 있다.

　또한 정책적인 면에 있어서도 문제점과 대안을 제시하는 연구가 이루어졌다. 1994년에 유전자원을 종다양성의 문제와 연계하여 생물자원의 보존, 연구 및 지속적인 이용을 위한 전략이 대학과 연구기관의 전문가들로 구성된 생물다양성 보전 연구프로젝트 (Biodiversity Korea 2000) 팀에 의해서 수립되어 이른바 '한국의 생물다양성 보전의 국가계획안'이 마련되었다.

한국의 식물유전자원의 보존과 이용에 있어서 전반적인 문제점은 식물유전자원 보존을 위한 보존전담연구기관이 적다는 것과 종자장기보존시설이 종자은행 30만점 규모, 영남농업시험장 1만

〈그림 34〉 자작나무 현지보존림

점 규모로서 농촌진흥청에 국한되어 있다는 점 등이다. 또한 전문 연구인력 및 예산이 충분히 확보되지 못하였고 유전자원의 해외 현지수집이 활발하게 이루어지지 않고 있다. 그 밖에 8년동안 74% 가 멸종된 것으로 조사된 바 있는 토종 및 자생유용식물에 대한 적극적인 대비책을 마련해 두지 않고 있는 점이 걸림돌이 되고 있다. 또한 유(1994)가 지적하는 바와 같이 보유중인 대부분의 식물유전자원이 주로 식량과 원예작물의 종자이기 때문에 신물질과 신소재를 개발하기 위한 특용 식물유전자원 보전에 대한 관심과 노력이 미미한 것도 사실이다. 따라서 국내의 유용한 식물유전자원의 보존을 위한 식물유전자원 현지외 보존원이 시급히 설치되어야 할 것이다.

앞으로 쌀을 비롯한 모든 작물의 유전자원을 수집, 보존하고 정보화하기 위한 종합적인 유전자원관리체계가 수립될 계획이다. 이의 일환으로 농촌진흥청의 유전자원 수집, 조사기능을 강화하기 위해 산하에 이미 종자관리소를 설립하였으며 쌀 등 곡물과 채소, 과일 등 모든 작물의 유전자원을 정보화, 종합관리할 수 있는 유전자원 종합정보화체제가 오는 2천년대초까지 확립될 예정이다. 농림부는 우선 유전자원수집능력을 강화하기 위해 작물별로 민,관합동팀을 만들어 국내 유전자원수집에 나서도록 하는 한편 해외 유전자원 조사연구를 위해 상주연구원을 파견하기로 하였으며 특히 국내에서는 재래종과 유용 자생식물, 희귀 또는 멸종위기종을 집중적으로 발굴, 수집토록 하고 해외유전자원 수집을 위해서는 서남아시아 등 해외 지역에 연구관을 상주시키거나 은퇴한 우수전문인력을 연구관으로 활용하는 방안을 추진할 방침이다. 농림부는 또 유전자원 보존을 위해 연구 육종용 종자보존에 필요한 시설을 설치하기로 하고 이를 위해 1997년부터 2004년까지 모두 3백50여억원을 투자해 나갈 계획을 수립한 바 있다.

현재 농촌진흥청에서는 <부록2>와 같은 규정 아래 식물유전자원을 수집, 보존, 관리하고 있다.

나. 미국

콜럼부스의 아메리카 발견이후 식민자, 모험가, 탐험가들이 구대륙으로부터 많은 종류의 식물을 북미로 들여온 것이 미국으로 식물이 도입된 시초이다. 초기에 도입된 식물은 주로 과수, 관상식물, 비음수 및 다양한 식용 및 섬유식물이었다. 그러나 개인차원이 아니고 조직적인 식물도입이 본격적으로 시행된 것은 1886년 N.E. Hanson이 내한성의 과수와 곡류를 가지고 온 대량의 수집물을 처리하기 위하여 1898년에 이르러 농무성내에 식물도입을 관장하는 녹립부서를 설치하면서부터이다. 외국으로부터 도입된 식물을 동정하고 등록하는 작업을 용이하게 하기 위하여 이때부터 일련의 식물재고번호(Plant Inventory No.)를 부여하게 되었다. 1955년에 22만점이 등록되었고 1998년에는 60만점을 넘게 되었다. 그 사이에 조직으로서는 식물도입과(1953년), 식물유전생식질연구소의 생식질자원연구실(1982년), 同연구소의 생식질도입평가연구실(1985년)로 명칭의 변화를 거듭하면서 도입식물의 접수와 등록을 계속해 왔다.

미국의 식물도입보존조직으로는 농업연구센타, 국립종자저장소(NSSL), 연방식물도입소(FPIS), 지역식물도입소(RPIS), 국립영양계생식질보존소(NCGR), 유전계통 및 돌연변이계통의 보존센타, 식물원 등이 있다. 운영체제로는 합중국 국가식물유전자원 시스템(USNPGS), 국가식물유전자원이사회(NPGRB), 국가식물생식질위원회(NPGC), 작물조언위원회(CAC) 등이 있다.

1) 합중국국가식물유전자원시스템(USNPGS)

USDA의 ARS를 통해서 수집된 모든 생식질은 USNPGS의 자산이 되며 NPGS에 의해서 미국의 생식질 자원의 획득, 보존, 평가, 배포 등의 활동이 조정된다. NPGS는 1998년 현재 종자 및 식물체로서 약 60만점이 넘는 생식질자원의 계통을 보유하였다. 그것의 주요부분은 재래야생종과 외국으로부터 도입된 미개량생식질이다. 반면에 국립종자저장소(NSSL)에는 국내에서 육성된 계통 및 품종도 보존되어 있다. 이 유전적 다양성은 미국의 식물연구자에게 무료로 제공될 뿐만 아니라 NPGS가 보유하고 있는 생식질 자원은 미국의 과학자가 필요로 하는 생식질과 교환할 수 있도록 세계의 다른 여러 나라에도 제공된다. 국내외의 이용자에게 제공하는 것은 개개의 생식질 계통의 극히 일부분이며 필요에 따라서 증식할 수 있다. 어떠한 계통도 소멸하는 일은 없으며 매년 7,000내지 15,000의 새로운 계통이 추가된다. 이중에서 70~80%는 교환에 의해서 외국으로부터 도입된다. 나머지는 국내외의 탐색수집대로부터 직접 입수하기도 하고 국내의 이용자 집단으로부터도 제공될 수 있다. NPGS는 국제적인 식물생식질 네트워크의 중요한 파트너이며 생식질의 탐색, 보존, 평가, 교환 등 여러 방면에서 IBPGR과 협력한다.

2) 국가식물유전자원이사회(NPGRB)

NPGRB는 농무장관, 주립대학이나 농과대학 협회의 임원을 위한 자문위원회로서 1978년 설치되었다. NPGRB에서는 식물유전자원의 보존과 이용에 관한 국가적 요청 및 우선사항에 대해서 심의한다. 적어도 년 2회는 열도록 되어 있는 이 회의에서는 작물의 유전적 취약성을 최소화하기 위한 국내 및 국제적 활동을 보고하고 식물유전자원의 수집, 보존, 이용에 대하여 취해야 할 행동과 정책을 입안한다. 또한 국내 및 국제적 제기관의 식물유전자원에 관한 계획을 조정하기 위한 행동을 권고하고 식물검역 및 해충감시활동을 강화하는 정책을 조언하며 식물육종에 대한 첨단적인 접근법에 대하여 조언하는 등의 5대 임무를 수행한다. 이 NPGRB의 보고에 의해 식물유전자원에 관한 정책과 예산이 결정되며 이것에 기초하여 NPGS의 활동이 계속된다.

3) 국가식물생식질위원회(NPGC)

NPGC는 1974년 ARS와 주립농업시험장(SAES)과의 협의에 의해 설립되었으며 NPGS의 각 구성단위의 의견을 토대로 식물생식실의 도입, 보존, 평가, 배포에 종사하는 연방, 주, 민간의 연구 및 사업의 조정을 꾀하는 것을 주기능으로 한다. 지역기술위원회에서는 각지역식물도입소에 대하여 기술적 조언을 하며 NPGC에 참가하여 지역적 정책을 제언한다.

4) 작물조언위원회(CAC)

CAC는 생식질의 이용자의 사회를 대표하여 NPGS에 대하여 지도와 조정을 한다. 주요 작물별로 개개의 CAC가 조직되어 각 작물의 유전자원의 관리에 관한 활동지침, 정책 및 사업계획을 작성한다. 해당작물과 근연종에 대하여 생식질 확보를 위한 전략, 장기보존을 위한 조건, 재증식기술, 종자배포지침, 생식질특성 평가기준 등에 대해서 계획을 수립한다. 그러나 현실적으로는 개개의 육종가, 유전학자가 해당작물의 큐레이터에게 제안하여 각 작물 및 관련종의 도입이 개시되는 경우가 많다.

다. 러시아

　러시아에 있어서 작물의 품종도입의 역사는 18세기초부터 시작되었으며 1894년 페테스부르크에 창립된 응용식물학부(the Bureau of Applied Botany)가 작물도입의 중심적 기관이 되었다. 1907년부터 1920년까지 응용식물학자 R.E. Regelj가 소장이 되어 보리를 중심으로 많은 작물의 수집에 착수하였다. 그의 사후에 N.I. Vavilov가 소장에 임명되어 이때부터 작물, 품종의 도입과 보존은 체제, 이론, 실제면에서 모두 비약적인 발전을 거듭하다가 러시아농업과학 아카데미 소속의 러시아응용식물, 신작물연구소로 발전하면서 Vavilov는 1940년까지 20년에 걸쳐서 러시아에 있어서 유전자원에 관계되는 제문제를 지도하였다. 이 연구소는 1930년 러시아 식물생산연구소로 개칭되었으며 그후 Vavilov를 기념하여 연구소명 앞에 N.I. Vavilov의 이름을 붙여 N.I. Vavilov All-Union Institute of Plant Industry(VIR)로 불리우고 있다. 이 연구소는 세계의 식물자원(품종, 야생근연종, 육성계통 등)의 수집, 수집물의 보존 및 연구, 육종소재의 제공, 이론 및 방법론 연구 등을 주임무로 한다.

　이러한 목표를 달성하기 위하여 연구소내에 전문부서와 시험장을 설치하였다. 그중 하나는 식물도입과인데 이 부서에서는 유전자원의 탐사와 교류 및 입수된 유전자원의 보증검사 등을 주임무로 한다. 1990년에 이 연구소에서는 러시아의 55개 지역에 40개의 수집단을 파견하여 34,000점의 유용식물 종자를 새로 보충하였다. 또한 페루, 폴란드, 중국, 에콰도르, 미국, 몽고, 시리아, 불가리아, 베트남, 콜롬비아, 볼리비아 등 외국에도 VIR전문가를 파견하여 수집활동을 벌인 결과 7,500점의 작물 및 야생근연종을 수집하였다. 이 연구소에 도입된 유전자원은 종자, 종묘, 괴경, 인경 등을 포함하며 모두 식물도입과에 등록되어 영구적인 도입번호를 부여받는다. 해외에서 도입된 유전자원은 7개소의 보증검사 시험장에서 검사를 거친 후에 식물자원과로 넘겨진다. 이 부서에는 밀, 트리티케일 등을 다루는 소맥계, 옥수수, 벼, 메밀, 수수 등을 다루는 옥수수 및 소립곡물계, 클로버, 알팔파, 티모시 등을 다루는 사료작물계 등으로 구성되어 있어 해당작물 및 관련종을 취급한다. 각 부서의 전문가들은 유전자원에 대한 일차적인 평가를 실시한 후에 그것들을 식물면역학, 생리학, 세포학, 분자생물학, 생화학, 유전학 등을 연구하는 실험실로 넘겨 가장 유망한 accession이 선발되도록 한다. 이들 유전자원에 대한 포장실험을 통하여 형태를 비롯한 영양 및 생식생장의 특성을 파악하고 수량성, 병해저항성, 서리, 가뭄 등에 대한 환경스트레스 저항성을 검정한 후에 모든 accession의 형질특성이 수록된 passport를 작성한다.

이러한 유전자원은 육종센타에 보내져 육종프로그램에 이용되는데 1989년과 1990년 상반기에만 약 3,000점의 accession이 선발되어 밀, 보리, 귀리, 완두, 옥수수, 해바라기 등의 작물에서 모두 51개의 새로운 육성계통이 만들어졌다. 1990년 현재 이 연구소에 수집, 보존되어 있는 유전자원은 모두 349,460점(155과 304속 2,539종)이었다. 한편 같은 해에 同연구소가 소장하고 있는 유전자원중에서 3,107점을 세계의 여러나라에 분양해 주었다. 이 연구소의 가장 중요한 임무는 전체 수집물을 보존하는 것인데 수집물은 1) 기원중심지로부터의 유전적 다양성, 2) 재래종 집단, 3) 현대육종에 의한 품종, 4) 육성계통, 인위돌연변이체 및 그 밖의 실험적으로 얻어진 새로운 형태 등의 네 그룹으로 구분된다.

이 연구소에는 종자발아와 활력을 제어하는 종자검사실과 190,000 종자 accession이 밀폐용기에 넣어져 1°C와 4°C사이에서 저장되고 있는 유전자은행(gene bank)이 설치되어 있다. 또한 이 연구소는 250,000점 이상에 이르는 재배작물과 야생근연종의 표본을 소장하고 있다. 이 연구소는 1990년 6월에 IBPGR과 협정을 체결하였으며 폴란드, 불가리아, 헝가리, 체코슬로바키아, 독일, 네델란드 등과 같은 유럽의 여러 국가들과 식물유전자원의 연구와 이용에 관한 협정을 체결하여 국제적인 활동을 활발히 해왔다. 1990년 이후에 VIR에서 역점을 두고 있는 수집활동은 농업생태학적 영향권에 있으며 유전자 침식에 예민한 야생집단, 병해 및 환경 스트레스에 저항성을 갖으나 소멸의 위기에 처해 있는 지방종 및 유용유전자군을 보유한 현대 품종 등에 우선권을 부여하고 있다.

라. 오스트레일리아

오스트레일리아는 넓은 국토를 이용하여 방목에 의한 가축생산이 농업에서 가장 중요한 부분을 이룬다. 그러나 토착초종은 열악한 환경조건과 장기간에 걸친 건조 및 양분결핍에 의한 불량토양에 적응해 온 결과 생산력이 낮고 시비반응도 둔하다. 따라서 과방목에 약한 결점이 있으므로 육종에 의한 우량초종의 생산이 매우 중요하다. 이를 위하여 지역별로 적응이 잘되는 초종을 지중해 지역 등 해외로부터 도입하여 이용해 왔다. 1930년까지는 우발적인 도입으로 초지생산의 안정화를 도모하는 정도였다.

1929년 식물산업연구소가 설립되면서 식물도입과가 발족한 이래로 조직적인 도입이 이루어지기 시작했다. 식물도입과의 초기 활동은 주로 외국과의 종자교환에 의존해 왔으나 1947년부터 식물지리학적 탐색기술의 개발로 Hartley가 처음으로 남미아열대 지역에 식물탐색여행을 떠남으로써 236점의 유전자원을 수집하는 성과를 올렸다. 탐색의 중요성이 인식되어 그후 많은 탐색대 파견이 이루어졌다.

오스트레일리아에서는 연방과학공업연구기구(CSIRO)의 식물산업연구소 유전자원부가 식물도입의 창구가 되었다. 이 연구소의 내부에서 작물종에 의한 분담이 이루어져 캔버라에 있는 식물산업연구소 유전자원부에서는 작물근연의 야생종을, 브리스베인에 있는 열대작물·초지연구소의 식물도입유전부는 아열대 목초 전반에 걸쳐서 유전자원을 도입, 관리하였다. 아들레이드에 있는 CSIRO 원예연구소에서는 포도, 감귤류, 망고 등 원예작물의 유전자원을 주로 취급하였다. 그 밖에 지역별로 주농업부 유전자보존센타에서 두류와 화본과 목초의 야생종을 포함한 수집과 보존이 많이 이루어졌다.

마. 캐나다

캐나다가 식물유전자원 활동을 본격적으로 시작한 것은 1970년 캐나다 농무성이 오타와연구소에 식물유전자원사무소(PGRC)를 설립하면서부터이다. 1971년 캐나다 농업서비스조종위원회(CASCC)를 토대로 하여 식물유전자원 전문위원회(ECPGR)가 설치되었다. ECPGR은 정부와 각 주의 기관, 대학, 산업계, 학술단체 등의 대표자에 의해 구성되어 1년에 1회 회의를 개최하여 식물유전자원 활동에 관한 방책을 심의한다. PGRC의 임무는 캐나다에 존재하는 working collection의 목록을 작성하고 주요작물의 정보 Bank를 작성하며 식물유전자원의 보존, 증식, 교환 등을 취급한다.

1985년 현재 80,550점이 보존되어 있으며 주요 작물별로는 대맥이 14,300점, 소맥이 9,100점, 연맥이 13,000점, 옥수수 2,800점, 콩 1,000점 등이며 특히 7,400점에 달하는 야생연맥종을 보존하고 있는 것이 특색이다. PGRC는 IBPGR의 base collection 으로 지정되어 있으며 샤스카챠완대학 원예학부에서는 IBPGR의 재정지원으로 사과휴면아의 동결보존에 관한 연구를 수행하기도 하였다.

ECPGR은 1986년 영양계생식질소위원회와 식물수집정보소위원회를 발족시켰다. 전자는 영양계 작물 및 관상식물의 최신 수집물목록을 작성하고 수집물의 유지, 보존에 관하여 권고하며 영양계생식질의 유지를 위한 국가의 정책을 검토하는 것을 목적으로 한다. 후자는 작물 및 그 야생근연종, 임목 등에 대하여 캐나다인이 해외에서 수집한 수집물의 정보를 정리하는 일을 주임무로 한다. 캐나다에서 삼림유전자원의 대부분은 원시림 그대로 또는 clone 으로서 유지되고 있다. 국립삼림연구소의 종자센타에서는 대량의 종자수집물을 가지고 있으며 여기에서 캐나다 및 외국의 임목수종 종자에 대해 수집, 보존, 검정, 배포 등의 활동을 하고 있다.

바. 중국

농업생산에 있어서 품종의 중요성에 대한 인식이 깊어지면서 유전자원의 확보에 대한 세계적인 관심이 높아짐에 따라 중국에서도 1978년 8월 유전자원을 전문적으로 취급하는 중국농업과학원 작물품종자원연구소가 설립되었다. 이 연구소는 1957년에 설립된 작물육종재배연구소의 유전자원부서가 분리, 독립한 것이다. 또한 같은 시기에 일부 성의 농업과학원에도 유전자원을 취급하는 부서가 설치되어 중앙기관과 연계하면서 유전자원의 수집, 등록, 증식, 평가, 유지보존, 및 종자의 배포 등의 활동을 개시하였다.

작물품종자원연구소의 임무는 직접 유전자원의 탐색, 수집, 개발, 이용, 또는 공통과제의 해결을 담당함과 동시에 전국의 유전자원 연구와 보존관리 사업을 조직화하여 그 활동을 조정함으로써 센타로서의 기능을 다하는 것이다. 이 연구소는 벼, 맥류, 옥수수, 콩, 수수, 사탕수수 등의 작물별유전자원연구실과 식물도입, 생리, 생화학, 유전, 내병충성 평가 등 작물연구분야별 실험실과 생식질 저장연구실 등 9단위로 구성되어 있다. 이 연구소의 설립 이후 주요한 연구활동분야 및 담당사업은 다음과 같다.

① 유전자원의 대외적인 교환과 과학기술정보의 교류
② 전국적인 작물유전자원의 수집과 증식사업의 조직화
③ 국내 유전자원의 탐색과 수집
④ 벼, 밀, 옥수수, 수수, 사탕수수, 콩 등의 품종, 계통, 육종재료의 평가
⑤ 중장기 유전자원 저장고의 건설 및 관련설비의 설치
⑥ 작물의 기원, 진화, 분류에 관한 조사연구
⑦ 작물별, 관련분야별 전국적인 공동연구의 기획과 조정 및 추진
⑧ 작물유전자원 연구분야의 인재양성과 연수

한편 해외로부터 유전자원의 도입도 성행하여 1971년부터 1985년까지 각종 작물에서 약 70,000점 이상의 품종 또는 계통이 80개국 이상의 국가 또는 국제기관으로부터 도입되었다. 이러한 것들도 국내 수집물과 마찬가지로 평가와 검정을 거쳐 100품종 이상이 우수한 특성을 직접 농업생산 및 물질생산에 이용하든가 품종개

량의 교배친으로 사용하여 수량의 증가, 병충해의 감소, 품질의 개선 등에 도움이 되었다.

이와 같은 활발한 유전자원의 수집과 도입활동의 결과 1985년 현재 중국에는 약 300,000점의 유전자원이 보유되었으며 이들에 대한 평가동정에 의한 분류 또는 병합으로 중국의 작물유전자원의 base collection으로서 유지되고 있다.

사. 영국

영국은 재배식물에 대해서는 농업식품연구위원회(AFRC)의 제 기관이 취급하며 야생식물에 대해서는 Kew식물원이 중심이 되어 취급한다. 또한 유전자원과 관련된 교육으로는 Birmingham대학이 유명하다. Royal Botanic Garden의 Kew본원은 런던에 소재하며 종자은행이 있는 Wakehurst Place는 런던교외에 위치한다. Kew식물원에서 국내 식물로부터의 채종 및 배포를 위하여 종자생리에 대한 연구가 시작되었고 1974년에는 Jodrell Labor-atory 종자생리부 내에 종자부서가 포함되어 1980년에 종자은행이 발족하였다. 그곳에서는 야생식물중에서도 특히 열대, 아열대 식물에 중점을 두어 수집과 증식을 도모하였다. Kew식물원은 IBPGR Seed Handling Unit로서 IBPGR활동에 의해 수집된 종자의 조정(세척, 건조, 검정, 포장 등)과 각지로의 발송도 행하였다. 종자목록을 세계 각국에 보내고 희망자에게 종자를 배포하며 세계의 야생식물보존센타로서의 역할을 담당하고 있다. 1983년 현재 5,000점 정도의 종자가 보존되어 있었으며 종자외에 원내에는 많은 living collection이 보존되어 있다.

야채시험장은 AFRC 산하기관으로서 1980년에 설립된 유전자은행을 가지고 있으며 종자저장실과 종자의 조정, 건조 등을 위한 시설 및 데이타처리시스템 등을 가지고 있다. 이곳의 대상은 주로 야채이지만 야채이외의 작물도 장기저장된다. 캠브리지에 있는 식물육종연구소(Plant Breeding Institute)에는 유전자원과가 있어 AFRC 산하기관에서 수집한 곡물종자를 보관하고 있다. 1986년 현재 이곳에는 대맥 8,700점, 소맥 3,700점, 연맥 2,400점, 야생보리 (*Hordeum spontaneum*) 13,500점 등이 보존되어 있다. 같은 캠브리지에 본부를 둔 국가농업식물연구소(NIAB)는 각지에 토양과 기상을 달리하는 지역검정지를 두고 여기에서 품종검정을 하여 주요 작물의 장려품종에 대한 정보를 제공하고 있다.

버밍검대학에는 식물유전자원의 보존과 이용에 관한 1년 기간의 국제훈련코스가 있으며 3개월짜리의 식물유전자원 전문가훈련코스가 있다. 대학자체도 식물원을 가지고 있어 야생식물을 중심으로 보존하고 있다. 특히 기지과 식물의 collection에 주력하고 있다.

아. 프랑스

프랑스에는 유전자원을 취급하는 중심센타가 없이 파리의 국립자연사박물관 중에 과학기술성의 유전자원국이 설립되어 있다. 이것은 프랑스의 옥수수육종의 아버지로 알려져 있는 A. Cauderon이 중심이 되어 각 성의 유전자원관계연수 및 업무조정을 도모하기 위하여 1983년에 창설된 것이다. INRA와 프랑스해외과학연구사무국(ORSTOM)으로부터 상근, 비상근 각 1명이 파견되어 있으며 주요업무는 국내 연구자를 조직하여 야채, 과수 등 작물별로 유전자원 심포지움을 개최한다.

프랑스에는 국립농학연구소(INRA)가 전국을 18개 지역으로 구분하여 정연하게 배치되어 있으며 이들의 활동은 INRA의 본부에서 조정한다. 유전자원 관계에 대해서는 INRA의 파리사무소의 유전육종부가 조정한다. 프랑스에서는 지역마다 있는 INRA연구센타가 각각의 작물을 분담하여 품종보존을 실시하고 있다. 1987년부터 1989년사이에 INRA가 보유하고 있는 117개의 밀품종 또는 지방종의 passport와 평가자료가 카탈로그로 발행되었으며 각 지역에서 매년 평가하는데 이용하기 위해서 wheat network을 구성하였다. 보리에 대해서는 1988년부터 1990년사이에 지방종에서 유래된 70개의 프랑스품종을 가지고 네트워크 작업을 실시하였다.

자. 일본

일본의 식물유전자원활동은 농림수산성, 후생성, 과학기술청, 문부성 등의 정부조직에서 주도적으로 벌여 나간 것이 특색이다. 국제생물학사업계획(IBP)은 국제적인 생물학자의 협력에 의해서 조직되어 1964년에 생물생산에 관한 연구를 개시하였으며 그 계획의 일환으로 유전자급원소위원회를 설치하여 생식질의 탐색, 수집, 보존, 이용 및 기록의 문제를 취급하였다. 일본의 대응조직인 JIBP는 문부성과학연구비보조금을 획득하여 1965년부터 1972년까지 7년간 일본 및 근린제국에 있어서 유전자원보존에 관한 연구를 수행하였다. 그 성과의 일부로서 식물유전자원의 보존과 도입상황을 소개하고 형질평가법과 기록체계를 다룬 영문판 JIBP Synthesis를 발간하였다.

일본에서 농업시험연구기관이 식물유전자원의 수집을 시작한 것은 농사시험장이 개설된 1893년경이나 조직적인 활동은 제2차

250 식물유전자원학

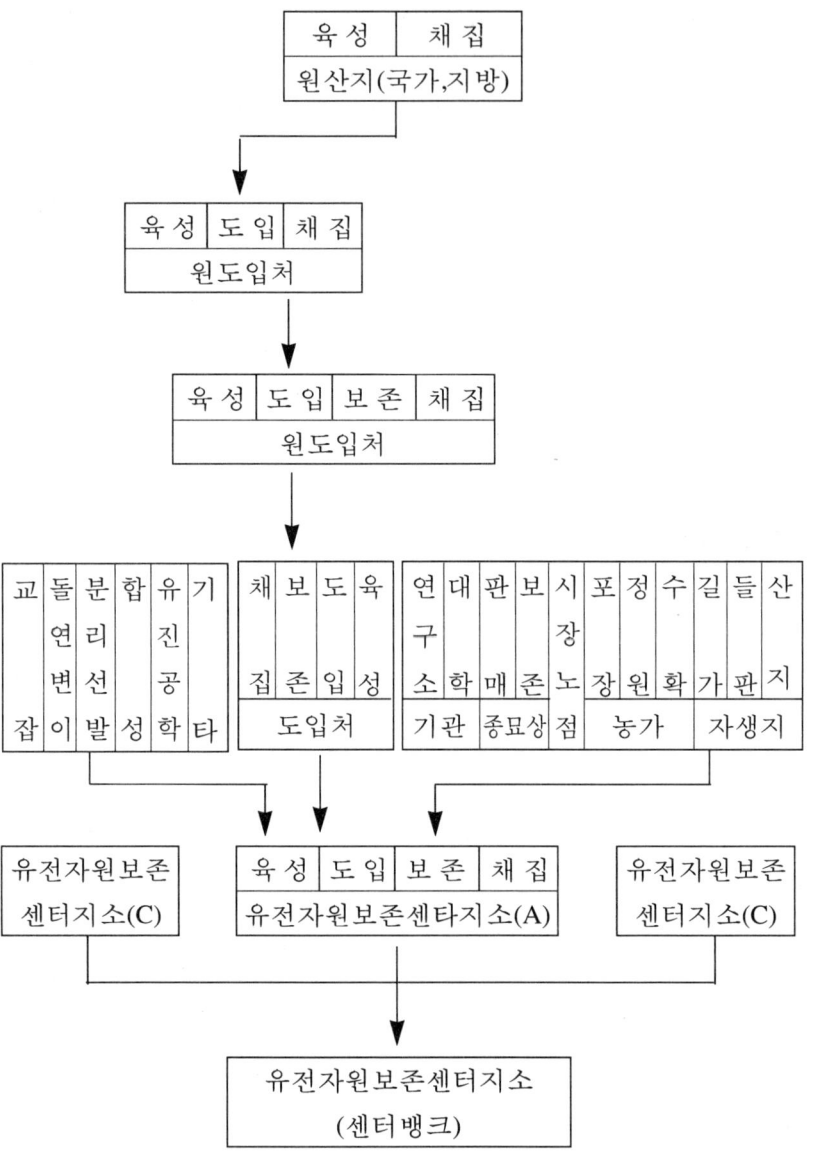

〈그림 35〉 식물유전자원의 내력경과 개념도(田中 等, 1989)

세계대전 이후이다. 1962년부터 1966년사이에는 농업기술연구소와 큐슈대학과의 공동연구로 벼의 재래품종이 수집되었으며 1981년부터 1984년사이에는 4개년 계획으로 일본내의 희소유전자원을 탐색하여 메밀, 생강 등 19개 작물의 종자를 수집하였다. 해외의 식물유전자원수집을 목적으로 조직적인 수집활동이 이루어진 것은 1971년이며 열대농업연구센타에 의해서 시작되었다. 발전도상국과의 연구협력을 증진시키면서 열대, 아열대 지역으로부터 유용유전자원을 수집하는 이러한 수집활동은 오늘날까지 계속되고 있다.

한편 농림수산성의 직원을 해외에 파견하여 유전자원을 수집, 도입하는 것은 1975년 이후 계속되어 성과를 거두고 있으며 1945년부터 1983년까지 19년 동안에 일본의 농업관계기관이 해외에서 도입한 식물유전자원은 모두 43,067점이었다. 농림수산성에서는 유전자원의 종합적인 확보와 이용을 촉진하기 위하여 종묘보존도입체제를 원형으로 하여 '농림수산유전자은행' 사업을 추진하여 1984년까지 약 100,000점의 식물유전자원을 수집하였다.

농림수산유전자은행은 식물, 동물, 미생물, 임목, 수산생물 등 생물유전자원 전반에 대해서 국내외로부터 수집하여 분류, 동정, 특성평가, 증식 등을 도모하며 유전자원 및 이와 관련된 정보를 널리 제공하고 유전자원의 활용을 촉진하는 것을 목적으로 하여 추진되었다. 1986년에는 농업생물자원연구소의 조직을 확충하여 유전자원센타를 설치하였으며 동연구소의 기존의 종자저장고의 수용능력이 한계가 있기 때문에 100,000점의 종자와 10,000점의 미생물을 보존할 수 있는 유전자원관리시설을 정비하였다. 유전자은행 운영의 가장 기본이 되는 유전자원의 확보점수를 1992년까지 식물은 230,000점(종자 20만, 영양체 3만)을 목표로 하여 추진하

〈그림 36〉 다께다 약품회사의 약용식물원

였다.

후생성의 약용식물 보존기관은 국립위생시험소의 5개 재배시험장이다. 보존은 쓰꾸바약용식물재배시험장의 종자저장고 및 5개 지장의 표본원에서 이루어지고 있다. 식물의 도입은 국내외의 관계기관(71개국 약 400기관)과의 종자교환 등으로 이루어지고 있다. 약용식물유전자원의 보존에 관한 절차는 그림35와 같다.

도입된 식물은 약용식물유전자원 passport data에 학명, 종명, 품종명, 도입번호 등을 기입하여 보존하고 있다. 약용식물의 특징을 기록하는 약용식물 vision과 보존식물의 자료를 정리하는 '약용식물호적부'가 2개의 소프트로 개발되어 충실을 기하고 있다. 약용식물은 종류가 많고 또한 관련분야도 생약형태, 천연물화학, 약리, 재배관리 등 광범위하며 정보의 정리가 곤란하므로 식물과 생약의 사진, 화학구조식 등 문자정보로는 충분하지 못하다. 그러므로 화상을 이용하여 시각적 정보를 추가한 소프트인 '약용식물 vision'과 약용식물의 보존상황이 도입시의 정보와 현재의 생육장소를 파악할 수 있는 '약용식물호적부'가 유용하게 쓰이고 있다.

　종자저장고에 보존되어 있는 종자는 자원의 보존 및 연구를 위한 것이기 때문에 목적외에는 분양되지 않는다. 약용식물자원의 보존은 후생성의 연구기관 이외에 약초원을 가지고 있는 41개의 약학관계대학이 독자적인 연구과제에 관련된 식물을 보유하고 있으며 일부 지방자치단체에서도 지역산업육성과 지역주민에 대한 약용식물 계몽차원에서 전시용 약초원을 보유하고 있다. 기업의 약초원은 자사제품의 원료용의 육종 및 재배연구용으로 유지, 관리되고 있으며 대표적인 기업의 약초원으로는 다께다약품(武田藥品), 삼화생약, 일본신약 등의 기업약초원을 꼽을 수 있다. 또한 생약생산지의 독농가가 보존하여 농가에 분양하는 일도 있다.

　또한 과학기술청 산하의 연구소와 대학에서도 식물, 동물, 미생물 유전자원 및 정보자원의 개발과 이용에 많은 노력을 기울여 왔다. 특히 대학 및 연구소별로 식물유전자원 활동의 특성화가 이루어지고 있는 것이 큰 특징중의 하나이다. 예를 들면, 홋카이도대학과 큐슈대학 및 국립유전학연구소는 벼를, 교또대학은 밀속식물과 근연종을, 오까야마대학은 보리를, 도오호꾸대학은 십자화과식물을 주로 취급하고 있다.

13. 지적재산보호와 유전자원

현대 생물공학의 출현은 식물과 별도로 유전자나 그 밖의 DNA 단편, 식물조직, 세포질, 세포질내 소기관, 효소, 단백질 등과 같은 식물의 개별적 구성요소들을 포함하는 식물유전자원의 개념을 확산하였다. 생물산업은 식물생물공학적 연구에 중요한 역할을 한다. 식물유전자원에 관련하여 이것은 어떠한 형태로든지 유전정보의 운반자를 동정하고 분리하며 전이하는 첨단 기술을 이용하는 분자 및 세포 수준에서의 연구와 관계가 있다. 그런 연구의 결과에 대한 주요한 출구는 식물품종이다.

과거에는 식물육종이 전형적으로 농업의 한 분야를 형성한 반면 지금은 그것이 점점 더 현대의 화학산업복합체로 옮겨가고 있다. 전통적인 식물육종은 법적인 품종보호의 적당한 형태인 식물육종가권리(PBR; Plant Breeder's Right)-제3자에게 다른 품종을 만들 목적으로 어떠한 보호된 품종의 자유로운 이용을 보장하는 것)를 발전시켰다. 많은 산업국가들이 식물체와 식물체의 일부분을 포함하는 특허를 얻을 수 있는 재료를 확장하는 것을 고려하고 있거나 이미 착수하였다. 이것은 유전자원의 소유권과 출입을 위해 커다란 결과를 수반하는 급진적 단계를 나타낸다. 역사적 관점에서 그것은 하나의 전환점이다. 작물화, 개량 및 새로운 지역으로의 이동은 농경이 시작된 이래로 자유로운 출입의 원칙에 입각하였다. 세계의 주요 산업지역에서 농업은 주요한 수혜자였다. 유럽의 농업은 역사적으로 다른 곳에서 도입된 작물에 크게 의존하였으며 기원 중심지에서 이용할 수 있는 유전적 다양성에 계속해서 의존하였다.

　상업적 식물육종의 대두로 농업철학에 뿌리를 둔 유전자원의 자유로운 이용성의 원칙이 식물육종가의 권리 법률제정으로 장려되었다. 지적재산보호(IPP)에 생물체를 포함하도록 확장하는데 대한 현재의 논의는 대체로 농업 및 사회의 관심에 의해서라기보다도 시장통제와 공동의 이윤에 의해 유발된 단기간의 산업적 관심에 의해 크게 지배되었다. 그것은 적당한 농업철학과 더욱 경쟁적인 산업철학 사이의 대결을 나타낸다. 대학과 생물공학연구에 있어서 민간기업을 갖는 공공지원연구소의 점증하는 관계는 연구의 방향, 지적비밀 및 공공의 책무에까지 심대한 영향을 미친다. 그것은 확실히 지적재산보호 문제에 대한 태도에 영향을 미친다.

가. 식물육종가의 권리

　식물육종가의 권리(PBR)는 15~30년 기간 동안 보호된 품종의 번식재료를 생산하고 판매하는 것으로부터 다른 사람을 배제하기 위하여 정부에 의해 식물육종가에게 주어지는 하나의 권리이다. 새로운 품종을 만드는 데 보호된 품종의 무제한 사용을 허용하는 '육종가의 예외'는 식물육종가의 권리에 있어서 중심을 이룬다. 그것은 식물육종가 권리에 관한 국제협정이 맺어졌을 때 유전자원의 자유로운 이용성을 보장하기 위한 일치하는 소망을 나타낸 것인데 그 이유는 명백하다. 식물육종은 개량된 특성을 가지거나 새로운 환경에 적응하는 다수확 품종을 개발하는 단계별 과정이다. 현재의 품종은 원래의 재래종 재료로 거슬러 올라가는 과거의 성취의 총화(sum)를 나타낸다. 확인된 새로운 특성(예:내병성 유전자)이 작물의 일련의 분포나 병발생지역 전체에 걸쳐 품종으로 육종될 필요가 있다. 새롭고 유용한 재료의 이용성의 제한은 어떠한 것이든지 일반적 관심에서 받아들일 수 없는 것으로 여겨졌다. 그것은 지리적으로 작물개량의 진보를 제한하며 기업회사가 누가 자연의 산물에 기초한 개량에 본질적으로 접근할 것인지 아닌지를 결정할 수 있는 바람직하지 않은 독점 상태를 촉발할 수 있을 것이다.

그러므로 식물육종가 권리는 그것은 식물육종가의 이해와 생산자 및 소비자의 이해사이에 주의깊은 균형을 마련하기 위해 특별히 고안되었다. 불명확성에 대한 특허요구는 철폐되었다. 새로운 품종이 발명되었다기보다는 개발되었다. 새로운 형질은 일반적으로 유전자원의 평가를 통하여 발견되었으며 새로운 창조는 아니다. 더욱이 형질 그 자체는 신기하고 예기치 않은 것이라기보다는 작물개량의 관점에서 명백한 경향이 있다. 식물육종가의 권리보호에 자격을 갖기 위해서는 품종의 차이에 관련된 한 가지 이상의 형질에서 다른 품종과 달라야 하며 충분히 균일적이고 기본특성이 안정되며 아직 상업화되지 않은 것이라야 한다. 하나의 시스템으로서 그것은 잘 기능하였으며 식물육종가의 권리를 채택한 산업국가에서 대규모의 성공적인 식물육종기업의 발전을 가능하게 하였다. 식물육종가의 권리는 하나의 국가적인 법률제정이다. 국제적인 조화는 1961년에 유럽의 5개국에 의해서 처음으로 채택된 식물의 신품종보호를 위한 국제협정(UPOVC 협정)을 통하여 성취되었다. 1978년 이래로 비유럽국가들이 참가함으로써 대부분의 산업국가를 포함하여 회원국의 수가 점차 늘어났다.

식물육종가 권리의 주요한 목적은 식물육종에 민간의 투자를 촉진하는 것이다. 이것은 민간종자기업의 존재나 민간부문에서의 식물육종을 촉진하는 것을 목표로 하는 공식정책을 가정한다. 실제로 대부분의 개발도상국가에서 식물육종은 주로 공공연구소에서 이루어지며 반면 CGIAR의 국제연구소가 전체적인 개방과 명백히 성공적인 식물육종의 공공재정지원체제를 가져왔다. 주요한 특성은 개발의 중단계에서의 육종재료의 자유로운 교환과 그런 재료의 복수지역검정에 있어서의 국제협력이다. 그런 시스템이 어떻게 국가의 식물육종가 권리의 법률제정과 조화를 이룰 수 있는지를 아는 것은 어렵다. UPOV협정하에 공식화된 식물육종가 권리의 법률제정이 한 국가의 종자기업이 큰 국제적 회사와 경합하여 발전하도록 하는 것을 어렵게 할 수도 있다. 이것은 대부분의 국가가 수용할 수 없는 기본종자공급에 있어서의 종속적 상황을 가져올 수 있다.

나. 식물육종가의 권리 시스템의 강화

유럽과 미국의 민간 육종회사들은 한동안 식물육종가의 권리에 조정이 필요하다는 것을 느껴옴에 따라 UPOV협정의 주요한 개정이 시도되었다. 동시에 유럽공동체의 Commissions' Direct-orate General for Agriculture(DGVI)는 1989년에 UPOV협정의 제안된 변화에 주목하여 공동체의 식물육종가 권리에 관한 초안(Draft Council Regulation)을 마련하였다. 유전자원의 이용성에 관하여 고려된 주요한 변화는 미래의 파종을 위해 보호된 품종의 종자를 안전하게 하는 농민의 관행에 한계를 두기 위하여 '농민특권'에 대한 해석을 제한하는 것이다. 더욱이 변경은 식물육종가 권리보호를 위한 자격이 있는 품종들 사이에 소위 최소한의 거리를 증가시키기 위하여 '육종가의 예외' 원칙에 따라 제안되었다. 그것은 단지 현재의 특별한 기준을 만족시키는 한 가지 이상의 형질을 변경하는 표면적인 육종을 억제하는 것을 의미하였다. 그것은 원래의 양친품종에 함께 공동보호를 제공하면서 '파생된 품종'의 분류를 도입할 것을 제안하였다.

유럽공동체의 초안제안은 또한 무엇을 품종으로 간주할 것인가에 대한 수정된 개념을 포함한다. 즉 하나의 세포나 세포계통(cell line)이상으로 구성되며 식물생산을 위해 이용될 수 있는 한 그러한 식물체의 일부분은 물론 식물체의 어떠한 그룹도 수정된 개념에 포함시키고 있다.

다. 특허권 보호

특허권은 대개 17~20년의 기간 동안 상업적 사용을 위해 특허를 얻은 가공 또는 생산물을 모방하고 제조하며 사용하거나 판매하는 것으로부터 다른 사람을 배제하기 위하여 정부에 의해 발명가에 주어지는 권리이다. 특허에 대한 대가로 발명가는 발명이 어떻게 기능하는지를 밝혀내며 그래서 지식이 일반에게 이용될 수 있다. 특허를 얻기 위하여 주제 문제는 새롭고 창의성이 풍부한 것이어야 하며 예술분야에 재주있는 사람에게는 명확하지 않다. 식물육종가의 권리같은 특허법은 다른 사람이 보호된 주제내용을 단지 연구하는 것을 허용하는 '연구예외'로 알려진 조항을 포함한다. 그러므로 식물육종가의 권리와는 달리 어떤 형태로 그것을 재생산하거나 배가하는 것은 허용되지 않는다.

국제적으로 지적재산의 보호를 위한 파리협정은 일반적인 산업재산권을 규정하는 국내법하에서 회원국의 주민을 위해서는 물론 국가를 위한 동등한 권리를 확립하는 약속을 제공한다. 현재 100여개 국가가 회원이다. UN의 특별기구인 세계지적재산기구<the

World Intellectual Property Organization(WIPO)>가 행정을 맡고 있다.

라. 지적재산보호에 있어서의 변화

여러 가지 국제적인 협정과 협약에도 불구하고 부여절차 및 식물육종가의 권리와 산업특허에 있어서의 요구에 대한 해석에 상당한 변화가 아직 있다. 그러한 차이는 특별히 그들의 법적 정치적 체제의 차이를 반영하는 유럽과 미국사이에 존재한다. 유전자원에 관련된 면을 간략히 살펴보면 유럽과 미국사이의 식물육종가 권리의 차이는 주로 절차상의 것이다. 보호의 실제적 성격은 그것이 유전자원에 영향을 주는 한 매우 비교할 만하다. 특허에 있어서 상황은 더욱 복잡하다. 유럽의 특허법은 1963년의 Strasbourg협정과 뒤이어 1973년의 유럽특허협정(the European Patent Convention: EPC)을 통하여 조화를 이루었다.

그러나 또한 EPC내에 상당한 다양성이 있다. 유럽특허국이 열네 개 회원국중의 한 개국 이상에 대하여 특허를 내줄 수 있다. 그러나 제공되는 실제적인 보호는 여전히 국내법에 의하여 결정되며 나라마다 다를 수 있다. 모든 유럽공동체 회원국가가 EPC의 회원이 아니기 때문에 유럽공동체는 공동체 내에 통일된 특허를 제공하는 공동체특허협정(Community Patent Convention: CPC)을 체결하였다.

생물재료의 특허획득에 관한 기본적인 면에 있어서 유럽내에 상당한 일치가 있다. 모든 유럽의 특허법은 그것에 의해서 어떤 주제내용이 특허보호로부터 명확히 배제되는 조항을 포함한다. 모든 EPC 회원국가의 특허법은 특허보호로부터 식물 및 동물의 생산을 위한 식물이나 동물의 품종 또는 필수적인 생물적 과정을 배제한다. 미국의 특허법은 어떠한 배제도 포함하지 않는다. 여기서는 특허를 얻을 수 있는 정도가 판례에 의해 결정된다. 유럽에서는 불명확성의 기준에 상당한 비중을 두는데 그것에 의해서 발명은 기술적인 문제와 그 문제에 대한 해결이어야 하며 기술적 운용을 위한 하나의 가르침이다. 미국에서는 어떠한 새롭고 유용한 과정, 기계, 제조, 또는 물질의 성분, 또는 그것들에 대한 새롭고 유용한 개선을 발명하거나 발견한 사람은 누구든지 특허를 부여받을 수 있다. 불확실성의 기준은 덜 엄격하게 적용되며 단지 이전의 기술과 유의하게 다른지를 요구한다. 미국에서는 강조하는 문제가 이미 해결되었을 때조차도 병행사례에 대해 특허가 부여된다. 유럽에서는 이것이 훨씬 더 어렵다. 이것이 특히 생물재료를 특허출원하는데 있어서 매우 기본적인 차이이다.

마. 식물의 특허획득

생물재료에 있어서 산업적 특허획득은 생물공학의 새로운 발달이 산업, 농업 및 환경과정에 영향을 미치므로 무한한 논쟁거리가 되어 왔다. 식물에서 지적재산보호는 식물육종가에 의하여 개발된 품종에 더 이상 제한되지 않을 뿐만 아니라 유전자와 유전자산물(효소, 단백질 등), 자연의 생물적 장벽을 넘어 전이된 세포질내 소기관 등을 포함하여 식물에서의 생산과 가공처리에도 따로 관심을 갖는다. 염기배열(sequencing)과 적당한 probe를 통하여 DNA의 전이된 절편의 정확한 동정이 가능하게 되었다. 마찬가지로 유전자원은 지금 식물체를 망라할 뿐만 아니라 품종을 개량하기 위하여 어떠한 유형의 생물체로부터 분리되고 전이된 어떤 DNA의 단편을 포함한다. 이러한 연구와 적용의 상당부분은 산업회사에서 전통적인 식물육종 밖에서 이루어진다.

산업적 관행에 따라 민간기업은 특허보호가 특허보호의 기본적인 요구조건이 충족될 수 있을 때 제한없이 생물공학에서의 발명을 포함하도록 확장되어야 한다고 주장한다. 그들은 식물육종가의 권리가 전적으로 불충분한 보호를 제공하는 것으로 생각한다. 지금까지 생물공학적 발명에 대한 특허획득이 특허법의 법적인 해석에 기초하여 진행되어 왔다. 식물육종을 위해서나 특별히 유전자원을 위해서 그것이 어떤 결과를 가져다 줄 것인가와 같은 더욱 근본적인 면이 동일한 주목을 받아온 것 같지는 않다.

바. 최근의 발달

1. 미국

미국에서 판례제도는 관련된 차이가 생물과 무생물사이에 있는 것이 아니라 생물이든 무생물이든 자연의 산물과 인공발명사이에 있다는 것이 유전적으로 조작된 세균(bacteria)에 대한 재판에 의해 판결되었다.

이어서 1985년에는 증가된 수준의 트립토판(tryptophan)을 함유하는 옥수수 품종이 미국의 특허법 하에서 특허를 얻을 수 있는 주제문제를 구성하였다는 것이 'Hibberd 사례'에서 판결이 났다. 결론은 유전자, 식물부위, 식물체, 식물품종 및 신품종과 잡종개발 과정이 미국법 하에서 특허를 얻을 수 있는 주제 내용을 구성한다는 것이다. 기본적으로 옥수수 트립토판 특허는 설명된 수준 위의 트립토판 수준을 갖는 품종은 어느 것이나 이 수준이 어떻게 달성되었는가에 관계없이 특허범위에 들어간다는 것을 의미하였다.

그래서 그것은 적어도 미국에서는 옥수수에 추가적인 트립토판의 육종이나 개선을 못하게 말린다. 그것은 유전적 균일성에 기여하며 추가적인 연구와 개발을 자극하는 특허획득의 가장 중요한 목적 중의 하나를 무가치하게 만든다. 미국제도는 채택된 판결이 재판에서 도전을 받을 수 있으며 배심원의 분별이 발효될 것이라는 가정에 기초한다.

한편으로 판결이 존속하며 다수의 특허적용을 주도하는 미국 바깥에서 또한 광범위한 중요성을 갖는다.

2. 유럽

유럽에서는 EPC가 미생물에 대한 특허획득은 허용하나 식물과 동물의 품종 및 기본적인 생물적 과정에 대한 특허보호는 허용하지 않는다. 그러나 특허획득의 동위(同位)없이는 유럽은 생물공학에서 뒤처지게 될 것임을 주장하는 민간기업의 강력한 압력이 EPO로 하여금 처음으로 몇몇 식물에 대하여 특허를 부여하게 하였다. 식물품종이 EPC에서 제외된 반면에 이것은 그와 같은 식물에 반드시 적용하지는 않을 것이라는 것이 제시된 법적 변명이었다. 이러한 다소 자유로운 해석은 아직 논란이 되고 있다. 그것은 어떤 의미로는 EPO가 판례를 통하여 현행법 제정을 기만하는 미국의 방법을 채택하려고 시도하고 있음을 시사하는 것이다. EPC의 근본적인 변화는 재협상의 긴 과정을 필요로 할 것이다.

그러나 EC국가내에서 특허법은 유럽평의회(the European Council)에 의한 지시를 통하여 더 쉽게 변화될 수 있다. "생물공학적 발명의 법적 보호에 관한 평의회(Council)지시를 위한 제안"이 바로 그것을 의미한다. 그것의 초안에서 특허를 얻을 수 있는 주제 내용은 궁극적으로 식물, 동물, 이들 동식물의 후대, 보호된 생물공학적 가공산물 및 식물, 동물의 품종까지를 포함하는 것으로 정의되었다. 그러므로 무엇이든지 생물적인 것은 거의 모두 특허를 얻을 수 있는 주제내용이 된다. 가장 주목할 만한, 거의 터무니없는 제안은 증거의 파기이다. 생산물이나 과정에 관한 특허가 부여되면 달리 취할 유전적 결과의 발명가는 누구든지 그것이 이전의 결과와는 다르다는 증거를 제공해야 한다. 이러한 제안이 특히 유럽의 대규모 제약회사와 화학약품회사로부터 강한 지지를 받는다는 것은 놀랍지 않다.

반면에 농업기구와 UPOV에 의해 후원을 받는 식물육종가들은 그런 특허가 추가적인 육종을 위한 품종의 자유로운 이용성을 사실상 제한하며 그렇게 함으로써 식물육종가 권리의 기본원칙의 기초를 위태롭게 할 것이라는 데 관심을 갖는다. 이것에 덧붙여 생물체의 특허획득은 윤리적 결과를 심화시키는 생명의 사유화(私有化)를 가져올지 모른다는 일반적인 관심이 있다. 이러한 모순의 해결은 매우 어려울 것으로 생각된다.

3. 개발도상국과 다양성의 중심지

식물에서 특허획득은 유전자원에 대한 출입의 전반적인 문제와 유전자원의 소유권이 세계적인 논쟁거리가 될 때 이루어졌다. 이 논쟁에 참여하는 자는 현존하는 작물 다양성의 중심지를 여전히 갖고 있는 개발도상국과 생물공학을 포함하여 작물개량을 위하여 그와 같은 다양성을 필요로 하는 선진국이다. 식물유전자원에 관한 FAO사업을 통하여 개발도상국가들이 유전자원이 인류의 유산으로 여겨져야 한다는 기본원칙을 수용하는 한편 자연의 부에 대한 그들의 주권에 대하여 인식하려고 노력하였다. 선진국에서 식물육종가 권리에 의해 제공된 보호의 성격에 대한 초기의 오해는 해소되었으며 제안된 '농민의 권리'에 의해서 균형을 유지하였다. '농민의 권리'는 재래종의 개발에 여러 세대의 농민들이 투입되는 것을 인정하는 것을 의미한다.

그러나 식물육종가의 권리와는 달리 농민의 권리는 좀처럼 한 사람의 특별한 농민이나 심지어 농민 공동체의 덕분으로 돌릴 수 없다. 특수한 재래종이 오랜 기간동안 특정지역에서 진화해왔다는 생각은 일반적으로 사실이 아니다. 재래종은 유전적 변화의 하나의 역동적인 체계로서 대체되고 주변으로 이동하며 이입되는 등의 경향을 갖는다. 그것은 안정된 상태를 제공하지 않는다. 그러므로 재래종은 틀림없이 식물육종을 위한 유전자원으로서 중요한 가치가 있는 반면에 개별적인 재래종을 분명히 할 수 없으면 그것들에 특별하거나 상대적인 가치를 부여하고 누가 소유자인지를 결정하는 것이 어렵다. 유전자원에 관한 FAO위원회에 의해 수용된 농민권리에 대한 하나의 해석은 재래종을 보존하고 그렇게 하여 재래종의 이용성을 보증하기 위한 지구차원의 국제적 책임원칙에 대한 하나의 표현으로 보고 있다.

현재 대부분의 선진국과 유전자원에 관한 FAO위원회의 90여개 회원국을 포함하여 대략 125개국이 원칙적으로 그 사업을 수용했다. 그러나 개별적인 유전자나 유전산물을 특허획득 할 수 있는 가능성은 아마도 유전자원의 무제한 이용성의 기본원칙에 대한 광범위한 결과에 새로운 복잡한 상태를 추가하였다. 다양성의 중심지에 있는 국가가 그들의 유전적 다양성에 대한 국가적 주권의 극단적 해석에 의해 반응한다면 종종 필요한 재정적 자원을 결여하는 국가정부가 책임을 도맡게 되기 때문에 보존 그 자체가 위험에 처할는지도 모른다.

앞으로의 작물개량을 위한 식물유전자원의 무제한 이용성은 농경이 시작된 이래로 농업의 기초가 되어 왔으며 현대의 식물육종에서 장려되었다. 작물개량에 어떠한 의미있는 투입은 그러한 발전을 촉진하기 위하여 충분히 보상되어야 한다는데는 이론이 없다. 그러한 보상은 발명가에게 이익을 주어야 하며 대체로 사회의 관심을 고려해야 한다. 식물육종에 있어서 일반적인 관심은 명백하다. 즉 농민에게 그들의 특별한 영농체계를 위해 이용할 수 있는 가장 좋은 재료를 제공하며 동시에 늘어나는 세계인구에게 산출가격으로 식품의 전반적인 이용을 보증하는데 관심을 갖는다. 이러한 목적을 충족시키기 위해서 어떠한 독점상황은 적합하지 못하다.

생물공학은 유전자 작용에 대한 보다 나은 이해와 자연적인 교잡의 장애를 넘어서 유전자를 조작하는 능력을 통하여 분명히 식물육종에 상당한 기여를 하고 있다. 그것은 외래 생식질의 육종집단과 품종으로의 이입을 가속화시킬 수 있는 도구를 증가시킬 것이며 선발경과를 개선할 기술을 제공할 것이다. 농업적인 가치가 있는 대부분의 형질은 수많은 상호작용을 하는 유전자의 복합체에 의해 조절된다. 그러므로 작물개량은 전래적인 식물육종과 생물공학의 접목에 의해서 지속적으로 이루어질 것이다.

세계산업재산기구(the World Industrial Property Organization: WIPO)는 생물재료에 관련된 발명의 세 가지 범주를 인정하였다. ① 생물체 또는 재료산물에 관련되는 발명 ② 생물체의 창조 또는 다른 생물재료의 생산을 위한 과정에 관련되는 발명 ③ 생물체 또는 재료의 이용에 관련되는 발명. ①과 ③은 식물체와 식물의 부위를 망라한다. 앞으로의 육종을 위해 식물의 자유로운 이용을 규정화하지 않는 특허보호의 어떤 형태는 그것에 유전자원으로서의 접근을 제한한다. 그러므로 어떠한 분리된 유전자의 특허보호는 그런 유전자가 식물에 결합될 때 철저히 연구되어야 한다고 하는 주장이 제기되어 왔다. 분명히 이러한 견해는 생물공학에 개입된 민간기업에 의해 강경하게 주장되었다. 이것은 그런 식물이 상업화되자마자 그 발명을 자유롭게 이용할 수 있게 할 것이므로 이해할 수 있다. 면허획득(licensing)을 통하여 특허를 얻은 유전자를 포함하는 품종은 비록 분명히 의무적인 면허획득이 지금까지 생물공학회사들에 의해 거부되었을지라도 앞으로의 육종을 위해 이용될 수 있을 것이다.

또 다른 대안은 특허를 얻은 유전자와 그것의 구성물의 소유자가 관심있는 육종가의 요청에 따라 수수료를 받고 특허시스템을 전이하는 것이 될 것이다. 다른 품종에서 그런 형질을 여교잡하는 데 포함된 비용과 시간은 그런 봉사(service)를 위하여 요구되어질 수 있는 가격을 결정할 것이다. 이 대안은 발명이고 발견은 아니며 불명확한 특허에 보답하기 위한 기본적인 기준이 엄격히 적용될 때 수용할 수 있는 절충안이 될 수 있을 것이다.

대부분의 생물학자들은 이러한 기준은 유전자와 유전자 산물이 특허보호를 위한 자격을 갖도록 하는 것을 대단히 어렵게 해야 한다고 주장할 것이다. 한정된 세트의 식물효소시스템은 기본적으로 분류군을 가로지르는 유사한 DNA배열에 의하여 조절된다. 둘째는 특수한 유전자나 생물적 과정의 확실한 동정은 일반적으로 발명이 아니라 발견이다. 새롭고 구체적인 적용에 있어서 현존하는 산물을 이용하는 것은 특허 요구조건을 충족시킬 수 있다.

그러나 그 요구조건이 법적인 면에서보다 생물적인 면에서 해석되면 그것은 생물적인 의미를 가지며 식물육종가에게 수용될 수 있는 특허를 얻을 수 있는 수준이 어느 정도까지인가에 대한 발단을 제기할 것이다. 특허 요구조건에 관계없이 그러한 특허를 강화하는 것은 어려울 것으로 판명된다. 재래종이 있거나 방임수분된 품종이 여전히 흔한 지역에서는 특허를 얻은 형질의 이입이 틀림없이 발생할 것이다. 사실상 현대품종과 재래종 사이와 재래종 간의 이입은 그런 상황이다. 그것은 지역재료의 gene pool을 풍부하게 하는 작물개량의 약식시스템의 일부를 형성한다. 특허를 얻은 형질의 소유자가 그러한 이입된 재료에 관한 그의 권리를 요구하고 그렇게 함으로써 사실상 그것들의 사용을 통제할 수 있는가. 특허소지자가 자연교잡을 통한 유전자의 전이를 통제할 수 없으므로 영향을 받는 모든 재료에 대한 권리를 그에게 덧붙여 주는 것을 상상하는 것은 어렵다.

이입된 형질의 존재를 모르는 유전자 은행에 의해 그런 재래종이 수집되고 특허를 얻은 형질 이외에 주로 관심을 갖는 식물육종가에게 분배된다면 어떻게 될 것인가. 그런 식물육종가가 자신이 그것을 반드시 원하지 않았는데 그의 신종에 그 특허를 얻은 형질을 무의식적으로 포함한 것을 나중에 알아차렸다면 의무는 무엇인가. 그가 특허소유자에게 그의 재산을 내놓을 것을 요구하거나 손상에 대해 고소할 수 있는가. 자연적인 수단을 통한 이입이 종종 배제되지 않을 때 어떻게 유전자의 정직한 전이와 부정한 전이 사이를 구별하는가. 있을 법한 상황인 특허를 얻은 형질이 작물의 야생근연종으로 이입이 된다면 어떻게 될 것인가? 이것은 모두 일반적인 산업특허보호가 자가재생산 생물체에 대해서는 매우 부적당함을 시사하는 것으로 보인다. 그것은 식물육종의 비용을 증가시키고 유전자원의 자유로운 이용성을 복잡하게 하거나 그렇지 않으면 제한하는 거의 해결할 수 없고 끝없는 법적 절차를 가져올 것이다.

작물네트워크를 위한 법적관계는 무엇일 수 있는가. 작물네트워크는 재료와 정보의 공개적인 교환을 가정한다. 유전자원의 자유로운 교환은 85개국 이상이 조인한 식물유전자원에 관한 FAO 사업에 포함되어 있다. 일부 국가에 의해 이루어진 보존은 육종계통과 식물육종가의 권리가 보호된 품종 등과 같은 국내법 하에서 '사적재산'으로 합리적으로 분류될 수 있는 유전재료와 상관있다. 대부분의 유전자은행은 보통 육종계통을 보존될 필요가 있는 자원으로 생각하지 않으며 원래의 양친식물을 선호하게 된다.

식물육종가의 권리는 앞으로의 육종을 위해 그것들을 유전자원으로 사용하는 것이 제한되지 않기 때문에 중대한 문제를 초래하지 않는다. 더욱 문제가 되는 것은 특허를 얻은 주제내용을 포함하는 재료일 것이다. 여러 가지 선택이 고려될 수 있다. ① 특허를 얻은 재료는 유전자은행에 저장되며 사용자에게 분배되고 특허에 대해 언급된다. ② 특허를 얻은 재료는 특허가 기간만료될 때까지 유전자은행에 포함되지 않는다. 그 가정은 특허소지자가 특허의 기간동안 재료를 보유하거나 판매할 수 있으며 요청에 따라 방출조건을 협상할 것이라는 것이다. 실제로 식물육종가의 권리가 보호된 품종의 유전자은행 수집의 등록조차 여전히 논란이 되고 있다. 반대 주장은 권리의 소지자가 품종을 유지하는 것을 의무적으로 해야 하고 판매를 위한 비축량을 가져야 하므로 권리가 기간만료될 때까지 손실의 위험이 없다는 것이다. 그러나 실질적인 이유로 그것들이 유전자원으로서 충분한 이익이 있는 것이라면 수집에 식물육종가의 권리가 보호된 품종을 포함한다.

요컨대 문제는 지금까지 생물재료에 적용하였을 때 IPP의 여러 가지 결과에 관한 객관적 논쟁인 것 같지 않다는 것이다. 결정은 생물재료를 위해 개발되지 않은 법률제정에 종종 허점을 찾는 법적 해석에 기초하여 법정에서 이루어진다. 연구공동체는 그런 문제에 관한 판단을 내리는데 있어서 그들의 중요한 지적 및 독립적 역할을 심하게 좀먹는 민간기업으로부터의 계약에 점점 더 의존하고 있다. 실제로 많은 공공연구소가 그들의 재정문제를 해결하는 유망한 방법으로서 특허를 생각하고 있으며 점점 더 사회의 공동이익에 대한 객관적 기준에 의해서가 아니라 私利에 의하여 동기를 부여받게 된다.

그것들이 앞으로의 육종을 위해 사용될 수 있기 전에 복잡한 법적 협상을 요구하는 다양한 특허에 의해 보호되는 많은 품종은 법률가에게는 매력이 있겠지만 식물육종에는 몹시 방해가 될 것이다.

4. 유전자원권리의 지속적인 개발로의 전환

국제법은 기술적, 정치적 및 사회적 발달을 선도하기보다 따르는 경향이 있으나 유전자원의 경우에는 그렇지 않다. 유전자원의 소유권과 출입을 지배하는 법과 정책에 있어서 현재 시도되고 있는 변화는 규모, 속도 및 밀접한 관계에 있어서 주목할 만하다. 오늘날 발생하고 있는 정책형성과 실험작업은 앞으로 다가올 수십년 동안 남아있도록 생물다양성 거래를 위한 법적인 틀을 새로 확립할 것이다. 기회의 창은 지금 이러한 틀이 지속적인 개발과 영향을 받는 부문의 인간의 권리와 일치하는 경제, 사회 및 환경적 목적에 부응하는 것을 확실하게 하기 위하여 존재한다.

그러나 국가와 그들의 사회 내부에서 이것을 어떻게 할 것인가에 관한 대화는 이제 겨우 시작되었으며 여러 가지 대두되고 있는 기술적 정치적 문제들은 아직 잘 이해되지 않고 있다. 유전자원을 지배하는 생물다양성은 인류의 유산이라는 원칙에 기초한 여러 해에 걸친 국제적 관리체제는 1980년대 후반에 불안정한 入口에 이르렀다. 기술적 변화는 농업, 제약업 및 생물공학을 위한 생물다양성의 가치를 증가시켰으며 이러한 가치에 대한 인식은 더욱 빠르게 성장하였다. 지적 재산권의 확장은 이러한 점증하는 경제적 가치로부터 중대한 이윤획득을 더욱 가능하게 해주었다. 그러한 자원의 혁신자나 보호자와 생물재료의 사용에서 얻는 이익을 공평하게 분담하는데 대한 관심은 현상에 대한 근본적이며 국가적인 비평을 자극하였다. 그리고 생물다양성의 상업적 가치에도 불구하고 개방적인 출입관리체제는 보존을 위한 약간의 추가적인 경제적 동기를 가져온 것이 분명하다.

1992년에 조인되어 1993년 12월에 발효되기 시작한 생물다양성에 관한 협정은 생물다양성을 보존하고 그것의 지속적인 사용을 확실하게 하며 그것의 사용으로부터 얻어지는 이익의 공평한 분담을 책임지도록 고안된 새로운 국제적 관리체제의 중심적 요소를 형식화하였다. 그 협징은 그들의 생물다양성에 대한 주권국가의 권리를 재확인하며 유전자원에 대한 출입을 규정하는 권리를 확립하고 국가가 다른 나라로부터 유전재료를 수집하기 전에 사전 통고된 동의를 제공하도록 하는 의무를 부여한다. 보존, 이익의 분담 및 기술이전의 목적을 연결함으로써 그 협정은 또한 상업, 보존 및 개발목표사이의 상보성의 추구에 의하여 보존을 위한 경제적 동기를 강화하는 틀을 확립하였다.

그러나 일반적인 국제적 권리와 의무를 확립함으로써 그 협정은 어떻게 그러한 권리가 한정되고 강화되는가를 완결하였다. 국가는 지금 이러한 광범위한 원칙을 보존과 개발목적에 부응하기 위해 고안된 특수한 정책, 법, 규정으로 전환하고 있다.

사. 유전자원 정책기획의 중심요소

1. 기술적 변화

유전자원 정책에 대한 재고를 자극하는 급속한 기술적 변화가 빠르게 계속되고 있다. 즉, 생물공학은 오늘날 과학 가운데 가장 빠르게 발전하고 있는 분야 중의 하나이다. 종자산업에서 일어나고 있는 변화를 생각해 보자. 바로 10년전에 전통적인 작물의 품종과 야생근연종이 종자산업을 위한 새로운 유전물질의 유일한 원천(source)이었다. 더욱이 포함된 비용과 시간 때문에 개인회사는 주로 관계가 먼 품종으로부터 새로운 유전자를 도입하는 원연교잡(wide crossing)을 수행하기 위해 공공기관의 육종가에게 의존하였다. 개별적인 유전자는 특허를 획득할 수 없었고 종자를 아껴두었다가 다시 재배하는 농민의 능력에 어떠한 제한도 없었으며 육종가에게 지적재산보호를 제공한 몇 국가가 그것을 비교적 좁은 식물육종가의 권리로 제한하였다. FAO의 식물유전자원에 관한 국제적 사업으로 유전재료는 '공동의 유산' 자원인 것으로 간주되었다.

오늘날 육종가는 유전공학을 통하여 관련되지 않는 종으로부터 유전자를 농작물로 옮길 수 있다. 이러한 유전적으로 조작된 작물은 다음 십년 내에 선진국의 상업농에 흔한 일이 될 것이다. 점점 더 상업적 혁신과 연구개발이 공공연구소로부터 민간에게로 전환하였다. 제약회사에 의해 사용된 것과 유사한 스크리닝 기술을 사용하여 육종가가 식물추출물을 항균 또는 항바이러스 활력에 대하여 스크리닝하고 있으며 그 활력에 단순 단백질이 책임이 있을 때 그 화학물질에 책임있는 유전자를 분리하여 하루만에 우수한 계통에 전이하고 있다. 육종가가 잡종의 자가복제를 가능하게 하는 무성생식(apomictic) 작물품종을 만들 수 있는 조짐이 보이기도 한다. 이러한 변화는 빠르게 발전하는 재산권시스템으로부터 촉진되고 혜택을 입어 왔다. 지금 많은 국가가 유전자특허획득이나 식물특허획득을 허용하며 일부는 마음대로 종자를 아껴두었다가 다시 재배하는 농민의 능력에 대한 금지를 고려하고 있다. DNA배열공학(DNA sequencing technology)의 진보는 점점 더 비용이 안드는 이러한 확장된 지적재산권 보호를 감시하고 강화할 것이다.

급진적인 변화는 또한 주로 스크리닝공학이 발전한 결과로서 제약산업에 있어서의 생물다양성의 이용에서 발생하였다. 항상 소량으로 수집되고 실험실에서 배양되는 미생물을 제외하고 천연물의약 발견과정은 전통적으로 재료의 실질적인 양을 필요로 하였다. 식물의 경우에 초기의 추출과 스크리닝을 위하여 대략 1∼10kg의 표본이 요구된다. 추출물이 가망성있는 활성을 보이면 이어서 활성방향이 있는 단편화, 분리, 활성화합물의 구조명시 및 추가적인 생물적 검정을 위하여 더 큰 표본을 필요로 한다. 많은 천연화학물질의 복합성 때문에 그것들의 분리, 특성화 및 합성은 시간이 소모되고 비용이 드는 과정이었다.

오늘날 추출, 스크리닝, 단편화 및 화학물질 동정을 위한 기술은 상례적이며 많은 비용이 들지 않게 되고 있다. 새로운 화학적 및 분석적 방법은 천연물 스크리닝의 효율을 증가시켜 주었다. High Performance Liquid Chromatography(HPLC)와 High Performance Centrifugal Counter Current Chromatography (HPCCC)같은 분리 기술과 High Field Nuclear Magnetic Resonance Spectrometry와 같은 분석방법을 이용하여 표본이 이전에 요구된 시간의 작은 부분으로 단편화되고 특성화될 수 있다. 1980년대 이전에는 시험관과 생체(in vivo)분석시험을 이용하여 한 실험실이 주당 100∼1,000개의 표본을 스크리닝할 수 있었다. 지금은 96구멍의 microtiter plates와 로봇을 이용하여 한 실험실이 넓은 범위의 기작을 토대로 한 분석에서 주당 10,000개의 표본을 스크리닝할 수 있다. 예를 들면 Merck사에는 매년 수백~ 수천의 미생물 배양이 스크리닝된다. 10,000개의 식물추출물을 스크리닝하는데 10년전에 6백만 달러가 소요되었으나 지금은 15만 달러면 스크리닝할 수 있다. 다음 10년내에는 소형화와 고속로보트를 사용하여 원료처리량이 더욱 늘어날 것이다. 소형화는 또한 요구되는 원료의 양을 줄여 준다. 지금은 분리, 구조명시 및 새로운 식물대사화합물을 위한 2차검정을 위해 200~500g의 건조식물재료가 요구된다. 10㎎의 추출물 표본이면 20~30회의 분석과 주성분의 예비적 특성화를 충분히 할 수 있다. 50㎎의 순수 화합물로부터 충분한 화학적 특성화를 얻는 것이 지금은 상례적이다.

그리고 천연물연구의 다음 연구분야인 조직과 세포배양은 지금 앞으로의 공급을 위해 수집지로 되돌아 갈 필요가 조금도 없이 식물의 소량표본의 수집과 스크리닝을 가능하게 한다. 한 회사가 종자나 여러 가지 식물의 표본을 얻어 그 재료를 세포배양할 수 있으며 새로운 화학물질의 표현을 자극하는 여러 가지 화학물질이나 환경적 스트레스를 갖는 배양에 도전할 수 있다. 식물세포배양 과정을 통하여 제약의 기본물질을 생산하는 제약회사가 하나의 좋은 예다. 끝으로 스크리닝 방법의 진보는 생물분석시험 자체의 커다란 발전을 수반하였다. 그것으로 인하여 있을 법한 거짓 긍정을 유의하게 줄일 수 있었다. 세포를 토대로 한 분석시험과 receptor를 토대로 한 분석시험을 이용하여 생체검정에 요구되는 것보다 더 낮은 농도에서 활성을 검출할 수 있다. 이러한 기술적 경향은 또한 생물다양성의 농업적, 산업적 및 제약적 적용사이의 구별을 희미하게 하고 있다. 식물이나 미생물로부터 소량의 재료가 배양에서 유지될 수 있으며 어떠한 산업에서든지 가능한 이용을 위해 스크리닝될 수 있다. 새로운 기술이 공공정책을 위하여 할 수 있는 것과 바람직한 것 兩者에 영향을 미친다.

1) 유전자원의 가치

새로운 기술은 두 가지 이유에서 야생 생물 다양성의 경제적 가치를 계속해서 증가시키고 있다. 첫째는 재료의 어떠한 표본의 가능한 화학적 사용이 상당히 확장되었다는 것이다. 어떠한 생물체이든지 현재 제약, 농업 또는 화학산업에 응용될 가능성을 갖는 화학적 및 유전적 혁신의 원천이 되고 있다. 둘째는 새로운 유전물질을 가지고 연구하여 새로운 화학물질을 동정하고 분리하는데 드는 비용이 급속히 감소하고 있다는 점이다.

그러나 일반적으로 유전자원의 경제적 가치는 증가하고 있는 반면에 어떤 주어진 종이나 추출물에 대한 상업적 가치에 대해서는 같다고 말할 수 없다. 유전자원에 대한 수요를 증가시키는 같은 기술적 진보가 효율적인 공급을 크게 증가시켰다. 식물육종가들은 그들의 새로운 유전자에 대한 탐색작물의 근연종이나 심지어 식물계(plant kingdom)로 제한할 필요를 더 이상 느끼지 않는다. 추가적인 비용없이 제약회사는 지금 10년전에 가능했던 것보다 더 많은 종을 찾을 수 있다.

그리고 과학자들은 계속해서 풍부한 새로운 종의 다양성을 발견하고 있다. 예를 들면 세계 어느 곳의 얼마의 평방미터의 토양내의 무척추동물과 미생물가운데 엄청난 유전적 및 생화학적 다양성이 존재하며 미생물학자들 또한 Japanese Deepstar Project와 같은 프로그램을 통하여 심해에 있는 특별한 종을 발견하고 있다. 미생물을 제외하고 종의 다양성에 대한 추정은 3백만에서 아마도 8천만 종은 될만큼 많이 늘어났다. 과거에 제약을 위한 가장 귀중한 생물다양성의 원천으로 입증된 미생물 자체에는 연구되지 않은 다양성이 무한하다.

결국 이러한 방대하고 점증하는 화학적 다양성에 대한 생물적 공급은 점점 더 합성의 라이브러리와 조합적인 작용으로부터 나오는 화학물질과 경합을 벌이고 있다. 가까운 시일내에 원료가 되는 생화학적 및 유전적 재료의 비교적 소수의 양질의 공급자에 대한 접근을 위하여 회사간에 경합을 하게 되는 반면에 장기간에 걸친 대규모 재료공급과 천연물연구에 대한 비용 감소는 표본을 얻는데 드는 직접적인 인건비에 매우 가까운 원료의 표본의 시장가격을 유지하게 할 것 같다.

2) 유전자원 사용의 감시

정보와 같이 유전물질은 재산권의 확립과 강화를 어렵게 하면서 쉽고 저렴하게 재생산될 수 있다. 식물육종가의 권리와 같은 개발된 재산권 관리체제는 또한 '새로운' 생물체가 다른 보호된 품종들과 어떻게 유사하고 혹은 다른지를 결정하는 어려움에 직면해야 했다. 식물육종가의 권리는 전통적으로 단지 품종간의 표현형의 차이(예: 화색)의 존재에 의존하였으며 그 권리는 오직 보증된 이름하에 있는 품종을 유통하는 능력으로 확장하였다.

오늘날 식물에서 특수한 유전자를 확인하는 능력은 그러한 유전자(원연종으로 전이될 때)특허보호의 확립 뿐만아니라 다른 식물에서 그것들의 후속사용을 감시하는 능력을 가능하게 한다. 마찬가지로 일부 예에서는 산업과정에 이용된 유전자나 생물체가 특별한 종에서 나온 것인지를 확인하는 것이 기술적으로 가능하다.
 그러나 기술적 발전이 농업에서 유전물질의 사용에 대한 감시를 강화하는 반면 그것들은 제약산업에서 감시를 방해한다. 의약품산업의 초기 단계를 위해 요구되는 재료의 양이 계속해서 줄어듦에 따라 원천국가와 연구소는 약품개발과정을 감시하는 중요한 수단을 상실한다. 회사가 매번 유망한 '히트'를 합성하기 위한 시도를 하는 것보다 초기의 긍정적인 결과를 얻은 후에 더 많은 재료를 위한 원천에 보답하기 위해서 훨씬 더 비용을 효율적으로 써왔다. 사용자에게 코드화한 추출물을 제공함으로써 원천연구소는 또한 사용자가 단순히 다른 원천으로부터 포함된 종의 추가적인 공급을 얻지 않을 것을 보증할 수 있었다. 현재 의약품 발견의 초기 단계가 훨씬 적은 재료를 가지고 완성될 수 있기 때문에 원천국가에 보답할 필요가 적다. 동시에 조직 및 세포배양은 회사가 원천국가 밖에서 식물재료를 확립할 수 있게 하며 더 많은 재료에 대하여 조금도 보답할 필요없이 그것을 개발할 수 있게 한다.

 3) 불법거래의 통제
 그것이 생존하는 한 '공동의 유산' 원칙을 유지하게 하는 하나의 중요한 요인은 국가가 유전자원에 대한 출입을 효과적으로 통제하지 못하는 것이었다. 브라질의 고무생식질을 보호하기 위한 노력과 안데스산맥 국가들의 퀴닌(quinine)의 원천인 Cinchona의 수출을 반대하기 위한 시도를 포함하여 역사는 그러한 자원을 보호하는데 실패한 시도로 가득차 있다. 생물다양성협정은 협정조인국이 주권국가의 유전자원에 대한 권리를 존중하는데 동의하기 때문에 국가가 출입을 조절하기 위한 더욱 안전한 토대를 마련한다.

그러나 많은 새로운 기술은 유전자원 거래의 일부 면을 감시하는 기회를 향상시키는 반면 또한 이러한 자원의 불법거래를 용이하게 할 수 있다. 사실상 유전물질이 한 국가를 떠나는 것을 막는 것은 불가능하다. 더욱이 조직배양과 정밀스크리닝(micro-screening)의 발전으로 어떠한 가능한 유전적 또는 생화학적 적용을 위해 훨씬 적은 재료가 요구된다. 실제로 현재 화학물질을 위해서 식물표본을 탐사하는 것이 가능하며 심지어는 식물표본대장으로부터 수집한 종자를 생존시켜 재배를 확립하는 것도 가능하다. 비록 유전물질을 확인하고 사용을 감시하기 위한 기술이 존재할지라도 그런 기술을 유전물질의 불법거래방지에 사용하는 능력은 종이나 기원국가를 정확하게 겨누기가 어렵고 그것이 생물다양성협정이 발효되기 전에 얻어진 것인지를 구명하는 것이 불가능하기 때문에 한계가 있다.

2. 공평한 이익분담

생물다양성에 관한 협정이 유전자원의 이용에서 나오는 이익의 공정하고 공평한 분담 원칙을 확립할지라도 그것이 이러한 목적을 실현하기 위한 특수한 메카니즘을 확립하는 것은 아니다. 더욱이 그 협정은 그것이 전통적인 지식, 혁신 및 관행으로부터 나오는 이익의 공평한 분담을 장려할지라도 국가내에서 어떻게 이익을 분담할 것인가에 관하여 별로 언급이 없다.

국가내 및 국가간에 생물다양성의 이용에서 얻어지는 이익배당은 필요성에 조화를 이루어야 하는데 즉, ① 기술적 혁신을 촉진하기 위하여 ② 보존을 위한 동기를 제공하기 위하여 ③ 포함된 생물다양성을 보호하고 개발하거나 탐사하는 개인의 신체적, 지적 기여에 보답하기 위하여 이익배당이 이루어져야 한다. 적당한 정책과 아울러 그들의 유전자원을 이용하여 개인과 국가가 받는 간접적인 이익으로 목표로 정한 장려금과 보상(즉 특별한 개인, 공동체, 지역 또는 연구소에)을 제공할 수 있으나 전형적으로 높은 취급비용으로 제공할 수 있는 직접적 이익과 조화를 이루어야 한다. 이론적으로는 목표로 정한 지불이 바람직할 수 있는 곳에서조차 관련된 취급비용은 그러한 메카니즘을 비실용적이게 만든다.

1)간접적 이익은 충분한가?(taxol의 경우)

어떠한 조건하에서 목표로 정한 지불이나 장려금이 적당한가? 혁신과 보존의 목적에 부응하는 간접적 이익과 직접적 이익의 조화를 이루는데 대한 어려움을 나타내는 교훈적인 예는 미국의 북서부 오레곤과 워싱턴주에서 발견되는 수목인 Pacific Yew(주목)으로부터 유래된 항암 화학물질 taxol의 개발과 상업화이다. Taxol의 항암활성은 1963년 공석으로 새정지원되는 기관인 미국의 국립암연구소(NCI)의 천연물 분과 (Natural Products Branch)에 의해 발견되었고 Phase Ⅱ 임상시험을 통하여 화합물을 개발하였으며 1991년에 Bristol-Myers가 새로운 약품의 승인을 얻는데 필요한 임상 및 임상전 데이타에 대한 광범위한 권리를 받는 조건 하에서 Bristol-Myers와 CRADA(Cooperative Research and Development Agreement)를 조인하였다. 1992년에 taxol은 자궁암(ovarian cancer)의 처리를 위해 승인되었으며 유방암 처리를 위한 승인은 미결상태로 있었다. 이러한 유형의 타협은 상례적인 것이다.

1986년의 US Technology Transfer Act(미국기술이전법) 하에서 유망한 신약후보를 발견한 공공기관은 그 약에 대한 특허를 위한 폭넓은 인가를 CRADA를 통하여 민간회사와 협상할 수 있다. CRADA에 개입된 회사는 전형적으로 그 인가에 대해서 연방정부에 아무것도 지불하지 않으나 그것이 상업화되면 새로운 약에 대해 매길 수 있는 가격제한을 협상하게 된다. 그 다음 회사는 임상시험을 완성하기 위하여 재정을 제공하며 시험이 성공적이면 결과물을 상업화하는데 재정지원을 한다. 비록 미국의 납세자들이 그러한 CRADA를 통하여 개인회사에 귀중한 생산물을 물려주더라도 그들은 새로운 건강관리산물의 형태로 이익의 간접보상을 받는다. 그러한 타협은 공공분야의 연구를 위해 지불한 자가 또한 신약에서 얻어지는 간접이익을 받는 자라면 이해가 된다. 그러나 생물다양성에 관한 협정의 틀 안에서 추가적인 목표는 현재 천연물연구의 경우에 존재한다. 즉, 이익분담을 통하여 보존을 위한 동기를 부여할 필요성이 있는 것이다.

　　Bristol-Myers가 납세자가 재정지원하는 연구로부터 이익의 과도하게 많은 몫을 받는지의 문제는 젖혀두더라도 taxol의 상업화에서 얻어지는 경제적 이익이 그 화합물이 비롯된 Pacific Northwest에 보답되어야 하는지에 대한 의문이 남는다. 이들 삼림에 대한 보존이 대체로 Pacific Northwest에서 사회에 실질적인 생태적·경제적 이익을 제공하는 반면에 더욱 많은 삼림보호와 관련된 목재수확의 감소와 더욱 지속적인 삼림시업의 확립은 목재산업에 있어서의 노동자들에게 특수하고 명백한 경제적 문제를 야기할 것이며 그 지역의 지역공동체내 산업의 점진적인 쇠퇴에 기여할 것이다. 명백히 이들 공동체는 그들이 그러한 보호로부터 확인 가능한 상업적 이익을 얻었다면 생물다양성 보존을 위하여 이들 삼림을 보호할 더 큰 이유를 발견하게 될 것이다. 그 지역은 이미 taxol의 추출을 위한 주목수피의 원료확보(sourcing)를 통하여 다소의 경제적 이득을 얻었다. 1990년대초에 447,000kg 이상의 건조한 주목수피가 1992년에 1115명의 근로자를 고용하면서 매년 연방땅에서 수확되었다.

　주목원료의 확보를 위한 지역의 고용은 여러 종의 주목나무(캐나다, 중국, 일본종에서 발견된 정보물이라고 했다)로부터 taxol을 추출하는 방법이 개발되었기 때문에 1990년초에 절정(peak)을 이루었다. 여러 가지 종의 주목이 현재 재료의 원천을 마련하기 위하여 여러 지역에서 재배되고 있다. 더욱이 전구체로부터의 새로운 부분적 합성품이 수 년 내에 상업적으로 실용화될 것이다. CRADA가 taxol의 상업화를 완성하기 위하여 Bristol-Myers에게 장려금을 지급하고 국가가 대체로 새로운 건강관리제품의 형태로 그들의 稅收에 실질적인 보답을 받은 반면 주목수피를 공급하는 단기간 동안의 직접이득은 북서부지역의 생물다양성 보존을 위해서는 비교적 적은 장려금을 제공하였다(특히 지역의 세수의 감소를 고려하면). 개발도상국가에서 생물다양성의 보존의 장기적인 선도가 생물다양싱을 이용하여 얻는 이익을 기원의 중심지와 공유하도록 하는 생물다양성 협정의 조항에 의해 강화되어 온 것과 같이 그 지역이 지역의 생물다양성으로부터 개발된 약품에서 나오는 이익의 공유를 위해 존재했다면 Pacific Northwest지역의 생물다양성에 대한 장기보호가 매우 강화되었을 것이다.

　미국에서 이러한 상황의 예는 비단 taxol만이 아니다. Yellowstone국립공원의 온천에서 수집된 미생물인 Thermus aquaticus Polymerase Chain reaction의 기본이 되는 열에 안정한 DNA복제효소와 Taq polymerase의 원천이었다. 그것은 매년 스위스의 제약회사 Hoffmann-Laroche를 위해 수백만 달러의 가치가 있는 특허를 획득한 공정이다. 미국의 Park Service는 지금 추가적인 생물다양성 개발로부터의 한 몫의 로얄티가 국립공원에 보답해야 하는지에 의문을 품고 있다.

2)목표로 하는 이득을 위한 메카니즘

생물다양성협정의 주요한 업적중의 하나는 그들의 생물다양성을 보존하고 이용할 수 있게 하는 국가에게 직접 목표로 한 이득을 증가시키는 메카니즘의 확립을 증진하기 위하여 국제적인 법적 틀을 마련하는 것이다. 식물유전자원의 경우에 식물유전자원에 관한 FAO국제사업이 이들 국가에 대한 투자보다 더 많은 투자를 하는 국제농업연구소로부터 새로운 다수확 품종을 얻는 개발도상국가에 대한 간접이득이 연구소에 유전물질을 제공함으로써 가능하다는 생각을 전제로하였다. 실제로 모든 국가가 그들이 공헌하는 것보다도 국제적인 교류로부터 더욱 많은 유전물질을 얻는다.

그럼에도 불구하고 어떤 국가들은 다른 국가들보다도 훨씬 더 많은 유전적 다양성을 국제적인 교환에 기여하며 국가내에서 일부 농민은 다른 농민보다도 전통적 작물품종을 절약하고 적응시키는데 더욱 책임이 있다. 그러므로 유전적 다양성의 자유로운 출입과 사용의 시스템에 관계되는 간접이득은 농업적 다양성을 유지하는 농민이 이러한 품종의 유지에 포함된 노동(기회,비용)으로부터 혜택을 받으며 유전적 다양성이 특별히 풍부한 국가가 그 다양성을 보존하기 위한 더 큰 동기를 가진다는 것을 충분히 보증하지 않았다. 따라서 생물다양성협정은 이러한 목표로 정한 이익분담협정을 만들기 위한 틀을 제공한다.

어떠한 수의 메카니즘이라도 특정한 개인이나 단체 또는 국가의 이익을 목표로 삼는데 기여할 수 있다. 현재 생물다양성 협정은 개별적인 생화학적 추출물이나 유전적 표본과 그 표본의 상업적 이용으로부터 얻어지는 경제적 보상에 관한 요구사이의 연계를 확립할 수 있게 한다. 그러나 종종 다른 유형의 메카니즘이 더욱 적합하다. 몇 가지 요인이 그러한 메카니즘의 설계에 영향을 미친다. 그러나 두 가지 특별한 중요성은 얼마나 명백히 그 목표를 분명히 할 수 있는가 하는 것과 더욱 정확한 목표선정과 관련된 그 처리비용이 그 목표선정의 추가된 이익보다 무거운지 하는 것이다. 약품개발에 있어서 중요한 정보를 제공한 전통적 치료가에게 이익을 보답하는 문제를 생각해 보자. 특별한 식물을 조사하기 위한 결정이 하나의 개체나 공동체에 의해 얻어진 정보를 기초로 폭넓게 이루어졌다면 그다음 혁신과 보존의 원천을 갖는 이익분담협정(전형적으로 계약을 통한)은 이해가 된다.

 그러나 전통적인 지식을 이용하는 약품발견은 여러 가지 다른 방법으로 많은 수의 특별한 종이나 관련된 종의 세트를 사용하는 많은 다른 개인이나 그룹으로부터의 정보를 포함한다. 예를 들면 Shaman Pharmaceutical Inc.는 이 실제의 식물표본이나 정보가 나온 곳에 관계없이 그것이 작용하고 있는 고유의 모든 동맹에게 어떠한 가능한 이윤으로부터의 이득을 보답할 것을 제안하였다. 그리고 대부분의 회사를 위하여 그 정보는 현재 야외조사를 통해서보다는 Napralert와 같은 database의 이용을 통하여 얻어졌다. 이러한 정보의 더욱 확산된 원천과 정보와 최종 상업적 산물 사이의 간접적 연결이 주어짐으로써 그 정보의 특별한 원천에 이익이 되는 직접 목표선정 뒤의 정책의 이론적 근거는 더 약하다. 그러한 경우에 합리적인 메카니즘은 database에 유지된 정보원인 모든 그룹에 도로 분배되는 자원과 더불어 전통적인 지식의 database사용자로부터 초기의 지불과 로얄티를 받는 기금의 확립을 포함한다. 처리에 포함된 가능한 이윤과 비교하여 목표로 정한 이득을 위한 메카니즘과 관련된 상대적 처리비용은 또한 적절한 이익분담협정의 계획에 영향을 미친다.

 제약의 경우에 신약에서 얻을 수 있는 이윤은 크며 천연물의 공급자와 그것을 상업화하는 회사 사이의 단순한 계약관계가 협정의 조건을 확립하고 원료의 유일한 하나의 원천이 포함된다. 반대로 새로운 식물품종은 전형적으로 큰 이윤을 내지 않으며 새로운 품종을 구성하는 유전물질이 다양한 원천에서 얻어지고 흔히 그 물질이 최종산물을 내기 전에 하나 이상의 연구소나 육종가의 손을 통해 전해져 왔다. 결론적으로 원료의 원천으로 흐르는 가능한 이윤이 처음에는 작고 어떻게 이윤이 분배되어야 하고 누가 그것을 받아야 하는 가를 확인하는데 수반되는 처리비용이 클 것 같다. 2000년에 상업적 종자시장의 규모가 대개 700억 달러 정도될 것이며 그 가운데 육종로얄티 지불액이 약 10%인 70억 달러 정도될 것이라는 추정이 있다.

현재 국제농업연구센타(IARCs)는 매년 110,000점의 생식질표본을 분배한다. 비록 육종가의 로얄티의 10%가 기원국가에 보답되었다 할지라도 이것은 표본 당 1000달러 미만이 될 것이다. 다른 방법을 사용하여 개선되지 않은 유전물질을 위해 개발도상국가에 의해 얻어진 전체 수입은 년간 100억 달러 미만이 될 것이라는 추정도 있다.

그러나 몇몇 국가에서 식물품종에 대한 특허보호의 이용이 증가하고 있는 것은 농업에 있어서 이러한 경제적 고려를 변화시킬 것이다. 특허보호 특허소유자가 새로운 품종의 개발과 그것을 개발하는데 사용된 유전공학으로부터 더 큰 이윤을 얻을 수 있게 할 것이다. 더 높은 시장 가능성과 더 단순한 투입구조를 갖는 이러한 예에서 유전물질의 공급자가 이익분담협정을 협상하는 것은 비용면에서 효율적이 될 것이다.

3. 생물거래를 위한 전략

원료유전물질(식물, 동물, 미생물표본 또는 추출물)에 대한 시장은 날로 경합적이며 이윤이 비교적 적다. 원료유전물질이나 화학적추출물의 거래의 유익성은 종의 엄청난 다양성과 종내의 화학적 추출물의 다양성에 의해 제한된다. 유전 및 생화학 물질의 암시장의 가능한 발달은 물론 공급자간의 경쟁은 이들 재료에 대한 가격(초기 지불과 분담 가격)을 낮출 것이다. 동시에 분담액 보상에 대한 기대는 새로운 농업, 산업 또는 제약의 적용의 참된 발견 가능성에 의해 경감됨에 틀림없다.

(WRI, IUCN, UNEP 1992)

〈그림 37〉 생물다양성 보존의 법칙

〈그림 38〉 식물유전자원으로부터 생산된 건강식품 및 의약품

1985년과 1994년 사이에 국립암연구소(NCI)가 스크리닝한 70,000가지 추출물 가운데 아무것도 임상실험까지 전개되지는 못했다.(비록 6종이 전(前)임상실험의 몇 단계에 있었지만) 연구소나 국가가 수백 수천의 표본을 제공하지 않으면 기묘한 일은 제약의 산물이 개발되지 못할 것이라는 것이다. 비록 하나의 산물이 개발되었을지라도 그것은 천연물에서 파생된 것일 것이고 그것에 의해서 로얄티 보상을 줄이거나 일부 경우에는 배제한다. 따라서 국제적인 생물거래로부터 장기간 지속적인 이득을 얻기 위해 애쓰는 연구소나 국가들은 산업체에 다양한 재료의 실질적인 양을 저렴한 비용으로 공급함으로써 저가 공급자가 되도록 애써야 할 것이다.

13. 식물유전자원과 종자산업

종자는 인간의 식량으로서 중요할 뿐만 아니라 다른 여러 가지 상품용으로도 다양하게 이용되는 중요한 생물자원이다. 종자의 이용은 자가채종으로부터 몇 단계의 중간상인이나 시장을 통한 복잡한 거래에 이르기까지 다양하게 이루어지며 현대사회가 복잡해지고 분업화될수록 종자의 이용도 고도로 조직화될 수 밖에 없다. 고도로 조직화된 종자의 거래는 종자산업의 발달을 가져오게 된다. 종자의 생산 및 유통이 종자산업의 양대 축이라고 본다면 식물유전자원은 품종개발을 통한 양질의 종자생산에 필수불가결한 요소이므로 종자산업의 기반으로서 중요한 의미와 상관성을 갖는다고 말할 수 있다.

한(1996)에 의하면 세계의 종자시장의 규모는 450억불로 추정되며 이들 종자는 정부, 자가채종, 종자회사에 의하여 각각 3분의 1씩 공급되고 있는 것으로 알려져 있다. 종자회사에 의하여 공급되는 약 150억불 시장 가운데 OECD국가의 시장이 140억불로 가장 규모가 크며 그중에서도 유럽공동체(EU)가 70억불, 미국이 50억불, 일본이 32억불 순이다. 현재 세계에는 1,500개 이상의 종자회사가 있으며 이들 가운데 600개가 미국에, 400개가 유럽에 본거지를 두고 있는 것으로 알려져 있다.

이처럼 선진국의 종자회사들이 종자산업에 성공할 수 있었던 이유는 고도의 기술을 이용한 고품질의 품종 및 종자를 생산하여 적극적이고 합리적인 마케팅을 할 수 있었기 때문이다. 과거에 비하여 한국의 종자시장도 크게 발전하였지만 벼와 일부 채소종자의 자급자족을 제외하고는 아직도 많은 품목과 많은 양을 수입에 의존하고 있으며 그나마 WTO체제 출범으로 외국산 종자의 국내 시장 점유율이 더욱 높아질 것으로 보인다. 실제로 1997년부터 외국인 투자제한이 폐지되어 국내 종자시장이 일본, 네델란드 등 선진국 종묘생산기업들의 각축장이 될 조짐이 벌써부터 보이고 있다.

일본 최대의 종자회사인 Sakada가 최근 국내 중소종묘회사인 청원종묘의 주식을 80% 인수하였다. 1996년 매출규모가 2조8천8백원(3천6백억엔)에 이르는 세계적 종묘회사 사카다가 그동안 국내종묘회사를 통해 양파, 토마토, 시금치 종자를 연간 10억원어치 정도 수출해 오다가 투자가 개방되면서 연간 1천2백억원 규모의 한국종자시장을 겨냥하여 직접 진출한 것이다. 또한 사카다와 함께 일본의 양대 종묘회사중의 하나인 '다키이'도 최근 서울연락사무소를 지시로 조직을 확대개편하였고 일본의 중소 종묘회사 '미카도'와 '나카하라'도 한국진출을 위해 합작상대를 구하고 있는 것으로 알려졌다. 이들 일본종묘회사는 미국종묘시장에 진출해 양배추, 브로콜리 등 양채류 종자의 90%를 장악할 정도로 기술력이 앞선 회사이다. 이밖에 네델란드종자회사인 '산도즈'와 눈헴즈, 자덴 등도 최근 관계자가 내한하여 국내종지시장을 조사하는 등 한국진출을 모색하고 있다.

종묘업계에 따르면 국내 종자시장은 고추, 배추, 무 등 몇 가지 품목을 제외하고는 일본산 수입종자가 70% 이상을 차지하고 화훼류 종자는 유럽산 종자가 90% 이상을 장악하고 있다. 실제로 농촌진흥청이 제주도내 일본산 채소종자 사용실태를 조사한 결과 양배추, 양파, 토마토, 시금치 등은 일본산 종자의 점유율이 90%를 넘고 당근과 수박도 70%에 달하는 것으로 나타났다. 제주도 전체의 수입종자 구입금액도 총종자구입금액 27억원의 70%인 19억원으로 조사되었다. 현재도 수입종자 및 종묘의 시장점유율이 높은데 외국 종묘업체들이 직접 진출해 본격적인 시장잠식에 들어갈 경우 국내 종묘업계가 크게 위축될 것이 우려된다.

이와 같이 불안한 국내시장을 지키고 세계종자시장에 적극적으로 진출하여 한국의 종자산업을 반석위에 올려 놓을 수 있는 길은 없는가. 정책, 제도, 법규, 종자생산 및 검사기술, 종자마케팅 등 여러 분야에서 문제점을 찾아 개선, 보완해 나가야 할 것이다. 특히 식물유전자원과 관련하여 고품질 품종육성을 위한 범세계적인 유전자원의 수집과 이용이 적극적으로 추진되어야 하며 이제까지 등한시해 온 종자의 저장성, 기능성, 가공이용성 등의 종자품질(seed quality)을 향상시키기 위한 종자생리, 종자분석 및 종자가공 등 관련연구에 학계, 연구기관, 산업계에서 많은 노력을 기울여야 할 것이다.

종자회사를 대상으로 조사한 결과를 살펴보면 대부분의 회사

표13. 신품종 육성에 이용된 유전자원 공급원

(단위:%)

유전자원 공급원	전체	감자	곡류	유료작물	채소류
실용품종	81.5	5.0	87.0	78.8	95.7
관련작물	1.4	8.0	0.6	1.2	0.3
현지보존야생종	1.0	0.0	0.7	0.1	0.1
현지외종자은행 저장 재래종	0.6	1.7	1.7	2.3	1.7
현지 보존 재래종	1.4	0.0	0.7	2.8	0.4
인위돌연변이	2.2	3.3	0.7	7.2	0.3
생물공학	1.5	17.7	3.5	6.8	0.1

(73%)가 매출의 0.5-15%를 연구개발에 투자하였다. 농업연구 및 개발의 대부분(50%)은 병충해저항성 형질의 동정과 결합에 초점을 두었다. 병해저항성은 끝이 없는 문제이다. 신품종 개발에 보통 10-11년이 걸리는데 개발된 저항성 형질의 수명은 병원균의 변이로 4-5년이 고작인 경우가 많다. 그러므로 새로운 형질을 위한 지속적인 육종이 요구된다. 연구개발의 8%는 극한적 온도와 강우 등 환경스트레스 저항성의 개발에 사용되었다.

유전자원의 공급원은 이미 개발된 품종으로부터 야생종과 생물공학이나 돌연변이로 개량된 품종에 이르기까지 다양하다. 일예를 표13에 나타낸다.

5년 동안 농업에서 성공적인(상업화 수준에 이른) 유전연구의 6.5%가 야생종과 재래종과 같은 비교적 덜 알려진 유전자원에서 비롯되었고 그러한 유전연구의 3%는 전적으로 야생종에서 상업화시스템으로 형질의 전이가 이루어졌다. 또다른 새로운 유전자원의 외부로부터의 급원은 인위돌연변이다. 다양성을 위한 기술적 접근을 통하여 새로운 유전자원의 약 2.2%를 공급하였다. 자연적 다양성을 대체하는 또 하나의 중요한 유전자원 공급원은 생물공학이다. 이 기술은 공급되는 전체 유전자원의 4.5%를 차지한다. 그러나 이와 같은 생물공학의 성공도 자연의 생물다양성에 크게 의존하는 것이다.

농업연구 및 개발은 정보의 투입을 이용한 경제적 패러다임(paradigm)에 잘 부합한다. 이러한 점에서 연구자들은 생산기술과 접목될 수 있는 유전자원을 종자산업을 비롯한 생물산업에서 가능한 여러 가지 혁신의 원동력으로 평가하기를 주저하지 않는다.

우리나라는 종자산업을 활성화하고 국제경쟁력을 강화가기 위하여 종자산업법을 제정하여 1997년 12월부터 발효하게 되었다.

새로 제정된 종자산업법의 주요내용을 살펴보면 다음과 같이 요약한다.

1) 종자산업법은 농림수산물 생산을 위한 모든 종가에 적용되며 신품종육성자권리보호제도를 도입하여 우량품종 개발을 촉진하는 제도를 포함한다. 따라서 신품종육성자에게 지적소유권 보호차원의 독점적 생산 및 판매권을 보장한다.

2) 또한 주요 작물종자에 대해서는 일정 수준이상의 성능보유 종자만 등록한 후 판매를 허용하도록 규정하며 우량종자를 믿고 공급할 수 있도록 종자보증제를 보완하여 유통종자에 대한 신뢰를 높이기 위해서는 유통전에 검사와 보증표시를 실시하도록 한다.

3) 종자품질을 차별화하여 우량종자의 생산, 보급에 대한 기반을 조성하기 위하여 종자업 및 종자 매매업을 등록 및 신고토록 하며 유통종자의 분쟁시에는 당사자간에 해결하도록 하되 분쟁 당사자가 분쟁종자에 대한 시험을 국가기관에 요청할 수 있도록 한다.

4) 그 밖에 제도운영기관과 육성자관리 침해 등의 품종보호에 대한 이의에 대하여 1심격의 품종보호심판원을 두며 종자위원회를 두어 농림부장관의 자문에 응하도록 한다(자세한 종자산업법 조항은 참고문헌-종자공급소 1996b -을 참조하기 바람).

이와 같이 종자산업의 국내외 여건이 변화하고 있으므로 앞으로 한국에서 종자산업의 육성과 연계하여 식물유전자원 활동을 강화함으로써 농업의 경쟁력을 키워 나가는 것이 중요하다. 이를 위해서는 ① 국가차원에서의 적절한 유전자원 연구체제 수립, ② 유전자원 탐사활동의 지속적 강화 및 탐사지역의 확대, ③ 유전자원 도입교환 및 식물방역의 효율성 제고를 위한 새로운 방역체제

〈그림 39〉 보리의 우량품종 종자증식(캐나다)

확립, ④ 국가차원에서의 유전자원 협의체제 편성, ⑤ 유전자원의 지속적이고 심도있는 평가 및 활용도 제고, ⑥ 작물의 유전적 침식 정도에 대한 년차적 점검 및 파악, ⑦ 유전자원 재증식에 따른 유전변이 소실 점검, ⑧ 식물원 개설에 의한 영양체자원 포장보존, 농가보존, 야생종 및 수목의 현지보존 추진, ⑨ 저장이 어려운 종자, 화분, 영양체자원과 미생물의 장기 안전보존법 개발, ⑩ 저장 보존 중인 유전자원의 중복여부 및 재정리, ⑪ 유전자원 정보의 전국망 조직화 추진, ⑫ 국가기관 및 국제기관과의 유전자원 데이터베이스 연결활용 체계확립, ⑬ 유전자원의 탐색, 수집, 평가, 보존, 이용을 위한 전문인력의 양성과 교육훈련 강화, ⑭ 유전자원 전문 연구소의 설립과 인력 및 예산확보 등을 심도있게 추진해 나가야 할 것이다.

✽ 참고문헌 ✽

< 단행본 >

최봉호, 강광희 1984, 종자학, 홍익제
농촌진흥청 년차보고서(Annual Report)1980-1994.
농촌진흥청 작물시험장 1984. 한국수도육종유전자원의 특성
농촌진흥청 1986. 식물유전자원평가기준
농촌진흥청 1986, 작물유전자원의 수집분류 이용체계 확립에 관한 연구-작물유전자원의 특성. 과학기술처연구보고서
농촌진흥청. 농업유전자원의 수집활용과 발전방향. 농진청 심포지엄 12.
농촌진흥청 작물시험장 1990. 약용식물 유전자원의 체계적 수집 및 특성연구. 과학기술처연구보고시
박철호, 안상득, 장병호, 함승시 1995. 산야초의 이해. 강원대출판부
박철호, 이기철 1991 식용산채생산론. 선진문화사
이인규, 김계중, 조재명, 이도원, 조도순, 유종수 1994. 한국의 생물다양성 2000. 민음사
안상득, 권병선, 이명선, 장병호 1993. 자원식물학개론. 선진문화사
종자공급소 1996a. 국제식물신품종보호동맹(UPOV) 및 동맹국가들의 제도 운영에 관한 연구.
안완식 1999. 우리가 지켜야 할 우리종자. 사계절
종자공급소 1996b. 새로운 종자제도 도입에 따른 우리나라 종자산업의 발전 방안

한국식물학회 1993. 자원식물의 탐색, 개발 및 활용전략

허문회, 박순직 1997, 신편 재배식물육종학. 한국방송대학교출판부

舘岡亞緒 1983. 植物の 種分化と 分類. 養賢堂

田中正武 1983. 有用遺傳資源の 探索收集と 活用方法. 種苗産業と 育種新技術 :269-285

鳥山國土 1985. 日本にぉける 作物遺傳資源の 收集保存 および 利用の 展望. 育種學 最近の 進步 第26集:3-11

松尾孝嶺 1989. 植物遺傳資源集成. 講談社

田中正武, 鳥山國土, 芦澤正和 1989. 植物遺傳資源入門. 技報堂出版 角田重三郞, 日向康吉 1991. 新版 植物育種學. 文永堂出版

蓬原雄三 1993. 育種とBioscience. 養賢堂

Basra A.S. 1995. Seed quality-Basic mechanism and agricultural implications. Food Products Press.

Copeland L.O., McDonald M.B. 1995. Seed science and technology · Chapman & Hall

Cotton C.M. 1996. Ethobotany-principles and applications. Wiley

Falk D.A., Holsinger K.E. 1991. Genetics and Conservation of rare plants. Oxford University Press

Frankel O.H. 1975. Genetic Resources for Todays and Tomorrow. ed. by Frankel O.H. and Hawkes J.G.

Holden J.H.W., Williams J.T., Hintum Th.J.L. van, Morales E.A.V. 1995. Core collections of plant genetic resources. John Wiley & Sons

Holden J.H.W., Williams J.T. 1984. Crop genetic resource: conservation & evaluation. George Allen & Unwin

Park Y. G., Skamoto S. Biodiversity and conservation of plant genetic resources in Asia. Japan Scientific Societies Press

Plucknett D.L., Smith N.J.H., Williams J.T., Anishetty N.M. 1987. Gene banks and the world's food. Princeton University Press

Redenvanugh K. 1993. Synseeds-applications of synthetic seeds to crop improvement. CRC Press

WRI, IUCW, UNEP 1992, Global Biodiversity Strategy.

< 논 문 >

안완식 1993. 우리 나라의 유전자원 보존현황과 21세기의 활용전략. '한국식물학회 심포지움 " 자원식물 의 탐색, 개발 및 활용전략" pp 23-37

Bommer D.F.R. 1991. The historical development of international collaboration in plant genetic resources. Crop Networks: 3-12

Bretting P.K. and Mark P. Widrlecher. 1995. Genetic Markers and Plant genetic Resource Management. Plant Breeding Review, Vol. 13:1186

Brown A.H.D, J.D.Briggs 1991. Sampling Stratigies for genetic variation in Ex Situ collections of endangered plant species. In " Genetics and conservation of rare plants Ced by Falk D.A.S & Holsinger K.E). Oxford University Press pp99-122.

Buliska-Radomska Z., W.Podyma, S.Goral 1991. Plant genetic resources conservation programme in Poland, a multi-institutional collaboration. Crop Networks:77-82

Cachon H.,C.Foury,M.Mitteau. 1991. Possible roles for educational establishments in genetic resources conservation networks. Crop Networks 89-91

Cauderon Y. 1979. Use of Agropyron species for wheat improvement. Proc. Conf. Broadening Genet. Base Crops, Wageningen, 1978. Pudoc, Wageningen:175-186

Chang T.T. 1983. Genetic resources of rice. Outlook on Agriculture 12:57-62

De Wet J.M.J. 1985. Problems in Field Collection. Plant Genetic Resources Newsletter 62:15-16.

Denton I.R. 1985. problems in Field Collection. Plant Genetic Resources Newsletter 62:15-16

Eric E.R. Long-term seed storeage. Plant Breeding Review Vol.7:129-158

Ewens W.J. 1972. The Sampling theory of selectively neutral alleles. Theor. Pop. Biol. 3:87-112

Friedt W. 1979. The use of Secale vavilovii in rye breeding. Proc. Conf. Brodening Genet. Base Crops, Wageningen, 1978. Pudoc, Wageningen:221-224

Glendinning D.R. 1979. The potato gene-pool, and benefits deriving from its supplementation. Proc. Conf. Broadening Gent. Base Crops, Wageningen 1978. Pudoc. Wagenigen:187-194

Hammer K. 1993. The 50th annivesary of the Gateraleben genebank. Plant Genetic Resources Newsletter 91/92: 1-8

Hamrick J.L. 1989. Isozymes and analysis of genetic structure of plant populations. In "Isozynes in plant biology Ced Soltis D. & Soltis P.)" Dioscorides Press PP 87-105

Hardon J.J. 1991. Intellectual property protection and genetic resources. Crop Networks:29-36

Hazekamp Th., Th.J.L. van Hintum. 1991. Central crop database in collaborative genetic resource management. Crop Networks:37-42

Hdgkin T. 1991. The core collection concept. Crop Networks:43-48

Jackson M.t. 1990. Global warming: the case for European cooreration for germplasm conservation and use. Crop Network:125-131

Leigh E.T. Biothechnology and Germplasm Preservation. Plant Breeding Review Vol.7:159-182

Muehlbauer F.J., W. J.Kaier, C.J.Simon 1994. Potential for wild species in cool Season food legume breeding. Euphytica 73:109-114

Mulat G., Damesa D. 1996. Collecting germplasm in the other and West Shewa administrative regions of Ethiopia Plant Genetic Resources Newsletter 105:39-42

Olez H. 1991. European System of Cooperative Research Networks in Agriculture(ESCORENA): a model for reginal cooperation. Crop Networks:83-87

Perdue R.E., Christenson G.M. 1989. Plant exploration. Plant Breeding Review Vol.7:67-94

Rajanai N. 1991. Oil palm gentic resources-public and privative sector collaboration Crop Networks: 117-123

Ramanatha R.V., K. W. Riley. 1994. The use of biotechnology for conservation and utilization of plant genetic resources. Plant Genetic Resources Newsletter 97:3-19

Reid R., E.Bettencourt 1991. The CGIAR collaborative system on plant genetic resources. Crop Networks:57-65

Rick C.M. 1979. Potential improvement of tomatoes by controlled introgression of genes from wild species. Proc. Conf. Broadening

Genet. Base Crops, Wageningen, 1978. Pudoc, Wageningen:167-173

Rieseberg L.H., R. Carter, S. Zona. 1990. Molecular tests of the hypothesized hybrid origin of two diploid Helianthus species (Asteraceae). Evolution. 44:1498-1511

Roath W.W. Evaluation and Enhancement. Plant Breeding Review Vol.7:183-211

Ross H. 1979. Wild species and primitie cultivars of potato varieties. Proc. Conf. Broadening Genet. Base Crops, Wageningen, 1978. Pudoc, Wageningen:237-245

Skoric D. 1993 Wild species use in sunflower breeding results and future direction. Plant Genetic Resources Newsletter:17-23

Sutter R. 1988. Status file dererminging priorities of rare species for ex situ protecion. North Carolina Botanical Garden, Chapel Hill

Swanson T. 1995. Global values of biological diversity : the public interest in the conservation of plant genetic resources for agriculture. Plant Genetic Resources Newsletter 105:1-7

Van Dijk G.E. 1979. Wild species the breeding of grasses. Proc. Conf. Broadening Genet. Base Crops, Wagenigen, 1978. Pudoc, Wageningen:211-216

Zhou M.D., J. chaoyu. 1985. The development of crop germplasm resources work in China. Plant Genetic Resources Newsletter 86:17-19

부록 1

종자은행에 보유중인 식물유전자원의 종류

屬名	種 數	点 數	속명	用度
Abeliophyllum spp.	1	1	미선나무속	관상용
Abelmoschus spp.	3	330	오크라	식용
Abies spp.	3	14	전나무속	관상용, 공업용, 약용
Abrus spp.	1	1	상사자속	관상용
Abutilon spp.	1	59	어저귀속	약용, 공업용, 관상용
Acalypha spp.	1	1	깨풀속	식용, 사료용
Acanthopanax spp.	1	1	오갈피나무속	약용, 식용
Acer spp.	3	13	단풍나무속	관상용, 공업용
Achillea spp.	2	3	톱풀속	관상용, 식용, 약용
Achyranthes spp.	1	4	쇠무릎속	약용, 식용
Aconitum spp.	5	6	투구꽃속	약용, 관상용
Actaea spp.	1	2	노루삼속	관상용
Actinidia spp.	3	7	다래나무속	식용, 관상용, 약용
Adenocaulon spp.	1	3	멸가치속	식용
Adenophora spp.	2	2	잔대속	식용, 관상용, 약용
Adonis spp.	1	1	복수초속	관상용, 약용
Aegilops spp.	26	142	염소풀	식용, 사료용
Aegle spp.	1	1	탱자나무속	약용, 관상용, 식용, 밀원용
Aeschynomene spp.	1	5	자귀풀속	사료용, 식용
Agastache spp.	1	12	배초향속	약용, 식용
Ageratum spp.	1	1	멕시코엉겅퀴	관상용
Agrimonia spp.	2	6	짚신나물속	식용, 약용
Agropyron spp.	2	2	개밀속	사료용, 퇴비용, 공업용
Agrostis spp.	3	8	겨이삭속	사료용, 퇴비용
Ailanthus spp.	1	1	가중나무속	공업용, 관상용, 약용
Akebia spp.	1	8	으름덩굴속	공업용, 식용, 약용
Albizia spp.	2	3	자귀나무속	관상용, 약용, 공업용
Alcea spp.	1	10	접시꽃속	관상용, 약용
Alisma spp.	1	5	택사속	약용
Allium spp.	39	1,529	부추속	식용, 약용
Allocasuarina spp.	1	1	Sheoak	관상용, 공업용
Alonsoa spp.	1	1	Alonsoa	관상용
Alopecurus spp.	1	3	뚝새풀속	사료용, 퇴비용
Alyssum spp.	1	1	양구슬냉이속	관상용, 식용

Amaranthus spp.	31	381	비름속	관상용, 약용
Amblyopyrum spp.	1	3	Amblyopyrum	식용, 사료용
Amomum spp.	1	3	꽃양하속	약용, 관상용
Amorpha spp.	1	1	족제비싸리속	관상용
Amorphophallus spp.	1	1	곤약속	식용, 약용
Amphicarpaea spp.	2	51	새콩속	식용
Andropogon spp.	1	1	쇠풀속	사료용, 퇴비용
Anemarrhena spp.	1	6	지모속	약용, 관상용
Anemone spp.	3	3	바람꽃속	관상용
Anethum spp.	1	23	소회향속	식용, 약용
Angelica spp.	7	31	당귀속	식용, 약용, 관상용
Annona spp.	1	1	안노나속	관상용, 공업용
Anthriscus spp.	1	2	전호속	약용, 식용
Antirrhinum	1	1	금어초속	관상용
Apium spp.	2	7	샐러리속	식용, 약용
Aquilegia spp.	3	3	매발톱속	관상용
Arabis spp.	1	1	장대나물속	식용
Arachis spp.	21	2,733	땅콩속	식용, 약용, 공업용
Aralia spp.	3	13	두릅나무속	식용, 약용, 관상용
Arctium spp.	1	15	우엉속	식용, 약용
Ardisia spp.	3	3	자금우속	관상용, 약용
Arisaema spp.	1	1	천남성속	약용, 식용, 관상용
Aristolochia spp.	1	1	쥐방울속	약용
Armeria spp.	2	2	나도부추속	관상용
Arrhenatherum spp.	1	30	개나래새	사료용
Artemisia spp.	2	4	쑥속	약용, 식용, 사방용
Arundinella spp.	1	13	새속	사료용, 퇴비용, 관상용
Arundo spp.	1	1	물대속	관상용, 공업용
Asclepias spp.	1	1	금관화속	관상용, 공업용
Asparagus spp.	4	8	비짜루속	식용, 약용, 관상용
Asperula spp.	1	1	선갈퀴속	퇴비용
Aster spp.	6	14	참취속	식용, 약용, 관상용
Astilbe spp.	1	3	노루오줌속	약용, 식용, 관상용
Astragalus spp.	3	15	황기속	약용
Atractylodes spp.	1	3	삽주속	약용, 식용, 관상용
Atriplex spp.	2	2	갯는쟁이속	식용, 약용
Aucuba spp.	2	2	식나무속	관상용, 공업용, 약용
Avena spp.	17	9,609	귀리속	식용, 사료용
Bassia spp.	1	4	바시아나무속	식용, 공업용, 약용

Bauhinia spp.	1	1	자형화속	관상용, 사방용
Belamcanda spp.	1	3	범부채속	관상용, 약용
Benincasa spp.	1	38	동아속	식용, 약용
Berberis spp.	1	1	매자나무속	식용, 약용, 관상용, 공업용
Berchemia spp.	1	2	망개나무속	공업용, 관상용
Beta spp.	6	97	근대속	식용, 약용, 공업용
Betula spp.	4	5	자작나무속	공업용, 약용, 관상용
Bidens spp.	3	5	도깨비바늘속	약용, 식용
Bilderdykia spp.	1	1	닭의덩굴속	식용, 약용, 사료용
Blainvillea spp.	1	1	매운잎풀속	관상용
Bletilla spp.	1	1	자란속	관상용, 약용
Boehmeria spp.	4	4	모시풀속	식용, 약용, 공업용
Borago spp.	1	1	양지치속	식용
Brachiaria spp.	1	1	Brachiaria	사료용, 퇴비용
Bracteantha spp.	1	2	깔깔이국화속	관상용
Brassica spp.	29	440	배추속	식용, 약용, 관상용
Bromus spp.	1	19	참새귀리속	사료용
Broussonetia spp.	1	1	닥나무속	약용, 공업용
Buchanania spp.	1	1	Buchanania	공업용, 식용
Bupleurum spp.	2	3	시호속	약용, 식용
Cacalia spp.	1	1	박쉬나물속	식용, 관상용
Cajanus spp.	1	173	나무콩속	사료용
Calamagrostis spp.	2	13	들새풀속	사료용, 퇴비용, 공업용
Calathea spp.	1	1	새우난초속	관상용
Calceolaria spp.	1	1	칼세오라리아속	관상용
Calendula spp.	1	2	금잔화속	약용, 관상용
Callicarpa spp.	3	4	작살나무속	관상용, 밀원용
Callistephus spp.	1	2	과꽃속	식용, 관상용
Calopogonium spp.	1	1	작두콩속	식용, 사료용
Calycanthus spp.	1	1	받침꽃속	관상용
Calystegia spp.	1	1	메꽃속	식용, 약용
Camellia spp.	2	4	동백나무속	관상용, 공업용, 약용
Canavalia spp.	1	2	해녀콩속	사료용, 식용
Cannabis spp.	2	56	삼속	공업용, 약용
Capsicum spp.	9	1,795	고추속	식용, 약용, 공업용, 관상용
Caragana spp.	1	1	골담초속	관상용, 약용, 밀원용
Cardiospermum spp.	1	4	풍선덩굴속	관상용
Carex spp.	5	7	사초속	퇴비용, 사료용, 사방용
Carica spp.	1	5	파파이야속	관상용, 약용, 공업용

Carpesium spp.	1	3	담배풀속	약용, 식용
Carpinus spp.	3	6	서어나무속	공업용, 관상용
Carthamus spp.	1	86	잇꽃속	약용, 공업용
Carum spp.	1	53	Caraway	식용, 약용, 관상용
Castanea spp.	2	32	밤나무속	식용 약용, 공업용, 밀원용
Catalpa spp.	1	1	개오동나무속	관상용, 약용, 밀원용, 공업용
Catharanthus spp.	1	2	일일초속	관상용, 약용
Caucalis spp.	1	1	개사상자속	약용
Cayratia spp.	1	1	거지덩굴속	약용, 관상용
Ceanothus spp.	1	1	큰꼬투리갈매나무	공업용
Ceiba spp.	1	3	세이바속	식용, 공업용
Celastrus spp.	1	3	노박덩굴속	식용, 관상용, 공업용
Celosia spp.	1	8	맨드라미속	관상용, 식용, 약용
Celtis spp.	1	2	팽나무속	식용, 공업용, 약용, 관상용
Cenchrus spp.	1	589	센처러스속	사료용, 퇴비용
Centaurea spp.	1	1	수레국화속	관상용
Centrosema spp.	4	5	Centrosema	식용, 관상용
Cephalanthera spp.	1	1	온대난초속	관상용
Cerastium spp.	1	1	점나도나물속	식용
Ceratonia spp.	1	1	쥐엄나무속	식용, 약용, 공업용
Cercis spp.	2	6	박태기나무속	관상용, 밀원용
Chamaecrista spp.	2	5		
Chamaecyparis spp.	3	5	편백속	공업용, 관상용, 약용
Chelidonium spp.	1	3	애기똥풀속	약용
Chenopodium spp.	4	15	명아주속	식용, 약용
Chimonanthus spp.	1	6	납매속	관상용
Chionanthus spp.	1	2	이팝나무속	관상용, 공업용, 약용
Chloranthus spp.	1	1	홀아비꽃대속	약용, 관상용
Chloris spp.	1	2	나도바랭이속	사료용, 퇴비용
Chrysanthemum spp.	2	47	국화속	관상용, 공업용, 약용
Cicer spp.	1	71	추두속	식용, 공업용
Cichorium spp.	3	67	꽃상치속	식용, 퇴비용
Cimicifuga spp.	1	1	승마속	식용, 약용
Cinnamomum spp.	1	2	녹나무속	약용, 공업용, 관상용
Circaea spp.	1	1	털이슬속	관상용, 사료용, 퇴비용
Cirsium spp.	4	5	엉겅퀴속	약용, 식용
Cistus spp.	6	6	시스터스속	관상용
Citrullus spp.	4	622	수박속	식용, 약용, 공업용
Citrus spp.	2	2	귤나무속	식용, 관상용, 약용

학명			국명	용도
Clarkia spp.	2	2	클라르키아속	관상용
clemates spp.	1	1		
Clematis spp.	8	8	으아리속	약용, 식용, 관상용
Clerodendrum spp.	1	3	누리장나무속	약용, 식용, 밀원용, 관상용
Clinopodium spp.	2	4	층층이꽃속	약용, 식용, 밀원용, 사료용
Cnidium spp.	1	1	천궁속	약용, 식용
Cocculus spp.	1	1	댕댕이덩굴속	공업용, 약용, 식용
Codonopsis spp.	3	13	더덕속	식용, 약용, 관상용
Coffea spp.	2	2	커피속	약용, 관상용, 공업용
Coix spp.	1	462	율무속	식용, 약용, 공업용
Colocasia spp.	1	15	토란속	식용, 약용, 공업용
Commelina spp.	1	2	닭의장풀속	식용, 약용
Consolida spp.	1	1	콘솔리다속	관상용, 약용
Corchorus spp.	3	27	마황속	사료용, 퇴비용, 관상용, 공업용
Coriandrum spp.	1	31	고수속	식용, 약용
Cornus spp.	5	22	층층나무속	관상용, 공업용, 약용
Cortaderia spp.	1	1	Cortaderia	사료용, 퇴비용
Corydalis spp.	1	3	현호색속	약용
Corylus spp.	2	4	개암나무속	약용, 식용
Cosmos spp.	2	7	코스모스속	관상용
Cotoneaster spp.	1	1	개야광나무속	관상용, 관상용, 약용
Crataegus spp.	1	6	산사나무속	공업용, 관상용, 식용, 약용
Crinum spp.	1	3	문주란속	관상용, 약용
Critesion spp.	1	1	Critesion	사료용, 퇴비용
Crotalaria spp.	5	28	활나물속	식용, 약용
Cryptomeria spp.	1	1	삼나무속	약용, 공업용, 관상용
Cryptotaenia spp.	1	1	반디나물속	식용, 약용
Cucumis spp.	13	2,086	참외속	식용, 약용
Cucurbita spp.	6	922	호박속	식용, 사료용, 약용
Cuminum spp.	1	12	쿠민속	식용, 약용
Cuphea spp.	1	1	쿠페아속	관상용
Cuscuta spp.	1	1	새삼속	약용, 식용
Cyamopsis spp.	1	71	치아놉스속	약용, 식용
Cyclanthera spp.	1	6	Achoccha	식용
Cymbopogon spp.	3	16	개솔새속	공업용
Cynanchum spp.	2	4	백미꽃속	약용, 관상용
Cynodon spp.	1	1	우산대바랭이속	공업용
Cyperus spp.	5	24	방동사니속	사료용, 퇴비용
Cyphomandra spp.	1	2	Cyphomandra	식용, 약용, 공업용

Cyrilla spp.	1	1	Cyrilla	공업용, 밀원용
Dactylis spp.	1	117	오리새속	사료용, 퇴비용
Daphniphyllum spp.	1	1	굴거리나무속	약용, 관상용
Dasypyrum spp.	1	1	Dasypyrum	사료용
Datura spp.	2	5	독말풀속	약용
Daucus spp.	2	94	당근속	식용, 약용
Delphinium spp.	2	3	제비고깔속	관상용, 약용
Dendranthema spp.	3	4	국화속	관상용, 공업용, 약용
Desmodium spp.	5	5	도둑놈의갈쿠리속	관상용, 약용, 사료용
Deutzia spp.	2	4	말발도리속	밀원용, 관상요
Dianthus spp.	15	20	패랭이꽃속	관상용, 약용
Dicentra spp.	1	1	금낭화속	관상용, 식용
Dictamnus spp.	1	1	백선속	약용, 관상용, 공업용
Diodia spp.	1	1	백령풀속	식용
Dioscorea spp.	3	21	마속	식용, 약용, 관상용
Dioscoreophyllum spp.	1	1	Dioscoreophyllum	식용, 약용
Diospyros spp.	3	26	감나무속	식용, 약용, 관상용, 공업용
Disporum spp.	1	2	애기나리속	식용, 약용
Dodecatheon spp.	1	1	미국앵초속	식용, 약용
Duchesnea spp.	1	3	뱀딸기속	식용, 약용
Dunbaria spp.	1	1	여우팥속	식용
Dystaenia spp.	1	2	섬바디속	식용, 약용
Eccoilopus spp.	1	9	기름새속	식용, 공업용
Echinochloa spp.	7	86	피속	식용, 사료용
Echinops spp.	2	2	절굿대속	식용, 약용
Eclipta spp.	1	1	한련초속	약용
Ehrharta spp.	1	1	Ehrharta	사방용, 사료용
Elaeagnus spp.	1	1	보리수나무속	식용, 약용, 관상용
Elettaria spp.	1	1	소두구속	식용, 약용
Eleusine spp.	1	34	왕바랭이속	사료용, 공업용
Eleutherococcus spp.	1	13		
Elsholtzia spp.	2	3	향유속	관상용, 약용, 밀원용, 식용
Elymus spp.	2	9	갯보리속	공업용, 사료용
Epilobium spp.	1	1	바늘꽃속	관상용, 사료용, 퇴비용
Eragrostis spp.	3	5	그령속	공업용, 사료용, 관상용
Eriobotrya spp.	1	2	비파나무속	공업용, 관상용, 약용, 식용
Eriocaulon spp.	1	1	곡정초속	약용, 퇴비용, 관상용
Eruca spp.	1	2	이루카속	식용, 약용
Erythroxylum spp.	1	1		

Eschscholzia spp.	1	2	금영화속	관상용
Eucalyptus spp.	1	1	유카립투스속	관상용, 공업용, 약용
Eucommia spp.	1	1	두충속	관상용, 약용
Eulalia spp.	2	4	개억새속	퇴비용, 사료용, 식용
Euonymus spp.	6	10	사철나무속	관상용, 약용, 식용
Eupatorium spp.	1	2	등골나무속	식용, 약용, 관상용
Euphorbia spp.	2	3	대극속	약용, 사방용
Fagopyrum spp.	2	475	메밀속	식용, 공업용, 밀원용
Fallopia spp.	1	2	닭의덩굴속	식용, 약용, 사료용
Festuca spp.	5	117	김의털속	퇴비용, 사료용, 약용
Ficus spp.	1	1	무화과나무속	식용, 관상용, 약용
Fimbristylis spp.	1	1	하늘지기속	사료용, 퇴비용
Firmiana	1	4	벽오동속	관상용, 공업용, 식용
Flueggea spp.	1	2		
Foeniculum	3	13	회향속	식용, 약용
Fragaria spp.	4	7	딸기속	식용, 약용
Fraxinus spp.	2	41	물푸레나무속	공업용, 관상용, 약용
Fritillaria spp.	1	1	패모속	약용, 관상용
Gaillardia spp.	2	2	천인국속	관상용
Galactia spp.	1	1		
Galium spp.	1	1	갈퀴덩굴속	퇴비용, 식용, 사료용, 관상용
Galtonia spp.	1	1		
Gardenia spp.	1	1	치자나무속	관상용, 약용, 식용
Gaultheria spp.	1	1		
Gentiana spp.	6	6	용담속	관상용, 약용
Geranium spp.	5	9	쥐손이풀속	약용, 사료용
Geum spp.	2	6	뱀무속	식용, 약용
Ginkgo spp.	1	11	은행나무속	식용, 약용, 관상용, 공업용
Glehnia spp.	1	1	갯방풍속	식용, 약용
Glycine spp.	10	18,323	콩속	식용, 공업용, 약용
Glycyrrhiza spp.	2	2	감초속	약용
Gnaphalium spp.	1	1	떡쑥속	식용, 약용
Gomphrena spp.	1	2	천일홍속	관상용
Gossypium spp.	19	710	목화속	공업용, 약용
Grewia spp.	1	1	장구밤속	식용, 관상용
Guizotia spp.	1	3	Guizotia	식용, 사료용, 공업용
Gynura spp.	1	2	삼칠초속	약용, 관상용
Gypsophila spp.	3	3	대나물속	관상용, 식용
Hamamelis spp.	1	1	풍년화속	관상용, 공업용, 약용

Hedera spp.	1	2	송악속	관상용, 약용
Helianthemum spp.	1	1		
Helianthus spp.	1	621	해바라기속	관상용, 식용
Hemerocallis spp.	3	13	원추리속	관상용, 식용, 약용, 밀원용
Heracleum spp.	1	1	어수리속	식용, 약용
Heteropappus spp.	1	1	갯쑥부쟁이속	식용, 관상용
Heynea spp.	1	1		
Hibiscus spp.	6	59	무궁화속	약용, 식용, 공업용, 관상용
Hieracium spp.	1	1	조밥나물속	식용, 약용, 관상용
Hippeastrum spp.	1	2	아마릴리스속	관상용
Hippophae spp.	2	10	서양보리수나무속	약용, 식용, 관상용
Hordeum spp.	21	18,112	보리속	식용, 공업용, 사료용
Hosta spp.	2	2	비비추속	관상용, 식용
Houttuynia spp.	1	1	약모밀속	약용, 관상용
Humulus spp.	1	4	환삼덩굴속	공업용, 약용
Hypericum spp.	19	25	물레나물속	식용, 관상용, 약용
Ilex spp.	1	2	감탕나무속	공업용, 관상용
Impatiens spp.	3	14	봉선화속	관상용, 공업용, 약용
Imperata spp.	1	2	띠속	식용, 약용
Indigofera spp.	1	1	땅비싸리속	사료용, 약용, 관상용, 밀원용
Inula spp.	2	4	금불초속	식용, 관상용, 약용
Ipomoea spp.	5	24	고구마속	식용, 공업용, 사료용
Iris spp.	3	8	붓꽃속	관상용, 약용
Isodon spp.	5	12	오리방풀속	식용, 약용, 관상용, 밀원용
Ixeridium spp.	1	3		
Juglans spp.	1	8	가래나무속	공업용, 약용, 식용
Juncus spp.	2	2	골풀속	퇴비용, 공업용, 관상용, 약용
Juniperus spp.	2	3	향나무속	관상용, 약용
Koelreuteria spp.	1	1	모감주나무속	관상용, 공업용
Kolkwitzia spp.	1	1		
Kosteletzkya spp.	1	1	Kosteletzkya	식용, 공업용
Kummerowia spp.	1	2	매듭풀속	사료용
Lablab spp.	2	43		
Lactuca spp.	3	192	고들빼기속	식용, 약용, 사방용, 사료용
Lagenaria	2	380	박속	식용, 공업용, 관상용
Lathyrus spp.	4	7	연리초속	약용, 식용
Laurus spp.	1	1	월계수속	식용, 약용, 관상용, 공업용
Ledebouriella spp.	1	4	방풍속	약용, 식용
Leersia spp.	1	1	겨풀속	사료용

속명	종수	자원수	국명	용도
Lens spp.	1	62		
Leontopodium spp.	2	2	솜다리속	식용
Leonurus spp.	2	12	익모초속	식용, 약용, 밀원용
Lepidium spp.	3	20	다닥냉이속	식용, 약용
Lespedeza spp.	3	11	싸리나무속	공업용, 사료용, 밀원용, 약용
Leucaena spp.	2	6		
Levisticum spp.	1	1	러비지속	식용, 약용
Ligularia spp.	1	1	곰취속	약용, 식용
Ligustrum spp.	2	4	광나무속	관상용, 약용, 공업용
Lilium spp.	8	19	백합속	관상용, 식용, 약용
Limnophila spp.	1	1	구와말속	관상용
Limonium spp.	3	3	갯길경속	관상용, 식용
Linaria spp.	2	2	해란초속	관상용
Lindera spp.	2	2	생강나무속	관상용, 공업용, 약용
Linum spp.	2	297	아마속	공업용, 관상용, 약용, 식용
Liriope spp.	1	6	맥문동속	관상용, 약용
Lobelia spp.	1	1	숫잔대속	관상용, 약용
Lolium spp.	4	298	독보리속	사료용, 약용
Lonicera spp.	6	10	인동덩굴속	식용, 약용, 관상용, 밀원용
Lotononis spp.	1	1		
Lotus spp.	3	19	벌노랑이속	사료용, 약용, 관상용
Luffa spp.	2	44	수세미오이속	관상용, 공업용, 약용
Lunaria spp.	2	2	루나리아속	관상용, 공업용, 밀원용
Lupinus spp.	10	28	루피너스속	관상용
Lychnis spp.	2	3	동자꽃속	관상용
Lycium spp.	1	8	구기자나무속	약용, 식용, 관상용
Lycopersicon spp.	11	1,397	토마토속	식용
Lycoris spp.	1	2	상사화속	관상용, 약용
Lysimachia spp.	4	8	까치수염속	식용, 약용, 관상용
Lythrum spp.	1	1	부처꽃속	약용, 관상용
Macroptilium spp.	1	1		
Macrotyloma spp.	1	20		
Magnolia spp.	4	7	목련속	공업용, 관상용
Mahonia spp.	1	4	뿔남천속	관상용, 약용
Maianthemum spp.	1	1	두루미꽃속	관상용
Malus spp.	7	32	사과나무속	공업용, 관상용, 약용, 식용
Malva spp.	2	32	아욱속	식용, 약용, 관상용
Mandevilla spp.	1	1		
Manihot spp.	1	2	카사바속	식용, 약용

Mazus spp.	1	1	주름잎속	식용, 사료용, 밀원용
Medicago spp.	3	117	개자리속	사료용, 약용
Melampyrum spp.	1	1	꽃며느리밥풀속	관상용, 밀원용, 사료용
Melilotus spp.	3	4	전동싸리	관상용, 약용
Mentha spp.	3	5	박하속	약용, 공업용, 식용, 밀원용
Metaplexis spp.	1	6	박주가리속	약용, 관상용
Mimulus spp.	1	1	물꽈리아재배속	퇴비용, 목초용
Mirabilis spp.	1	7	분꽃속	관상용, 공업용, 약용
Miscanthus spp.	3	13	억새속	관상용, 사료용, 공업용
Molinia spp.	1	5	진퍼리새속	관상용, 공업용, 사료용
Mollugo spp.	1	1	석류풀속	식용, 사방용
Momordica spp.	1	47	여주속	식용, 관상용, 약용
Monarda spp.	1	1	베르가못속	식용, 관상용
Monochoria spp.	1	1	물옥잠속	관상용
Mosla spp.	3	12	쥐깨속	약용, 식용
Mucuna spp.	1	2	무쿠나속	약용
Musa spp.	1	1	파초속	관상용
Narcissus spp.	1	1	수선화속	관상용, 약용
Nasturtium spp.	1	1	나스터티움	관상용
Neonotonia spp.	2	2		
Nepeta spp.	1	2	개박하속	약용, 식용, 공업용
Nicotiana spp.	3	7	담배속	기호용, 관상용, 공업용
Nigella spp.	3	5	대회향	식용, 약용
Ocimum spp.	2	52	바질	식용, 약용, 관상용
Oenothera spp.	2	15	달맞이꽃속	관상용, 사료용, 약용
Onobrychis spp.	1	1		
Oplismenus spp.	1	1	주름조개풀속	사료용
Oplopanax spp.	1	1	땅두릅나무속	약용, 관상용
Orchis spp.	1	1	난초속	관상용
Origanum spp.	1	1	꼭박하속	관상용, 식용, 약용, 밀원용
Oroxylum spp.	1	1		
Oryza spp.	23	25,387	벼속	식용, 공업용, 관상용, 비료용, 사료용
Osmunda spp.	1	1	고사리속	식용, 약용, 관상용
Ostericum spp.	2	8	묏미나리속	약용
Oxalis spp.	2	4	괭이밥속	식용, 관상용, 공업용
Oxytropis spp.	1	1	두메자운속	사료용, 밀원용, 관상용
Padus spp.	1	1	Padus	관상용
Paederia spp.	1	1	계요등속	약용
Paeonia spp.	4	42	작약속	약용, 관상용

Panicum spp.	4	1,003	기장속	식용, 사료용, 공업용
Papaver spp.	4	9	양귀비속	관상용, 약용
Pardanthopsis spp.	1	1		
Parthenocissus spp.	1	1	담쟁이덩굴속	관상용, 약용
Paspalum spp.	2	12	참새피속	약용, 사료용, 식용
Passiflora spp.	3	5	시계꽃속	관상용
Patrinia spp.	2	2	마타리속	약용, 식용
Paulownia spp.	1	1	오동나무속	공업용, 관상용, 밀원용, 약용
Pedicularis spp.	1	3	송이풀속	관상용, 퇴비용, 사료용, 밀원용
Pennisetum spp.	5	475	수크령속	사료용, 공업용, 사방용
Penstemon spp.	7	7	Penstemon	관상용
Perilla spp.	2	1,116	들깨속	약용, 식용, 공업용
Pernettya spp.	1	2		
Persea spp.	1	2	아보가도속	식용, 약용, 공업용
Persicaria spp.	5	16	여뀌속	관상용, 약용, 식용
Petasites spp.	1	3	머위속	식용, 약용, 관상용
Petroselinum spp.	2	10	파슬리속	식용
Petunia spp.	1	1	페튜니아속	관상용
Peucedanum spp.	1	2	기름나물속	식용, 약용
Phalaris spp.	3	11	갈풀속	관상용, 약용, 식용
Phaseolus spp.	5	2,929	강낭콩속	식용, 밀원용, 약용
Phleum spp.	1	73	산조아재비속	퇴비용, 사료용
Phlomis spp.	2	2	속단속	약용, 식용
Phragmites spp.	1	3	갈대속	퇴비용, 사료용, 식용, 관상용, 약용
Physalis spp.	2	3	꽈리속	식용, 약용, 관상용
Physocarpus spp.	1	1	산국수나무속	관상용
Phytolacca spp.	2	6	자리공속	약용, 관상용
Picea spp.	3	3	가문비나무속	공업용, 관상용, 약용
Picrasma spp.	1	1	소태나무속	관상용, 약용, 공업용
Pimpinella spp.	2	7	참나물속	식용, 약용
Pinellia spp.	1	1	반하속	약용
Pinus spp.	7	17	소나무속	공업용, 식용, 약용
Piper spp.	1	1	후추속	약용, 관상용
Piptatherum spp.	1	14		
Pisum spp.	4	649	완두속	식용, 관상용
Plantago spp.	6	67	질경이속	약용, 식용, 관상용
Platycladus spp.	1	4		
Platycodon spp.	1	50	도라지속	약용, 식용, 관상용
Poa spp.	3	39	포아풀속	사료용, 퇴비용, 관상용, 사방용

Podophyllum spp.	1	1	Podophyllum	식용, 약용
Polygala spp.	1	1	원지속	약용, 관상용
Polygonatum spp.	1	1	둥굴레속	약용, 식용, 관상용
Polygonum spp.	4	8	마디풀속	약용, 퇴비용, 사료용, 식용
Poncirus spp.	1	4	탱자나무속	약용, 관상용, 식용, 밀원용
Potentilla spp.	6	10	양지꽃속	식용, 관상용
Premna spp.	1	1		
Primula spp.	9	11	앵초속	식용, 관상용, 약용
Prosopis spp.	2	2		
Prunella spp.	4	7	꿀풀속	식용, 약용, 밀원용
Prunus spp.	8	45	벚나무속	관상용, 밀원용, 식용, 공업용, 약용
Pseudocydonia spp.	1	3	모과속	식용, 밀원용, 관상용, 공업용, 약용
Psophocarpus spp.	2	10	Psophocarpus	식용
Pterocarya spp.	1	2	중국굴피나무속	관상용, 공업용
Pueraria spp.	3	6	칡속	식용, 사방용, 약용, 공업용
Punica spp.	1	3	석류나무속	관상용, 식용, 공업용, 약용
Pyrola spp.	1	1	노루발풀속	관상용, 약용, 공업용
Pyrus spp.	2	16	배나무속	식용, 약용, 관상용, 공업용, 밀원용
Quercus spp.	3	11	참나무속	관상용, 공업용, 식용
Ranunculus spp.	3	4	미나리아재비속	약용, 식용
Raphanus spp.	5	1,235	무우속	약용, 식용
Rhamnella spp.	2	2	가마귀베개속	관상용, 공업용
Rheum spp.	3	6	대황속	식용, 약용, 관상용
Rhodanthe spp.	1	1	Rhodanthe	관상용
Rhodiola spp.	1	1	돌꽃속	관상용
Rhododendron spp.	2	2	철쭉속	관상용, 약용
Rhodotypos spp.	1	1	병아리꽃나무속	관상용, 밀원용
Rhus spp.	2	4	옻나무속	공업용, 관상용, 약용
Rhynchosia spp.	2	8	여우콩속	약용
Ricinus spp.	1	209	피마자속	공업용, 약용
Rorippa spp.	1	1	개갓냉이속	식용, 약용
Rosa spp.	6	17	장미속	관상용, 밀원용, 공업용
Rotala spp.	1	1	마디꽃속	식용
Rubia spp.	1	4	꼭두선이속	식용, 약용, 관상용, 공업용, 퇴비용
Ruellia spp.	1	1		
Rumex spp.	4	7	소리쟁이속	식용, 약용, 밀원용, 관상용
Ruta spp.	1	2	운향속	관상용, 약용
Sagina spp.	1	1	개미자리속	식용, 관상용
Salix spp.	1	1	버드나무속	공업용, 관상용, 약용

Salsola spp.	1	1	수송나물속	식용, 관상용
Salvia spp.	5	6	배암차즈기속	관상용, 식용, 약용
Sambucus spp.	4	5	딱총나무속	식용, 약용, 공업용, 관상용
Sanguisorba spp.	2	4	오이풀속	관상용, 약용, 밀원용
Sanicula spp.	2	2	참반디속	식용, 약용
Sapium spp.	1	1	사람주나무속	공업용, 관상용
Saponaria spp.	1	2	사포나리아속	관상용, 약용
Saposhnikovia	1	1	방풍속	식용, 약용
Saururus spp.	1	1	삼백초속	관상용, 약용
Scabiosa spp.	1	1	체꽃속	관상용
Schisandra spp.	1	6	오미자속	관상용, 약용, 공업용
Schizonepeta spp.	1	3	형개속	관상용, 약용
Schotia spp.	1	1		
Scilla spp.	1	3	무릇속	식용, 약용
Scirpus spp.	1	1	매자기속	관상용, 공업용, 퇴비용
Scrophularia spp.	2	4	현삼속	약용, 관상용
Scutellaria spp.	1	5	골무꽃속	식용, 약용, 밀원용, 관상용
Secale spp.	10	1,369	호밀속	식용, 사료용, 공업용
Securigera spp.	1	1		
Sedum spp.	6	8	돌나물속	약용, 관상용
Senna spp.	2	48	차풀속	식용, 약용
Sesamum spp.	5	8,041	참깨속	식용, 약용, 공업용, 밀원용, 사료용
Sesbania spp.	1	2	Sesbania	사료용, 녹비용
Setaria spp.	3	665	강아지풀속	사료용, 식용
Siegesbeckia spp.	1	1	진득찰속	약용, 식용
Silene spp.	3	6	끈끈이장구채속	관상용, 약용
Simmondsia spp.	1	2	Simmondsia	약용, 사방용
Sinapis spp.	4	19	Sinapis	약용, 식용, 공업용
Sisyrinchium spp.	2	2	등심붓꽃속	관상용, 약용
Smilax spp.	2	3	청미래덩굴속	약용, 식용, 관상용, 공업용
Solanum spp.	39	440	가지속	식용, 약용, 관상용
Solidago spp.	1	1	미역취속	식용, 약용, 관상용
Sonchus spp.	1	1	방아지똥속	식용, 사료용
Sophora spp.	1	5	회화나무속	약용
Sorbus spp.	5	9	마가목속	공업용, 약용, 식용, 관상용
Sorghastrum spp.	1	1	Sorghastrum	사료용, 퇴비용
Sorghum spp.	4	3,175	수수속	식용, 사료용, 공업용
Spartium spp.	1	1	Spartium	관상용, 사방용
Spinacia spp.	1	137	시금치속	식용, 약용

부록 ① 311

Spiraea spp.	5	7	조팝나무속	관상용, 밀원용	
Spodiopogon spp.	1	7	큰기름새속	사료용	
Sporobolus spp.	1	1	쥐꼬리새풀속	사료용	
Staphylea spp.	1	4	고추나무속	식용, 관상용	
Stellaria spp.	1	1	별꽃속	식용, 약용, 관상용	
Stemmacantha spp.	1	1			
Stipa spp.	2	8	나래새속	사료용	
Stylosanthes spp.	4	9			
Styphnolobium spp.	1	2	회화나무속	약용	
Styrax spp.	2	6	때죽나무속	공업용, 관상용, 약용	
Suaeda spp.	2	2	나문재속	식용, 관상용	
Symphoricarpos spp.	1	1	Symphoricarpos	관상용	
Symplocos spp.	1	2	노린재나무속	공업용, 관상용	
Syneilesis spp.	1	1	우산나물속	식용, 관상용	
Syringa spp.	1	1	수수꽃다리속	관상용, 약용, 밀원용	
Tagetes spp.	2	2	천수국속	관상용	
Tanacetum spp.	2	2	쑥국화속	관상용	
Taraxacum spp.	2	9	민들레속	식용, 사료용, 약용, 밀원용	
Taxus spp.	1	1	주목속	관상용, 약용	
Tencrium spp.	2	3			
Thalictrum spp.	1	1	꿩의다리속	식용	
Thelesperma spp.	1	1			
Themeda spp.	2	16	솔새속	공업용	
Thesium spp.	1	1	제비꿀속	약용	
Thunbergia spp.	1	1	Thunbergia	관상용	
Thymus spp.	1	1	백리향속	관상용, 공업용, 약용, 밀원용	
Tilia spp.	2	2	피나무속	공업용, 관상용, 약용	
Torreya spp.	1	2	비자나무속	공업용, 약용, 식용, 관상용	
Toxicodendron spp.	1	2	Toxicodendron	약용	
Trachelospermum spp.	1	1	마삭줄속	관상용, 약용	
Trachyspermum spp.	1	4	Trachyspermum	식용, 약용	
Trichosanthes spp.	2	6	하늘타리속	식용, 약용, 공업용	
Tricyrtis spp.	1	1	뻐꾹나리속	관상용	
Trifolium spp.	10	127	토끼풀속	사료용, 퇴비용, 밀원용, 관상용	
Trigonella spp.	2	16	호로파속	식용, 약용	
Tripleurospermum spp.	1	2	개꽃속	관상용, 공업용, 약용	
Tripterygium spp.	1	1	메역순나무속	식용, 공업용	
Trisetum spp.	1	1	잠자리피속	사료용	
Triticum spp.	25	16,877	밀속	식용, 공업용, 사료용	

Trollius spp.	1	1	금매화속	관상용
Tubocapsicum spp.	1	1	알꽈리속	약용
Tussilago spp.	1	1	관동속	약용, 관상용
Typha spp.	1	1	부들속	관상용, 약용, 공업용, 식용
Ulmus spp.	1	1	느릅나무속	약용, 관상용, 공업용, 식용
Urochloa spp.	1	1		
Urtica spp.	1	1	쐐기풀속	식용, 약용
Vaccinium spp.	3	8	월귤속	식용, 약용, 관상용"
Valeriana spp.	1	1	쥐오줌풀속	식용, 약용
Verbascum spp.	1	3	우단담배풀속	약용
Verbena spp.	1	1	마편초속	관상용, 약용
Verbesina spp.	1	1	Verbesina	관상용
Veronica spp.	4	4	꼬리풀속	식용, 퇴비용, 사료용, 약용, 밀원용
Viburnum spp.	5	6	가막살나무속	관상용, 식용
Vicia spp.	14	118	나비나물속	사료용, 밀원용, 식용
Vigna spp.	19	5,897	팥속	식용, 사료용, 밀원용
Viola spp.	10	21	제비꽃속	관상용, 식용, 약용
Viscaria spp.	1	1	Viscaria	관상용
Viscum spp.	1	1	겨우살이속	약용, 관상용
Vitex spp.	1	1	순비기나무속	관상용, 약용, 밀원용
Vitis spp.	3	21	포도속	식용, 약용, 공입용
Weigela spp.	2	2	병꽃나무속	밀원용, 관상용
Wisteria spp.	1	1	등나무속	밀원용, 관상용, 식용
X Triticosecale spp.	1	1,265	Triticale	식용, 사료용, 공업용
Xanthium spp.	1	3	도꼬마리속	식용, 약용
Xeranthemum spp.	1	1	Xeranthemum	관상용
Youngia spp.	1	1	고들빼기속	식용, 약용
Zanthoxylum spp.	3	41	산초나무속	약용, 관상용, 식용
Zea spp.	7	6,927	옥수수속	식용, 사료용, 공업용
Zelkova spp.	1	20	느티나무속	식용, 공업용, 관상용
Zingiber spp.	1	4	생강속	식용, 약용
Zinnia spp.	2	2	백일홍속	관상용
Ziziphus spp.	1	13	대추나무속	식용, 약용, 공업용
Zoysia spp.	1	3	잔디속	관상용, 사방용
575 屬	1,466 種 149,011 点			

농업유전자원관리규칙

〔2003. 9. 3 농림부령 제 1446 호〕

제1조(목적) 이 규칙은 종자산업법 제165조의 규정에서 위임된 사항과 그 시행에 관하여 필요한 사항을 규정함을 목적으로 한다.

제2조(농업유전자원관리계획의 수립·시행) ①농림부장관은 농업유전자원의 효율적인 관리를 위하여 매년 농업유전자원관리계획을 수립·시행하여야 한다.

②제1항의 규정에 의한 농업유전자원관리계획에는 다음 각호의 사항이 포함되어야 한다.

1. 농업유전자원의 수집·평가 및 등록에 관한 사항
2. 농업유전자원의 등급구분 및 분양에 관한 사항
3. 제3조의 규정에 의한 농업유전자원관리기관의 지정에 관한 사항
4. 그 밖에 농업유전자원의 효율적인 관리를 위하여 필요한 사항

제3조(농업유전자원관리기관의 지정 등) ①농촌진흥청장은 농업유전자원의 효율적인 관리를 위하여 농업유전자원과 관련된 다음 각호의 1에 해당하는 기관·단체 또는 개인의 신청을 받아 당해 기관·단체 또는 개인이 농업유전자원을 관리할 수 있는 능력이 있다고 인정되는 때에는 농업유전자원관리기관으로 지정할 수 있다.

1. 국가기관 및 그 소속기관
2. 국·공립 교육·연구기관, 정부투자기관 및 정부출연연구기관
3. 사립 교육·연구기관, 법인·단체 및 개인

②농림부장관은 제1항의 규정에 따라 지정된 농업유전자원관리기관에 대하여 다음 각호의 사항을 고려하여 예산의 범위안에서 농업유전자원의 수집·평가 및 보존에 필요한 경비의 전부 또는 일부를 지원할 수 있다.

1. 농업유전자원의 보유현황
2. 농업유전자원의 보존시설 및 관리인력

제4조(농업유전자원의 수집) ①농업유전자원관리기관은 농업유전자원을 수집하고자 하는 경우에는 미리 농촌진흥청장에게 별지 제1호서식에 의한 농업유전자원수집계획서를 제출하여야 한다.

②농업유전자원을 수집한 농업유전자원관리기관은 수집한 날부터 30일 이내에 별지 제2호서식에 의한 농업유전자원수집결과서에 별지 제3호서식에 의한 농업유전자원수집목록을 첨부하여 농촌진흥청장에게 제출하여야 한다.

제5조(농업유전자원의 평가) ①농업유전자원관리기관은 제2조의 규정에 의한 농업유전자원관리계획이 정하는 바에 따라 그가 보유하고 있는 농업유전자원에 대한 평가를 실시하여야 한다.

②제1항의 규정에 의한 농업유전자원의 평가에 관한 평가항목 및 평가기준 등에 관하여 필요한 사항은 농촌진흥청장이 정한다.

제6조(농업유전자원보유현황의 제출) 농업유전자원관리기관은 매년 말까지 그가 보유하고 있는 농업유전자원을 별지 제4호서식에 의한 농업유전자원보유현황서에 별지 제5호서식에 의한 농업유전자원보유목록을 첨부하여 농촌진흥청장에게 제출하여야 한다.

제7조(농업유전자원의 보존) ①농업유전자원관리기관은 농업유전자원의 특성에 따라 그 특성을 잃어버리지 아니할 수 있는 방법으로 농업유전자원을 보존하여야 한다.

②농촌진흥청장은 농업유전자원관리기관외의 자로부터 농업유전자원의 보존의뢰를 받은 때에는 제3조제1항의 규정에 따라 지정된 농업유전자원관리기관으로 하여금 보존하게 할 수 있다.

제8조(농업유전자원의 등급구분) 농촌진흥청장은 제6조의 규정에 따라 제출된 농업유전자원에 대하여 별표의 농업유전자원등급구분기준에 따라 등급을 부여하여야 한다.

제9조(농업유전자원의 분양) ①농업유전자원관리기관은 제2조의 규정에 의한 농업유전자원관리계획에서 정하는 바에 따라 그가 보존하고 있는 농업유전자원을 시험·연구의 목적에 한하여 국내 또는 국외에 분양할 수 있다. 다만, 외국과의 협약에 의하여 외국에서 수집된 농업유전자원의 경우에는 그 협약의 조건에 따른다.

②농업유전자원관리기관은 농업유전자원을 제1항 본문의 규정에 따라 시험·연구의 목적으로 국외에 분양하고자 하는 경우에는 다음 각호의 구분에 의한다.

1. 별표의 1등급 농업유전자원의 경우 : 농촌진흥청장의 승인을 얻은 후 분양

2. 별표의 2등급 농업유전자원의 경우 : 분양한 날부터 30일 이내에 농촌진흥청장에게 신고

③제1항의 규정에 의한 분양절차와 제2항의 규정에 의한 승인 및 신고 등 농업유전자원의 분양에 관하여 필요한 사항은 농촌진흥청장이 정하여 고시한다.

제10조(농업유전자원의 정보화사업 지원) 농림부장관은 종자산업법 제165조제1항의 규정에 따라 농업유전자원의 수집·평가·관리를 효율적으로 수행하기 위하여 농업유전자원관리기관이 다음 각호의 사업을 수행하는데 필요한 지원을 할 수 있다.

1. 농업유전자원의 정보처리 등의 표준화

2. 농업유전자원에 관한 통합 데이터베이스 구축

부　칙

이 규칙은 공포한 날부터 시행한다.

【별 표】

농업유전자원등급구분기준(제8조관련)

등 급	농업유전자원의 종류
1등급	○ 국내 야생근연종(野生近緣種), 국내 재래종, 국내 육성품종, 국내 육성계통의 종자·화분(花粉)·세포주(細胞株) 및 이들의 유전자 ○ 국내에서 수집된 미생물 및 이들의 유전자
2등급	○ 완두의 "Helia" 등과 같이 외국에서 수집한 유전자원의 종자·화분·세포주 및 이들의 유전자 ○ 외국에서 수집된 미생물 및 이들의 유전자

※ 비 고

1. "국내 야생근연종"이라 함은 국내에서 수집된 종으로서, "돌콩" 등과 같이 재배되고 있는 종과 가까운 관계에 있으나 현재 재배되고 있지 아니하는 종을 말한다.
2. "국내 재래종"이라 함은 국내에서 수집된 종으로서, 고추의 "수비초" 및 벼의 "돈나" 등과 같이 오랫동안 한 지역에서 재배되어 다른 지역의 품종과 교배되지 아니하고 그 지역의 기후풍토에 잘 적응된 종을 말한다.
3. "국내 육성계통"이라 함은 품종화되기 전의 국내 육성 개체군을 말한다.
4. "미생물"이라 함은 세균·진균·균류유사체 및 바이러스를 말한다.

【별지 제1호서식】

<table>
<tr><td colspan="4" align="center">농업유전자원수집계획서</td></tr>
<tr><td rowspan="3">제출인</td><td>성 명</td><td></td><td>전화번호</td><td></td></tr>
<tr><td>농업유전자원
관리기관명</td><td colspan="3"></td></tr>
<tr><td>주 소</td><td colspan="3"></td></tr>
<tr><td rowspan="3">수집인</td><td>성 명</td><td></td><td>근무부서</td><td></td></tr>
<tr><td>성 명</td><td></td><td>근무부서</td><td></td></tr>
<tr><td>성 명</td><td></td><td>근무부서</td><td></td></tr>
<tr><td colspan="2">수집일정</td><td colspan="3"></td></tr>
<tr><td colspan="2">수집지역</td><td colspan="3">시(도)　　　구(군)　　　동(면)　　　리
(국외자원수집일 경우 수집국가명과 수집대상지역을 기재합니다)</td></tr>
<tr><td colspan="2">수집목적</td><td colspan="3"></td></tr>
<tr><td rowspan="4">수집자원</td><td colspan="2">학 명</td><td>일반명</td><td>품종(계통)명</td></tr>
<tr><td colspan="2"></td><td></td><td></td></tr>
<tr><td colspan="2"></td><td></td><td></td></tr>
<tr><td colspan="2"></td><td></td><td></td></tr>
<tr><td colspan="2">기 타</td><td colspan="3"></td></tr>
<tr><td colspan="5">　농업유전자원관리규칙 제4조제1항의 규정에 따라 농업유전자원수집계획서를 위와 같이 제출합니다.

 년　　　　월　　　　일
 제출인　　　　(서명 또는 인)　　
농촌진흥청장 귀하</td></tr>
</table>

210mm × 297mm(일반용지 60g/㎡(재활용품))

【별지 제2호서식】

농업유전자원수집결과서				
제출인	성 명		전화번호	
	주 소			
농업유전 자원관리 기관	기관장			
	기관명			
	소재지(위치)			
총 수집점수/페이지				

농업유전자원관리규칙 제4조제2항의 규정에 따라 농업유전자원수집결과서를 위와 같이 제출합니다.

년   월   일

제출인   (서명 또는 인)

농촌진흥청장 귀하

210mm × 297mm(일반용지60g/㎡(재활용품))

【별지 제3호서식】　　　　　　　　　　　　　　　　　　　　　　　　　(앞쪽)

① 일련번호	② 수집번호	③ 구 분	④ 학 명	⑤ 일반명 및 품종명	⑥ 수집연도	⑦ 수집자	⑧ 수집처	⑨ 자원내력	⑩ 기 타

농업유전자원 수집목록

210mm × 297mm(일반용지 60g/㎡(재활용품))

(뒤쪽)

※ 작성요령
① 일련번호 : 1번부터 연번으로 기재합니다.
② 수집번호 : 수집의 경우 농업유전자원관리기관이 부여한 농업유전자원 수집번호, 외국에서 도입한 경우 도입처의 농업유전자원 고유번호를 기재합니다.
③ 구분 : 수집의 경우 수집, 외국에서 도입한 경우 도입으로 기재합니다.
④ 학명 : 속명, 종명, 아종, 변종 및 명명자를 모두 기재합니다.
⑤ 일반명 및 품종명 : 작물명과 품종명을 기재합니다.
⑥ 수집연도 : 농업유전자원의 최초 수집연도를 기재합니다.
⑦ 수집자 : 농업유전자원을 최초로 수집한 개인 또는 기관을 기재합니다.
⑧ 수집처 : 농업유전자원을 최초로 수집한 국가 및 장소를 기재합니다.
⑨ 자원내력 : 야생종, 재래종, 육성계통, 품종, 미생물 및 유전자 중 택일하여 기재합니다.
⑩ 기타 : 그 밖의 수집과 관련한 특이 사항을 기재합니다.

【별지 제4호서식】

<table>
<tr><td colspan="4" align="center">농업유전자원보유현황서</td></tr>
<tr><td rowspan="2">제출인</td><td>성 명</td><td></td><td>전화번호</td><td></td></tr>
<tr><td>주 소</td><td colspan="3"></td></tr>
<tr><td rowspan="3">농업유전
자원관리
기관</td><td>기관장</td><td colspan="3"></td></tr>
<tr><td>기관명</td><td colspan="3"></td></tr>
<tr><td>소재지</td><td colspan="3"></td></tr>
<tr><td colspan="2">총 수집점수/페이지</td><td colspan="2"></td></tr>
</table>

　　농업유전자원관리규칙 제6조의 규정에 따라 농업유전자원보유현황을 위와 같이 제출합니다.

년　　　월　　　일

제출인　　　　(서명 또는 인)　　

농촌진흥청장 귀하

210mm × 297mm(일반용지 60g/㎡(재활용품))

【별지 제5호서식】 (앞쪽)

농업유전자원보유목록		구 분	
^	^	☐ 종자	☐ 화분
^	^	☐ 세포주	☐ 미생물
^	^	☐ 유전자	
① 농업유전 자원번호		② 등급구분	
③ 농업유전 자원종류			
④ 학 명		⑤ 일반명 및 품종명	
⑥ 수 집 자		⑦ 수집장소	
⑧ 보존연도		⑨ 보존방법	
⑩ 수집경로			
⑪ 특이사항			

210mm × 297mm(일반용지 60g/㎡(재활용품))

(뒤쪽)

※ 작성요령
① 농업유전자원번호 : 농업유전자원관리기관이 부여한 당해 농업유전자원의 번호를 기재합니다.
② 등급구분 : 농업유전자원관리규칙 별표에 의한 등급을 구분하여 기재합니다.
③ 농업유전자원종류 : 농업유전자원의 등급구분은 농업유전자원관리규칙별표에 의한 농업유전자원의 종류를 기재합니다.
④ 학명 : 속명, 종명, 아종, 변종 및 명명자를 기재합니다.
⑤ 일반명 및 품종명 : 일반명, 작물명 및 품종명을 국영문으로 기재합니다.
⑥ 수집자 : 당해 농업유전자원을 최초로 수집한 개인 또는 기관명을 기재합니다.
⑦ 수집장소 : 당해 농업유전자원을 최초로 수집한 장소를 기재합니다.
⑧ 보존연도 : 당해 농업유전자원관리기관이 보존한 연도를 기재합니다.
⑨ 보존방법 : 당해 농업유전자원을 보존한 장소, 보존용기의 온도?습도 및 보존방법을 기재합니다.
⑩ 수집경로 : 당해 농업유전자원이 농업유전자원관리기관에 수집되기까지의 경로를 기재합니다.
⑪ 특이사항 : 당해 농업유전자원의 농업적 특성을 기재합니다.

유전자원관리규정

〔1985. 11. 22 농촌진흥청훈령 제343호〕

개정 1992. 6. 26 농촌진흥청훈령 제429호 전문개정
　　　1995. 6. 28 농촌진흥청훈령 제488호
　　　1996. 10. 28 농촌진흥청훈령 제512호
　　　2002. 6. 14 농촌진흥청훈령 제611호

제1조(목적) 이 규정은 국내외 유전자원에 대한 신속한 정보교환과 유전자원의 수집·평가·보존·이용 및 분양에 관한 업무를 효과적으로 수행하기 위하여 필요한 사항을 규정함을 목적으로 한다.

제2조(정의) 이 규정에서 사용되는 용어의 정의는 다음과 같다.

1. "유전자원"이라 함은 야생종, 재래종, 장려품종 및 지방적응연락시험 공시계통과 고세대계통중 보존가치가 있는 특수형질 계통에 대한 종자, 영양체와 미생물, 유전자, 세포주(이하 "미생물, 유전자, 세포주"를 "미생물"로 통칭한다), 잠종, 종축, 정액 등 농림업에 관련된 자원을 말한다.

2. "농촌진흥기관"이라 함은 농촌진흥청과 소속 농업과학기술원, 농업생명공학연구원·연구소·시험장, 도농업기술원 및 시·군 농업기술센터를 말한다.

제3조(적용범위) 이 규정은 농촌진흥기관이 수행하는 일체의 유전자원에 대한 업무에 이를 적용한다.

제3조의2(종자은행) 유전자원의 등록·수집·보존·평가 및 분양 등에 관한 업무를 전담하게 하기 위하여 농촌진흥청 농업생명공학연구원에 종자은행을 둔다.

제4조(유전자원의 도입) ①농촌진흥기관의 시험연구용 종자·미생물의 수입여부에 관하여는 당해 농촌진흥기관의 장이 결정하되, 주요농작물종자법시행규칙 제5조제2항에서 규정하고 있는 수입종자의 한도량을 초과하는 경우에는 농촌진흥청장에게 신고하여야 한다.

②제1항에 규정한 종자·미생물 이외의 유전자원을 수입하고자 할 때에는 종자산업법, 잠업법, 축산법, 가축전염병예방법 및 식물방역법등 관계법령에 따라, 검사·신고 및 허가를 거쳐야 한다.

제5조(유전자원의 등록) ①농촌진흥기관이 수집 또는 수입한 유전자원은 별지 제1-1, 제1-2호 서식에 의한 종자도입(수집) 대장, 미생물/세포주 기록서를 종자은행에 등록하여야 한다. 다만 국제연락시험 등의 경우에는 시험이 끝난후에 등록할수 있다

②종자은행에 등록할 수 있는 식물유전자원은 국내외에서 수집한 재래종, 야생종, 재배품종, 그리고 국내 육성품종 및 지역적응시험 계통과 고세대계통중 보존가치가 있는 특수형질의 계통으로 하되, 미생물의 경우는 분류, 동정이 끝났거나 특성이 평가된 것에 한한다.

③농촌진흥기관에서 새로 육성한 지역적응성연락시험 공시계통과 신품종은 각각 공시 첫해 또는 종자심의회 상정과 동시에 종자은행에 등록하여야 한다.

제6조(격리재배) 유전자원을 도입한 농촌진흥기관의 장은 격리된 포장 또는 시설에서 시험연구를 하여야 한다.

제7조(유전자원의 평가 및 활력갱신) 종자은행과 농촌진흥기관은 수입 또는 수집하여 보존하고 있는 유전자원에 대하여 제10조 제4항의 유전자원실무위원회에서 정한 유전자원 평가기준과 추진계획에 따라 그 특성을 평가하고 증식하여 활력을 갱신하여야 한다.

제8조(유전자원 정보전산화) 종자은행은 농촌진흥기관에서 평가한 유전자원의 정보를 해당기관의 협조하에 전산화한다.

제9조(평가결과통보 및 유전자원 관리) ①농촌진흥기관의 장은 수입 또는 수집한 유전자원에 대하여 평가된 결과를 종자은행에 통보하여야 한다.

②제1항의 평가결과 통보시 종자의 경우는 병충해립, 이물질, 이종이 없이 정선하여 별표 1에 의한 작목별 종자저장 기준량을 평가된 특성과 함께 송부하여야 한다.

③종자이외의 유전자원인 과수, 잠상, 장기보존 불가능 미생물, 동물 및 서류 등 영양체 자원에 대한 평가 결과와 유전자원은 해당 농촌진흥기관에서 보존하여야 하며, 보존목록은 매년도 말에 종자은행에 통보하여야 한다.

④종자은행은 제2항의 규정에 의거 송부된 종자와 목록을 전산화하여 보존한다.

⑤종자은행은 주기적으로 수집된 유전자원의 보존목록을 유관기관에 배부해야 한다.

⑥수입 유전자원에 대한 평가(시험) 결과는 필요한 경우 수입국에 통보할 수 있다.

제10조(유전자원자문위원회등) ①유전자원에 관련된 연구 및 활용의 효율제고를 위하여 농촌진흥청에 "유전자원자문위원회"와 "유전자원실무위원회"를 둔다.

②유전자원자문위원회는 15인 이내로 구성하며, 위원장은 농촌진흥청 연구관리국장이 되고, 위원으로는 위원장이 지정하는 소속시험연구기관의 장 6인과 다음 각호의 자중 위원장이 위촉하며, 간사는 농촌진흥청 연구관리국 생명공학기획조정과장으로 한다.

1. 해당 분야의 대학교수 3인 이내

2. 종묘회사 연구책임자 3인 이내

③유전자원실무위원회는 20인 이내로 구성하며 위원장은 농업생명공학연구원장이 되고, 위원으로는 수도, 맥류, 두류, 잡곡, 특작, 과수, 화훼, 잠상, 버섯, 식물병, 동물병독, 농림미생물, 가축등 각 분야별로 해당부서의 과장, 특화작목시험장장과 위원장이 위촉하는 분야별 대학교수 및 종묘회사의 연구원으로 하며, 간사는 농업생명공학연구원 유전자원과장으로 한다.

④유전자원자문위원회는 농업유전자원 연구에 관한 정책자문, 유전자원의 평가, 증식, 활용등에 관한 관련 기관간의 협력과 유전자원 연구관련 예산에 대한 권고 등 유전자원에 관련된 기본방향을 협의하며, 유전자원실무위원회는 종자은행에 대한 자원분야별 기술자문, 유전자원 수집 우선순위, 평가계획 수립 및 수행, 평가기준 설정, 정보전산화 및 유전자원에 관련된 제반 실천사항을 협의한다.

⑤유전자원자문위원회와 유전자원실무위원회는 위원장의 요청으로 개최한다.

제11조(유전자원의 분양) ①농촌진흥기관에서 보유하고 있는 유전자원을 분양하고자 할 때에는 별지 제3호 서식에 의하여 농업생명공학연구원장이 이를 수행한다.

②저장 유전자원은 농촌진흥기관의 시험연구 재료로 우선 분양하여야 하며, 대학, 유전·육종 관련 연구기관, 육종연구회사와 국외의 육종관계기관 및 연구자에게 분양할 수 있다.

③농촌진흥기관에서 보유중인 모든 유전자원의 국외 분양은 종자은행을 창구로 하여야 하며, 농촌진흥기관에서 육성한 식물 신품종은 육성년도로부터 3년이내에는 국외로 분양할 수 없다.

④유전자원의 분양을 받고자 하는 자는 다음 각호에 해당하는 유

전자원 분양 신청서를 농업생명공학연구원장에게 제출하여야 한다.
1. 종자분양신청서(별지 제2-1호 서식)
2. 균주분양신청서(별지 제2-2호 서식)

⑤농촌진흥기관의 시험연구목적으로 사용되는 유전자원은 무상으로 분양하는 것을 원칙으로 하며, 농촌진흥기관외의 기관에 대한 유전자원의 분양은 유상으로 하되 그 비용은 농업생명공학연구원장이 유전자원의 분양과 보존에 소요되는 경비를 고려하여 이를 결정한다. 다만, 대학·공익기관 또는 유전자원 기탁자에 대한 분양은 무상으로 할 수 있으며 그 결정은 농업생명공학연구원장이 한다.

⑥분양된 유전자원은 농업생명공학연구원장의 동의없이 타인에게 재분양하지 못한다.

⑦분양된 미생물이 오염되거나 생존치 못하는 것이 분양기관에서 취급중의 원인에 의해서 발생된 것이 확실할 때는 분양기관은 구매자의 요구에 따라 분양가격을 환불하거나 재분양한다.

⑧1점당 종자분양량은 옥수수 등과 같은 대립종은 50립씩, 수도와 맥류 등과 같은 소립종은 5g내외, 참깨와 무같은 극소립종은 1g내외를 별표 1의 작목별 종자저장 및 분양기준량에 의거 분양하고, 미생물의 1점당 분양은 봉합된 Pyrex ampoule에 동결 건조된 상태 또는 활성화된 상태로 분양한다.

⑨채소, 화훼의 경우 농촌진흥기관이 수집육성한 육종재료에 대해서는 일정기간 동안은 유상분양을 원칙으로 하되, 별첨 1의 채소?화훼육종소재 분양 요령을 적용한다.

제12조(유전자원 접근제한) 제11조의 규정에도 불구하고 다음 각호에 해당하는 유전자원과 그 정보는 기탁자의 요구에 의해 분양·

공개를 제한할 수 있다.
1. 특허법등에 의거 육성자권리를 보호받는 품종 또는 유전자원
2. 다른 법령에 의거 국외반출 또는 반입이 금지되어 있는 유전자원
3. 증식이 어렵고 증식이나 수집에 과다한 비용이 소요되는 자원
4. 영리단체가 중요한 영업비밀에 속하는 자원을 기탁하고 보호를 요청한 자원

부 칙

① (시행일) 이 규정은 공포한 날로부터 시행한다.
② (폐지규정) 농촌진흥청훈령 제312호 종자관리규정은 이를 폐지한다.

부 칙〈1992. 6. 26〉

이 규정은 공포한 날로부터 시행한다.

부 칙〈1995. 6. 28〉

이 규정은 발령한 날로부터 시행한다.

부 칙〈1996. 10. 28〉

이 규정은 발령한 날부터 시행한다.

부 칙〈2002. 6. 14〉

이 규정은 발령한 날부터 시행한다.

부록 3

농업유전자원정보센터 DNA Bank 소개

국가 핵심자원의 DNA/Tissue Bank

농업유전자원은 쌀과 보리 등을 포함하는 식량작물, 꽃 등을 포함하는 원예작물, 인삼 등을 포함하는 약용 혹은 특용작물 등, 농업적으로 이용되는 동물·식물·미생물 자원을 일컫는 포괄적 개념이다. 현재 많은 생물 종들이 환경 변화에 따라 사라져가는 상황에서 농업유전자원은 현재 국가의 식량안보 및 자원 주권을 위한 중요한 자원이며 또한, 잘 보존하여 후대에 물려주어야 할 유산이기도 하다. 농업유전자원센터에서는 토종 재래종 자원을 포함하여 국가적으로 중요도가 높고 가치있는 국가 핵심자원을 대상으로 유전 정보를 저장하는 DNA를 뽑아 저장하고, 개별 자원들의 유전적 특성을 분자 표지를 이용하여 확인하는 DNA profiling을 실시하고 있다. 또한 이렇게 얻어진 현황과 결과들에 대하여 이용자들이 쉽게 접근할 수 있도록 데이터베이스를 구축하고 인터넷을 통해 공개하고 있다.

국가 핵심자원의 DNA Bank 구축

벼와 같이 DNA 상에서 유전적 특성을 확인하는 분자 표지가 이미 개발되어있는 작물에서는 이를 이용하여 국내외 주요 자원들에 대하여 고밀도로 DNA profiling을 진행하고 있다. 분자 표지가 미개발된 토종 재래종 자원을 포함하는 소면적 재배작물에서는 자체적으로 분자 표지를 개발하여 DNA profiling을 진행함으로써 국가 핵심자원들의 유전적 특성을 확인하고 있다.

DNA/Tissue Bank 구축의 의의

□ 토종자원을 포함하는 국가 핵심자원의 보호기반 구축

세계적으로 식물유전자원국제협약이 발효('04. 6. 29)됨에 따라 협약이 우리나라에서 인준될 경우 국내에 보유중인 농업유전자원들을 국제적으로 공개하고 공유해야 하는 상황이 되었다. 우리나라는 생물자원의 이용분야에 있어서 선진국에 비해 매우 뒤떨어져 있는 상태로, 종자산업의 모태인 유전자원의 보존 및 생물자원 연구의 내실화로 국제경쟁력을 제고하고자 농업유전자원 관련법령(2007년, 7월 법제정)이 제정되면서 이를 위한 농업유전자원 보호와 이용 확대를 위해 힘을 쏟고 있다.

전 세계적으로 가장 일반적인 상비약 아스피린도 버드나무에서 추출한 천연물질이고 항암제로 유명한 택솔은 주목나무에서 얻은 생약물질로 단일 의약품의 연간매상액이 1조원에 달하고 있으며 우울증 치료제의 연간 매출규모가 20조원에 이른다고 한다. 생물자원을 이용한 상품의 세계적인 시장규모가 약 8,000천억 달러에 달하는 천문학적 숫자를 차지한다는 사실은 생물공학산업이 가지는 무궁무진한 영역을 선점하는 것이 해당기업뿐 아니라 국가 경쟁력 향상의 지름길이라고 볼 수 있다.

예를 들어, 한 국내 과학자가 우리 종자은행에서 분양받은 벼 품종을 이용하여 일반 수확량의 2배가 되는 벼 품종을 만들었다고 가정하자. 벼의 크기, 모양, 색깔 등은 다른 일반 벼 품종과의 차이가 주관적으로 치우칠 수 있기 때문에 다른 나라에서 도입 후 자국의 품종이라고 주장할 우려가 있으며, 개발한 과학자의 특허권 또한 보장받기 힘든 경우가 있다. 이러한 경우에 이미 분양해준 벼 품종의 DNA 특성을 가지고 있다면 분쟁의 소지를 잠재울 수 있으며 위에서 언급한 바 대한민국의 벼 품종으로서 쌀을 주곡으로 삼고 있는 대부분의 국가에 엄청난 이익과 함께 원천기술을 보급할 수 있다.

이러한 상황에서 DNA Bank 구축은 토종 재래종 자원을 비롯한 국가적으로 중요한 국가 핵심자원에 대하여 우리의 주권 주장을 위한 과학적 증거를 제시해 줄 수 있는 기반이라는 점에 의의가 있다. 한 예로 우리나라의 토종 콩을 이용하여 다른 나라에서 기능성이 탁월한 콩을 육종하였을 때 우리 토종 콩의 특성을 우리가 이미 조사하여 알고 있다면 우리 토종 품종 이용에 대한 권리를 요구할 수 있는 근거를 갖게 됨으로써 자원 주권 주장에 기여할 수 있다.

□ 연구자들의 연구기간 단축

또한 DNA Bank 구축 및 분양을 통해 여러 가지 유전적 특성 정보를 이용자들에게 제공함으로써 종자은행에 보유한 유전자원들의 이용성을 높이고 추후 보존자원에 대한 분자유전학적으로 평가를 추진할 수 있는 기반이 구축되었다는 데 의의를 둘 수 있다. 각 과학자들이 연구를 시작함에 있어서 필요로 하는 식물자원에 대해서 DNA 특성을 인터넷을 통해서 제공함으로써 식물자원의 선발과 분석에 대한 시간을 한층 줄여줄 수 있으므로 연구에 대한 질적, 양적 향상에 크게 이바지할 수 있다

□ 전 세계 밥상에 made in Korea

사계절이 뚜렷한 대한민국에 다른 도움이 없이 움직일 수 있는 능동적인 동물과 달리 수동적인 식물은 몇 백년 동안 그 자리를 지켜오고 있다. 오랜 기간동안 각 지역에 맞게 그리고 기온에 맞게 자생하는 우리나라 자생식물들은 다양한 환경에서 적응하기에 이용가치가 매우 크다. 이들 자생식물과 우리나라에서 만든 식물 품종에 made in korea 란 꼬리표를 붙일 수 있다.

□ 세계수준

20세기 이후 DNA가 유전자를 가지고 있는 물질임이 밝혀지고 지금까지 동물, 식물 뿐만 아니라 미생물의 DNA를 이용한 여러 기술 및 활용이 세계 각국에서 연구되고 보고되고 있다. 이러한, 다방면에 이용 가능한 DNA의 확보는 이미 선진국들을 중심으로 국가직 핵심 전략 중의 하나가 되었다.

외국의 DNA Bank 운영 Web-Site

DNA Bank	국가	인터넷 사이트
Australian Plant DNA Bank	호주	www.dnabank.com.au
BGBM DNA Bank	독일	www.bgbm.org
DNA Bank Brazilian Flora Species	브라질	www.jbrj.gov.br
DNA Bank at Kirstenbosch	남아프리카	www.nbi.ac.za
IRRI. DNA Bank	필리핀	www.irri.org/GRC/GRChome
National Herbarium Netherlands DNA Bank	네덜란드	www.nationaalherbarium.nl
NIAS DNA Bank	일본	www.dna.affrc.go.jp
Royal Botanic Garden Edinburgh DNA Bank	스코틀랜드	www.rbge.org.uk
Royal Botanic Gardens, Kew :Plant DNA Bank database	영국	www.rbgkew.org.uk
Tropical Plant DNA Bank	미국	www.fairchildgarden.org
Missouri Botanic Garden DNA Bank	미국	www.wlbcenter.org

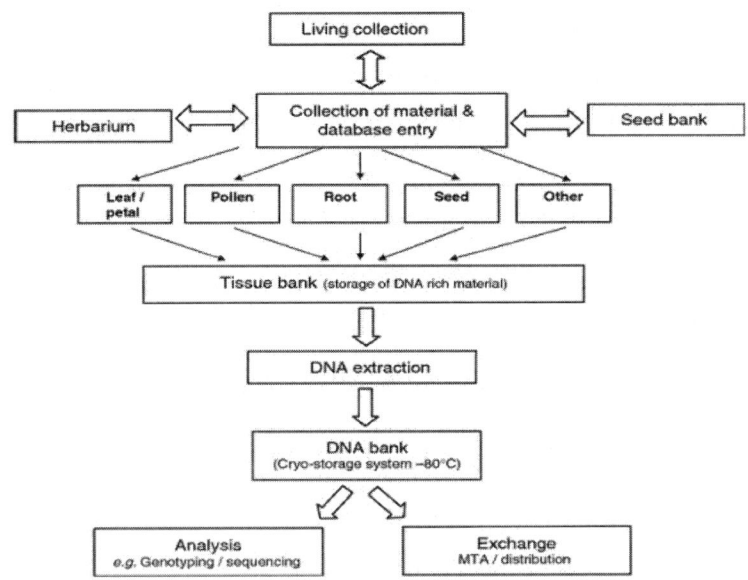

국제적으로 추진중인 DNA Bank의 운영시스템 : DNA - 초저온 보존,
조직시료 - 영하 20도 보존

지금 전 세계는 ITPGRFA(식량농업 식물유전자원 국제조약)와 UPOV(국제 식물 신품종 보호동맹)의 발효로 인하여 자국의 토종 식물 자원에 대해서 주권을 주장할 수 있고, 식물 품종 발명자의 특허권을 보장해 줄 수 있다. 특히, 자국의 식물에 대해서 타국의 식물과 특별한 모양적인 차이를 보이지 않는 경우 분쟁이 생길 수 있는데, DNA 기술을 이용하여 그 차이를 입증할 수 있으며 (Marker), 이를 토대로 과학적인 증거자료를 제시할 수 있다. 이러한 DNA의 확보는 크게 보면 국가의 주권과도 일맥상통 할 수 있다.

▫ DNA/Tissue Bank 구축 현황

농촌진흥청 국립농업과학원 농업유전자원센터에서는 보존중

인 15만여점의 자원 중 핵심적인 3만3천여점에 대해서 DNA를 추출하였으며, 각 식물의 DNA마다 특성을 분석하여 정보를 인터넷 상에 공개 및 공유 중에 있다. 이러한 수준은 최단기간 동안에 선진국의 DNA Bank의 규모 및 수준에 다다르는 것으로서 향후 더 많은 데이터베이스의 축적으로 선진국의 DNA Bank와 어깨를 나란히 할 수 있을 것으로 사료된다.

연구내용

· 국가 보존 종자 및 영양체 자원의 시료육성, 동결건조 및 장기보존
· 동결건조시료로부터 DNA 추출 및 Stock 관리
· DNA Stock 및 시료의 생명공학연구 활용 및 일반 분양 추진
· 분자마커(Microsatellite marker 등) 개발 및 분자마커 정보 제공 시스템구축
· 작물별 프로파일 DB 구축 및 제공시스템 구축

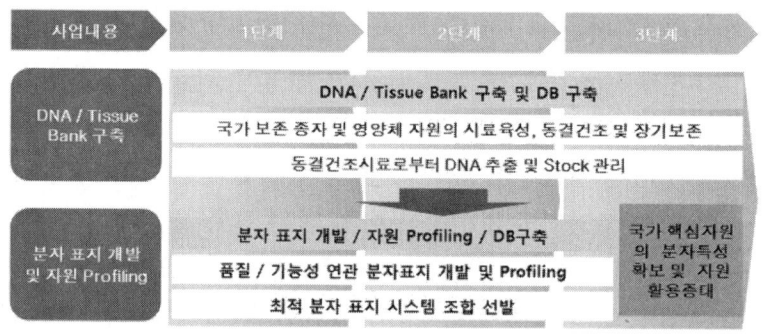

DNA/Tissue Bank 구축 로드맵

2008년말 현재 DNA/Tissue Bank 구축 현황

대구분	작물명	점수	대구분	작물명	점수
식량작물	기장	241	원예 및 기타작물	감	194
	녹두	1,131		고추	363
	동부	500		귤	137
	메밀	469		마늘	627
	밀	710		매실	78
	벼	10,771		배	488
	보리	800		배추	50
	손가락조	36		구기자	141
	수수	519		아주까리	95
	옥수수	713		버섯	80
	조	241		부추	207
	콩	10,366		사과	630
소계	12작물	26,497점		생강	60
특용 및 약용작물	들깨	529		십자화과 (갯무)	179
	아마란스	696			
	율무	199		잔디	184
	인삼	167		파/마늘	759
	참깨	690		다래	96
소계	5작물	2,281점	소계	17작물	4,368점
		총계 34작물	33,146점		

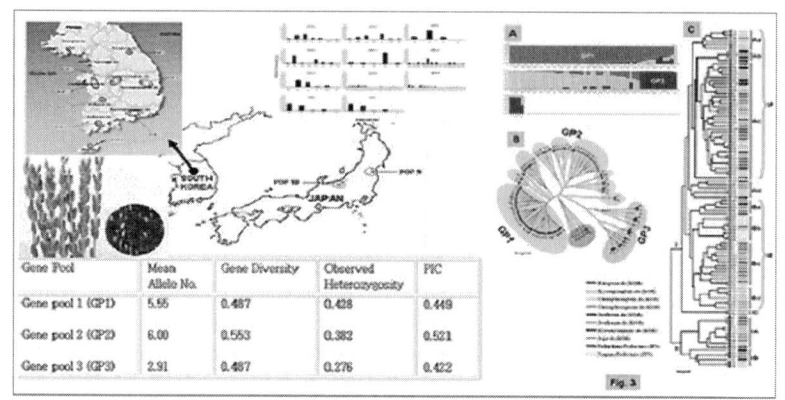

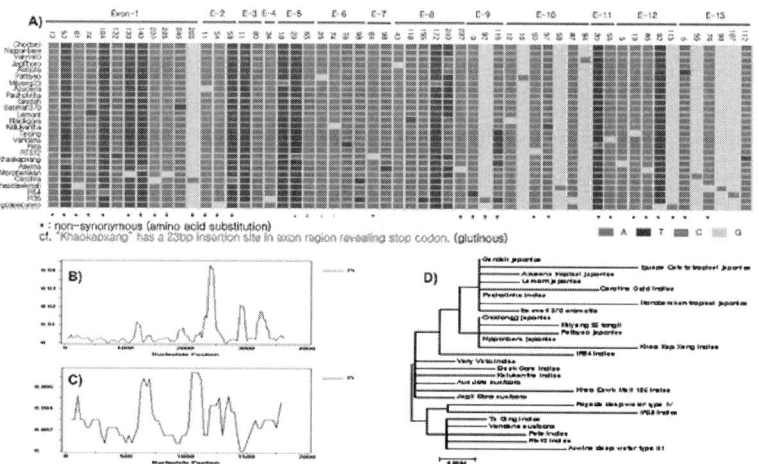

DNA/Tissue Bank 구축을 바탕으로 한 보유 자원 분석

출처 : 농촌진흥청 농업유전자원정보센터 홈페이지

부록 4

❋ 환경부 지정 특정야생식물목록 ❋

	종명	학명
1	한란	*Cymbidium kanran* Makino.
2	나도풍란	*Aerides japonicum* Rchb. f.
3	광릉요강꽃	*Cypripedium japonicum* Thunb.
4	매화마름	*Ranunculus kazusensis* Makino
5	섬개야광나무	*Cotoneaster wilsonii* Nakai.
6	돌매화나무	*Diapensia lapponica* var. *obovata*. F. Schmidt.

특정야생식물목록

지정번호	과 명	종 명	학 명	비고
식 - 1	솔잎난과	솔잎난	*Psilotum nudum* (L.) G<small>ROSEB</small>	
식 - 2	면마과	관중	*Dryopteris crassirhizoma* N<small>AKAI</small>	★
식 - 3	고란초과	고란초	*Crypsinus hastatus* (T<small>HUNB</small>.) C<small>OPEL</small>	
식 - 4	주목과	설악눈주목	*Taxus caespitosa* N<small>AKAI</small>	
식 - 5	자라풀과	자라풀	*Hydrocharis dubia* (BL.) B<small>ACKER</small>.	
식 - 6	사초과	대암사초	*Carex chordorhiza* E<small>HRH</small>.	
식 - 7	천남성과	섬천남성	*Arisaema nigishii* M<small>AKINO</small>.	★
식 - 8	천남성과	섬남성	*Arisaema takesimense* N<small>AKAI</small>.	★
식 - 9	백합과	금강애기나리	*Disporum ovale* O<small>HWI</small>.	
식 - 10	백합과	큰연령초	*Trillium tschonoskii* M<small>AX</small>.	★
식 - 11	백합과	솔나리	*Lilium cernum* K<small>OMAROV</small>.	★
식 - 12	백합과	섬말나리	*Lilium hansonii* L<small>EICHTL</small>.	
식 - 13	백합과	한라돌창포	*Tofieldia gauriei* L<small>EV</small>. et V<small>NT</small>.	★
식 - 14	백합과	함양원추리	*Hemerocallis micrantha* N<small>AKAI</small>.	
식 - 15	백합과	엽란	*Aspidistra elatior* B<small>L</small>.	
식 - 16	백합과	여우꼬리풀	*Aletris fauriei* L<small>EV</small>.	
식 - 17	백합과	큰솔나리	*Lilium tenuifolinm* F<small>ISCH</small>.	★

★는 개발이 유망한 품목을 가리킴

지정번호	과 명	종 명	학 명	비고
식 - 18	백합과	땅나리	*Lilium callosum* S. et Z.	★
긱 - 19	백합과	왕둥굴레	*Polygonatum robustum* N<small>AKAI</small>.	★
식 - 20	백합과	자주솜대	*Smilacina bicolor* N<small>AKAI</small>.	
식 - 21	백합과	층층둥굴레	*Polygonatum stenophyllum* M<small>AX</small>.	★
식 - 22	수선화과	개상사화	*Lycoris aurea* H<small>ERBERT</small>.	★
식 - 23	수선화과	백양꽃	*Lycoris koreana* N<small>AKAI</small>.	★
식 - 24	붓꽃과	흰등심붓꽃	*Sisyrinchium angustifolium* for. *album*, J. S<small>IM</small> et Y. K<small>IM</small>.	
식 - 25	붓꽃과	흰각시붓꽃	*Iris rossii* var. *album* Y. L<small>EE</small>.	
식 - 26	붓꽃과	대청부채	*Iris dichotoma* P<small>ALLAS</small>.	
식 - 27	붓꽃과	부채붓꽃	*Iris setosa* P<small>ALLAS</small>.	
식 - 28	붓꽃과	난장이붓꽃	*Iris uniflora* var. *carinata* K<small>ITAGAWA</small>.	
식 - 29	붓꽃과	노랑무늬붓꽃	*Iris odaesanensis* Y. <small>LEE</small>.	
식 - 30	난초과	천마	*Gastrodia elata* B<small>LUME</small>.	
식 - 31	난초과	흑난초	*Bulbophyllum inconspicuum* M<small>AX</small>.	
식 - 32	난초과	풍난	*Neofinetia falcata* (T<small>HUNB</small>.) H<small>U</small>.	★
식 - 33	난초과	나도풍난	*Aerides japonicum* R<small>EICHB</small>. fil	★
식 - 34	난초과	백운난	*Vexillabium yakusimense* (Y<small>AMAMOTO</small>) F. M<small>AEKAWA</small>	
식 - 35	난초과	사철난	*Goodyera schlechtendaliana* R<small>EICHB</small>. fil.	
식 - 36	난초과	여름새우난	*Calanthe reflexa* M<small>AX</small>.	★
식 - 37	난초과	새우난초	*Calanthe discolor* L<small>INDLEY</small>.	★
식 - 38	난초과	금새우난	*Calanthe striata* R. B<small>ROWN</small>.	★
식 - 39	난초과	약난초	*Cremastra appendiculata* M<small>AKINO</small>.	
식 - 40	난초 과	광릉요강꽃	*Cypripedium japonicum* T<small>HUNBERG</small>.	★
식 - 41	난초과	해오라비난초	*Habenaria radiata* S<small>PRENG</small>.	★
식 - 42	난초과	나도제비난	*Orchis cyclochila* M<small>AX</small>.	
식 - 43	난초과	으름난초	*Galeola septentrionalis* R<small>EICHB</small>. fil.	
식 - 44	난초과	무엽란	*Lecanorchis japonica* B<small>L</small>.	
식 - 45	난초과	큰새우난	*Calanthe discolor* var. *bicolor* (L<small>INDL</small>.) M<small>AKINO</small>.	
식 - 46	난초과	섬새우난	*Calanthe coreana* N<small>AKAI</small>.	★
식 - 47	난초과	석곡	*Dendrobium Moniliforme* (L.) S<small>W</small>.	★

지정번호	과 명	종 명	학 명	비고
긱 - 48	난초과	보춘화	Cymbidium goeringii Reichb. fil.	★
식 - 49	난초과	대흥난	Cymbidium nipponicum Makino.	
식 - 50	삼백초과	삼백초	Saururus chinensis Baill.	
식 - 51	느릅나무과	노란팽나무	Celtis edulis Nakai.	
식 - 52	쐐기풀과	제주큰물통이	Pilea taquetii Nakai.	
식 - 53	쥐방울덩굴과	개족도리	Asarum maculatum Nakai.	
식 - 54	자리공과	섬자리공	Phytolacca insularis Nakai.	
식 - 55	석죽과	한라장구채	Silene fasculata Nakai.	
식 - 56	수련과	순 채	Brasenia schreberi J. F. Gmel.	
식 - 57	수련과	가시연꽃	Euryale ferox Salisb.	
식 - 58	미나리아재비과	매화마름	Ranunculus Kazusensis Makino.	
식 - 59	미나리아재비과	지이바꽃	Aconitum chiisanense Nakai.	
식 - 60	미나리아재비과	노랑돌쩌귀	Aconitum koreanum R. Raymond.	
식 - 61	미나리아재비과	만주바람꽃	Isopyrum mandshurica Nakai.	
식 - 62	미나리아재비과	모데미풀	Megaleranthis sariiculifolia Ohwi.	
식 - 63	미나리아재비과	연잎꿩의다리	Thalictrum coreanum Lev.	★
식 - 64	미나리아재비과	세뿔투구꽃	Aconitum trilobum I. Yang.	
식 - 65	매자나무과	한계령풀	Leontice microhyncha S. Moore.	
식 - 66	매자나무과	삼지구엽초	Epimedium koreanum Nakai.	★
식 - 67	매자나무과	깽깽이풀	Jeffersonia dubia Benth.	★
식 - 68	목련과	흑오미자	Schizandra nigra Max.	
식 - 69	현호색과	갈퀴현호색	Corydalis grandicalyx B. Oh et Y. Kim.	
식 - 70	현호색과	난장이현호색	Corydalis humilis B. Oh et Y. Kim.	
식 - 71	현호색과	점현호색	Corydalis maculata B. Oh et Y. Kim.	
식 - 72	십자화과	고추냉이	Wasabia koreana Nakai.	
식 - 73	십자화과	참고추냉이	Cardamine koreana Nakai.	
식 - 74	끈끈이귀이개과	끈끈이주걱	Drosera peltata var. nipponica (Masam.) Ohwi.	
식 - 75	끈끈이귀이개과	끈끈이주걱	Drosera rotundifolia Linne.	
식 - 76	범의귀과	도깨비부채	Rodgersia podophylla A. Gray.	★
식 - 77	범의귀과	헐떡이풀	Tiarella polyphylla D. Don.	
식 - 78	범의귀과	나도승마	Kirengeshoma koreana Nakai.	
식 - 79	콩과	왕자귀나무	Albizzia coreana Nakai.	
식 - 80	콩과	개느삼	Echinosophora koreensis Nakai.	

지정번호	과 명	종 명	학 명	비고
식 - 81	콩과	된장풀	*Desmodium caudatum* DC. N<small>AKAI</small>.	
식 - 82	운향과	왕초피	*Zanthoxylum coreanm* N<small>AKAI</small>.	
식 - 83	대극과	두메대극	*Euphorbia fauriei* L<small>EV</small>. et V<small>NT</small>.	
식 - 84	시로미과	시로미	*Empetrum nigrum* var. *japonicum* L. K<small>OCH</small>.	
식 - 85	갈매기나무과	먹넌출	*Berchemia racemosa* var. *magna* M<small>AKINO</small>.	
식 - 86	아욱과	황근	*Hibiscus hamabo* S<small>IEB</small>. et Z<small>UCC</small>.	
식 - 87	제비꽃과	왕제비꽃	*Viola websteri* H<small>EMSL</small>.	
식 - 88	제비꽃과	금강제비꽃	*Viola diamantica* N<small>AKAI</small>.	
식 - 89	팥꽃나무과	백서향	*Daphne kiusiana* M<small>IQ</small>.	
식 - 90	두릅나무과	땃두릅나무	*Echinopanax horridum* (N<small>ON</small> D<small>ECNE</small>) K<small>OM</small>.	
식 - 91	산형과	등대시호	*Bupleurum latissimum* N<small>AKAI</small>.	
식 - 92	산형과	섬시호	*Bupleurum euphorbioides* N<small>AKAI</small>.	
식 - 93	암매과	암매	*Diapensia obovata* (F<small>R</small>. S<small>CHM</small>). N<small>AKAI</small>.	
식 - 94	노루발과	구상난풀	*Monotropa hypopithys* L.	
식 - 95	진달래과	홍월귤	*Arctous ruber* (R<small>EHDER</small> et W<small>ILSON</small>) N<small>AKAI</small>.	★
식 - 96	진달래과	홍만병초	*Rhododendron brachycarpum* var. *roseum* K<small>OIDZ</small>.	★
식 - 97	진달래과	흰진달래	*Rhododendron mucronulatum* for. *albiflorum* T. L<small>EE</small>.	★
식 - 98	자금우과	백량금	*Ardisia crenata* S<small>IMS</small>.	★
식 - 99	앵초과	기생꽃	*Trientalis europaea* L. var. *arctica* (Fischer) L<small>EDEB</small>.	
식 - 100	앵초과	설앵초	*Primula modesta* var. *fauriae* T<small>AKEDA</small>.	
식 - 101	앵초과	금강봄맞이	*Androsace cortusaefolia* N<small>AKAI</small>.	
식 - 102	물푸레나무과	만리화	*Forsythia ovata* N<small>AKAI</small>	
식 - 103	물푸레나무과	산개나리	*Forsythia saxatilis* N<small>AKAI</small>.	
식 - 104	용담과	흰그늘용담	*Gentiana pseudo-aquatica* K<small>USNEZOFF</small>.	
식 - 105	용담과	비로용담	*Gentiana jamesii* H<small>ENSL</small>.	
식 - 106	용담과	대성쓴풀	*Anagallidium dichotomum* (L.) G<small>RISEB</small>.	
식 - 107	용담과	조름나물	*Menyanthes trifoliata* L.	

지정번호	과 명	종 명	학 명	비고
식 - 108	꿀풀과	자난초	*Ajuga spectabiliata* L.	★
식 - 109	가지과	미치광이풀	*Scopolia japonica* M$_{AX}$.	
식 - 110	현삼과	구름송이풀	*Pedicularis verticilata* L$_{INNE}$.	
식 - 111	현삼과	섬현삼	*Scrophularis takesimensis* N$_{AKAI}$.	
식 - 112	현삼과	만주송이풀	*Pedicularis manshurica* M$_{AX}$.	
식 - 113	열당과	개종용	*Lsthraea japonica* M$_{IQ}$.	
식 - 114	열당과	초종용	*Orobanche coerulescens* S$_{TEPH}$.	
식 - 115	통발과	이삭귀개	*Utricularia racemosa* W$_{ALL}$.	
식 - 116	통발과	땅귀개	*Utricularia bifida* L.	
식 - 117	통발과	통발	*Utricularia japonica* M$_{AKINO}$.	
식 - 118	인동과	흰등괴불	*Lonicera okamotoana* O$_{HWI}$.	
식 - 119	초롱꽃과	금강초롱꽃	*Hanabusaya asiatica* N$_{AKAI}$.	★
식 - 120	초롱꽃과	도라지모싯대	*Adenophora grandiflora* N$_{AKAI}$.	
식 - 121	국화과	솜다리	*Leontopodium coreanum* N$_{AKAI}$.	★
식 - 122	국화과	갯취	*Ligularia taquetii* N$_{AKAI}$.	
식 - 123	국화과	국화방망이	*Senecio koreanus* K$_{OM}$.	
식 - 124	국화과	어리병풍	*Cacalia pseudo-taimingasa* N$_{AKAI}$.	
식 - 125	국화과	분 취	*Saussurea seoulensis* N$_{AKAI}$.	
식 - 126	국화과	홍도서덜취	*Saussurea polylepis* N$_{AKAI}$.	

식물유전자원 특성평가조사기준

1. 가지

〈공통사항〉

1. 시험번호	평가를 실시한 기관의 당해년도 시험번호를 기입
2. IT번호	종자은행에서 부여한 국가 유전자원 등록번호
3. 자원명	품종명, 계통명 등
4. 원산지	본 자원의 최초수집지 혹은 육성지 국제기관명 또는 국가명
5. 과제구분	형질을 조사한 과제에 대한 구분
6. 조사년도	형질을 조사한 년도
7. 조사자	형질을 조사한 담당자
8. 재배지	형질을 조사하기 위하여 재배한 지역
9. 재배방법	형질을 조사하기 위하여 재배한 방법
10. 기타사항	상기 항목외의 참고를 기재

재배내역	1. 파종기 (mmdd)
	2. 정식기 (mmdd)
형태적 특성	1. 배축색 (1~4)　1 녹　2 흑녹　3 연자　4 흑자
	2. 초자 (1~3)　1 개장형　2 반개장형　3 직립형
	3. 초세 (1~5)　1 약　2 중약　3 중　4 중강　5 강
	4. 초장 (cm)　지제부에서 최장엽의 첨단까지의 길이
	5. 초폭 (cm)　식물체 최대의 폭
	6. 주경장 (cm)　지제부에서 제1화방까지의 길이
	7. 경경 (cm)　지제부의 경의 직경
	8. 절간장 (cm)
	9. 경모 (3~7)　3 소　5 중　7 무
	10. 엽장 (cm)
	11. 엽폭 (cm)
	12. 엽형 (3~7)　3 세　5 중　7 광
	13. 엽색 (1~3)　1 담록　2 녹　3 자

	14. 엽록형 (3~7) 3 천 5 중 7 심
	15. 제1화착생절위 (3~7) 3 저 5 중 7 고
	16. 화방당화수 (개)
	17. 웅예수 (개)
	18. 화색 (1~2) 1 백 2 자
	19. 착과습성 (1~2) 1 단일 2 복합
	20. 화방당과수 (개)
	21. 과장 (cm)
	22. 과폭 (cm)
	23. 과형 (1~9) 1 편구 2 구 3 단란 4 란 5 장란 6 중장 7 장 8 극장 9 초극장
	24. 과정부형 (1~3) 1 평골 2 선단형 3 선첨단형
	25. 과피색 (1~6) 1 백 2 녹 3 연자 4 자 5 흑 6 백녹
	26. 과탁형 (1~2) 1 심모형 2 사모형
	27. 과탁날 (3~7) 3 약 5 중 7 강
	28. 과탁요철 (3~7) 3 약 5 중 7 강
	29. 가시 0 무 1 유
	30. 육질 (3~7) 3 조(粗) 5 중(中) 7 치밀(緻密)
	31. 수확기 (3~7) 3 조 5 중 7 만
	32. 성숙일수 (days)
재해저항성	1. 내서성 (3~7) 3 저 5 중 7 고
	2. 내한성 (3~7) 3 저 5 중 7 고
	3. 내습성 (3~7) 3 저 5 중 7 고
	4. 내건성 (3~7) 3 저 5 중 7 고
	5. 청고병 (3~7) 3 저 5 중 7 고
	6. 위조병 (3~7) 3 저 5 중 7 고
수량 및 품질	1. 과중 (g)
	2. 과당종자수 (립)
	3. 천립중 (g)

2. 감귤

〈공통사항〉

1. 시험번호	평가를 실시한 기관의 당해년도 시험번호를 기입
2. IT번호	종자은행에서 부여한 국가 유전자원 등록번호
3. 자원명	품종명, 계통명 등
4. 원산지	본 자원의 최초수집지 혹은 육성지 국제기관명 또는 국가명
5. 과제구분	형질을 조사한 과제에 대한 구분
6. 조사년도	형질을 조사한 년도
7. 조사자	형질을 조사한 담당자
8. 재배지	형질을 조사하기 위하여 재배한 지역
9. 재배방법	형질을 조사하기 위하여 재배한 방법
10. 기타사항	상기 항목외의 참고를 기재

수체	1. 나무자세
	2. 수세
	3. 1년생 가지길이 (cm)
	4. 1년생 가지 절간장
	5. 가시발생량
화기	1. 화서형성
	2. 화중
	3. 화변형태
	4. 화변길이
	5. 화변폭
	6. 화변색
	7. 화변수
	8. 화사수
	9. 화사분리
	10. 화분형성
	11. 자방형태
	12. 화주형태
잎	1. 엽신형
	2. 엽면적
	3. 엽신장
	4. 엽신폭

	5. 엽형지수
	6. 익엽형태
과실	1.과형
	2.과형지수
	3.과중
	4.과피색
	5.알베도색
	6.유포조밀도
	7.과면조활
	8. 과피두께
	9. 박피성
	10. 과육색
	11. 과즙량
	12. 당도
	13. 산도
	14. 향기
	15. 종자
	16. 배색
	17. 배수
	18. 횡경 (mm)
	19. 종경 (mm)
생육	1. 발아기 (mmdd)
	2. 개화기 (mmdd)
	3. 성숙기 (mmdd) 80% 착색기
	4. 격년결과성
	5. 후기낙과
	6. 과실내동성
	7. 수체내동성
	8. 만개기 (mmdd)
병해충	1. 궤양병 저항성
	2. 더뎅이병 저항성
	3. 흑점병 저항성
	4. 화살깍지벌레 저항성
생리장해	1. 일소
	2. 부피과 발생
	3. 열과
	4. 기타생리장해

3. 감자

〈공통사항〉

1. 시험번호	평가를 실시한 기관의 당해년도 시험번호를 기입
2. IT번호	종자은행에서 부여한 국가 유전자원 등록번호
3. 자원명	품종명, 계통명 등
4. 원산지	본 자원의 최초수집지 혹은 육성지 국제기관명 또는 국가명
5. 과제구분	형질을 조사한 과제에 대한 구분
6. 조사년도	형질을 조사한 년도
7. 조사자	형질을 조사한 담당자
8. 재배지	형질을 조사하기 위하여 재배한 지역
9. 재배방법	형질을 조사하기 위하여 재배한 방법
10. 기타사항	상기 항목외의 참고를 기재

형태적특성	1. 초형 (3~7) 3 직립형 5 반개장형 7 개장형
	2. 숙기 (1~9) 달관 　　1 매우 빠르다 3 빠르다 5 중간 7 늦다 9 매우 늦다
	3. 초세 (1~9) 달관조사 　　1 매우 약하다 3 약하다 5 중간 7 강하다 9 매우 강하다
	4. 경색 (1~9) Eextension of anthocyanin coloration 　　1 없거나 매우 연함 3 연하다 5 중간 7 진하다 　　9 매우 진하다
	5. 경굵기 (3~5) 실측치 　　3 가늘다 5 중간 7 굵다
	6. 소엽크기 (1~9) 달관조사 　　1 매우 작다 3 작다 5 중간 7 크다 9 매우 크다
	7. 소엽폭 (3~7) 3 좁다 5 중간 7 넓다
	8. 복엽형 (3~7) 달관조사 　　3 겹쳐 있다 5 중간 7 열려 있다
	9. 엽색 (3~7) 달관조사 　　3 연하다 5 중간 7 진하다

10. 화색 (1~8) 색차표 　1　색　2　은적색　3　은적색　4　은　색 　5　은　색　6　은자색　7　은자색　8　색　99 기타
11. 개화량 (3~7) 　3 적　　5 중간　7
12.　경　양 (1~9) 　　1　원　2　원형　3　계　형　4　역계　형　5　타원형 　　6 장방형　　이 폭 3 2　　7　장방형　　이 폭 2 1 　　8　대형　　이 폭 3 1　　9 부　형
13. 경장 (cm)　　체　기 실측치
14. 경수 (개) 지상부의　기수
15. 상서　(%)　80 이상　경의
16.　중　yman　측 (기중 (기중 수중))
17.　　이 (3~7) 　　3　　5 중간　7
18.　경　표피색 (1~9)　달관조사 　　1　　2　　3　　4　　5 분 　　6 적　7 적자　8 자　9 흑자
19.　경2차색 (0~9)　달관조사 　　0 없　1　　2　　3　　4　　5 분 　　6 적　7 담자　8 자　9 흑자
20.　경이차색분포 (0~5)　달관조사 　　0 없　1　위 2　　3　진 　　4 1 2지역　　5　위만　고　두　99 기타
21.　경육색 (0~8)　경내부의 색(2차색) 　　0 없　1　2 유　3 담　4　　5 　　6 적　7　자색　8　은자색　99 기타
22. 경경 (3~7)　3 가늘다　5 중간　7 굵다
23. 엽형
24. 초장 (cm)
25. 엽크기 (3~7)　3 작다　5 중간　7 크다

재해저항성	1. 방아벌레 피식괴경율 (0~9)　달관조사 　　0 없다　1 매우 낮다　3 낮다　5 중간　7 높다　9 매우 높다
	2. 바이러스 (0~9)　달관조사 　　0 건전　1 완전저항성　3 저항성　5 중도저항성 　　7 약저항성　9 이병
	3. 역병(A1) (0~9)　A1 교배형, 달관조사 　　0 건전　1 강저항성　3 저항성　5 중도저항성 　　7 약저항성　9 이병
	4. 역병(A2) (0~9)　A2 교배형, 달관조사 　　0 건전　1 강저항성　3 저항성　5 중도저항성 　　7 약저항성　9 이병
	5. 이차생장 (0~9)　달관조사 　　0 없음　1 극소　3 소　5 중간　7 다　9 극다
	6. 열개 (0~9)　달관조사 　　0 없음　1 극소　3 소　5 중간　7 다　9 극다
	7. 더뎅이 (0~9)　달관조사 　　0 완전저항성　1 강저항성　3 저항성 　　5 중도저항성　7 약저항성　9 이병
수량 및 품질	1. Glucose함량 (%)　정량분석
	2. 10a당수량 (kg/10a)　측정
	3. 화분량 (1~3)　달관조사 　　1 적음　2 중간　3 많음
	4. 가임율 (%)　임성이 있는 화분의 비율

4. 강낭콩
〈공통사항〉

1. 시험번호	평가를 실시한 기관의 당해년도 시험번호를 기입
2. IT번호	종자은행에서 부여한 국가 유전자원 등록번호
3. 자원명	품종명, 계통명 등
4. 원산지	본 자원의 최초수집지 혹은 육성지 국제기관명 또는 국가명
5. 과제구분	형질을 조사한 과제에 대한 구분
6. 조사년도	형질을 조사한 년도
7. 조사자	형질을 조사한 담당자
8. 재배지	형질을 조사하기 위하여 재배한 지역
9. 재배방법	형질을 조사하기 위하여 재배한 방법
10. 기타사항	상기 항목외의 참고를 기재

재배내역	1. 파종기 (mmdd)
	2. 정식기 (mmdd)
형태적특성	1. 생태형 (1~3)　1 조파형　2 적파형　3 만파형
	2. 신육형 (1~3)　1 유한형　2 무한형　3 중간형
	3. 초형 (1~3)　1 직립　2 포복　3 중간
	4. 배축색 (1~2)　출아후 조사 　　1 녹　2 자
	5. 엽색 (1~3)　1 담녹　2 녹　3 농록
	6. 엽형 (1~3)　성화기 조사 　　1 장　2 장환　3 환
	* 7. 화색 (1~6)　성화기 조사2 　　1 백　2 녹　3 담자　4 자　5 적자　6 기타
	8. 개체총화수 (개) 　　10개체로 부터 조사된 상총화수의 평균 개체당 총상화수
	* 9. 모용다소 (1~4) 　　성숙기의 협 및 주경상의 모용밀도 육안조사 　　1 무　2 소　3 중　4 다

* 10. 모용색 (1~3)	성숙기 모용색 조사
	1 회 2 황 3 갈
11. 모용형태 (1~3)	성숙기에 조사
	1 정상 2 포복 3 curling
* 12. 경장 (cm)	
	성숙기에 자엽절에서 경의 정단까지의 길이 조사
13. 경직경 (mm)	
	성숙기에 자엽절에서 바로 윗절사이의 줄기 직경조사
14. 주경절수 (개)	성숙기의 주경상의 마디수
15. 분지수 (개)	성숙기의 2절이상의 분지수
16. 개화시 (mmdd)	
17. 개화기 (mmdd)	
18. 종화기 (mmdd)	
19. 성숙기 (mmdd)	
20. 개화일수 (days)	파종익일부터 개화기까지의 일수
21. 개화기간 (days)	개화시에서 종화기까지의 일수
22. 결실일수 (days)	개화기부터 성숙기까지의 일수
23. 생육일수 (days)	
	파종익일부터 성숙기(또는 수확종기)까지의 일수
24. 개체당협수 (개)	
	1개체에 착생된 협수(시기별 수확협수의 합계)
25. 성숙협색 (1~6)	성숙기 조사
	1 녹 2 황 3 황갈 4 갈 5 흑갈 6 기타
26. 협당립수 (개)	10개체에서 조사된 협당 평균립수
27. 협장 (mm)	완전히 자란 미성숙협의 길이
28. 협폭 (mm)	완전히 자란 미성숙협의 넓이
29. 협단면상 (1~4)	완전히 자란 미성숙협의 단면도 조사
	1 세형 2 배형 3 구형 4 8자형
30. 협굴곡정도 (1~4)	1 직립 2 굴곡 3 이중굴곡 4 기타
31. 립대소 (1~3)	완전종자의 육안조사
	1 대 2 중 3 소

	32. 립형 (1~6) 완숙종자의 육안조사 　　1 신장형　2 난형　3 삼각형　4 구형　5 사각형　6 기타	
	33. 종피색 (1~8) 완숙종자의 종피색 　　1 흑　2 갈　3 자　4 적　5 회　6 황　7 백　8 기타	
	34. 종피광택 (1~4) 완숙종자의 육안조사 　　1 무　2 약　3 중　4 강	
	35. 립장 (mm) 완숙종자의 립의 넓이	
	36. 립폭 (mm) 완숙종자의 립의 길이	
	37. 립질 (1~3) 완숙종자의 외형상의 품질을 육안으로 조사 　　1 상　2 중　3 하	
재해저항성	1. 모자이크바이러스병 (0~9)　개화기조사 　　0 이병개체 없음　1 5% 미만　3 10% 미만 　　5 30% 미만　7 50% 미만　9 50% 이상	
	2. 탄저병 (0~9)　개화기조사 　　0 이병개체 없음　1 5% 미만　3 15% 미만 　　5 30% 미만　7 60% 미만　9 60% 이상	
	3. 뿌리썩음병 (0~9) 　협황변기에 뿌리를 뽑아 이병된 개체의 비율을 조사 　　0 이병개체 없음　1 5% 미만　3 15% 미만 　　5 30% 미만　7 60% 미만　9 60% 이상	
	4. 시들음병 (1~3)　개화기조사 　　1 상　2 중　3 하	
	5. 흰가루병 (1~3)　개화기 피해개체조사 　　1 상　2 중　3 하	
	6. 도복 (0~9) 　성열기 45도 이상 기울어진 개체비율조사(강낭콩) 　　0 무도복　1 5% 이하　3 6-10% 　　5 11-50%　7 51-75%　9 76% 이상 도복	
수량 및 품질	1. 백립중 (g) 충실히 자란 풍건종자 100립의 무게	
	2. 10a당수량 (kg)	

5. 고추

〈공통사항〉

1. 시험번호	평가를 실시한 기관의 당해년도 시험번호를 기입	
2. IT번호	종자은행에서 부여한 국가 유전자원 등록번호	
3. 자원명	품종명, 계통명 등	
4. 원산지	본 자원의 최초수집지 혹은 육성지 국제기관명 또는 국가명	
5. 과제구분	형질을 조사한 과제에 대한 구분	
6. 조사년도	형질을 조사한 년도	
7. 조사자	형질을 조사한 담당자	
8. 재배지	형질을 조사하기 위하여 재배한 지역	
9. 재배방법	형질을 조사하기 위하여 재배한 방법	
10. 기타사항	상기 항목외의 참고를 기재	

재배내역	1. 파종기 (mmdd)
	2. 정식기 (mmdd)
형태적특성	1. 초자 (1~3) 1 개장형 2 반개장형 3 직립형 99 기타
	2. 초장 (cm)
	3. 초폭 (cm)
	4. 경경 (cm)
	5. 절간장 (cm)
	6. 측지수 (개)
	7. 경색 (1~3) 1 녹 2 자 3 자색의 줄무늬 99 기타
	8. 엽색 (1~3) 1 담녹 2 녹 3 자 99 기타
	9. 엽장 (cm)
	10. 엽폭 (cm)
	11. 엽크기 (cm)
	12. 화색 (1~6) 1 백 2 담녹 3 황 4 청 5 자 6 갈색 99 기타
	13. 웅예수 (개/화)
	14. 착화상태 (1~3) 1 상향 2 하향 3 상향 또는 하향
	15. 숙기 (1~9) 1 극조 3 조 5 중 7 만 9 극만
	16. 개화기 (mmdd) 월일의 네자리숫자 예) 0502
	17. 개화소요일 (days)
	18. 꽃받침모양 (1~2) 1 컵형 2 쟁반형 99 기타

	19. 과형 (1~9)　1 원추형　3 장원추형　5 종형 　　　　　　　　7 편구형　9 구형　99 기타
	20. 과장 (cm)
	21. 과폭 (cm)
	22. 미숙과색 (1~7)　1 담녹　2 녹　3 농녹　4 황　5 갈 　　　　　　　　　6 자색　7 백색　99 기타
	23. 숙과색 (1~6)　1 주홍　2 적　3 농적　4 황　5 갈 　　　　　　　　6 자색　99 기타
	24. 심실수 (개)
	25. 과육두께 (mm)
	26. 과면 (1~3)　1 평　2 중　3 심
	27. 착과상태 (1~3)　1 상향　2 하향　3 상향 또는 하향
	28. 주경장 (cm)　지제부에서 제1화방까지의 길이
	29. 경연모 (1~3)　줄기에 흰털 조사 　1 없다　2 있다　3 많다
	30. 수술색 (1~4)　1 백색　2 황색　3 청색　4 자색　99 기타
	31. 종자색 (1~3)　1 황색　2 갈색　3 흑색　99 기타
	32. 초형 (1~4)　생육최성기 조사
	33. 꽃받침잘록 (1~2)　1 없다　2 잘록하다
	34. 꽃받침톱니크기 (1~4)　1 없다　2 소　3 중　4 대
	35. 과탁형 (1~4)　1 컵형　2 중간　3 쟁반형　4 함몰형
	36. 과면요철 (1~9)　1 없다　3 소　5 중　7 심　9 극심
	37. 과실끝모양 (1~5)　1 뾰족하다　2 뭉특하다　3 납작하다 　　　　　　　　　4 굴곡이 있다　5 꼬리가 있다　99 기타
	38. 과경 (mm)　수확기 과의 최대직경
	39. 과탁함몰 (1~4)　1 없다　2 얕다　3 중간 　　　　　　　4 깊다　피망형의 과탁
재해저항성	1. 반점세균병 (0~9)　세균성점무늬병 　0 무발병-발병되지 않은 상태 　1 경미-경미하게 발병되어 수량 및 품질에 10%미만의 영향을 미침 　3 중간이하-어느정도 발병되어 수량 및 품질에 11~30%정도 영향을 미침 　5 중간-중간정도 발병되어 수량 및 품질에 31~36%정도 영향을 미침 　7 중간이상-중간정도 이상 발병되어 수량 및 품질에 61~80% 정도 영향을 미침 　9 심-심하게 발병되어 81%이상 품질 및 수량에 영향을 미침

2. 담배모자이크 (0~9)
　　0 무발병-발병되지 않은 상태
　　1 경미-경미하게 발병되어 수량 및 품질에 10%미만의 영향을 미침
　　3 중간이하-어느정도 발병되어 수량 및 품질에 11~30%정도 영향을 미침
　　5 중간-중간정도 발병되어 수량 및 품질에 31~36%정도 영향을 미침
　　7 중간이상-중간정도 이상 발병되어 수량 및 품질에 61~80% 정도 영향을 미침
　　9 심-심하게 발병되어 81%이상 품질 및 수량에 영향을 미침
3. TEV (0~9)
　　0 무발병-발병되지 않은 상태
　　1 경미-경미하게 발병되어 수량 및 품질에 10%미만의 영향을 미침
　　3 중간이하-어느정도 발병되어 수량 및 품질에 11~30%정도 영향을 미침
　　5 중간-중간정도 발병되어 수량 및 품질에 31~36%정도 영향을 미침
　　7 중간이상-중간정도 이상 발병되어 수량 및 품질에 61~80% 정도 영향을 미침
　　9 심-심하게 발병되어 81%이상 품질 및 수량에 영향을 미침
4. 오이모자이크 (0~9)
　　0 무발병-발병되지 않은 상태
　　1 경미-경미하게 발병되어 수량 및 품질에 10%미만의 영향을 미침
　　3 중간이하-어느정도 발병되어 수량 및 품질에 11~30%정도 영향을 미침
　　5 중간-중간정도 발병되어 수량 및 품질에 31~36%정도 영향을 미침
　　7 중간이상-중간정도 이상 발병되어 수량 및 품질에 61~80% 정도 영향을 미침
　　9 심-심하게 발병되어 81%이상 품질 및 수량에 영향을 미침
5. CTV (0~9)
　　0 무발병-발병되지 않은 상태
　　1 경미-경미하게 발병되어 수량 및 품질에 10%미만의 영향을 미침
　　3 중간이하-어느정도 발병되어 수량 및 품질에 11~30%정도 영향을 미침

5 중간-중간정도 발병되어 수량 및 품질에 31~36%정도 영향을 미침
7 중간이상-중간정도 이상 발병되어 수량 및 품질에 61~80%정도 영향을 미침
9 심-심하게 발병되어 81%이상 품질 및 수량에 영향을 미침

6. M_C (0~9)
0 무발병-발병되지 않은 상태
1 경미-경미하게 발병되어 수량 및 품질에 10%미만의 영향을 미침
3 중간이하-어느정도 발병되어 수량 및 품질에 11~30%정도 영향을 미침
5 중간-중간정도 발병되어 수량 및 품질에 31~36%정도 영향을 미침
7 중간이상-중간정도 이상 발병되어 수량 및 품질에 61~80%정도 영향을 미침
9 심-심하게 발병되어 81%이상 품질 및 수량에 영향을 미침

7. 역병 (0~9)
0 무발병-발병되지 않은 상태
1 경미-경미하게 발병되어 수량 및 품질에 10%미만의 영향을 미침
3 중간이하-어느정도 발병되어 수량 및 품질에 11~30%정도 영향을 미침
5 중간-중간정도 발병되어 수량 및 품질에 31~36%정도 영향을 미침
7 중간이상-중간정도 이상 발병되어 수량 및 품질에 61~80%정도 영향을 미침
9 심-심하게 발병되어 81%이상 품질 및 수량에 영향을 미침

8. S_B (0~9)
0 무발병-발병되지 않은 상태
1 경미-경미하게 발병되어 수량 및 품질에 10%미만의 영향을 미침
3 중간이하-어느정도 발병되어 수량 및 품질에 11~30%정도 영향을 미침
5 중간-중간정도 발병되어 수량 및 품질에 31~36%정도 영향을 미침
7 중간이상-중간정도 이상 발병되어 수량 및 품질에 61~80%정도 영향을 미침
9 심-심하게 발병되어 81%이상 품질 및 수량에 영향을 미침

	9. V_W (0~9) 0 무발병-발병되지 않은 상태 1 경미-경미하게 발병되어 수량 및 품질에 10%미만의 영향을 미침 3 중간이하-어느정도 발병되어 수량 및 품질에 11~30%정도 영향을 미침 5 중간-중간정도 발병되어 수량 및 품질에 31~36%정도 영향을 미침 7 중간이상-중간정도 이상 발병되어 수량 및 품질에 61~80%정도 영향을 미침 9 심-심하게 발병되어 81%이상 품질 및 수량에 영향을 미침
	10. 선충 (0~9) 0 무발병-발병되지 않은 상태 1 경미=경미하게 발병되어 수량 및 품질에 10%미만의 영향을 미침 3 중간이하-어느정도 발병되어 수량 및 품질에 11~30%정도 영향을 미침 5 중간-중간정도 발병되어 수량 및 품질에 31~36%정도 영향을 미침 7 중간이상-중간정도 이상 발병되어 수량 및 품질에 61~80%정도 영향을 미침 9 심-심하게 발병되어 81%이상 품질 및 수량에 영향을 미침
	11. 백삽병 (0~9) 0 무발병-발병되지 않은 상태 1 경미-경미하게 발병되어 수량 및 품질에 10%미만의 영향을 미침 3 중간이하-어느정도 발병되어 수량 및 품질에 11~30%정도 영향을 미침 5 중간-중간정도 발병되어 수량 및 품질에 31~36%정도 영향을 미침 7 중간이상-중간정도 이상 발병되어 수량 및 품질에 61~80%정도 영향을 미침 9 심-심하게 발병되어 81%이상 품질 및 수량에 영향을 미침
	12. 탄저병 (0~9) 0 무발병-발병되지 않은 상태 1 경미-경미하게 발병되어 수량 및 품질에 10%미만의 영향을 미침 3 중간이하-어느정도 발병되어 수량 및 품질에 11~30%정도 영향을 미침

    5 중간-중간정도 발병되어 수량 및 품질에 31~36%정도 영향을 미침
    7 중간이상-중간정도 이상 발병되어 수량 및 품질에 61~80%정도 영향을 미침
    9 심-심하게 발병되어 81%이상 품질 및 수량에 영향을 미침
  13. 연부병 (0~9)
    0 무발병-발병되지 않은 상태
    1 경미-경미하게 발병되어 수량 및 품질에 10%미만의 영향을 미침
    3 중간이하-어느정도 발병되어 수량 및 품질에 11~30%정도 영향을 미침
    5 중간-중간정도 발병되어 수량 및 품질에 31~36%정도 영향을 미침
    7 중간이상-중간정도 이상 발병되어 수량 및 품질에 61~80%정도 영향을 미침
    9 심-심하게 발병되어 81%이상 품질 및 수량에 영향을 미침
  14. 내건성 (0~9)
    0 무발병-발병되지 않은 상태
    1 경미-경미하게 발병되어 수량 및 품질에 10%미만의 영향을 미침
    3 중간이하-어느정도 발병되어 수량 및 품질에 11~30%정도 영향을 미침
    5 중간-중간정도 발병되어 수량 및 품질에 31~36%정도 영향을 미침
    7 중간이상-중간정도 이상 발병되어 수량 및 품질에 61~80%정도 영향을 미침
    9 심-심하게 발병되어 81%이상 품질 및 수량에 영향을 미침
  15. 내습성 (0~9)
    0 무발병-발병되지 않은 상태
    1 경미-경미하게 발병되어 수량 및 품질에 10%미만의 영향을 미침
    3 중간이하-어느정도 발병되어 수량 및 품질에 11~30%정도 영향을 미침
    5 중간-중간정도 발병되어 수량 및 품질에 31~36%정도 영향을 미침
    7 중간이상-중간정도 이상 발병되어 수량 및 품질에 61~80%정도 영향을 미침
    9 심-심하게 발병되어 81%이상 품질 및 수량에 영향을 미침

	16. 내저온성 (0~9) 　0 무발병-발병되지 않은 상태 　1 경미-경미하게 발병되어 수량 및 품질에 10%미만의 영향을 미침 　3 중간이하-어느정도 발병되어 수량 및 품질에 11~30%정도 영향을 미침 　5 중간-중간정도 발병되어 수량 및 품질에 31~36%정도 영향을 미침 　7 중간이상-중간정도 이상 발병되어 수량 및 품질에 61~80% 정도 영향을 미침 　9 심-심하게 발병되어 81%이상 품질 및 수량에 영향을 미침
	17. 내한성 (0~9) 　0 무발병-발병되지 않은 상태 　1 경미-경미하게 발병되어 수량 및 품질에 10%미만의 영향을 미침 　3 중간이하-어느정도 발병되어 수량 및 품질에 11~30%정도 영향을 미침 　5 중간-중간정도 발병되어 수량 및 품질에 31~36%정도 영향을 미침 　7 중간이상-중간정도 이상 발병되어 수량 및 품질에 61~80% 정도 영향을 미침 　9 심-심하게 발병되어 81%이상 품질 및 수량에 영향을 미침
수량 및 품질	1. 모과 또는 건과 수량 (kg/10a)
	2. 종자중 (g/1,000립)
	3. 과당종자수 (개)
	4. 일모과중 (g)
	5. 일건과중 (g)
	6. 일주당과수 (개)
	7. 마디착과수 (개)　한절당 결실된 과실수
	8. 건과률 (%)
	9. 착과성
	10. 착과
	11. 과이　　(kg)　적숙과　　는　　리는　　을장　　　정
	12.　　(/g)　ca　a c　함량
	13. 색소 (/g)　ca　a　　함량
	14.　당 (%)
	15. 상　적 형태 (1~6)　1 B　　2 m　　3 a ka 　　　　　　　　　　　4 Ta a c　5　　추　6 건　추
	16. 1생과중 (g)　수확기조사

6. 구기자

〈공통사항〉

1. 시험번호	평가를 실시한 기관의 당해년도 시험번호를 기입
2. IT번호	종자은행에서 부여한 국가 유전자원 등록번호
3. 자원명	품종명, 계통명 등
4. 원산지	본 자원의 최초수집지 혹은 육성지 국제기관명 또는 국가명
5. 과제구분	형질을 조사한 과제에 대한 구분
6. 조사년도	형질을 조사한 년도
7. 조사자	형질을 조사한 담당자
8. 재배지	형질을 조사하기 위하여 재배한 지역
9. 재배방법	형질을 조사하기 위하여 재배한 방법
10. 기타사항	상기 항목외의 참고를 기재

재배내역	1. 파종기 (mmdd)
	2. 정식기 (mmdd)
형태적특성	1. 수형 (1~3)　1 직립형　2 반직립형　3 개장형
	2. 엽형 (1~3) 　　1 피침형 　　2 타원형　장타원형은 타원형에 포함 　　3 난형
	3. 엽색 (3~7)　3 연녹색　7 녹색　9 담녹색
	4. 엽크기 (3~7)　3 작다　5 중간　7 크다
	5. 가시발생유무 (3~7)　3 적다　5 중간　7 많다
	6. 경장 (cm) 적다 > 100~110cm < 많다
	7. 줄기굵기 (3~7)
	8. 가지수 (3~7)
	9. 개화기 (mmdd)　빠르다 > 6월21일~30일 < 늦다
	10. 화색 (1~3)　1 자　2 담자　3 기타
	11. 열매형태 (1~3)　1 피침형　2 난형　3 타원형
	12. 열매크기 (3~7)　3 작다　5 중간　7 크다

	13. 열매색 (3~7)　3 적　5 황적　7 선홍	
	14. 과병길이 (3~7)　3 짧다　5 중간　7 길다	
	15. 과장 (mm)　좁다 > 13~15mm < 넓다	
	16. 과경 (mm)　짧다 > 8~9mm < 길다	
	17. 열매수 (3~7)　3 적다　5 중간　7 많다	
	18. 뿌리껍질두께 (3~7)　3 얇다　5 중간　7 두껍다	
	19. 눈출현시기 (3~7)　3 빠르다　5 중간　7 늦다	
재해저항성	1. 탄저병 (0~9)　병해명을 기록하고 발생정도를 0~9로 표시 　0 무　무 　1 경미　1% 이내 　3 소발생　2-10% 　5 중　11-20% 　7 다발　21-40% 　9 심함　41% 이상	
	2. 흑응애 (0~9)　병해명을 기록하고 발생정도를 0~9로 표시 　0 무　무 　1 경미　1% 이내 　3 소발생　2-10% 　5 중　11-20% 　7 다발　21-40% 　9 심함　41% 이상	
수량 및 품질	1. 100과중 (g)　가볍다 > 11~13g < 무겁다	
	2. 건과중 (Kg/10a)	

7. 귀리

〈공통사항〉

1. 시험번호	평가를 실시한 기관의 당해년도 시험번호를 기입
2. IT번호	종자은행에서 부여한 국가 유전자원 등록번호
3. 자원명	품종명, 계통명 등
4. 원산지	본 자원의 최초수집지 혹은 육성지 국제기관명 또는 국가명
5. 과제구분	형질을 조사한 과제에 대한 구분
6. 조사년도	형질을 조사한 년도
7. 조사자	형질을 조사한 담당자
8. 재배지	형질을 조사하기 위하여 재배한 지역
9. 재배방법	형질을 조사하기 위하여 재배한 방법
10. 기타사항	상기 항목외의 참고를 기재

재배내역	1. 파종기 (mmdd)
	2. 정식기 (mmdd)
형태적특성	1. 총성 (1~3)　월동직후 조사 　1 직립　2 중간　3 포복
	2. 엽색 (1~3)　월동직후 조사 　1 담녹　2 녹　3 농녹
	3. 엽초털다소 (0~3)　월동후 조사 　0 무　1 소　2 중　3 다
	4. 엽초ANTHOCYANIN (0~1)　0 유　1 무
	5. 엽폭 (1~3)　1 광　2 중　3 협
	6. 초형 (1~3)　1 개　2 중　3 폐
	7. 출수기 (mmdd) 총경수의 40% 이상 출수한 날. 4자리수로 표기
	8. 지엽형 (1~3)　출수기때 조사 　1 광　2 중　3 협
	9. 지엽수부 (1~5)　출수기에 조사 　1 직　2 반직　3 중　4 하수　5 수
	10. 간색 (1~5)　성숙기에 조사 　1 황백　2 황　3 갈　4 적　5 흑　99 기타

11. 간장 (cm)	출수후 지면에서 이삭목까지의 길이
12. 간굵기 (1~3)	출수후 조사
	1 태 2 중 3 세
13. COLLAR형 (1~4)	출수후 이삭목부분 관찰
	1 closed 2 v-shaped 3 open 4 modified closed
14. 성숙기 (mmdd)	
	제1절 황변시, 4자리수로 표기. 예) 6월 8일 -> 0608
15. 수형 (1~6)	
	1 산수형 2 편수형 3 밀수형 4 직립형 5 하수형
16. 수색 (1~5)	성숙기 수색
	1 황백 2 황 3 갈 4 적 5 흑 99 기타
17. 수장 (cm)	까락을 제외한 이삭길이 (성숙기)
18. 수밀도 (1~3)	
	1 소 (2.8mm 이상) 상.하 2 중 (2.8~2.2mm) 평균길이
	3 밀 (2.2mm 이하)
19. 기부수축절간형 (1~4)	성숙기의 이삭상태
	1 short and straight 2 short and curved
	3 long and straight 4 long and curved
20. 호영길이 (1~3)	성숙기에 장단조사
	1 단 (Kernel 길이의 1/3이하)
	2 중 (Kernel 길이의 1/3~2/3사이)
	3 장 (Kernel 길이의 2/3이상)
21. 영색 (1~5)	
	1 백 2 황백 3 담적 4 적자색 5 흑 99 기타
22. 외영털유무 (1~2) 1 무 2 유	
23. 엽설장 (0~3) 0 흔적 1 단 2 중 3 장	
24. 이삭추수도	
25. 소수당영화수	
26. 망장 (0~3)	성숙기에 중앙열의 중앙부에서 2~3개 측정
	0 흔적망 (1.5mm 이하) 1 극단망 (1.5~ 9mm)
	2 단망 (10~ 39mm) 3 장망 (40mm 이상)

	27. 망색 (0~5) 출수후 2~3일 망단색 　　0 Albino　1 황백색　2 황색　3 갈색 　　4 적자색　5 흑색　99 기타
	28. 립장 (mm)　성숙기 7~8립 측정
	29. 립크기 (1~3)　성숙기 립의 대소조사 　　1 대　2 중　3 소
	30. 립형 (1~3)　1 타원형　2 중간형　3 세장형
	31. 피과성 (1~2)　1 피성　2 과성
재해저항성	1. 깜부기
	2. 흰가루병 (0~9)　출수 10일후 조사 　　0 발아무　1 최하위엽에 산발적 병반 　　3 초장 1/3 정도까지 발병 　　5 하위엽 심한 발병, 초작의 중간점까지 발병 　　7 하위엽 및 중위엽에 심한 발병　9 전체에 심한 발병
	3. 줄무늬병
	4. 잎녹병발병심도 (0~9) 　　0 식물체가 완전 건전　　1 병반면적율 10% 이하 　　3 병반면적율 11~25%　　5 병반면적율 26~40% 　　7 병반면적율 41~65%　　9 병반면적율 66% 이상
	5. 줄기녹병발병심도 (0~9) 　　0 식물체가 완전 건전　　1 병반면적율 10% 이하 　　3 병반면적율 11~25%　　5 병반면적율 26~40% 　　7 병반면적율 41~65%　　9 병반면적율 66% 이상
	6. 줄녹병발병심도 (0~9) 　　0 식물체가 완전 건전　　1 병반면적율 10% 이하 　　3 병반면적율 11~25%　　5 병반면적율 26~40% 　　7 병반면적율 41~65%　　9 병반면적율 66% 이상
	7. 적미병 (0~9)　출수 20일후 조사(붉은곰팡이병) 　　0 발병무　　　　　　1 이병수율 0.1% 미만 　　3 이병수율 0.1~1%　　5 이병수율 1.1~10% 　　7 이병수율 11~20%　　9 이병수율 21% 이상

	8. 도복 (0~9)
	    0 무도복　1 20% 이상 도복　3 21~40% 도복
	    5 41~60% 도복　7 61~80% 도복　9 81% 이상 도복

	9. 한해　월동후 올밀 5, 그루 밀 3을 기준하여 달관조사
	10. 습해 (0~9)　0 습해전무　5 습해중　9 습해극심
	11. 협의 조만성 (1~3)　1 단　2 중　3 장
	12. 단일반응 (1~5)　1 극둔　2 둔감　3 중　4 민감　5 극감
	13. 파성 (1~6)　1 홍소25호　2 신중장　3 대분소맥 4 소택　5 서촌　6 소맥재래
	14. 탈립난이 (1~3)　1 난　2 중　3 이
	15. 하파적응성 (1~4)　1 극양　2 양　3 중　4 부진

	16. 잎녹병반형 (0~2)
	    0 식물체가 완전 건전
	    1 병반이 작고 병반주위에 괴저가 있음
	    2 전형적인 병반이 발달하여 병반주위에 괴저가 없음

	17. 줄기녹병병반형 (0~2)
	    0 식물체가 완전 건전
	    1 병반이 작고 병반주위에 괴저가 있음
	    2 전형적인 병반이 발달하여 병반주위에 괴저가 없음

	18. 줄녹병병반형 (0~2)
	    0 식물체가 완전 건전
	    1 병반이 작고 병반주위에 괴저가 있음
	    2 전형적인 병반이 발달하여 병반주위에 괴저가 없음

수량 및 품질	1. 일수립수 (개)　3수 평균립수
	2. 천립중 (g)　성숙기 립의 천립중 측정
	3. 일리터중 (g)　성숙기 잎의 1ℓ 중 측정
	4. 10a당수량 (kg)　2㎡당 측정 1,000㎡로 환산

8. 기장

〈공통사항〉

1. 시험번호	평가를 실시한 기관의 당해년도 시험번호를 기입
2. IT번호	종자은행에서 부여한 국가 유전자원 등록번호
3. 자원명	품종명, 계통명 등
4. 원산지	본 자원의 최초수집지 혹은 육성지 국제기관명 또는 국가명
5. 과제구분	형질을 조사한 과제에 대한 구분
6. 조사년도	형질을 조사한 년도
7. 조사자	형질을 조사한 담당자
8. 재배지	형질을 조사하기 위하여 재배한 지역
9. 재배방법	형질을 조사하기 위하여 재배한 방법
10. 기타사항	상기 항목외의 참고를 기재

재배내역	1. 파종기 (mmdd)
	2. 정식기 (mmdd)
형태적특성	1. 초기생육 (1~5) 1 양호 3 중간 5 불량
	2. 출수기 (mmdd) 1구에서 이삭이 50%이상 나온날
	3. 출수소요일 (days)
	4. 등숙기 (mmdd)
	5. 등숙소요일 (days)
	6. 간장 (cm) 출수기 이후에 조사 지면에서 주간의 이삭목까지의 길이
	7. 간경 (mm) 출수기 이후에 Caliper로 측정. 상부 3째와 4째마디
	8. 엽의수직 (1~3) 출수기에 조사 1 직 2 중 3 수
	9. 엽색 (1~3) 출수기에 조사 1 담녹 2 녹 3 암녹
	10. 이삭추출도 (cm) 출수기 이후 측정 주간의 엽설로부터 이삭목까지의 길이

11. 엽장 (cm)
출수기 이후 상부4째엽의 엽혈로부터 엽신 최선단까지의 길이
12. 엽폭 (mm)
출수기 이후 측정 주간의 상부 4째 엽의 최대엽폭
13. 엽초장 (cm)
출수기 이후 상부 4째엽이 착생한 마디부터 엽설까지의 길이
14. 지상절수 (개)
출수기 이후에 조사 주간의 지상부에 있는 절수
15. 분얼수 (개)
출수기 이후 조사 지상절에서 발생한 분얼수
16. 유효분얼수 (개)
주간을 제외한 수령에 기여하는 성숙한 이삭을 가진 분지수
17. 유효분지수 (개/주)
18. 수형 (1~3)　1 산수형　2 편수형　3 밀수형
19. 착립소밀 (1~3)　황숙기 이후 조사
1 소　2 중　3 밀
20. 수장 (cm)　황숙기 이후 조사 주간이삭의 길이
21. 탈립난이 (1~3)　성숙기에 조사
1 난　2 중　3 이
22. 영색 (1~6)　1 황백색　2 황색　3 등황색
4 황갈색　5 적갈색　6 얼룩
23. 종피색 (1~9)
1 담황색 (LY)　2 황색 (Y)　3 등황색 (O)
4 황갈색 (YBr)　5 적갈색 (RBr)　6 황흑반점
7 담갈흑색　8 농갈흑색　9 얼룩 (S)
24. 립형 (1~2)　1 방추형　2 단방추형
25. 생태형 (1~2)　1 봄기장　2 그루기장
26. 엽수 (개)
27. 생육상황 (1~9)
28. 성숙기 (mmdd)　네자리(0707)
29. 수폭 (cm)

재해저항성	1. 조깜부기병 (0~9)
	2. 조명나방 (0~9)
	3. 도복 (1~9) 식물체의 근기부를 중심으로 30도 이상 쓰러진 주수의 정도 1 무도복　3 약간도복　5 중　7 강한도복　9 완전도복
	4. 병해 (1~9)
	5. 충해 (1~9)
수량 및 품질	1. 일수립중 (g) 수확후 측정 평균 이삭의 탈부하지 않은 종실무게
	2. 일수립수
	3. 천립중 (g) 수확기 조사 탈부하지 않은 완전립 1,000립의 무게
	4. 배유형 (1~2)　수확기 조사 옥도반응으로 조사 1 메기장　2 찰기장
	5. 수량성 (1~5)　달관조사에 의함 1 고　3 중　5 저
	6. 일리터중 (g)
	7. 구당수량 (g/2.1㎡)
	8. 종실수량 (kg/10a)

9. 녹두

〈공통사항〉

1. 시험번호	평가를 실시한 기관의 당해년도 시험번호를 기입
2. IT번호	종자은행에서 부여한 국가 유전자원 등록번호
3. 자원명	품종명, 계통명 등
4. 원산지	본 자원의 최초수집지 혹은 육성지 국제기관명 또는 국가명
5. 과제구분	형질을 조사한 과제에 대한 구분
6. 조사년도	형질을 조사한 년도
7. 조사자	형질을 조사한 담당자
8. 재배지	형질을 조사하기 위하여 재배한 지역
9. 재배방법	형질을 조사하기 위하여 재배한 방법
10. 기타사항	상기 항목외의 참고를 기재

재배내역	1. 파종기 (mmdd)
	2. 정식기 (mmdd)
형태적특성	1. 생태형 (1~3)　1 조파형　2 저파형　3 만파형
	2. 신육형 (1~3)　신육형별로 유한형, 무한형, 중간형으로 구분 　　1 유한형　2 무한형　3 중간형
	3. 배축색 (1~3) 　　출아후 자엽하부배축의 색깔을 녹색과 자색으로 구분 　　1 녹　2 자　3 담자
	4. 엽색 (1~3)　성화기에 엽색 표기 　　1 담록　2 록　3 농록
	5. 엽대소 (1~3)　성화기에 엽의 크기를 육안 조사 　　1 대　2 중　3 소
	6. 엽병색 (1~4)　성화기의 엽병색을 육안조사 　　1 녹　2 자　3 담자　4 암자
	7. 화색 (1~3)　개화시의 화색조사 　　1 녹자색　2 녹황색　3 황색
	8. 모용다소 (1~4)　성숙기의 협 및 주경상의 모용밀도 육안 판정 　　1 무　2 소　3 중　4 다

9. 모용색 (1~3)	성숙기의 협 및 주경상의 모용의 색 조사
	1 회 2 황 3 갈
10. 경장 (cm)	성숙기의 주경의 길이
11. 자엽절간장 (mm)	성숙기의 자엽절과 초엽절간의 길이
12. 경직경 (mm)	성숙기 자엽절의 최단직경 조사
13. 주경절수 (개)	성숙기 주경상의 마디수
14. 분지수 (개)	성숙기 2절이상의 분지수
15. 제일분지각도 (°)	성숙기 제일분지와 주경과의 각도
16. 제일분지절위	제일분지가 발생한 주경의 절위
17. 개화시 (mmdd)	한 품종내 2~3개체가 처음으로 개화한 날
18. 개화기 (mmdd)	40%의 개체가 개화한 날
19. 성숙기 (mmdd)	한 품종내 2~3개체의 협이 성숙한 날
20. 개화일수 (days)	파종익일부터 개화기까지의 일수
21. 성숙기간 (days)	개화기에서 성숙시까지의 일수
22. 생육일수 (days)	파종익일부터 수확종기까지의 일수
23. 착협분포 (1~4)	개체내에서 협이 달리는 위치
	1 상 2 상중 3 중 4 기타
24. 개체당협수 (개)	공협을 제외한 개체당 완전 협수
25. 최하위착협절위 (절)	최하착엽의 주경절위
26. 미숙협복봉선색 (1~2)	미숙한 협의 복봉선색
	1 록 2 자 99 기타
27. 성숙협색 (1~5)	성숙된 협의 색
	1 담황 2 황갈 3 갈 4 흑 5 기타
28. 협당립수 (개)	1협내의 립수
29. 협장 (mm)	
	R6 stage에 임의로 탐취한 20개 이상의 협의 길이 측정
30. 협폭 (mm)	
	R6 stage에 임의로 탐취한 20개 이상의 협의 폭 측정
31. 협만곡 (1~3)	성숙된 협의 구부러짐 정도를 육안조사
	1 직 2 중 3 굴곡

32. 탈립성 (1~3) 성숙기 엽의 자연개열성 정도 　　1 난　2 중　3 이
33. 립대소 (1~3) 　　1 대　100립중 25g이상 　　2 중　100립중 15~24g 　　3 소　100립중 14g 이하
34. 립형 (1~4) 완전성숙된 립의 형태를 육안관찰 　　1 타원　2 단원통　3 장원통　4 구
35. 종피색 (1~9) 완정성숙된 립의 종피색 　　1 황　2 록　3 회흑　4 갈　5 기타　6 록황 　　7 담록　8 농록　9 혼합
36. 종피광택 (1~4) 　　완전성숙립의 종피광택을 육안 관찰하여 정도표시 　　1 무　2 약　3 중　4 강
37. 립장 (mm) 완전성숙된 립의 길이
38. 립폭 (mm) 완전성숙된 립의 넓이
39. 립두께 (mm) 완전성숙된 립의 두께
40. 립질 (1~3) 완전성숙된 립의 외형상의 품질을 육안 관찰 　　1 상　2 중　3 하
41. 생육습성 (1~3) 첫째협 성숙시 조사 　　1 erect　2 semi-erect　3 퍼짐
42. 엽모이 (1~2) 1 무　2 유　99 기타
43. 꽃받침색 (1~3) 1 록　2 록자　3 기타
44. 성숙협모양 (1~2) 1 반쯤 편편　2 둥글다
45. 성숙협달린각도 (1~3) 1 늘어짐　2 중간　3 90
46. 종피반점 (1~4) 1 무　2 약　3 중　4 강
47. 줄기감음성 (1~3) 첫째 협이 성숙시 　　1 무　2 중　3 강
48. 분지장 (cm) 첫째 협이 성숙시, 가장 긴 분지를 측정
49. 제색 (1~2) 1 흰　2 갈
50. 용골판색 (1~2) 1 황　2 자

	51. 협의조임 (1~2)　꼬투리 성숙시 조사 　　1 무　2 유
재해저항성	1. 갈반병 (0~9)　개화기간 동안의 갈반병 이병 엽면적 　　0 무병반　1 1% 이하　3 2~10% 　　5 11~20%　7 21~50%　9 50% 이상
	2. 흰가루병 (0~9) 개화기간 동안의 흰가루병 이병 엽면적 　　0 무병반　1 1% 이하　3 2~10%　5 11~20% 　　7 21~50%　9 50% 이상
	3. 바이러스병 (0~9)　개화기간 동안의 이병개체율 　　0 무병반　1 5% 이하　3 6~15% 　　5 16~25%　7 26~40%　9 41% 이상
	4. 녹두바구미 (1~4) 　　수화된 종자를 일정기간 보관후 바구미 피해 육안조사 　　1 무　2 소　3 중　4 심
	5. 도복 (0~9) 　　성숙기에 45° 이상 기울어진 개체의 비율로 등급화 　　0 무도복　1 5%이하 개체 도복 　　3 6~10% 개체 도복　5 11~50% 개체 도복 　　7 51~75% 개체 도복　9 76% 이상의 개체가 도복
수량 및 품질	1. 단백질함량 (%) 　　Kjeldahl방법, GQA 또는 기타 분석기기에 의한 분석치
	2. 지방함량 (%) 　　Soxhlet, GQA 또는 기타 분석기기에 의한 분석치
	3. 백립중 (g)　완전풍건한 100립의 무게
	4. 일리터중
	5. 10a당수량 (kg)
	6. 주당수량 (g)
	7. 전체무게 (g)
	8. 전분함량 (%)

10. 동부

⟨공통사항⟩

1. 시험번호	평가를 실시한 기관의 당해년도 시험번호를 기입
2. IT번호	종자은행에서 부여한 국가 유전자원 등록번호
3. 자원명	품종명, 계통명 등
4. 원산지	본 자원의 최초수집지 혹은 육성지 국제기관명 또는 국가명
5. 과제구분	형질을 조사한 과제에 대한 구분
6. 조사년도	형질을 조사한 년도
7. 조사자	형질을 조사한 담당자
8. 재배지	형질을 조사하기 위하여 재배한 지역
9. 재배방법	형질을 조사하기 위하여 재배한 방법
10. 기타사항	상기 항목외의 참고를 기재

재배내역	1. 파종기 (mmdd)
	2. 정식기 (mmdd)
형태적특성	1. 생태형 (1~3)　1 조파형　2 적파형　3 만파형
	2. 신육형 (1~3)　1 유한형　2 무한형　3 중간형
	3. 초형 (1~3)　1 직립　2 포복　3 중간
	4. 배축색 (1~2)　출아후 조사 　　1 녹　2 자
	5. 엽색 (1~3)　1 담록　2 록　3 농록
	6. 엽형 (1~3)　성화기 조사 　　1 장　2 장환　3 환
	7. 화색 (1~6)　성화기 조사 　　1 백　2 녹　3 담자　4 자　5 적자　6 기타
	8. 개체총화수 　　10개체로부터 조사된 상총화수의 평균 개체당 총상화수
	9. 모용다소 (1~4)　성숙기의 협 및 주경상의 모용밀도 육안조사 　　1 무　2 소　3 중　4 다
	10. 모용색 (1~3)　성숙기 모용색 조사 　　1 회　2 황　3 갈

11. 모용형태 (1~3)	성숙기에 조사
	1 정상　2 포복　3 curling
12. 경장 (cm)	성숙기에 자엽절에서 경의 정단까지의 길이 조사
13. 경직경 (mm)	
	성숙기에 자엽절에서 바로 윗절사이의 줄기 직경조사
14. 주경절수 (개)	성숙기의 주경상의 마디수
15. 분지수 (개)	성숙기의 2절이상의 분지수
16. 개화시 (mmdd)	
17. 개화기 (mmdd)	
18. 종화기 (mmdd)	
19. 성숙기 (mmdd)	
20. 개화일수 (days)	파종익일부터 개화기까지의 일수
21. 개화기간 (days)	개화시에서 종화기까지의 일수
22. 결실일수 (days)	개화기부터 성숙기까지의 일수
23. 생육일수 (days)	
	파종익일부터 성숙기(또는 수확종기)까지의 일수
24. 개체당협수 (개)	
	1개체에 착생된 협수(시기별 수확협수의 합계)
25. 성숙협색 (1~6)	성숙기 조사
	1 녹　2 황　3 황갈　4 갈　5 흑갈　6 기타
26. 협당립수 (개)	10개체에서 조사된 협당 평균립수
27. 협장 (mm)	완전히 자란 미성숙협의 길이
28. 협폭 (mm)	완전히 자란 미성숙협의 넓이
29. 협단면상 (1~4)	완전히 자란 미성숙협의 단면도 조사
	1 세형　2 배형　3 구형　4 8자형
30. 협굴곡정도 (1~4)　1 직립　2 굴곡　3 이중굴곡　4 기타	
31. 립대소 (1~3)	완전종자의 육안조사
	1 대　2 중　3 소
32. 립형 (1~6)	완숙종자의 육안조사
	1 신장형　2 란형　3 삼각형　4 구형　5 사각형　6 기타
33. 종피색 (1~8)	완숙종자의 종피색
	1 흑　2 갈　3 자　4 적　5 회　6 황　7 백　8 기타

	34. 종피광택 (1~4) 완숙종자의 육안조사 1 무 2 약 3 중 4 강
	35. 립장 (mm) 완숙종자의 립의 넓이
	36. 립폭 (mm) 완숙종자의 립의 길이
	37. 립질 (1~3) 완숙종자의 외형상의 품질을 육안으로 조사 1 상 2 중 3 하

재해저항성	1. 모자이크바이러스병 (0~9) 개화기조사
	   0 이병개체 없음 1 5% 미만 3 10% 미만
	   5 30% 미만 7 50% 미만 9 50% 이상

	2. 탄저병 (0~9) 개화기조사
	   0 이병개체 없음 1 5% 미만 3 15% 미만
	   5 30% 미만 7 60% 미만 9 60% 이상

	3. 뿌리썩음병 (0~9)
	   협황변기에 뿌리를 뽑아 이병된 개체의 비율을 조사
	   0 이병개체 없음 1 5% 미만 3 15% 미만
	   5 30% 미만 7 60% 미만 9 60% 이상

	4. 시들음병 (0~9) 개화기조사
	5. 흰가루병 개화기 피해개체조사

	6. 동부나방 (0~9) 수확후 동부나방 파선립 조사
	   0 6% 1 1~3% 3 4~8%
	   5 9~15% 7 16~25% 9 26% 이상

	7. 동부바구미 (0~9) 수확후 종자를 일정기간(30일) 보관후 바구미 피해

	8. 도복 (0~9)
	   성열기 45도 이상 기울어진 개체비율 조사(강낭콩)
	   0 무도복 1 5% 이하 3 6~10% 5 11~50%
	   7 51~75% 9 76% 이상 도복

수량 및 품질	1. 백립중 (g) 충실히 자란 풍건종자 100립의 무게
	2. 10a당수량 (10a/kg)

11. 두과목초
〈공통사항〉

1. 시험번호	평가를 실시한 기관의 당해년도 시험번호를 기입
2. IT번호	종자은행에서 부여한 국가 유전자원 등록번호
3. 자원명	품종명, 계통명 등
4. 원산지	본 자원의 최초수집지 혹은 육성지 국제기관명 또는 국가명
5. 과제구분	형질을 조사한 과제에 대한 구분
6. 조사년도	형질을 조사한 년도
7. 조사자	형질을 조사한 담당자
8. 재배지	형질을 조사하기 위하여 재배한 지역
9. 재배방법	형질을 조사하기 위하여 재배한 방법
10. 기타사항	상기 항목외의 참고를 기재

재배내역	1. 파종기 (mmdd)
	2. 정식기 (mmdd)
형태적특성	1. 한해 (1~9) 월동후 3월초에 달관조사, 1~9등급으로 표시
	2. 이른봄 재생시기 (mmdd) 　근관에서 소엽이 겹쳐있는 상태로 출현하는 시기
	3. 초형 (1~2) 1 잔디형 2 포기형
	4. 총성 (1~3) 1 개화전에 직립 2 중간 3 포복
	5. 근계 (1~2) 개화기에 조사 1 직근 2 실뿌리
	6. 포복경 (0~2) 0 없음 1 단 2 장
	7. 지하경 (0~2) 0 없음 1 단 2 장
	8. 소엽수 (개) 개화기에 조사 개/1엽
	9. 소엽형 (1~3) 1 난형 2 협 3 원형
	10. 소엽병장 (mm) 개화기에 mm로 표시
	11. 탁협 (0~3) 0 없음 1 단 2 장 3 선단에 망이 있는 것
	12. 엽형 (1~3) 개화기에 달관조사 　1 난형 2 협 3 원형
	13. 엽크기 (1~3) 1 대 2 중 3 소
	14. 엽병장 (cm) 개화기에 최장 엽병장을 cm로 표시
	15. 엽색 (1~5) 1 담색 2 담녹색 3 녹색 4 농녹색 5 자색

16. 권수 (0~3)
    0 없음   1 선단이 분지 상태일 때
    2 선단이 꼬여 있을 때   3 선단이 하나이며 곧을 때
17. 엽가장자리 (0~4)
    0 민둥민둥한 것   1 백색털이 있는 것
    3 거치가(톱날모양) 없는 것   4 거치가 있는 것
18. 줄기 (1~3)   개화기때 조사
    1 줄기모양이 원형   2 사각형   3 육각형
19. 줄기속 (1~2)   1 줄기를 횡으로 절달했을 때 속이 빈 것
                  2 속이차 있는 것
20. 화색 (1~6)   1 백색   2 황색   3 적색
                4 오렌지색   5 자색   6 혼합색
21. 화서 (1~8)
    1 가지의 끝에 한 개의 꽃이 달린 것
    2 화축끝에 달린 꽃밑에 대생되는 화경에 꽃이 달린 것
    3 화서의 전체가 원추형인 것
    4 화축이 길게 자라며 화경도 발달한 것
    5 화경에 끝이 거의 같은 높이인 섯
    6 화축은 발달하지만 화경은 거의 없는 것
    7 화축은 짧고 두상으로 되어 있으며 무병화가 그위에 밀생한 것
    8 여러 형의 화서가 혼합된 화서
22. 개화기 (mmdd)   약 10% 개화한 월, 일을 4자리수를 기입
23. 초고 (cm)   개화기에 지면에서 선단까지 cm로 표시
24. 두화수 (개)   개화기때 포기당 두화수
25. 착협수 (개)   1주당 착생협수 개로 표시
26. 결협비율 (%)   1주당 결실험수/개화수×100% 표시
27. 종자형태 (1~7)   채종적기에 채종하여 육안으로 본 영화 모양
    1 장타원형   2 배주형   3 등근형   4 삼각형
    5 불규칙형   6 심장형   7 콩팥형
28. 종자색 (1~19)
    1 볏집   10 엷은노랑   11 자주호박   12 진한자주   13 흑
    14 붉은갈색   15 진한적색   16 호박   17 분홍
    18 엷은황갈색   19 얼룩이   2 갈   3 녹색   4 회
    5 노랑   6 적색   7 흰   8 주황   9 황갈색

	29. 종자광택 (0~9)	성숙된 종자의 표면에 광택 유무
		0 무 1 다소유 5 중 9 짙다
	30. 립폭 (mm)	종자의 단축을 길이로 표시(mm)
	31. 립장 (mm)	종자의 장축을 길이로 표시(mm)
재해저항성	1. 도복 (1~9)	개화기에 달관조사
	2. 재생력 (1~9)	예취후 2주후에 달관조사
	3. 내하고성 (1~9)	7~8월초에 달관조사
	4. 내습성 (1~9)	1 경미 5 다소심 9 극심 99 기타
	5. 영속성 (1~4)	1 1년생 2 월년생 3 단년생 4 다년생
	6. 병해 (1~9)	피해가 없으면 1, 많으면 9
	7. 충해 (1~9)	피해가 없으면 1, 많으면 9
수량 및 품질	1. 생초중 (kg/10a)	예취즉시 kg/10a로 표시
	2. 건물비율 (%)	
		건물시료/생초시료×100%로 표시 (105℃에서 48시간 건조)
	3. 건물수량 (kg/10a)	
		105℃에서 48시간 건조후 kg/10a로 표시
	4. 조단백질 (%)	
		1/10개화기때 건조시료를 조제 분석하여 %로 표시
	5. 조섬유 (%)	
		1/10개화기때 건조시료를 조제 분석하여 %로 표시
	6. 소화율 (%)	
		1/10개화기때 건조시료를 조제 분석하여 in vitro소화율 조사
	7. 기호성 (1~9)	
		1/10개화기때 소나 양에게 채식시켜 초종장 상호 측정
	8. 협당종자수 (개)	1협속에 들어 있는 성숙종자수
	9. 결실비율 (%)	성숙종자수/배주수×100%로 표시
	10. 천립중 (mg)	
		수분함량 15%로 정선된 종자 1000립의 무게를 mg으로 표시
	11. 종자수량 (kg/10a)	
		수분 함량 15%로 정선된 종자를 최소 4㎡의 종실 수량을 표시

12. 들깨
〈공통사항〉

1. 시험번호	평가를 실시한 기관의 당해년도 시험번호를 기입
2. IT번호	종자은행에서 부여한 국가 유전자원 등록번호
3. 자원명	품종명, 계통명 등
4. 원산지	본 자원의 최초수집지 혹은 육성지 국제기관명 또는 국가명
5. 과제구분	형질을 조사한 과제에 대한 구분
6. 조사년도	형질을 조사한 년도
7. 조사자	형질을 조사한 담당자
8. 재배지	형질을 조사하기 위하여 재배한 지역
9. 재배방법	형질을 조사하기 위하여 재배한 방법
10. 기타사항	상기 항목외의 참고를 기재

재배내역	1. 파종기 (mmdd)
형태적특성	1. 초기생육
	2. 엽색 (1~5) 성숙기때 조사 　1 연한녹색 2 녹색 3 진한녹색 　4 연한자주색 5 진한자주색
	3. 엽이면색 (1~5) 성숙기때 조사 　1 연한녹색 2 녹색 3 진한녹색 　4 연한자주색 5 진한자주색
	4. 엽대소 (대중소)
	5. 엽형 (1~3) 성숙기때 조사 　1 피침형 2 심장형 3 장타원형
	6. 엽결각 성숙기 조사 　1 없다 2 적다 3 보통 4 많다
	7. 모용다소 (1~3) 엽의 표면을 성숙기때 조사 　1 적다 2 중간 3 많다
	8. 경색 (1~3) 성숙기 중경의 색 　1 녹색 2 중간 3 자주

9. 경장 (cm)	지상부에서 주경절 선단부까지 성숙기 때 조사
10. 경직경 (mm)	
11. 경태	
12. 배축색	
13. 출삭기 (mmdd)	
14. 개화기 (mmdd)	1구에서 40%이상의 개체가 개화한 날
15. 개화일수 (days)	파종익일부터 개화기까지의 소요일수
16. 화색 (1~3)	개화기때 당일 핀 꽃을 조사
	1 흰색 2 자주색 3 기타
17. 성숙기 (mmdd)	
	1구에서 40%이상의 개체의 삭이 갈변하는 날
18. 성숙일수 (days)	파종익일부터 성숙기까지의 소요일수
19. 초장 (cm)	
20. 유효분지수 (개)	
	마디수가 5절이상인 유효분지의 수를 성숙기때 조사
21. 주당화방수	
22. 화방군장 (cm)	주경 최정단 이삭의 길이를 성숙기에 조사
23. 화방군수 (개)	화방길이가 5cm이상의 꼬투리의 수
24. 화방군당삭수 (개)	주경 최첨단부위의 삭수
25. 일화당삭수 (개)	
26. 주당삭수 (개)	삭의 총수
27. 삭색	
28. 이삭추출도 (1~3)	이삭추출도
	1 잎위에 올라오는 이삭이 많다.
	2 잎위에 올라오는 이삭이 중간이다.
	3 잎위에 올라오는 이삭이 소량이다.
29. 절간장 (cm)	주경의 첫째마디에서 넷째마디까지 길이
30. 마디수 (개)	주경의 마디수
31. 주경절수 (개)	
32. 종피색 (1~6)	
	1 연한갈색 2 갈색 3 진한갈색
	4 회색 5 회백색 6 백색 99 기타

	33. 종실광택 (0~1)　0 무　1 유
	34. 립형 (1~3)　1 원형　2 타원형　3 중간형
	35. 립크기 (1~3)　1 대　3 중　5 소
	36. 화뢰출현기 (mmdd)
	37. 분지수 (개)　총분지수
재해저항성	1. 충해 (0~9) 　0 충해무　1 강저항성　3 저항성 　5 중도저항성　7 약저항성　9 피해가 심함
	2. 조만성
	3. 도복 (0~9) 　0 무　3 약간도복　5 중　7 강한도복　9 완전도복
수량 및 품질	1. 천립중 (g)　완전 등숙된 종실을 탈립후 건조하여 평량
	2. 수량성 (g)　종실중량을 10a당으로 산출
	3. 혼종여부
	4. 팔미틴산 (%)
	5. 스테아린산 (%)
	6. 올레인산 (%)
	7. 리놀산 (%)
	8. 리놀렌산 (%)
	9. 총지방산 (%)

13. 땅콩
〈공통사항〉

1. 시험번호	평가를 실시한 기관의 당해년도 시험번호를 기입
2. IT번호	종자은행에서 부여한 국가 유전자원 등록번호
3. 자원명	품종명, 계통명 등
4. 원산지	본 자원의 최초수집지 혹은 육성지 국제기관명 또는 국가명
5. 과제구분	형질을 조사한 과제에 대한 구분
6. 조사년도	형질을 조사한 년도
7. 조사자	형질을 조사한 담당자
8. 재배지	형질을 조사하기 위하여 재배한 지역
9. 재배방법	형질을 조사하기 위하여 재배한 방법
10. 기타사항	상기 항목외의 참고를 기재

재배내역	1. 파종기 (mmdd)
	2. 정식기 (mmdd)
형태적특성	1. 초형
	2. 식물형 (1~4) 　　1 virgnia type　　주경에 개화하지 않는 것 　　2 spanish type　　주경에 개화하면서 협당립수가 1~2립인 것 (소립) 　　3 valencia type　　주경에 개화하면서 3~4립인 것 (소립) 　　4 intermediate　　주경에 개화하면서 립의 크기가 중대립인 것
	3. 생육형 (1~3)　1 직립형　2 반립형　3 포복형
	4. 주경장 (cm)　자엽절에서 주경정단까지의 길이
	5. 분지장 (cm) 　　자엽절에서 발생한 분지중 가장 긴 분지의 길이
	6. 주경절수 (개)　주엽에 달린 마디수
	7. 분지수　총 분지수를 성숙기에 조사
	8. 일차분지수 (개)　주엽에 달린 분지수
	9. 이차분지수 (개)　1차분지에 달린 분지수
	10. 삼차분지수 (개)　2차분지에 달린 분지수

	11. 엽색 (1~3)　성숙기에 조사 　　1 농녹　2 녹　3 연녹
	12. 엽형 (1~3)　성숙기에 조사 　　1 란형　2 타원형　3 장타원형
	13. 엽장 (mm)　1소엽의 길이
	14. 엽폭 (mm)　1소엽의 폭의 길이
	15. 자엽절분지비율　자엽절분지의 생식지/영양지 비율
	16. ANTHOCYANIN착색 (0~3) 　　주경 및 분지의 안토시아닌 착색 　　0 무　1 소　2 중　3 다
	17. 모용 (0~3)　성숙기에 조사 　　0 무　1 소　2 중　3 다
	18. 개화기 (mmdd)　40%의 개체가 개화한 날
	19. 협장 (mm)　수확 후 완전 성숙된 협 20개 측정평균치
	20. 협폭 (mm)　수확 후 완전 성숙된 협 20개 측정평균치
	21. 협장폭비　수확 후 완전 성숙된 협 20개 측정평균치
	22. 협대소 (1~3)　수확 후 완전 성숙된 꼬투리의 크기 　　1 대　2 중　3 소
	23. 협각두께 (1~3)　수확 후 완전 성숙된 꼬투리껍질의 두께 　　1 후　2 중　3 부
	24. 협형 (1~5) 　　1 virginia　2 spanish　3 valencia 　　4 spanish-valencia　5 valencia-spanish
	25. 립장 (mm)　성숙립 20개 측정평균치
	26. 립폭 (mm)　성숙립 20개 측정평균치
	27. 립장폭비　성숙립 20개 측정평균치
	28. 종피색 (1~8)　수확 후 완전 성숙된 종실의 색깔 　　1 백색　2 담홍　3 홍　4 적　5 자색 　　6 담갈　7 황갈　8 잡색
	29. 종실크기 (1~3)　수확 후 완전 성숙된 종실의 크기 　　1 대　백립중 81g 이상　2 중　백립중 80~51g 　　3 소　백립중 50g 이하
	30. 립광택 (1~2)　수확 후 완전 성숙된 종실의 표면을 조사 　　1 광택무　2 광택유

재해저항성	1. 갈색무늬병 (0~9) 증화격자형법에 의해 구당 30주 조사	
	0 병반무　1 병반면적률 0.1~10%	
	3 병반면적률 10.1~20%　5 병반면적률 20.1~30%	
	7 병반면적률 30.1~50%　9 병반면적률 50.1% 이상	
	2. 검은무늬병 (0~9) 증화격자형법에 의해 구당 30주 조사	
	0 병반무　1 병반면적률 0.1~10%	
	3 병반면적률 10.1~20%　5 병반면적률 20.1~30%	
	7 병반면적률 30.1~50%　9 병반면적률 50.1% 이상	
	3. 수병 (0~9) 증화격자형법에 의해 구당 30주 조사(=녹병)	
	0 병반무　1 병반면적률 0.1~10%	
	3 병반면적률 10.1~20%　5 병반면적률 20.1~30%	
	7 병반면적률 30.1~50%　9 병반면적률 50.1% 이상	
	4. 휴면성 (%) 수확 14일후 발아상에서 휴면된 종자비율	
	1 발아 안됨　2 40~50% 발아　3 51%이상 발아	
	5. 도복 (0~9)	
수량 및 품질	1. 수량성 (kg/10a) 종실중량을 10a당으로 산출	
	2. 종실수량 (g)	
	3. 백립중 (g) 수분 10%상태에서 조사	
	4. 협실비율 (%) 일정협실중에 대한 협실을 깐 종실중의 비율	
	5. 협실수량 (g)	
	6. 주당건물중 (g) 10주 평균	
	7. 주당협수 (개) 미숙협을 제외한 중숙협이상의 협수	
	8. 협당립수 (1~6) 1협에 들어있는 립수	
	1 1개　2 2개　3 3개　4 3개이상	
	5 2혹은 3개　6 3혹은 4개	
	9. 지방함량 (%)	
	10. 단백함량 (%)	
	11. PALMITIC ACID (%)	
	12. STEARIC ACID (%)	
	13. OLEIC ACID (%)	
	14. LINOLEIC ACID (%)	
	15. ARACHIDIC ACID (%)	
	16. EICOSENOIC ACID (%)	
	17. BEHENIC ACID (%)	

14. 마늘

〈공통사항〉

1. 시험번호	평가를 실시한 기관의 당해년도 시험번호를 기입
2. IT번호	종자은행에서 부여한 국가 유전자원 등록번호
3. 자원명	품종명, 계통명 등
4. 원산지	본 자원의 최초수집지 혹은 육성지 국제기관명 또는 국가명
5. 과제구분	형질을 조사한 과제에 대한 구분
6. 조사년도	형질을 조사한 년도
7. 조사자	형질을 조사한 담당자
8. 재배지	형질을 조사하기 위하여 재배한 지역
9. 재배방법	형질을 조사하기 위하여 재배한 방법
10. 기타사항	상기 항목외의 참고를 기재

재배내역	1. 파종기 (mmdd)
	2. 정식기 (mmdd)
	3. 수확기 (mmdd)
	4. 출현일수 (day)
형태적특성	1. 추대기 (mmdd) 전체 생육주중 40%가 추대된 날. 4자리수로 표기
	2. 추대율 (%) 추대수/생육주수×100

	3. 엽색 (1~6) 개화직후 조사하고 코드화
	  1 Dark green 2 Dark grey green
	  3 Light green 4 Light grey green
	  5 Medium green 6 Medium grey green

	4. 직립성 (1~9) 개화직후 조사하고 코드화
	  1 Very prostrate 10 Mixed 3 Prostrate
	  5 Semi-erect 7 Erect 9 Very erect

	5. 초장 (cm) 개화직후 조사하고 지제부로부터 최선단까지의 길이
	6. 엽폭 (mm) 개화직후 조사하고 가장 긴 잎의 가장 넓은 부위
	7. 엽형 (1~7) 잎을 중간부위를 절단하였을 경우 모양을 코드화 1 Circular 3 Flat 5 Triangle 7 V자형 8 Mixed

	8. 화경직경 (mm)　화경의 중간부위를 mm단위로 표기
	9. 화경장　지제부로부터 총포기부까지의 길이
	10. 화경형 (1~7)　1 Coiled　3 Curved　5 Mixed　7 Straight
	11. 구경 (mm)　구의 최대 비대부의 직경
	12. 구고 (mm)　구의 기부에서 구정단까지의 길이
	13. 구형 (1~5) 　　1 Flat bottom　2 Flat globe　3 Flat indented bottom 　　4 Globe　5 Tear drop
	14. 구피색 (1~10) 　　1 Brown　10 White and purple　2 Dark brown 　　3 Dark red　4 Green　5 Light Brown 　　6 Light red　7 Mixed　8 Purple/violet　9 White
	15. 인편피색 (1~10) 　　1 Brown　10 White and purple　2 Dark brown 　　3 Dark red　4 Green　5 Light Brown 　　6 Light red　7 Mixed　8 Purple/violet　9 White
	16. 구배열 (1~4)　마늘인편의 배열상태 　　1 구배열　2 Concentric　3 Random　4 Single clove
	17. 인편수 (개)　크기가 중간 정도인 구의 인편의 수
	18. 주아직경 (mm)
	19. 엽수 (매)
	20. 엽초장 (mm)
	21. 엽초경 (mm)
재해저항성	1. 잎마름병 (0~9)　개화기때 조사 　　0 전혀 이병되지 않음　1 엽면적의 5%미만 이병 　　3 엽면적의 6~10% 이병　5 엽면적의 11~20% 이병 　　7 엽면적의 21~30% 이병　9 엽면적의 31%이상 이병
	2. 월동율 (%)　월동출현/파종인편수×100
수량 및 품질	1. 구균일성 (1~9)　구의 균일성을 조사하여 코드화 　　1 Very irregular　10 Mixed　3 Irregular 　　5 Medium　7 Uiform　9 Very Uiform
	2. 주아백립중 (g)　수확후 3개월 건조후 100립의 주아무게
	3. 건구중 (g)　수확후 1일 건조하고 통풍이 잘되는 곳에서 1 　　개월 건조된 구중

15. 마

〈공통사항〉

1. 시험번호	평가를 실시한 기관의 당해년도 시험번호를 기입
2. IT번호	종자은행에서 부여한 국가 유전자원 등록번호
3. 자원명	품종명, 계통명 등
4. 원산지	본 자원의 최초수집지 혹은 육성지 국제기관명 또는 국가명
5. 과제구분	형질을 조사한 과제에 대한 구분
6. 조사년도	형질을 조사한 년도
7. 조사자	형질을 조사한 담당자
8. 재배지	형질을 조사하기 위하여 재배한 지역
9. 재배방법	형질을 조사하기 위하여 재배한 방법
10. 기타사항	상기 항목외의 참고를 기재

형태적특성	1. 괴근장 (cm)	
	2. 괴근노두장 (cm)	
	3. 괴근경 (cm)	
	4. 괴근중 (g)	
	5. 괴근수량 (kg)	10a면적당 수량을 kg측정

16. 매실

〈공통사항〉

1. 시험번호	평가를 실시한 기관의 당해년도 시험번호를 기입
2. IT번호	종자은행에서 부여한 국가 유전자원 등록번호
3. 자원명	품종명, 계통명 등
4. 원산지	본 자원의 최초수집지 혹은 육성지 국제기관명 또는 국가명
5. 과제구분	형질을 조사한 과제에 대한 구분
6. 조사년도	형질을 조사한 년도
7. 조사자	형질을 조사한 담당자
8. 재배지	형질을 조사하기 위하여 재배한 지역
9. 재배방법	형질을 조사하기 위하여 재배한 방법
10. 기타사항	상기 항목외의 참고를 기재

17. 메밀

〈공통사항〉

1. 시험번호	평가를 실시한 기관의 당해년도 시험번호를 기입
2. IT번호	종자은행에서 부여한 국가 유전자원 등록번호
3. 자원명	품종명, 계통명 등
4. 원산지	본 자원의 최초수집지 혹은 육성지 국제기관명 또는 국가명
5. 과제구분	형질을 조사한 과제에 대한 구분
6. 조사년도	형질을 조사한 년도
7. 조사자	형질을 조사한 담당자
8. 재배지	형질을 조사하기 위하여 재배한 지역
9. 재배방법	형질을 조사하기 위하여 재배한 방법
10. 기타사항	상기 항목외의 참고를 기재

재배내역	1. 파종기 (mmdd)
	2. 정식기 (mmdd)
형태적특성	1. 개화시 (mmdd)
	2. 개화기 (mmdd)
	3. 성숙기 (mmdd)
	4. 성숙일수 (days)
	5. 초장 (cm)
	6. 경태 (mm)
	7. 엽장 (cm)
	8. 엽폭 (cm)
	9. 경장 (cm)
	10. 기부절간장 (cm)
	11. 주경절수 (개/주)
	12. 간경 (개/주)
	13. 일차분지수 (개/주)
	14. 이차분지수 (개/주)

	15. 주경화방수 (개/주)
	16. 총화방수 (개/주)
	17. 엽색 (1~3)
	18. 엽형 (1~4)
	19. 경색 (1~5)
	20. 화색 (1~4)
	21. 종피색 (1~3)
	22. 립형 (1~4)
재해저항성	1. 병해 (1~9)
	2. 충해 (1~9)
	3. 도복 (1~9)
	4. 습해정도 상중하
수량 및 품질	1. 천립중 (g)
	2. 주당립중 (g)
	3. 주당립수 (립)
	4. 생체중 (g)

18. 무

〈공통사항〉

1. 시험번호	평가를 실시한 기관의 당해년도 시험번호를 기입
2. IT번호	종자은행에서 부여한 국가 유전자원 등록번호
3. 자원명	품종명, 계통명 등
4. 원산지	본 자원의 최초수집지 혹은 육성지 국제기관명 또는 국가명
5. 과제구분	형질을 조사한 과제에 대한 구분
6. 조사년도	형질을 조사한 년도
7. 조사자	형질을 조사한 담당자
8. 재배지	형질을 조사하기 위하여 재배한 지역
9. 재배방법	형질을 조사하기 위하여 재배한 방법
10. 기타사항	상기 항목외의 참고를 기재

재배내역	1. 파종기 (mmdd)
	2. 정식기 (mmdd)
	3. 보본파종일 (mmdd)
형태적특성	1. 추대기 (mmdd) 추대가 1/2 이상이 된 날짜
	2. 추대성 (1~9) 　　1 진주대평보다 빠른 것　3 지주대평보다 비슷한 것 　　5 미농조생과 비슷한 것　7 시무와 비슷한 것 　　9 시무보다 늦은 것
	3. 개화기 (mmdd)
	4. 개화양상 (3~7) 　　3 개화시부터 개화기까지가 7일 이내인 것 　　5 개화시부터 개화기까지가 8~14일 인 것 　　7 개화시부터 개화기까지가 15일 이상인 것
	5. 화색변이 (1~7)　1 white　2 yellow　3 green　4 pink 　　　　　　　　　5 red　6 purple　7 other
	6. 기본화색　주된 화색
	7. 화색농담 (3~7)　3 옅음　5 중간　7 짙음　99 기타

8. 협색변이 (0~2)   0 균일   1 두가지   2 세가지 이상
9. 협색 (1~6)   1 yellow-green   2 green   3 red-green
              4 purple-green   5 purple   6 other
10. 협색농담 (3~7)   3 엷음   5 중간   7 짙음
11. 협형 (3~7)   3 평평   5 중간   7 철요심   99 기타
12. 협장 (cm)
13. 협장/협경 (3~7)   3 5배 이하   5 5~15 배   7 15배 이상
14. 종자색변이 (0~2)   0 균일   1 두가지   2 세가지 이상
15. 종자색 (1~8)
     1 Yellow   2 Yellow-Green   3 Orange-Brown
     4 Red-Brown   5 Brown   6 Violet-Brown
     7 Speckled   8 Others
16. 종자색농담 (3~7)   3 엷음   5 중간   7 짙음
17. 포장파종일 (mmdd)
18. 포장수확일 (mmdd)
19. 성숙소요일 (days)
20. 배축색변이 (0~2)   0 균일   1 두가지   2 세가지 이상
21. 배축색 (1~6)   5엽단계에서 관찰
     1 백색   2 연녹색   3 녹색   4 분홍
     5 적색   6 자주색   7 기타
22. 초형 (0~9)
23. 초세 (1~9)   1 극약   3 약   5 중   7 강   9 극강   99 기타
24. 엽장 (cm)
25. 엽폭 (mm)
26. 엽수 (No.)
27. 엽중 (g)
28. 엽색변이 (0~2)   0 균일   1 두가지   2 세가지 이상
29. 엽색 (1~6)
     1 Yellow-Green   2 Green   3 Blue-Green
     4 Red-Green   5 Intermediate   6 Others
30. 엽색농담 (3~7)   3 엷음   5 중간   7 짙음

31. 엽결각
32. 엽절편 (1~9)
33. 엽형 (1~4) 　　1 주걱형　2 긴타원형　3 타원형　4 둥근형　99 기타
34. 엽모용 (0~7)　0 무　3 소　5 중　7 다
35. 근장 (cm)
36. 근경 (cm)　근 최대부위의 직경
37. 최대근경위치 (1~9) 　　1 최상부　3 상부　5 중부　7 하부　9 최하부
38. 지근발생위치
39. 근중 (g)
40. 근형 (1~9) 　　1 Fibrous　2 Triangular　3 Cylindric　4 Ellliptic 　　5 Spheric　6 Transverse elliptic　7 Inverse triangle 　　8 Apically bulbous　9 Branched　99 기타
41. 근기부모양　뿌리의 기부부분 모양
42. 근어깨모양　뿌리의 어깨부분 모양
43. 근미형 (1~9)　1 1형　3 3형　5 5형　7 7형　9 9형
44. 근횡단면　뿌리의 횡적 단면
45. 추근성 (0~9)　수확기 조사 　　0 0%　3 20%　5 40%　7 50%　9 60%
46. 추근장 (cm)
47. 근색수 (1~2)　1 2가지 이하　2 3가지 이상
48. 근피색 (1~7)　1 백색　2 황색　3 녹색　4 분홍 　　　　　　　　　5 분홍적색　6 보라　7 검정　99 기타
49. 근피색농담 (3~7)　3 엷음　5 중간　7 짙음　99 기타
50. 근내부색
51. 근수색분포 (0~9) 　　0 0　1 1/5　3 2/5　5 3/5　7 4/5　9 5/5
52. 근육색 (1~5)　1 흰색　2 유백　3 회백　4 녹색 　　　　　　　　5 적색　99 기타

	53. 육질 (1~9) 1 극히 무름 3 무름 5 중간 7 단단 9 극히 단단 99 기타
	54. 측지발생 (0~7) 수확기 조사 0 없음 3 적음 5 절반정도 7 반이상
	55. 순도 (1~9)
	56. 주중 (g)
	57. 근피두께
	58. 소엽착생양식
	59. 소엽수
	60. 엽병장 (cm)
	61. 엽병경 (mm)
재해저항성	1. 열근 (0~9)
	2. 바람들이 (0~9)
	3. 줄기흰가루 줄기표면의 흰가루
	4. 붕소결핍증 (0~9)
	5. 바이러스병 (0~9)
	6. 노균병 (0~9)
	7. 무름병 (0~9)
	8. 표피구열갈변증 (0~9)
	9. 흑부병 (0~9)
	10. 흑반세균병
	11. 위황병 (0~9)
수량 및 품질	1. 협당종자수 (개)
	2. 천립중 (g)
	3. 천립부피 (㎖)
구성성분	1. Vitamin A (mg/100g)
	2. Vitamin C (mg/100g)
	3. Glucosinolate 지상부 (㎍/g)
	4. Glucosinolate 지하부 (㎍/g)
	5. 항암활성(Inhibition late) (%)

19. 밀

〈공통사항〉

1. 시험번호	평가를 실시한 기관의 당해년도 시험번호를 기입
2. IT번호	종자은행에서 부여한 국가 유전자원 등록번호
3. 자원명	품종명, 계통명 등
4. 원산지	본 자원의 최초수집지 혹은 육성지 국제기관명 또는 국가명
5. 과제구분	형질을 조사한 과제에 대한 구분
6. 조사년도	형질을 조사한 년도
7. 조사자	형질을 조사한 담당자
8. 재배지	형질을 조사하기 위하여 재배한 지역
9. 재배방법	형질을 조사하기 위하여 재배한 방법
10. 기타사항	상기 항목외의 참고를 기재

재배내역	1. 파종기 (mmdd)
	2. 정식기 (mmdd)
형태적특성	1. 총성 (1~3) 월동직후 조사 1 직립 2 중간 3 포복
	2. 엽색 (1~3) 월동직후 조사 1 담록 2 록 3 농록
	3. 엽초털다소 (0~3) 월동후 조사 0 무 1 소 2 중 3 다
	4. 엽초ANTHOCYANIN (0~1) 0 무 1 유
	5. 엽이ANTHOCYANIN (0~1) 0 무 1 유
	6. 엽폭 (1~3) 제 3~5엽기에 조사 1 광 2 중 3 협
	7. 초형 (1~3) 제 3~5엽기에 조사 1 개 2 중간 3 폐
	8. 출수기 (mmdd) 총경수의 40% 이상 출수한 날. 4자리수로 표기
	9. 지엽형 (1~3) 출수기때 조사 1 광 2 중 3 협 99 기타
	10. 지엽수부 (1~5) 출수기에 조사 1 직 2 반직 3 중 4 하수 5 수

11. 간색 (1~5) 성숙기에 조사
　　1 황　2 황　3 갈　4 적　5 흑
12. 간장 (cm) 출수후 지면에서 이 목 지의 이
13. 간 기 (1~3) 출수후 조사
　　1 태　2 중　3 세
14. 　수
15. CO　A 형 (1~4) 출수후 이 목부분 관
　　1 Closed　2 V　ha ed　3 O en
　　4 　odi ied Closed o O en
16. 성숙기 (mmdd) 제1절 황변시, 4자리수로 표기.) 6월
　　8 　 gt 0608
17. 수형 (1~6)
　　1　형　2　형　3 방　형　4　형　5 장수형　6 산수형
18. 수색 (1~5) 성숙기 수색
　　1 황　2 황　3 갈　4 적　5 흑
19. 수장 (cm)　을 제외한 이　이 (성숙기)
20. 수 도 (1~3) 상　하부의 2~3절을 제외한 중 부 수
　　절의 평균 이
　　1 소(2.8mm 이상)　(2.8mm 이상) 상　하
　　2 중(2.8~2.2mm)　(2.8~2.2mm) 평균　이
　　3 　(2.2mm 이하)　(2.2mm 이하)
21. 수분지성 (1~3)
　　1 무　(분지성 유전자 없음)
　　2 소　(분지성 유전자　　　간 분지출　)
　　3 다　(분지성 유전자　　분지출　양호)
　　99 기타
22. 수수부 (1~5) 성숙기에　조사
　　1 직　2 반직　3 수평　4 반수　5 수
23. 기부수 절간형 (1~4) 성숙기의 이　상태
　　1 ho t and st aight　2 sho t and cu ed
　　3 long and st aight　4 long and cu ed
24. 수　털다소 (0~3) 성숙기에 조사
　　0 무　1 소　2 중　3 다
25. 수 부러 (1~3) 성숙기에　조사
　　1 　(b ittle achis)　2 중　3　(non b ittle achis)

	26. 호영길이 (1~3)　성숙기에 장단조사 　　1 단 (kernel　길이의 1/3이하) 　　2 중 (kernel　길이의 1/3~2/3) 　　3 장 (kernel　길이의 2/3이상)
	27. 호영망길이 (1~3)　성숙기에 장단조사 　　1 호영의 길이보다 짧다 　　2 호영의 길이 정도 　　3 호영의 길이보다 훨씬 길
	28. 망장 (0~3)　성숙기에 중앙열의 중앙부에서 2~3개 측정 　　0 흔적망(1.5mm이하)　(1.5mm이하) 　　1 극단망(1.5~9mm)　(1.5~9mm) 　　2 단망(10~39mm)　(10~39mm) 　　3 장망(40mm 이상)　(40mm 이상) 　　99 기타
	29. 망형
	30. 망색 (0~5)　출수후 2~3일 망단색 　　0 Albino　1 황백색　2 황색　3 갈색　4 적자색　5 흑색
	31. 립장 (mm)　성숙기 7~8립 측정
	32. 립폭 (mm)　성숙기 7~8립 측정
	33. 립크기 (1~3)　성숙기 립의 대소조사 　　1 대　2 중　3 소　99 기타
	34. 수수
	35. 종피색 (1~5)　성숙기 종피색 관찰 　　1 백　2 황백　3 담적　4 적　5 농적
재해저항성	1. 흰가루병 (0~9)　출수 10일후 조사 　　0 발아무　1 최하위엽에 산발적 병반 　　3 초장 1/3 정도까지 발병 　　5 하위엽 심한 발병, 초작의 중간점까지 발병 　　7 하위엽 및 중위엽에 심한 발병　9 전체에 심한 발병
	2. 줄무늬병
	3. 잎녹병발병심도 (0~9)　(0~2) 병반형(M), (0~9) 발병심도(S) 　　0 식물체가 완전 건전　1 병반면적율 10% 이하 　　3 병반면적율 11~25%　5 병반면적율 26~40% 　　7 병반면적율 41~65%　9 병반면적율 66% 이상

4. 줄기녹병발병심도 (0~9) (0~2) 병반형(M), (0~9) 발병심도(S)
   0 식물체가 완전 건전   1 병반면적율 10% 이하
   3 병반면적율 11~25%   5 병반면적율 26~40%
   7 병반면적율 41~65%   9 병반면적율 66% 이상
5. 줄녹병발병심도 (0~9) (0~2) 병반형(M), (0~9) 발병심도(S)
   0 식물체가 완전 건전   1 병반면적율 10% 이하
   3 병반면적율 11~25%   5 병반면적율 26~40%
   7 병반면적율 41~65%   9 병반면적율 66% 이상
6. 적미병 (0~9)   출수 20일후 조사 (붉은곰팡이병)
   0 발병무   1 이병수율 0.1% 미만
   3 이병수율 0.1~1%   5 이병수율 1.1~10%
   7 이병수율 11~20%   9 이병수율 21% 이상
7. 잎마름병   출수 10일후 조사 흰가루병과 동일
8. 단일반응 (1~5)   최아종자를 4도에 60일간 암기춘화처리하여 주간 25도, 야간 20도 온실에서 12시간 일장하에서 재배하여 표준품종과 비교판정
   1 극둔   2 둔감   3 중   4 민감   5 극감
9. 파성 (1~6)   1 홍소 25호   2 신중장   3 대분소맥
   4 소택   5 서촌   6 소맥재래
10. 자타식생 (1~2)   자식생-자연교배율 4% 이하
    1 자식   2 타식
11. 도복 (0~9)   성숙기 전 도복의 정도를 관찰
    0 무도복   1 20% 이상 도복   3 21~40% 도복
    5 41~60% 도복   7 61~80% 도복   9 81% 이상 도복
12. 한해 (0~9)   월동후 올밀 5, 그루밀 3을 기준하여 달관조사
    0 Very tolerance   1 중도~완전내성   3 중도내성
    5 중도~약내성   7 약내성   9 Very Susceptible
13. 습해 (0~9)   0 습해전무   5 습해중   9 습해극심
14. 협의의 조만성 (1~3)   최아종자를 표준품종과 대비 판정
    1 단   표준품종 수원 210호, 중국 81호보다 짧은 품종
    2 중   표준품종 그루밀, 조광과 비슷한 품종
    3 장   표준품종 장광, 영광보다 긴품종

	15. 줄기녹병병반형 (0~2) 　　0 식물체가 완전 건전 　　1 병반이 작고 병반주위에 괴저가 있음 　　2 전형적인 병반이 발달하여 병반주위에 괴저가 없음 16. 줄녹병병반형 (0~2) 　　0 식물체가 완전 건전 　　1 병반이 작고 병반주위에 괴저가 있음 　　2 전형적인 병반이 발달하여 병반주위에 괴저가 없음 17. 잎녹병병반형 (0~2) 　　0 식물체가 완전 건전 　　1 병반이 작고 병반주위에 괴저가 있음 　　2 전형적인 병반이 발달하여 병반주위에 괴저가 없음
수량 및 품질	1. 10a당수량 (kg)　2m^2당 측정 1 2. 천립중 (g)　성숙기 립의 천립중 측정 3. 일리터중 (g)　성숙기 잎의 1ℓ 중 측정 4. 일수립수 (개)　3수 평균립수 5. 단백질 (%)　킬달법에 의한 조단백함량(단백계수 5.70) 6. 제분율 (%)　Buhler식으로산출, Straight분/(Straight 분＋밀기울＋Shorts)×100 7. 침전가 (cc)　조작후의 침전층의 용적 8. PK가 (분)　3ℓ 입분쇄 → 3.2% yeast용액반죽 → 반죽의 CO_2gas 포용력 9. 제빵특성 (cc)　밀가루 100g으로 제빵후 부피 10. AMLOGRA_MV　Amylograph가 최고가 된 때의 점도 11. MIX_TIME (분)　Mixograph curve 중앙선에 정점을 그릴 때까지의 시간 12. MIX_HEIGHT (cm)　Mixograph curve 중앙선에 저변으로부터 정점까지의 높이 13. F_GRA_흡수율　도형의 중심선이 500 B.U.에서 최고에 달하는 물의 양에 대한비율 14. F_G_D형성시간 (분)　도형의 중심선이 최고에 달할 때까지의 시간(D.T) 15. F_G_D안정도 (분)　도형의 상단이 중심선을 최초 통과할 때와 다시통과할 때의 시간차 16. F_G_D약화도　도형의 중심선이 떨어지기 시작해서부터 12분 후 하강정도(WK)

20. 박과류

〈공통사항〉

1. 시험번호	평가를 실시한 기관의 당해년도 시험번호를 기입
2. IT번호	종자은행에서 부여한 국가 유전자원 등록번호
3. 자원명	품종명, 계통명 등
4. 원산지	본 자원의 최초수집지 혹은 육성지 국제기관명 또는 국가명
5. 과제구분	형질을 조사한 과제에 대한 구분
6. 조사년도	형질을 조사한 년도
7. 조사자	형질을 조사한 담당자
8. 재배지	형질을 조사하기 위하여 재배한 지역
9. 재배방법	형질을 조사하기 위하여 재배한 방법
10. 기타사항	상기 항목외의 참고를 기재

재배내역	1. 파종기 (mmdd)
	2. 정식기 (mmdd)
형태적특성	1. 배축길이 (cm)
	2. 배축굵기 (mm)
	3. 배축도장 (1~9)
	4. 종피색 (0~7)　0 무종피　1 백　2 유백　3 황　4 주황 　　　　　　　　5 갈　6 회　7 흑
	5. 종피테두리 (0~4)　0 무　1 전골　2 전조　3 후골　4 후조
	6. 종피테두리색 (0~7)　0 무색　1 백색　2 유백색　3 황색 　　　　　　　　　　4 주황색　5 갈색　6 회색　7 흑색
	7. 종피상태 (1~4)　1 골　2 주름　3 소구멍　4 비늘　99 활
	8. 종피광택 (3~7)　3 저　5 중　7 고
	9. 종자크기 (3~7)　3 소　5 중　7 대　99 기타
	10. 종자장 (cm)　실측
	11. 종자폭 (cm)　실측
	12. 종자장폭비
	13. 자엽형태 (1~3)　1 단타원　2 타원　3 장타원
	14. 자엽색 (3~7)　제1본엽 전개기에 조사 　　3 담록색　5 녹색　7 농녹색　99 기타

	15. 자엽크기 (3~7) 발아 2일후 측정 　3 소 2cm 정도　5 중 3cm 정도 　7 대 4cm 정도　99 기타
	16. 자엽장 (cm)
	17. 자엽폭 (cm)
	18. 자엽장폭비
	19. 자엽면적
	20. 초형 (1~3)　1 왜성　2 중간　3 덩굴성　99 기타
	21. 초세
	22. 만장 (cm)
	23. 절간장 (cm)　1번과 수확시에 1번과 절위를 중심으로 한 　10개 절의 평균
	24. 줄기색
	25. 줄기직경 (mm)
	26. 줄기단면 (1~2)　1 원　2 각　99 기타
	27. 주만굵기 (1~9)　1 가늚　2 굵음　99 기타
	28. 덩굴손 (0~1)　0 무　1 유
	29. 측지다소 (3~7)　1번과 수확시에 조사 　3 소　5 중　7 다　99 기타
	30. 엽형 (1~3)　수확초기에서 최성기 사이의 주지의 성엽 　1 환　3 중　5 각　99 기타
	31. 엽장 (cm)
	32. 엽폭 (cm)
	33. 엽크기 (3~7)　수확초기에서 최성기 사이의 주지의 성엽 　3 소　5 중　7 대
	34. 엽색 (3~7)　수확초기에서 최성기 사이의 주지의 성엽 　3 담록　5 록　7 농록　99 기타
	35. 엽무늬색 (0~3)　수확초기에서 최성기 사이의 주지의 성엽 　0 무색　1 담녹색　2 은색　3 담록　99 기타
	36. 엽연 (0~1)　수확초기에서 최성기 사이의 주지의 성엽 　0 골　1 각　99 기타
	37. 엽회반
	38. 엽결각 (0~7)　수확초기에서 최성기 사이의 주지의 성엽 　0 무　3 천　5 중　7 심　99 기타

39. 엽면모양 (0~7)	수확초기에서 최성기 사이의 주지의 성엽 0 무　3 소　5 중　7 다　99 기타
40. 엽병장	
41. 모용거칠기	
42. 엽대리석무늬	
43. 성표현 (1~9)	1 자웅동주　2 자성자웅양전주　3 웅성자웅양전주 4 자웅양전주　5 웅성형　6 자성형　7 자웅이주 8 웅성불임　9 자성불임
44. 첫자화개일수 (days)	최초 자화개화일수까지의 평균 일수, 웅성형은 0로 처리
45. 화색 (1~3)	1 백　2 황　3 주황
46. 암꽃색	
47. 과경단면 (1~3)	1 원　2 둔각　3 예각　99 기타
48. 과경부착부 (1~2)	1 과경과 비슷　2 과경보다 넓음　99 기타
49. 착과성 (1~9)	1 극불량　3 불량　5 중간　7 양호　9 극양호
50. 과형 (1~14)	1 구형　10 팽이형(정)　11 왕관형　12 팽이형(역) 13 굽은형　14 굽은목형　2 납작한형　3 원반형 4 원통형　5 타원형　6 도토리형　7 서양배형 8 아령형　9 긴원통형
51. 과면형태 (1~5)	숙과 성숙시 조사 1 평　2 두　3 릉　4 구　5 류
52. 청과색	
53. 숙과색 (1~8)	숙과 성숙시 조사
54. 주과색 (1~10)	숙과 성숙시 조사 1 록　10 흑　2 청　3 유백　4 황　5 주황　6 적 7 분홍　8 갈　9 회　99 기타
55. 부과색 (0~8)	숙과 성숙시 조사 0 무부과색　1 백　2 록　3 청　4 유백　5 황　6 주황 7 적　8 분홍　99 기타

56. 부과색무늬 (0~3) 숙과 성숙시 조사 　0 무 1 점 2 반점 3 줄무늬 4 가는 줄무늬 　5 이분 99 기타	
57. 과장 (cm)	
58. 과경 (cm)	
59. 과장폭비	
60. 과크기	
61. 과중 (kg)	
62. 과피경도 (3~7) 숙과 성숙시 조사 　3 연 손톱으로 쉽게 벗겨짐 　5 중 손톱으로 쉽게 벗겨지지 않음 　7 경 손톱으로 벗기기 힘듬	
63. 과피두께 (mm)	
64. 과육후 (mm)	
65. 과육색 (1~6) 숙과 성숙시 조사 　1 백 2 백록 3 담황 4 황 5 주황 6 적황	
66. 과기부형태 (1~7) 숙과 성숙시 조사 　1 요 3 평 5 환 7 첨 99 기타	
67. 과선단형태 (1~7) 숙과 성숙시 조사 　1 요 3 평 5 환 7 첨 99 기타	
68. 과경장 (cm)	
69. 과둘레 (cm)	
70. 과경탈리 (3~7) 숙과 성숙시 조사 　3 쉬움 5 중간 7 어려움	
71. 과면광택 (3~7) 숙과 성숙시 조사 　3 저 5 중 7 고	
72. 과면골형태 (0~7) 0 무 3 환 5 중간 7 각 99 기타	
73. 과경재질	
74. 배꼽크기 (3~7) 숙과 성숙시 조사 　3 소 5 중 7 대	
75. 과육질 (1~4) 숙과 성숙시 조사 　1 분 2 점 3 해면질 4 섬유질	

	76. 가식비율 (%)　생과중 가식비율
	77. 태좌부직경 (cm)　실측
	78. 과육수분 (3~7)　숙과 성숙시 조사 　　3 저　5 중　7 고
	79. 과육건물률 (3~7)　숙과 성숙시 조사 　　3 저 10~15%　5 중 20~25%　7 고 30~35%
	80. 태좌조직량 (3~7)　숙과 성숙시 조사 　　3 소　5 중　7 다
	81. 태좌조직탈리성 (3~7)　숙과 성숙시 조사 　　3 쉬움　5 중　7 어려움
	82. 숙기 (3~7)　숙과 성숙시 조사 　　3 조　5 중　7 만
	83. 뿌리형태 (1~2) 　　1 천근성(S)　2 심근성(D)
재해저항성	1. 흰가루병 (0~9) 　　0 조사 전주가 건전함 　　1 조사엽의 5%이하가 감염됨 　　3 조사엽의 6~10%가 감염됨 　　5 조사엽의 11~30%가 감염됨 　　7 조사엽의 31~50%가 감염됨 　　9 조사엽의 51%이상이 감염됨 2. 바이러스병 (0~9) 　　0 조사 전주가 건전함 　　1 조사주의 1%미만이 감염됨 　　2 조사주의 1~5%가 감염됨 　　3 조사주의 6~10%가 감염됨 　　4 조사주의 11~20%가 감염됨 　　5 조사주의 21~30%가 감염됨 　　6 조사주의 21~40%가 감염됨 　　7 조사주의 41~60%가 감염됨 　　8 조사주의 61~80%가 감염됨 　　9 조사주의 81%이상이 감염됨

	3. 회색곰팡이 (0~9) 　0 조사 전주가 건전함 　1 조사주의 1%미만이 감염됨 　3 조사주의 1~5%가 감염됨 　5 조사주의 6~10%가 감염됨 　7 조사주의 11~20%가 감염됨 　9 조사주의 21%이상이 감염됨
	4. 진딧물 (0~9)
	5. 온실가루이 (0~9)　진딧물 조사내용 기준 준용
	6. 총채벌레 (0~9)　진딧물 조사내용 기준 준용
	7. 파밤나방 (0~9)　진딧물 조사내용 기준 준용
	8. 수박모자이크 (지수) 　1 = (latent) - 4 = (serve mosaic yellow)
	9. 박선충 (지수)
	10. 오이녹반모자이크 (지수) 　1 = (latent) - 4 = (serve mosaic yellow)
	11. 덩굴쪼김병 (지수)　1 = (건전) - 5 = (식물체의 71%이상에 심한 시들음 증상 또는 고사)
수량 및 품질	1. 과육맛 (3~7)　숙과 성숙시 조사 　3 저　5 중　7 고
	2. 당도 (Brix°)
	3. 백립중 (g)
	4. 과당종자수 (립)
	5. 주당착과수 (개)
	6. 저장성 (3~7)　상온에서 측정 　3 1주일　5 1달　7 3달

21. 배

〈공통사항〉

1. 시험번호	평가를 실시한 기관의 당해년도 시험번호를 기입	
2. IT번호	종자은행에서 부여한 국가 유전자원 등록번호	
3. 자원명	품종명, 계통명 등	
4. 원산지	본 자원의 최초수집지 혹은 육성지 국제기관명 또는 국가명	
5. 과제구분	형질을 조사한 과제에 대한 구분	
6. 조사년도	형질을 조사한 년도	
7. 조사자	형질을 조사한 담당자	
8. 재배지	형질을 조사하기 위하여 재배한 지역	
9. 재배방법	형질을 조사하기 위하여 재배한 방법	
10. 기타사항	상기 항목외의 참고를 기재	

수체	1. 수세 (cm)
	2. 수자 (각도)
	3. 단과지발생수
	4. 일년지길이 (cm)
	5. 일년지굵기 (mm)
	6. 일년생가지색깔
	7. 일년지절간장 (mm)
	8. 일년생가지피목수 (개)
	9. 일년지피목크기 (mm)
	10. 일년생가지모용
	11. 일년생가지액화수
	12. 일년지액화수 (개)
화기	1. 꽃눈크기 (mm)
	2. 꽃눈형태
	3. 꽃눈인편색깔
	4. 화총당꽃수 (개)
	5. 개화직전꽃잎외부색
	6. 꽃잎크기

	7. 꽃잎크기종경 (mm)
	8. 꽃잎크기횡경 (mm)
	9. 꽃잎형태
	10. 꽃잎주연의 열수
	11. 꽃잎수 (개)
	12. 화병모용상태
	13. 웅예수 (개)
	14. 약적색명도
	15. 화분량 (mg)
잎	1. 잎눈선단형태
	2. 잎눈가지상착생상태
	3. 유엽윗면의 색
	4. 유엽아랫면의 모용여부
	5. 유엽아랫면모용발생강
	6. 성엽엽색
	7. 엽신형태
	8. 엽신의 엽선형태
	9. 엽신의 엽저형태
	10. 엽신의 엽연거치
	11. 엽신의 길이 (mm)
	12. 엽폭 (mm)
	13. 엽폭/엽길이
	14. 엽병의 길이 (mm)
	15. 엽병길이/엽길이 (mm)
과실	1. 과중 (g)
	2. 당도 (%)
	3. 경도 (5mm)
	4. 산도 (%)
	5. 과실종경 (mm)
	6. 과실횡경 (mm)
	7. 과형
	8. 과형의 정형성

9. 전면과피색
10. 과면굴곡
11. 꽃받침의 탈락여부
12. 과점크기 (mm)
13. 과점밀도 (개)
14. 과점상태
15. 과피촉감
16. 과분정도
17. 동녹정도
18. 동녹상태
19. 육경여부
20. 과피두께
21. 경와깊이 (mm)
22. 경와폭 (mm)
23. 체와깊이 (mm)
24. 체와폭 (mm)
25. 과경장 (mm)
26. 과경굵기 (mm)
27. 과심형태
28. 과심크기
29. 과심횡경 (mm)
30. 과심율
31. 자실수 (개)
32. 과육색
33. 과육갈변정도
34. 과육경도
35. 과육밀도
36. 석세포
37. 섬유질
38. 과즙량
39. 산함량
40. 삽미

	41. 종자크기
	42. 종자길이 (mm)
	43. 종자1000립무게 (g)
	44. 종자수 (개)
	45. 종자형태
	46. 과심갈변
	47. 기형과
	48. 바람들이
	49. 수침상과육
	50. 열과경향
	51. 외관
	52. 상온저장력
	53. 저온저장력
	54. 품질
생육	1. 잎눈발아초기 (mmdd)
	2. 개화시 (mmdd)
	3. 개화만 (mmdd)
	4. 낙화시 (mmdd)
	5. 낙화종 (mmdd)
	6. 수확시 (mmdd)
	7. 수확성 (mmdd)
병해충	1. 흑성병
	2. 흑반병
	3. 적성병
	4. 이상반점병
	5. 가루깍지벌레
	6. 꼬마배나무이
	7. 면충
	8. 진딧물
	9. 응애

22. 배추속

〈공통사항〉

1. 시험번호	평가를 실시한 기관의 당해년도 시험번호를 기입
2. IT번호	종자은행에서 부여한 국가 유전자원 등록번호
3. 자원명	품종명, 계통명 등
4. 원산지	본 자원의 최초수집지 혹은 육성지 국제기관명 또는 국가명
5. 과제구분	형질을 조사한 과제에 대한 구분
6. 조사년도	형질을 조사한 년도
7. 조사자	형질을 조사한 담당자
8. 재배지	형질을 조사하기 위하여 재배한 지역
9. 재배방법	형질을 조사하기 위하여 재배한 방법
10. 기타사항	상기 항목외의 참고를 기재

재배내역	1. 파종기 (mmdd)
	2. 정식기 (mmdd)
형태적특성	1. 떡잎크기 (1~3)　1 소　2 중　3 대
	2. 떡잎색 (1~6)　1 담록　2 록　3 농록　4 록자　5 자　6 기타
	3. 안토시아닌 (0~1)　0 착색없음　1 착색　99 기타
	4. 떡잎NOTCH (1~3)　5엽 단계에서 관찰 　　　1 천　2 중　3 심　99 기타
	5. 배축색 (1~7)　5엽 단계에서 관찰 　　　1 백색　2 연녹색　3 녹색　4 분홍색　5 적색　6 자주색　7 기타
	6. 자엽유지도 (3~7)　5엽 단계에서 관찰 　　　3 초기탈락　7 탈락되지 않음　99 기타
	7. 유묘엽결각 (0~5) 　　　0 결각무　1 무딘결각　2 각이 큰 톱니모양 　　　3 각이 좁은 톱니모양　4 물결모양　5 이중 톱니모양 　　　99 기타
	8. 유묘엽색 (1~7)　1 백색　2 연녹색　3 녹색　4 분홍색 　　　　　　　　5 적색　6 자주색　7 기타

9. 유묘털 (0~7)   0 털없음   1 매우 성김   3 성긴 상태
5 중간정도   7 매우 많음   99 기타
10. 초기생장 (3~7)   정식 후 10일경 지면 피복율
3 느림   5 중간   7 빠름
11. 초세 (1~9)   1 극약   3 약   5 중   7 강   9 극강
12. 초형 (0~9)
13. 엽색 (1~6)   1 담록   2 록   3 농록   4 록자   5 자   6 기타
14. 외엽기본색 (1~6)   결구외엽의 기본색
1 황록색   2 연녹색   3 녹색   4 암녹색
5 적녹색   6 적색 혹은 자주색   99 기타
15. 모용형태 (1~2)   1 유   2 강
16. 엽모용 (0~1)   0 무   1 유   99 기타
17. 엽결각 (0~3)   0 무   1 소   2 중   3 다   99 기타
18. 엽끝모양 (2~8)   2 뾰족형   4 중간   6 둥근형   8 넓게 둥근형
19. 엽면광택 (유무)
20. 엽면납질 (0~3)   잎표면의 흰가루(납질, wax)
0 없음   1 적음   2 중간   3 많음   99 기타
21. 엽면요철 (0~2)   0 무   1 중   2 산   99 기타
22. 엽면UNDULATION (0~3)   0 무   1 소   2 중   3 심
23. 엽병장 (cm)
24. 엽병폭 (cm)
25. 엽병단면 (3~7)   3 원형   5 중간원형   7 평면형
26. 엽수 (매)
27. 내엽수 (매)
28. 외엽수 (매)
29. 엽각도 (1~6)   1 직립형   2 개장형   3 반포복형
4 포복형   5 수평형   6 처진형
30. 엽장 (cm)   엽병을 포함한 길이 측정
31. 엽폭 (cm)   가장 넓은 부분 측정
32. 엽중 (g)
33. 엽형 (1~7)   1 원형   2 타원형   3 끝이 넓은 타원형
4 주걱형   5 끝이 뾰족한 타원형
6 창모양   7 장타원형

34. 줄기장 (cm)	
35. 줄기경 (cm)	
36. 줄기색 (1~6)　1 연녹색　2 녹색　3 암녹색　4 적색 혹은 자녹색　5 적색 혹은 자주색　6 기타	
37. 중륵색 (1~6)　1 백색　2 담록색　3 녹색　4 녹자색　5 자색　6 기타	
38. 중륵폭 (1~3)　1 협　2 중　3 광	
39. 중륵단면 (1~3)　1 수평　2 반원　3 기타	
40. 액아발생 (0~1)　0 무　1 유	
41. 화색 (1~4)　1 황　2 담황　3 백　4 기타	
42. 개화시 (mmdd)	
43. 개화기 (mmdd)	
44. 개화종 (mmdd)	
45. 개화소요일 (days)	
46. 개화동시성 (3~7)　　3 낮음　몇주에 걸쳐 개화　　5 중간　일주일정도의 차이를 두고 개화　　7 높음　몇일내에 모두 개화　　99 기타	
47. 꽃잎크기 (1~3)　1 작음　2 중간　3 큼	
48. 협색 (1~3)　1 담록　2 녹　3 기타	
49. 협장 (1~3)　1 단　2 중　3 장	
50. 협폭 (1~3)　1 협　2 중　3 광	
51. 협착형 (1~3)　꼬투리가 달리는 모양　　1 직립형　2 매달린형　3 하향형	
52. 협모용 (0~7)　0 없음　3 적은 편　5 보통　7 많은 편	
53. 협표면모양 (3~7)　꼬투리 표면모양　　3 매끈한 모양　5 물결모양　7 종자사이가 함몰된 모양	
54. 종피색 (1~6)　　1 담녹색　2 갈색　3 회색　4 황색　5 흑색　6 기타	
55. 종자크기 (1~3)　1 소　2 중　3 대	
56. 주중 (g)	

57. 구중 (g)
58. 구고 (cm)　횡단면의 중간을 측정
59. 구폭 (cm)　가장 넓은 지점을 측정
60. 결구력　강약정도
61. 결구양상 (0~7)　0 비결구　5 반결구　7 결구　99 기타
62. 결구형 (1~12) 　　1 불결구형　10 결구원통형　11 결구도란형 　　12 결구첨두타원형　2 반결구형　3 반결구대두형 　　4 결구장타원형　5 결구역삼각형　6 결구장원통형 　　7 결구타원형　8 결구대두원통형　9 결구구형
63. 결구긴도　구중/(구고×구폭/2)×100
64. 구덮힌정도 (3~7)　외엽에 의한 구의 덮힘 정도 　　3 노즐형　5 중간형　7 싸는형
65. 속잎색 (0~3)　0 황백색　3 진노랑　99 기타
66. 내부기본색　1~6구 내부의 기본색 　　1 흰색　2 황색　3 연녹색　4 녹색　5 적녹색 　　6 적색 혹은 자주색
67. 추대시 (mmdd)　구별 최초　추대가 관찰 되는날
68. 추대기 (mmdd)　충공시 주수의 40%가 추대한 날
69. 추대율 (%)　추대주수/공시주수×100
70. 추대소요일 (days)　파종일로 부터 추대시까지의 일수
71. 근경 (cm)　저장부위를 측정
72. 근장 (cm)　가장 넓은 지점을 측정
73. 근중 (gr)
74. 근피색 (1~4)　1 백색　2 녹색　3 녹자색　4 자색　99 기타
75. 근내부색　색을 표시
76. 근형 (1~9)
77. 근어깨모양　뿌리의 어깨부분 모양
78. 근횡단면　뿌리의 횡적 단면
79. 추근성 (0~9)　0 0%　3 0.2%　5 0.4%　7 0.5% 　　　　　　　　9 0.6%　99 기타

	80. 추근장 (cm)
	81. 분지수 (개)
	82. 파성 춘파, 추파
	83. 성숙소요일 (days)
	84. 결실기간 (days)
	85. 형태적 균일성 (1~3) 1 균일 2 연속변이 3 둘 또는 그 이상의 형태
	86. 엽신굴곡 (0~7) 절단면에서 본 엽신굴곡 0 없음 3 적음 5 중간 7 많음
	87. 엽병색 (1~6) 중심엽맥 색깔 1 흰색 2 연녹색 3 녹색 4 자주색 5 적색 6 기타
재해저항성	1. 조만성 (1~3) 1 조 2 중 3 만 99 기타

	2. 유묘기노균병 (0~9)
	  0 병징없음
	  1 포기 전체에 1~2mm의 작은 반점형성 (직경 3mm이하)
	  3 직경5mm 이하의 반점이 3개 이하로 3엽 이하에 발생
	  5 전체 엽면적의 1/3 이상이 반점화된 잎이 2매이하
	  7 전체 엽면적의 1/2 이상이 반점화된 잎이 3매이하
	  9 전체 엽면적의 1/2 이상이 반점화된 잎이 4매이상

	3. 결구기노균병 (0~9)
	  0 병징없음
	  1 직경 3mm 이하의 반점이 포기 전체에 10개 이하
	  3 직경 3mm 이하의 반점이 3~5개의 잎에 다소 산재
	  5 1켜의 외엽 2/3이상의 엽면적이 반점
	  7 3켜 미만의 외엽 2/3이상의 엽면적이 반점화
	  9 3켜 이상의 외엽 2/3이상의 엽면적이 반점화
	  99 기타

	4. 무사마귀병-포장 (0~9) 포장검정
	  0 병징없음
	  1 측근에 작은 혹이 조금씩 생기고 생장 다소 지연
	  3 측근에 혹이 다수 생기고 경미한 생장 지연

	5 주근의 아래 부분에 혹이 형성되고 생육 지연 7 주근에 혹이 크게 형성되고 생육 저해 9 주근에 혹이 조기에 형성되고 생육 완전 정지
	5. 바람들이 (0~9)
	6. 바이러스병 (0~9)
	7. 무름병 (0~6) 　0 증상없음 　1 오갈증상 　2 모자이크 증상 　3 생장지정 및 위축 　4 기형 (한쪽만 자라고 다른 쪽은 생장 정상) 　5 변색 　6 내엽윤점 　99 기타
	8. 백녹병 (0~9)　0 무　9 심
	9. 무사마귀병-유묘 (0~9)　유묘검정 　0 병징없음 　1 측근에 작은 혹이 조금씩 생기고 생장 다소지연 　3 측근에 혹이 다수 생기고 경미한 생장 지연 　5 주근 아래 부분에 혹이 형성되고 생육 지연 　7 주근에 혹이 크게 형성 되고 생육 저해 　9 주근에 혹이 조기에 형성되고 생육완전 정지
수량 및 품질	1. 협당종자수 (립)
	2. 천립중 (g)
	3. 순도 (1~2)　1 양호　2 불량　99 기타
	4. 열근 (0~9)
	5. 육질 (1~9)　1 극히 무름　3 무름병　5 중간　7 단단 　　　　　　　9 극히 단단

23. 백합

〈공통사항〉

1. 시험번호	평가를 실시한 기관의 당해년도 시험번호를 기입
2. IT번호	종자은행에서 부여한 국가 유전자원 등록번호
3. 자원명	품종명, 계통명 등
4. 원산지	본 자원의 최초수집지 혹은 육성지 국제기관명 또는 국가명
5. 과제구분	형질을 조사한 과제에 대한 구분
6. 조사년도	형질을 조사한 년도
7. 조사자	형질을 조사한 담당자
8. 재배지	형질을 조사하기 위하여 재배한 지역
9. 재배방법	형질을 조사하기 위하여 재배한 방법
10. 기타사항	상기 항목외의 참고를 기재

재배내역	1. 파종기 (mmdd)
	2. 정식기 (mmdd)
형태적특성	1. 구주 (cm)
	2. 초장 (cm)
	3. 엽수 (개)
	4. 개화기 (mmdd)
	5. 착화수 (개)
	6. 개화방향
	7. 화색
	8. 꽃잎반점

24. 벼

〈공통사항〉

1. 시험번호	평가를 실시한 기관의 당해년도 시험번호를 기입
2. IT번호	종자은행에서 부여한 국가 유전자원 등록번호
3. 자원명	품종명, 계통명 등
4. 원산지	본 자원의 최초수집지 혹은 육성지 국제기관명 또는 국가명
5. 과제구분	형질을 조사한 과제에 대한 구분
6. 조사년도	형질을 조사한 년도
7. 조사자	형질을 조사한 담당자
8. 재배지	형질을 조사하기 위하여 재배한 지역
9. 재배방법	형질을 조사하기 위하여 재배한 방법
10. 기타사항	상기 항목외의 참고를 기재

재배내역	1. 파종기 (mmdd)
	2. 정식기 (mmdd)
형태직특성	1. 일양성 동명 품종과 변형품종식별을 위하여 형태 및 생태적 특성이 동일한 것은 같은 숫자를 부여하고 원품종에 가까운 것부터 1번을 부여
	2. 품종형 (1~6) 형에 따라 인도형, 일본형, 자바형, 교잡종, 야생종등으로 표시 1 Indica 2 Japonica 3 Javanica 4 Hybrid 5 Wild 6 통일형
	*3. 묘초장 (cm, 실측) 보온절충못자리에 마른 종자로 파종 후 35일에 초장을 표시
	4. 엽장 (cm) 지엽다음 차엽의 엽장을 성숙기에 표시(L=2)
	5. 엽폭 (mm) 차엽의 가장 넓은 곳의 폭을 표기(L=2)
	6. 엽평활도 (1~3) 최고분얼기에 평활, 중간, 거치상으로 구분 1 평활 2 중간 3 거치상 99 기타
	7. 엽색 (1~6) 최고의 분얼기에 엽색을 기준 1 담녹 2 녹색 3 농녹 4 대자 5 자록 6 자색 99 기타
	8. 엽초색 (1~4) 성숙기의 하위 엽초색을 록, 자조, 담자, 자색으로 구분 1 녹색 2 자조 3 담자 4 자색 99 기타

9. 엽각 (1~3)　재배와조사시기에 따라 상이하나 성숙기에 지엽이외의 엽각
   1 직립　2 수평　3 하수　99 기타
10. 지엽각도 (1~4)　성숙기의 지엽각도를 직립, 중간, 수평, 하수로 구분
    1 직립　2 중간　3 수평　4 하수　99 기타
11. 엽설장 (mm)　출수기부터 차엽의 엽설장을 기록
12. 엽설색 (1~3)　출수기에 백, 자조, 자색으로 구분 코드화
    1 백색　2 자조　3 자색　99 기타
13. 엽　색 (1~3)　출수기부터　숙기까지 담록, 록, 자로 구분 코드화
    1 담녹　2 록색　3 자색　99 기타
14. 엽이색 (1~2)　출수기에 담록과 자색으로 구분 코드화
    1 담녹　2 자색　99 기타
15. 출수기 (mmdd)　50 의 식　가 출수한 시기, 4자리수로 표시
16. 간장 (cm)　지　에서 이　목까지의　이
17. 수수 (개)　10립이상의 평　주당 수수
18. 간각 (1~5)　출수기의 간각을 직립, 중, 개, 산, 와로 구분 코드화
    1 직립　2 중　3 개　4 산　5 와　99 기타
19. 간기　(mm)　지상부 최하위 가장　은 절간의 평　직
20. 절색 (1~4)　성숙기에 록, 담　, 대자, 자로 구분 코드화
    1 녹색　2 담　3 대자　4 자색　99 기타
21. 간　도(1~5) 성숙기에　, 중,　, 도　절로 구분 코드화
    1　　2 중　3　　4 도　5 절　99 기타
22. 수장 (cm)　이　목에서부터　까지의 평　이
23. 수형 (1~3)　숙기에 일차지　의 형태로　, 중, 개형으로 조사
    1　　2 중　3 개　99 기타
24. 이차지　(1~4)　　정도에 따라서　, 중, 다,　으로 구분 코드화
    1　　2 중　3 다　4　　99 기타

25. 추출도 (1~5)	이삭목의 장단에 따라 5분하여 코드화 1 Well exserted 2 Moderately well exserted 3 Just exserted 4 Partly exserted 5 Enclosed
26. 망 (1~5)	장단과 다소에 따라 무, 단소, 단다, 장소, 장다로 구분 1 무 2 단소 3 단다 4 장소 5 장다 99 기타
27. 망색 (1~6)	출수기때의 망색을 기준으로 황색, 황금, 갈색, 적, 자, 흑 1 황색 2 황금 3 갈색 4 적색 5 자색 6 흑색 99 기타
28. 부선색 (1~7)	호숙기에 백, 황백, 갈, 적, 대적, 대자, 자색으로 구분 1 백색 2 황백 3 갈색 4 적색 5 대적 6 대자 7 자색 99 기타
29. 주두색 (1~5)	출수기에 백, 담록, 황, 담자, 자색으로 구분 코드화 1 백색 2 담녹 3 황색 4 담자 5 사색 99 기타
30. 영색 (1~8)	황숙기에 조사 코드화 1 황백 2 황금 3 황백갈반 4 갈색골 5 갈색 6 적색 7 자색 8 흑색 99 기타
31. 호영색 (1~4)	황숙기에 조사 코드화 1 황백 2 황금 3 적색 4 자색 99 기타
32. 호영장 (1~5)	단, 중, 장, 특장, 포립으로 구분 코드화 1 단 〈1.5mm 2 중 1.6~2.5mm 3 장 〉2.6mm 4 특장 5 포립 99 기타
33. 립장 (mm)	완전정조의 평균립장을 표시
34. 립폭 (mm)	완전정조의 가장 넓은 부위를 표시
35. 착립밀도	
36. 종피색 (1~6)	현미색을 백, 담갈, 갈, 적, 담자, 자색으로 구분 코드화 1 백색 2 담갈 3 갈색 4 적색 5 담자 6 자색 99 기타
37. 배유형 (1~2)	메, 찰의 구분을 코드화 1 메 2 찰 99 기타

	38. 성숙기 (mmdd) 임실립의 90%이상이 황변된 때, 4자리 수로 표시
	39. 숙색 (1~5) 황, 백, 황금, 갈, 암색으로 구분 코드화 　　1 황색　2 백색　3 황금　4 갈색　5 암갈　99 기타
	40. 립장현미 (mm) 현미
	41. 립폭현미 (mm) 현미
	42. 립두께현미 (mm) 현미
	43. 립후 (mm) 완전정조의 두께 표시
	44. 립장폭비
재해저항성	1. 도열병 (0~9) 밭못자리 겸정결과를 등급으로 표시 　　0 저항성　1 극약　3 약함　5 중간　7 심함　9 이병성
	2. 목도열병 (0~9) 포장달관조사
	3. 문고병
	4. 백엽고병K1 (1~6) 배양균주(KI)를 수잉기에 접종하여 강약을 코드화 　　1 None　2 I　3 II　4 III　5 IV　6 V　99 기타
	5. 호엽고병 (%) 포장검정성적 　　1 저항성　2 중간　3 이병성　99 기타
	6. 위축병 (%) 포장검정성적 　　1 저항성　2 중간　3 이병성　99 기타
	7. 흑조위축병 (%) 포장검정성적 　　1 저항성　2 중간　3 이병성
	8. 이화명충 (1~3) 1화기의 심고정도에 따라 강, 중, 약으로 구분 코드화 　　1 저항성　2 중간　3 이병성　99 기타
	9. 벼멸구 (0~9) 실내검정성적 　　0 완전저항성　1 저항성　3 중도~저항성 　　5 중도저항성　7 약저항성　9 이병성
	10. 흰등멸구 (0~9) 실내검정성적 　　0 완전저항성　1 저항성　3 중도~저항성 　　5 중도저항성　7 약저항성　9 이병성
	11. 애멸구 (0~9) 실내검정성적 　　0 완전저항성　1 저항성　3 중도~저항성 　　5 중도저항성　7 약저항성　9 이병성

12. 끝동매미충 (0~9)　실내검정성적
　　0　9
13. 기타충해 (0~9)　실내검정성적
　　0 완전저항성　1 저항성　3 중도~저항성
　　5 중도저항성　7 약저항성　9 이병성
14. 감온성 (1~3)　재배 적지에서 감온성의 정도 개략 구분 (포장)
　　1 S　2 M　3 In
15. 감광성 (1~3)　재배 적지에서 감온성의 정도 개략 구분 (포장)
　　1 S　2 M　3 In
16. 휴면성 (1~3)　출수후 40일 종자를 발아조사하여 휴면타파한 것에 대한 비율
　　1 강　50% 미만　2 중　50~80%　3 약　80% 이상
17. 못자리감응성 (1~3)　보통기 못자리
　　1 단　40일 이내 감응 (S)　2 중　40~60일 (M)
　　3 In　60일 이상 (In)
18. 유묘냉해 (0~9)　기상실 또는 냉수검정시설성적 정도에 따라 구분
　　0 정상　9 사멸
19. 저온발아성 17℃ (%)　17℃에서의 발아율
20. 적고 (0~9)　성숙기에 적고정도를 달관조사기입
　　0 Normal　1 Lightly occurred　3 at leaf tip
　　5 10~50% of the lower leaves discolored
　　7 51~90% discolored　9 More than 90% of dead
21. 엽노화도 (1~3)　성숙기에 지, 중, 속으로 구분 코드화
　　1 지　2 중　3 속　99 기타
22. 내만식성 (1~3)　적지에서 보파만식 적응성 구분
　　1 상　2 중　3 하
23. 도복 (0~9)
　　0 무도복　3 약간도복　5 중간　7 강한도복　9 완전도복
24. 내염성 (0~9)　실내유묘 검정성적
　　0 강　3 강~중　5 중간　7 중~약　9 약
25. Virus (%)　망실이앙 재배, 중간기주(둑새풀) 조성 후 이앙 Virus 이병율
26. 백엽고병K3 (1~6)　배양균주(KI)를 수잉기에 접종하여 강약을 코드화

	27. 백고엽병K2 (1~6)　배양균주(KI)를 수잉기에 접종하여 강약을 코드화
	28. 벼멸구MRS (1~3)
	29. 저온발아성 13℃ (%)　13℃에서의 발아
	30. 내냉성종합 (1~9)　불임율, 간장단축율, 출수지연 등 종합적으로 판단
	31. 입도열병 (0~9)　포장달관조사
수량 및 품질	1. 수량성 (kg/10a)　정조량으로 표시 (수분 14% 기준)
	2. 수당립수 (립)
	3. 임실률 (1~5)　황숙기에 고임, 임, 부분불임, 고불임, 완전불임으로 구분 1 고임(95이상)　2 임(80~94)　3 부분불임(60~79) 4 고불임(1~59)　5 완전불임(0)
	4. 등숙비율 (%)　총영화수, 즉 이삭에 붙은 총립수에 대한 충실히 여문 등숙립수의 비율.
	5. 정조천립중 (g)　완전정조 천립중을 표시
	6. 현미천립중 (g)
	7. 탈립성 (1~5)　당시의 기상조건하에서 비, 난, 중, 이, 특이로 구분 코드 1 비　2 난　3 중　4 이　5 특이　99 기타
	8. 심백 (0~9)　0~9까지 쌀알 면적을 달관조사 0 무　1 5%이하　3 6~10%　5 11~20% 7 21~40%　9 41%이상
	9. 알칼리붕괴도 (1~9)　알칼리 붕괴도(ADV) 1 저(무)붕괴　3 약간붕괴　5 중간붕괴 7 다소붕괴　9 완전붕괴
	10. 호화온도 (1~7)　알카리 붕괴도(ADV) 측정결과로 간접평가 1 낮음(ADV 6~7)　3 중간(ADV 4~5) 5 중고(ADV 3)　7 높음(ADV 1~2)
	11. 제현비율 (%)
	12. 현백비율 (%)
	13. 식미지수
	14. 투명도 (0~9)

구성성분	15. 복백 (0~9) 0~9까지 쌀알 면적을 달관조사 　0 무　1 5%이하　3 6~10%　5 11~20% 　7 21~40%　9 41%이상
	1. 아밀로스함량 (%)　광전비색법에 의한 간접 측정
	2. 단백질 (%)　현미기준 전실계 함량으로 환산
	3. Fatty acid(C14:0) (%)　지방산
	4. Fatty acid(C16:0) (%)　지방산
	5. Fatty acid(C18:0) (%)　지방산
	6. Fatty acid(C18:1) (%)　지방산
	7. Fatty acid(C18:2) (%)　지방산
	8. Fatty acid(20:0) (%)　지방산
	9. Fatty acid(18:3n3) (%)　지방산
	10. Fatty acid(22:0) (%)　지방산
	11. 항산화활성 (%)
	12.　시아　(mg%)
	13. Alanine (mg/g)
	14. Arginine (mg/g)
	15. Aspartic acid (mg/g)
	16. Cysteine (mg/g)
	17.　lutamine (mg/g)
	18.　lycine (mg/g)
	19.　istidine (mg/g)
	20. Isoleucine (mg/g)
	21. Leucine (mg/g)
	22. Lysine (mg/g)
	23. Methionine (mg/g)
	24. Phenylalanine (mg/g)
	25. Proline (mg/g)
	26. Serine (mg/g)
	27.　hreonine (mg/g)
	28.　ryptophan (mg/g)
	29.　yrosine (mg/g)
	30. Valine (mg/g)
	31. Mg (mg/g)

	32. K (mg/g)
	33. Ca (mg/g)
	34. Mn (mg/g)
	35. Fe (mg/g)
	36. △7-stigmastenyl ferulate (%)
	37. Stigmasteryl ferulate (%)
	38. Cycloartenyl ferulate (%)
	39. 24-Methylene cycloartanyl ferulate (%)
	40. △7-campestenyl ferulate (%)
	41. Campesteryl ferulate (%)
	42. Sitosteryl ferulate (%)
	43. Campestanyl ferulate (%)
	44. Sitostanyl ferulate (%)
	45. Totoal oryzanol content (%)
	46. △7-sitostenyl ferulate (mg/100g)　mg/100g brown rice
	47. Alpha tocopherol (mg/100g)
	48. Bata tocopherol (mg/100g)
	49. Gamma tocopherol (mg/100g)
	50. Delta tocopherol (mg/100g)
	51. Alpha tocotrienol (mg/100g)
	52. Bata tocotrienol (mg/100g)
	53. Delta tocotrienol (mg/100g)
	54. Gamma tocotrienol (mg/100g)
	55. Total tocopherol (mg/100g)
	56. Total tocotrienol (mg/100g)
	57. Total vitamin E (mg/100g)
	58. Zn (mg/g)
	59. Octacosanol (mg/100g)　hulled rice
	60. squalene (ug/g)
	61. Campesterol (ug/g)
	62. Stigmasterol (ug/g)
	63. B-sitosterol (ug/g)
	64. Total sterol (ug/g)

25. 보리

〈공통사항〉

1. 시험번호	평가를 실시한 기관의 당해년도 시험번호를 기입
2. IT번호	종자은행에서 부여한 국가 유전자원 등록번호
3. 자원명	품종명, 계통명 등
4. 원산지	본 자원의 최초수집지 혹은 육성지 국제기관명 또는 국가명
5. 과제구분	형질을 조사한 과제에 대한 구분
6. 조사년도	형질을 조사한 년도
7. 조사자	형질을 조사한 담당자
8. 재배지	형질을 조사하기 위하여 재배한 지역
9. 재배방법	형질을 조사하기 위하여 재배한 방법
10. 기타사항	상기 항목외의 참고를 기재

재배내역	1. 파종기 (mmdd)
	2. 정식기 (mmdd)
형태적특성	1. 병와성 (1~2) 발아시, 출수기에 조시 　　1 병성 2 와성 99 기타
	2. 총성 (1~3) 월동전후 조사 　　1 직립 2 중간 3 포복 99 기타
	3. 엽색 (1~3) 월동전후 조사 　　1 담녹 2 녹 3 농녹 99 기타
	4. 엽초털다소 (0~3) 월동후 조사 　　0 무 1 소 2 중 3 다 99 기타
	5. 엽초ANTHOCYANIN (0~1) 0 무 1 유 99 기타
	6. 엽이ANTHOCYANIN (0~1) 0 무 1 유
	7. 엽폭 (1~3) 제 3~5엽기에 조사 　　1 광 2 중 3 협 99 기타
	8. 엽수부 (1~5) 출수기에 조사 　　1 직 2 반직 3 중 4 하수 5 수 99 기타
	9. 초형 (1~3) 출수기에 조사 간이 직립인 것을 폐, 편개한 것을 개로 표시 　　1 개 2 중 3 폐 99 기타

10. 출수기 (mmdd) 총경수의 40%이상 출수한 날, 4자리 수로 표기
11. 지엽형 (1~3) 출수기 조사
    1 광 2 중 3 협 99 기타
12. 지엽수부 (1~5) 출수기에 조사
    1 직 2 반직 3 중 4 하수 5 수
13. 지엽 (cm)
14. 지엽폭
15. 간 (cm) 출수후 지 에서 이 목 지의 이
16. 간 기 (1~3) 출수후 조사
    1 태 2 중 3
17. COLLA 형 (1~4) 출수기후 이 목부분 관
    1 Closed 2 V-shaped 3 Open
    4 Modified closed or ope 99 기타
18. 성 기 (mmdd) 총경수의 대부분이 한 날을 월, 로 표기. 4자리수
19. 조성 (0~6) 성 기 관
    0 부제조 1 무   2 2조 6 6조 99 기타
20. 수도
21. 수형 Compact, La , Z, M
    1   2 중 3 소 99 기타
22. 수 (cm) 성 기 이 의 이
23. 수 도 (mm) 상부, 하부의 2-3 을 제외한 중 부 수 간 의 평   이
24. 수수부 (1~5) 성 기에 조사
    1 직 2 반직 3 수평 4 반수 5 수 99 기타
25. 기부수 간형 (1~4) 1 SS 2 SC 3 LS 4 LC
    1 Short and straight 2 Short and curved
    3 Long and straight 4 Long and curved
26. 간색 (1~5) 성 기 간의 색 을 관 (대부분의 품종은 색)
    1   2 색 3 색 4 적자색 5 색 99 기타

27. 수색 (1~5)   성숙기 수의 색택을 관찰 (대부분의 품종은 황색)
   1 황백   2 황색   3 갈색   4 적자색   5 흑색   99 기타

28. 수축털다소 (0~3)   0 무   1 소   2 중   3 다   99 기타

29. 수축부러짐 (1~3)
   1 약   (brittle rachis)   2 중
   3 강   (non-brittle rachis   99 기타

30. 호영길이 (1~4)
   1 단   (Kernel 길이의 1/3이하)
   2 중   (Kernel 길이의 1/3~2/3사이)
   3 장   (Kernel 길이의 2/3이상)
   4 Wide outer glume
   99 기타

31. 호영망길이 (1~3)
   1 단   (호영길이보다 짧다)
   2 중   (호영길이 정도)
   3 장   (호영길이보다 훨씬)
   99 기타

32. 저자모길이 (1~2)   1 단   2 장

33. 망장 (cm)   수의 중앙열 중앙부위의 망길이를 소수 1자리까지

34. 망형태 (1~7)
   1 정상망   2 (정상) hood   3 Elevated hood
   4 Subjacent hood   5 triple awn
   6 중앙열 - 정상망, 측열 - 무망 또는 극단망
   7 중앙열 -hood, 측열 - 무망   99 기타

35. 출현양부 (1~3)   월동후
   1 양   2 중   3 불   99 기타

36. 망색 (0~5)   성숙기에 주로 망단을 관찰
   0 무색   3 갈색   4 자색   5 흑색   99 기타

37. 망탈락성 (1~3)   1 약   2 중   3 강   99 기타

	38. 망활 (1~3)
	   1 조망 (망의 3모서리에 거치가 있음)
	   2 반활망 (망의 양측 모서리에 유치가 가늘다)
	   3 활망 (망의 끝에만 유치)
	   99 기타

	39. 외영착색 (0~5) 0 albino 1 황백색 2 황색 3 갈색 4 적자색 5 흑색 99 기타
	40. 외영거치
	41. 종피착색 (1~5) 1 황백색 2 황색 3 갈색 4 적자색 5 흑색
	42. 피과성 (1~2) 1 피성 2 과성 99 기타
	43. 외피주름 (0~3) 0 무 1 소 2 중 3 다
	44. 립장 (mm)
	45. 립폭 (mm)
	46. 립크기 (1~3) 1 소 2 중 3 대 99 기타
	47. 배유형 (0~1) 0 Waxy endosperm(찰) 1 Non-waxy endosperm(메)
	48. 수확기

재해저항성	1. 흰가루병 (0~9)
	   병반면적율 (%) = (병반면적/전체엽면적)×100
	   0 무발병 1 하엽에 약간 발생 3 하엽~3엽발생
	   5 하엽~상위4엽까지 발생 7 하엽~차엽까지 발생
	   9 전엽발생

	2. 줄무늬병 (0~9)
	   발병경율 (%) = (발병경수/조사경수)×100
	   0 무발병 1 발병경율 1% 미만
	   3 발병경율 1~5% 5 발병경율 6~15%
	   7 발병경율 16~30% 9 발병경율 31% 이상

	3. 깜부기병 (0~9)
	   발병수율 (%) = (발병수수/조사수수)×100
	   0 무발병 1 발병수율 0.1%미만

3 발병수율 0.1~1% 5 발병수율 2~5%
　　7 발병수율 6~10% 9 발병수율 11%이상
4. 잎녹병 (0~9) 농사시험연구조사기준참조
5. 줄기녹병 (0~9)
　　병반면적율 (%) = (병반면적/전체엽면적)×100
　　0 무발병 1 병반면적율 1% 미만
　　3 병반면적율 1~10% 5 병반면적율 11~30%
　　7 병반면적율 31~50% 9 병반면적율 51% 이상
6. 줄녹병 (0~9)
　　병반면적율 (%) = (병반면적/전체엽면적)×100
　　0 무발병 1 병반면적율 1% 미만
　　3 병반면적율 1~10% 5 병반면적율 11~30%
　　7 병반면적율 31~50% 9 병반면적율 51% 이상
7. 적곰팡이병 (0~9)
　　발병수율 (%) = (발병수수/조사수수)×100
　　0 무발병 1 발병수율 1% 미만
　　3 발병수율 1~10% 5 발병수율 11~30%
　　7 발병수율 31~50% 9 발병수율 51% 이상
　　99 기타
8. 잎마름병 (0~9) 농사시험연구조사기준 참조
9. 점무늬병 (0~9)
　　발병엽율 (%) = (발병엽수/조사엽수)×100
　　0 무발병 1 발병엽율 10% 이하
　　3 발병엽율 11~25% 5 발병엽율 26~40%
　　7 발병엽율 41~60% 9 발병엽율 61% 이상
10. 그루썩음병 (0~9)
　　발병경율 (%) = (발병경수/조사경수)×100
　　0 무발병 1 발병경율 1% 미만
　　3 발병경율 1~5% 5 발병경율 6~10%
　　7 발병경율 11~20% 9 발병경율 21% 이상
　　99 기타

	11. 호위축병 (0~4)
	12. 휴면성 (1~3) 수확후 즉시 발아률 조사 (출수후 35일 발아률 조사) 1 약(발아율 70% 이상) 발아율 70% 이상 2 중(발아율 70% 이상) 발아율 20%~70% 3 강(발아율 20% 이하) 발아율 20% 이하
	13. 파성 (1~5) 오월보리 (Ⅰ), 사천6호 (Ⅱ), 동보리1호 (Ⅲ), 여기 (Ⅳ), CI154 1 오월보리 2 사천6호 3 동보리1호 4 여기 5 CI15446 99 기타
	14. 도복 (0~9) 성숙기전 도복의 정도를 관찰 0 무도복 1 20% 이하 도복 3 21~40% 도복 5 41~60% 도복 7 61~80% 도복 9 81%이상 도복 99 기타
	15. 한해 (0~9) 월동후 동보리 3, 올보리 5를 기준으로 달관법으로 조사 0 저항성 9 감수성 99 기타
수량 및 품질	1. 10a당수량 (kg) 10a면적당 수량을 kg측정
	2. 천립중 (g) 수확후 천립을 g측정
	3. 일리터중 (ℓ) 수확후 천립을 ℓ 측정
	4. 일수립수 (개) 이삭당 립수
	5. 알파아밀라제 (%)
	6. 베타글루칸 (%) Modified-Bendelow법(Fox법)을 이용
	7. 단백질 (%) 칼달법에 의한 조단백 함량(보리는 6.25를 乘하여 계산)

	8. 립질 (1~3) 1 초자질 (초자율 70% 이상)
	           2 중간질 (초자율 30-70%)
	           3 분상질 (초자율 30% 이하)

	9. 흡수율 (%) 밥하는 과정에서의 흡수율
	10. 백도 (%) 정맥의 백도를 육안 및 백도계측기로 측정
	11. STARCH함량 (%)

26. 복숭아

〈공통사항〉

1. 시험번호	평가를 실시한 기관의 당해년도 시험번호를 기입
2. IT번호	종자은행에서 부여한 국가 유전자원 등록번호
3. 자원명	품종명, 계통명 등
4. 원산지	본 자원의 최초수집지 혹은 육성지 국제기관명 또는 국가명
5. 과제구분	형질을 조사한 과제에 대한 구분
6. 조사년도	형질을 조사한 년도
7. 조사자	형질을 조사한 담당자
8. 재배지	형질을 조사하기 위하여 재배한 지역
9. 재배방법	형질을 조사하기 위하여 재배한 방법
10. 기타사항	상기 항목외의 참고를 기재

형태적특성	1. 숙기 (월일)
	2. 과중평균 (g)
	3. 종경평균 (mm)
	4. 횡경평균 (mm)
	5. 경도 (kg/5mmϕ)
	6. 당도 (%)
	7. 산도 (%)
	8. 첫꽃날짜 (월일)
	9. 개화시 (월일)
	10. 만개기 (월일)
	11. 화분
	12. 꽃형태
	13. 접목연도
	14. 과형
	15. 과피색
	16. 육질

17. 과육색
18. 과즙량
19. 향기
20. 핵점리
21. 과모
22. 박피성
23. 섬유질
24. 보구력 (일)
25. 과점크기
26. 삽미
27. 품질

27. 부추

〈공통사항〉

1. 시험번호	평가를 실시한 기관의 당해년도 시험번호를 기입
2. IT번호	종자은행에서 부여한 국가 유전자원 등록번호
3. 자원명	품종명, 계통명 등
4. 원산지	본 자원의 최초수집지 혹은 육성지 국제기관명 또는 국가명
5. 과제구분	형질을 조사한 과제에 대한 구분
6. 조사년도	형질을 조사한 년도
7. 조사자	형질을 조사한 담당자
8. 재배지	형질을 조사하기 위하여 재배한 지역
9. 재배방법	형질을 조사하기 위하여 재배한 방법
10. 기타사항	상기 항목외의 참고를 기재

재배내역	1. 파종기 (mmdd)
	2. 정식기 (mmdd)
형태적특성	1. 출현개시일 (mmdd)
	2. 초장 (cm)
	3. 엽수 (매)
	4. 엽폭 (mm)
	5. 개화시 (mmdd)
	6. 개화기 (mmdd)
	7. 만개기 (mmdd)
	8. 결실기 (mmdd)
	9. 개화기간 (days)
	10. 개화양상 (화서)
	11. 화경장 (cm)
	12. 소화경길이 (mm)
	13. 화경당꽃수 (개)

	14. 꽃잎색
	15. 주두색
	16. 수술색
	17. 꽃당꽃잎수 (개)
	18. 꽃잎길이 (cm)
	19. 꽃잎폭 (cm)
	20. 수술수 (개)
	21. 화사길이 (cm)
	22. 자방길이 (mm)
	23. 꽃대길이 (cm)
	24. 화경당종자수 (개)
	25. 분얼수 (개)
	26. 싹길이 (mm)
수량 및 품질	1. 결실율 (%)
	2. VC함량

28. 비름

〈공통사항〉

1. 시험번호	평가를 실시한 기관의 당해년도 시험번호를 기입
2. IT번호	종자은행에서 부여한 국가 유전자원 등록번호
3. 자원명	품종명, 계통명 등
4. 원산지	본 자원의 최초수집지 혹은 육성지 국제기관명 또는 국가명
5. 과제구분	형질을 조사한 과제에 대한 구분
6. 조사년도	형질을 조사한 년도
7. 조사자	형질을 조사한 담당자
8. 재배지	형질을 조사하기 위하여 재배한 지역
9. 재배방법	형질을 조사하기 위하여 재배한 방법
10. 기타사항	상기 항목외의 참고를 기재

재배내역	1. 파종기 (mmdd)
	2. 정식기 (mmdd)
형태적특성	1. 초기생육
	2. 정화화서 (1~4)　1 수상　2 원추　3 두상　4 총상
	3. 측화화서 (1~4)　1 수상　2 원추　3 두상　4 총상
	4. 엽색앞면 (1~9)
	5. 경색 (1~9)　1 황록　2 록　3 표면록리면적　4 록적 　　　　　　　5 적　6 흑　7 적갈　8 백　9 도
	6. 엽형 (1~6)　1 광란　2 삼각란　3 릉란　4 타원 　　　　　　5 장피침　6 피침　9 기타
	7. 엽크기 (1~9)　1 대　5 중　9 소
	8. 엽선단 (1~3)　1 요두　2 원두　3 세두
	9. 엽면 (1~2)　1 매끄러움　2 주름짐
	10. 엽장 (cm)
	11. 엽폭 (cm)
	12. 엽병장 (cm)
	13. 초형 (1~3)　개화시 조사 　　　1 erect　2 semi erect　3 spreading
	14. 개화기 (mmdd)
	15. 화색
	16. 화피색 (1~9)　1 황록　2 록　3 표면록리면적　4 녹적 　　　　　　　　5 적　6 흑　7 적갈　8 백　9 도

	17. 종피색
	18. 첫개화소요일수 (days)
	19. 출수기 (mmdd)
	20. 종실수확소요일수 (days)
	21. 개화성기도달일수 (days)
	22. 수확가능일수 (days)
	23. 경장 (cm)
	24. 초폭 (cm)
	25. 분지성 (1~3) 1 다 2 중 3 소
	26. 분지장
	27. 분지수 (개/주)
	28. 경직경 (mm)
	29. 수수장 (cm)
	30. 수수색
	31. 영색
	32. 조만성
	33. Inflorescence 출현기 (mmdd)
	34. Inflorescence 색 (1~4) 1 녹색 2 담자색 3 자색 4 황
	35. 종피광택 (0~1) 0 무 1 유
	36. 배축색 (1~3) 1 녹색 2 담자색 3 자색
	37. 옆색뒷면 (1~3) 1 녹색 2 담자색 3 자색
	38. 자엽색 (1~4) 1 녹색 2 담자색 3 자색 4 진자색
	39. 성숙기 (mmdd)
	40. 엽병색 (1~3) 1 녹색 2 담자색 3 자색
	41. 경모용 (0~1) 0 무 1 유
	42. 엽반점색
	43. 엽반점모양
	44. 엽반점위치
	45. 가시유무 (0~1) 0 무 1 유
재해저항성	1. 습해 (0~9)
	2. 병해 (0~9)
	3. 충해 (0~9)
	4. 생육후기병해 (0~9)
수량 및 품질	1. 용도
	2. 천립중 (g)
	3. 종실수량성 (kg/10a)
	4. 채식수량성 (kg/10a)
	5. 주당종실중 (g)

29. 사과

〈공통사항〉

1. 시험번호	평가를 실시한 기관의 당해년도 시험번호를 기입
2. IT번호	종자은행에서 부여한 국가 유전자원 등록번호
3. 자원명	품종명, 계통명 등
4. 원산지	본 자원의 최초수집지 혹은 육성지 국제기관명 또는 국가명
5. 과제구분	형질을 조사한 과제에 대한 구분
6. 조사년도	형질을 조사한 년도
7. 조사자	형질을 조사한 담당자
8. 재배지	형질을 조사하기 위하여 재배한 지역
9. 재배방법	형질을 조사하기 위하여 재배한 방법
10. 기타사항	상기 항목외의 참고를 기재

재배내역	1. 수확일 (yyyymmdd)
	2. 조사일 (yyyymmdd)
형태적특성	1. 크기
	2. 과중
	3. 과실모양(원형)
	4. 과실모양(정형)
	5. 과실모양(늑골)
	6. 과실모양(사축)
	7. 과실꼭지
	8. 비후
	9. 바탕색
	10. 과피색(색상)
	11. 과피색(명암)
	12. 과피색(농담)
	13. 과피색(호단)
	14. 착색비율

15. 과점	
16. 동녹과점	
17. 과면(과분)	
18. 과면(지질)	
19. 과면(스카프)	
20. 동녹(과실어깨)	
21. 동녹(과면)	
22. 동녹(꽃자리)	
23. 과피두께	
24. 과육색	
25. 육질(밀도)	
26. 육질(강도)	
27. 육질(질김)	
28. 꿀들이	
29. 과즙	
30. 단맛	
31. 신맛	
32. 맛(진함)	
33. 맛(떫은맛)	
34. 맛(쓴맛)	
35. 맛(혐오스런맛)	
36. 향기	
37. 향기(혐오)	
38. 향기(악취)	
39. 숙도	
40. 경도	
41. 당도	
42. 산도	
43. 평가(외관)	
44. 평가(품질)	
45. 평가(전망)	

30. 산채

〈공통사항〉

1. 시험번호	평가를 실시한 기관의 당해년도 시험번호를 기입
2. IT번호	종자은행에서 부여한 국가 유전자원 등록번호
3. 자원명	품종명, 계통명 등
4. 원산지	본 자원의 최초수집지 혹은 육성지 국제기관명 또는 국가명
5. 과제구분	형질을 조사한 과제에 대한 구분
6. 조사년도	형질을 조사한 년도
7. 조사자	형질을 조사한 담당자
8. 재배지	형질을 조사하기 위하여 재배한 지역
9. 재배방법	형질을 조사하기 위하여 재배한 방법
10. 기타사항	상기 항목외의 참고를 기재

형태적특성	1. 초장 (cm)
	2. 엽형
	3. 엽장 (cm)
	4. 엽폭 (cm)
	5. 엽서
	6. 엽병길이 (cm)
	7. 번식방법
	8. 개화기 (월)
	9. 결실기 (월)
	10. 화색
	11. 화서
	12. 총포모양
	13. 총포편 (mm)
	14. 종자길이 (mm)
	15. 종자두께 (mm)
	16. 종자천립중 (g)

17. 1ℓ 중	
18. 1ℓ 당 종자립수	
19. 종자색	
20. 내서, 내건	
21. 저장성	
22. 흰가루병	
23. g/주	
24. kg/10a	
25. 수량성	
26. 평가	
27. 기타특징	

31. 상추

〈공통사항〉

1. 시험번호	평가를 실시한 기관의 당해년도 시험번호를 기입
2. IT번호	종자은행에서 부여한 국가 유전자원 등록번호
3. 자원명	품종명, 계통명 등
4. 원산지	본 자원의 최초수집지 혹은 육성지 국제기관명 또는 국가명
5. 과제구분	형질을 조사한 과제에 대한 구분
6. 조사년도	형질을 조사한 년도
7. 조사자	형질을 조사한 담당자
8. 재배지	형질을 조사하기 위하여 재배한 지역
9. 재배방법	형질을 조사하기 위하여 재배한 방법
10. 기타사항	상기 항목외의 참고를 기재

재배내역	1. 파종기 (mmdd)
	2. 정식기 (mmdd)
형태적특성	1. 초형 (1~6) 수확기의 성숙한 식물체의 형태조사 　1 잎상추　2 결구상추　3 코스　4 버터헤드 　5 줄기상추　6 오일시드　99 기타
	2. 종자색 (1~6) 육안으로 종피색 조사 　1 흰색　2 회색　3 노랑색　4 갈색　5 검정　6 혼합　99 기타
	3. 유묘떡잎모양 (3~7) 제 1본엽 완전 전개시에 떡잎의 모양 조사 　3 좁은 타원형　5 타원형　7 넓은 타원형
	4. 엽형 (1~8) 수확기 최대엽의 모양조사 　1 좁은타원형　2 타원형　3 넓은타원형　4 원형 　5 누운타원형　6 거꿀달걀형　7 넓은역삼각형 　8 삼각형　99 기타
	5. 엽장 (cm) 성숙잎의 길이를 cm 단위로 측정
	6. 엽폭 (cm) 성숙잎의 폭을 cm 단위로 측정

7. 엽색 (1~6) 엽색상부, 중부, 하부로 구분 (Hunter Value (L a b)색을 나타내는 기본단위)
   1 연녹색   2 녹색   3 진녹색   4 회록색
   5 청록색   6 빨강색   99 기타
8. 잎안토시아닌착색 유무 (0~1)   수확기의 성숙잎의 안토시아닌 착색 유무 조사
   0 무   1 유
9. 엽면축면정도 (1~7)   수확기의 성숙잎의 잎의 겹치는 정도 달관조사
   1 평골   3 약하다   5 중간   7 심하다
10. 엽요철 (1~7)   수확기 성숙잎의 잎면의 요철 조사
    1 없다   3 약하다   5 중간   7 다
11. 엽질 (3~7)   3 연   5 중   7 경
12. 결구성 (1~3)   1 불결구   2 반결구   3 결구
13. 결구형 (1~3)   1 편구   2 구   3 고구
14. 구엽형 (1~5)   1 평골   2 천   3 중   4 심   5 극심
15. 결구긴도 (1~9)   1 극연   3 연   5 중   7 긴   9 극긴
16. 결구시 (mmdd)
17. 수확시 (mmdd)
18. 추대기 (mmdd)   50%가 추대한 일자
19. 개화시 (mmdd)
20. 화색 (1~3)   개화성숙기의 꽃의 색 달관 조사
    1 흰색   2 노랑색   3 빨강색   99 기타
21. 구고 (cm)   결구형자원 : 수확기의 성숙한 식물체의 엽구의 길이를 cm 단위로 측정
22. 구폭 (cm)   결구형자원 : 수확기의 성숙한 식물체의 엽구의 폭을 cm 단위로 측정
23. 구중 (g)   결구형자원 : 수확기의 성숙한 식물체의 엽구의 무게를 g 단위로 측정
24. 주중 (g)

25. 중근폭 (3~7)	3 세 5 중 7 광
26. 외엽수 (매)	
27. 내엽수 (매)	
28. 유묘안토시아닌착색 (0~1)	떡잎의 안토시아닌 발현유무 조사
	0 없다 1 있다
29. 잎자세 (3~7)	정식 후 10~12엽기의 잎자세 조사
	3 곧추서다 5 약간 서다 7 눕다
30. 엽절의 유무 (0~1)	정식 후 10~12엽기의 잎몸의 엽절의 유무 조사
	0 없다 1 있다
31. 잎끝가장자리 결각의 정도 (3~7)	수확기 성숙잎의 잎끝 가장자리의 톱니모양의 정도 조사
	3 약하다 5 중간 7 강하다
32. 식물체직경 (cm)	하엽을 제거하지 않은 상태에서 수확기의 성숙한 식물체의 폭 조사
33. 잎두께 (mm)	10~12엽기의 잎의 중륵을 제외한 잎 중간의 두께를 캘리퍼스로 mm 단위로 측정
34. 잎자루길이 (cm)	성숙잎의 잎자루를 cm 단위로 측정
35. 잎안토시아닌분포 (1~2)	수확기 성숙한 식물체의 잎 안토시아닌 착색의 분포 조사
	1 부분적이다 2 전체적이다
36. 잎안토시아닌착색강도 (3~7)	수확기 성숙한 식물체의 잎 안토시아닌 착색의 진한 정도 조사
	3 옅다 5 중간 7 짙다
37. 곁눈발생	성숙한 식물체의 곁눈 발생의 유무 조사
	0 없다 1 있다
38. 수확기 (mmdd)	가식부위를 채취할 수 있는 주수가 전체 50%정도 되는 날
39. 개화기 (mmdd)	10%정도 개화한 주수가 전체 50%되는 날
40. 결구기 (mmdd)	전체 50%가 결구한 날짜
41. 채종기 (mmdd)	전체 80%정도 종자가 성숙한 날

재해저항성	1. 내서성 (3~7) 3 약 5 중 7 강	
	2. 내한성 (3~7) 3 약 5 중 7 강	
	3. 내건성 (3~7) 3 약 5 중 7 강	
	4. 내습성 (3~7) 3 약 5 중 7 강	
	5. 잿빛곰팡이 (0~9) 발병엽율 (%) = 발병엽수/조사엽수×100 0 무발병 1 발병율 1% 미만 3 1~10% 5 11~20% 7 21~50% 9 51%이상	
	6. 균핵병 (0~9) 발병엽율 (%) = 발병엽수/조사엽수×100 0 무발병 1 발병율 1% 미만 3 1~10% 5 11~20% 7 21~50% 9 51%이상	
	7. 노균병 (0~9) 발병엽율 (%) = 발병엽수/조사엽수×100 0 무발병 1 발병율 1%미만 3 1~10% 5 11~20% 7 21~50% 9 51%이상	
	8. 모자이크병 (0~9) 발병엽율 (%) = 발병엽수/조사엽수×100 0 무발병 1 발병율 1%미만 3 1~10% 5 11~20% 7 21~50% 9 51%이상	
	9. 무름병 (0~9) 발병엽율 (%) = 발병엽수/조사엽수×100 0 무발병 1 발병율 1%미만 3 1~10% 5 11~20% 7 21~50% 9 51%이상	
수량 및 품질	1. 쓴맛(락투신) (1~7) 성숙한 식물체를 관능조사하거나 분석 1 없거나 매우 약하다 3 약하다 5 중간 7 강하다	
	2. 천립중 (g)	
구성성분	1. Total yield (kg/10a) 전체 생산량	
	2. Commercial yield (kg/10a) 생산물 가운데 상품가치가 있는 생산물의 수량	
	3. 상품율 (%) 전체 생산량 중 상품수량이 차지하는 비율	
	4. Nitrate(질산염) (ppm) 질산에 질소를 함유한 물질(NH_4NO_3, K_1CaNo)등의 함량	

32. 선인장

〈공통사항〉

1. 시험번호	평가를 실시한 기관의 당해년도 시험번호를 기입
2. IT번호	종자은행에서 부여한 국가 유전자원 등록번호
3. 자원명	품종명, 계통명 등
4. 원산지	본 자원의 최초수집지 혹은 육성지 국제기관명 또는 국가명
5. 과제구분	형질을 조사한 과제에 대한 구분
6. 조사년도	형질을 조사한 년도
7. 조사자	형질을 조사한 담당자
8. 재배지	형질을 조사하기 위하여 재배한 지역
9. 재배방법	형질을 조사하기 위하여 재배한 방법
10. 기타사항	상기 항목외의 참고를 기재

형태적특성	1. 구색
	2. 구형
	3. 접목활착율 (%)
	4. 결각수
	5. 가시색
	6. 가시길이 (cm)
	7. 자구수 (개)
	8. 구고 (mm)
	9. 측지폭 (cm)
	10. 측지수 (개)
	11. 가시장 (cm)
	12. 화색
	13. 화경장 (cm)
	14. 화수 (개)
	15. 방향정도

33. 섬유작물

〈공통사항〉

1. 시험번호	평가를 실시한 기관의 당해년도 시험번호를 기입
2. IT번호	종자은행에서 부여한 국가 유전자원 등록번호
3. 자원명	품종명, 계통명 등
4. 원산지	본 자원의 최초수집지 혹은 육성지 국제기관명 또는 국가명
5. 과제구분	형질을 조사한 과제에 대한 구분
6. 조사년도	형질을 조사한 년도
7. 조사자	형질을 조사한 담당자
8. 재배지	형질을 조사하기 위하여 재배한 지역
9. 재배방법	형질을 조사하기 위하여 재배한 방법
10. 기타사항	상기 항목외의 참고를 기재

재배내역	1. 파종기 (mmdd)
	2. 정식기 (mmdd)
형태적특성	1. 출현기 (mmdd)
	2. 개화시 (mmdd)
	3. 개화기 (mmdd)
	4. 개서시 (mmdd) 처음으로 개서한 날 (성숙기에 삭의 열개)
	5. 과실성숙시 (mmdd)
	6. 성숙과실색 (1~2) 1 흑 2 담황회
	7 첫개화절위 (절)
	8. 첫결삭절위 (절)
	9. 경장 (cm)
	10. 경태 (mm) 지상부위 30cm 부위
	11. 생경중 (g/경) 성숙삭 수확후의 생경엽, 미숙삭 포함
	12. 제일결과지착생절위 (절)
	13. 결과지수 (개/주)
	14. 삭수 (개/주)
	15. 삭길이 (mm)

16. 삭직경 (mm)	
17. 삭실방수 (개)	
18. 삭가시발생 (1~5)　삭 성숙시 가시발생정도 　　1 무　2 소　3 중　4 다　5 심	
19. 엽색 (1~5) 　　1 담록　2 록　3 농록　4 녹자, 담자　5 갈색　99 기타	
20. 엽크기 (1~3)　1 소　2 중　3 대	
21. 엽장 (mm)	
22. 엽폭 (mm)	
23. 엽의 수　개화기의 완전엽을 조사주당 제10~11절의 완전엽조사	
24. 엽병장 (mm)	
25. 엽병색 (1~3)　1 담녹　2 녹　3 담자	
26. 엽형 (1~9)　1 세엽　5 중엽　9 광엽　99 기타	
27. 엽결각정도 (1~3)　1 소　2 중　3 심　99 기타	
28. 경색 (1~9)　1 록　2 담자　3 자　4 농자　5 담녹 　　　　　　　　6 갈　7 담갈　8 흑갈　9 농록	
29. 경굵기 (1~3)　1 세　5 중　9 태	
30. 꽃색 (1~10)　1 백　10 담람　2 유백　3 담황　4 황홍 　　　　　　　　5 황　6 담자　7 농황　8 농람　9 람	
31. 낙화종기 (mmdd)	
32. 성숙기 (mmdd)	
33. 초장 (cm)	
34. 분지수 (개)	
35. 최장분지장 (cm)	
36. 화안유무 (0~1)　0 무　1 유　99 기타	
37. 약색 (1~5)　1 유백　2 유황　3 황　4 농황　5 담황	
38. 삭대소 (1~9)　개서전의 삭의 크기를 달관조사 　　1 대　5 중　9 소	
39. 종자색 (1~2)　1 흑회　2 청녹	

재해저항성	40. 섬유색 (1~4)　1 백　2 유백　3 연갈색　4 중갈색
	41. 섬유장 (mm)
	42. 종자지모 (0~9) 　　0 무　3 약간 존재　5 보통　7 보통~많음　9 다
	1. 도장지수 (개/주)
	2. 도복 (0~9)　0 무　3 약간 도복　5 반정도 도복 　　　　　　7 강한 도복　9 완전도복
수량 및 품질	1. 일삭중 (g)　일삭면실중
	2. 삭당종자수 (개)　일삭당 종자수
	3. 천립중 (g)
	4. 조면비율 (%)　(조면중 ÷ 실면중)×100
	5. 섬유비율 (%)　건섬유중/생경엽중×100

34. 수박

〈공통사항〉

1. 시험번호	평가를 실시한 기관의 당해년도 시험번호를 기입
2. IT번호	종자은행에서 부여한 국가 유전자원 등록번호
3. 자원명	품종명, 계통명 등
4. 원산지	본 자원의 최초수집지 혹은 육성지 국제기관명 또는 국가명
5. 과제구분	형질을 조사한 과제에 대한 구분
6. 조사년도	형질을 조사한 년도
7. 조사자	형질을 조사한 담당자
8. 재배지	형질을 조사하기 위하여 재배한 지역
9. 재배방법	형질을 조사하기 위하여 재배한 방법
10. 기타사항	상기 항목외의 참고를 기재

재배내역	1. 파종기 (mmdd)
	2. 정식기 (mmdd)
형태적특성	1. 종자형태 (3~7) 3 단타원 5 단원 7 장타원
	2. 종자크기 (3~7) 3 소 5 중 7 대
	3. 종자장 (mm)
	4. 종자폭 (mm)
	5. 종피균열 (0~1) 0 무 1 유 99 기타
	6. 종피색 (1~7) 1 백 2 백황 3 적황 4 암적황 5 황록 6 흑 7 갈색 99 기타
	7. 종피반문 (0~2) 0 무 1 점 2 반
	8. 종피반점색 (0~4) 0 무 1 백 2 황 3 갈 4 흑
	9. 자엽형태 (1~4) 1 단타원 2 타원 3 장타원 4 도란형
	10. 자엽크기 (3~7) 3 소 5 중 7 대
	11. 자엽장 (mm)
	12. 자엽폭 (mm)
	13. 자엽색 (3~7) 3 담록 5 록 7 농록
	14. 자엽반점 (0~1) 0 무 1 유
	15. 만장 (cm)
	16. 주만굵기 (mm)
	17. 주만절수 (절)

| 18. 절간장 (cm)   절간장 = 만장/주만절수 |
| 19. 덩굴손 (0~1) 0 무   1 유 |
| 20. 엽형 (0~7)   0 전연   3 천렬   5 중   7 심렬 |
| 21. 본엽크기 (3~7)   3 소   5 중   7 대   99 기타 |
| 22. 엽색 (1~7)   1 황록   3 담록   5 록   7 농록   99 기타 |
| 23. 엽장 (cm)   생육최성기에 조사 |
| 24. 엽폭 (cm)   생육최성기에 조사 |
| 25. 엽면적 (Cm2)   생육최성기에 조사 |
| 26. 본엽반점 (0~1)   0 무   1 유 |
| 27. 엽면모용 (0~7)   0 무   3 소   5 중   7 대 |
| 28. 결각깊이 (1~3)   천중심 |
| 1 천   2 중   3 심 |
| 29. 초형 (1~3)   1 왜성   2 중간   3 덩굴성 |
| 30. 배수성 (1~4)   1 2배체   2 3배체   3 4배체   4 기타 |
| 31. 자화변선단 (3~7)   3 원형   5 중   7 첨원형   99 기타 |
| 32. 화변크기 (3~7)   3 소   5 중   7 대 |
| 33. 자화수 (개) |
| 34. 웅화수 (개) |
| 35. 첫자화착생절위 (절) |
| 36. 저온하개약 (3~7)   3 이   5 중   7 난   99 기타 |
| 37. 자방형태 (1~9) |
| 1 구   3 단타원   5 타원   7 장타원   9 방추 |
| 38. 자방크기 (3~7)   3 소   5 중   7 대 |
| 39. 자방모용 (3~7)   3 소   5 중   7 대 |
| 40. 성표현 (1~9)   1 자웅동주   2 자성자웅양전주 |
| 3 웅성자웅양전주   4 자웅양전주 |
| 5 웅성형   6 자성형   7 자웅이주 |
| 8 웅성불임   9 자성불임 |
| 41. 조만성 (3~7)   3 조   5 중   7 만   99 기타 |
| 42. 일중개화기 (3~7)   3 조   5 중   7 만 |
| 43. 성숙일수 (3~7)   3 조   5 중   7 만 |
| 44. 초세 (3~7)   3 약   5 중   7 강 |
| 45. 과형 (1~4)   1 구   2 고구   3 타원   4 장타원   99 기타 |
| 46. 과실기부형태 (3~7)   3 평   5 중   7 첨   99 기타 |
| 47. 과실선단형태 (3~7)   3 요   5 평   7 철 |

	48. 과중 (kg)
	49. 과장 (cm)
	50. 과경 (cm)
	51. 과경장 (cm)
	52. 과경경 (mm)
	53. 과경접착부굵기 (3~7)　3 소　5 중　7 대
	54. 배꼽크기 (3~7)　3 소　5 중　7 대　99 기타
	55. 주과피색 (1~7)　1 백록　2 황　3 황록　4 담록 　　　　　　　　　5 록　6 농록　7 흑록　99 기타
	56. 과피줄무늬 (1~3)　1 없음　2 망상　3 줄무늬　99 기타
	57. 과피망무늬 (3~7)　3 소　5 중　7 밀
	58. 과피조반 (3~7)　3 소　5 중　7 다　99 기타
	59. 과피조반굵기 (3~7)　3 세　5 중　7 대　99 기타
	60. 조반색 (1~3)　1 록　2 담록　3 흑록　99 기타
	61. 과피후 (mm)
	62. 과육색 (1~9)　1 백　2 담황　3 황　4 주황　5 도 　　　　　　　　6 명도　7 홍　8 농홍　9 적　99 기타
	63. 과육경도 (3~7)　3 연　5 중　7 경　99 기타
재해저항성	1. 흰가루병 (0~9) 　0 조사전주가 건전 　1 병반의 면적이 피해엽면적의 1% 미만 　3 병반의 면적이 피해엽면적의 1~5% 상당 　5 병반의 면적이 피해엽면적의 6~20% 상당 　7 병반의 면적이 피해엽면적의 21~50% 상당 　9 병반의 면적이 피해엽면적의 51% 이상
	2. 탄저병 (0~9) 　0 조사전주가 건전 　1 병반의 면적이 피해엽면적의 1% 미만 　3 병반의 면적이 피해엽면적의 1~5% 상당 　5 병반의 면적이 피해엽면적의 6~20% 상당 　7 병반의 면적이 피해엽면적의 21~50% 상당 　9 병반의 면적이 피해엽면적의 51% 이상
	3. 역병 (0~9) 　0 조사전주가 건전 　1 병반의 면적이 피해엽면적의 1% 미만 　3 병반의 면적이 피해엽면적의 1~5% 상당

	5 병반의 면적이 피해엽면적의 6~20% 상당
	7 병반의 면적이 피해엽면적의 21~50% 상당
	9 병반의 면적이 피해엽면적의 51% 이상
	4. 만할병 (0~9)
	0 조사전주가 건전
	1 조사주의 1% 미만이 감염됨
	3 조사주의 1~5% 미만이 감염됨
	5 조사주의 6~20% 미만이 감염됨
	7 조사주의 21~50% 미만이 감염됨
	9 조사주의 51% 이상이 감염됨
	5. 만고병 (0~9)
	0 조사전주가 건전
	1 조사주의 1% 미만이 감염됨
	3 조사주의 1~5% 미만이 감염됨
	5 조사주의 6~20% 미만이 감염됨
	7 조사주의 21~50% 미만이 감염됨
	9 조사주의 51% 이상이 감염됨
	6. 바이러스병 (0~9)
	0 조사 전주가 건전함
	1 조사주의 1% 미만이 감염됨
	2 조사주의 1~5% 미만이 감염됨
	3 조사주의 6!10% 미만이 감염됨
	4 조사주의 11~20% 미만이 감염됨
	5 조사주의 21~30% 미만이 감염됨
	6 조사주의 31~40% 미만이 감염됨
	7 조사주의 41~60% 미만이 감염됨
	8 조사주의 61~80% 미만이 감염됨
	9 조사주의 81% 이상이 감염됨
	7. 좀나방 (0~9)
	8. 응애 (0~9)
수량 및 품질	1. 과당종자수 (립)
	2. 백립중 (g)
	3. 과육섬유 (3~7) 3 소 5 중 7 다
	4. 당도 (°BRIX)
	5. 열과 (3~7) 3 저 5 중 7 고

35. 수수

〈공통사항〉

1. 시험번호	평가를 실시한 기관의 당해년도 시험번호를 기입
2. IT번호	종자은행에서 부여한 국가 유전자원 등록번호
3. 자원명	품종명, 계통명 등
4. 원산지	본 자원의 최초수집지 혹은 육성지 국제기관명 또는 국가명
5. 과제구분	형질을 조사한 과제에 대한 구분
6. 조사년도	형질을 조사한 년도
7. 조사자	형질을 조사한 담당자
8. 재배지	형질을 조사하기 위하여 재배한 지역
9. 재배방법	형질을 조사하기 위하여 재배한 방법
10. 기타사항	상기 항목외의 참고를 기재

재배내역	1. 파종기 (mmdd)
	2. 정식기 (mmdd)
형태적특성	1. 초기생육 (1~5) 생육초기에 조사 1 양호 3 중간 5 불량 99 기타
	2. 출수기 (mmdd) 1구에서 50% 이사의 개체가 출수한 날
	3. 개화기 (mmdd) 1구에서 50% 이사의 개체가 개화한 날
	4. 개화동시성 (1~2) 1 주경과 분벽의 개화가 다름 2 주경과 분벽이 동시에 개화함

	5. 수출현성 (0~4)
	  0 수의 기부가 엽초에 싸여 있음
	  1 지엽의 엽설과 수의 기부간격 2cm 이상
	  2 지엽의 엽설과 수의 기부간격 2-10cm
	  3 지엽의 엽설과 수의 기부간격 10cm 이상
	  4 수가 엽설 아래에 있고 수경이 휘어졌음
	  99 기타

	6. 간장 (cm) 개화후 지표면으로부터 수의 최상단까지의 길이
	7. 경장 (cm)

8. 간경 (mm)　지상 10cm부의 측정
9. 분얼수 (개)　주경을 제외한 분벽의 수
10. 엽장 (cm)　최대엽 측정
11. 엽폭 (cm)　최대엽 측정
12. 엽형 (1~5)　1 광장　2 광단　3 중　4 협장　5 협단
13. 엽맥색 (1~6)　1 백색　2 담록색　3 황색　4 갈색 　　　　　　　　5 자색　6 기타색
14. 수형 (1~12) 　　1 극산추형　(Very lax panicle) 　　10 밀수란형　(Compact oval) 　　11 반편수형　(Half broom) 　　12 편수형　(broom) 　　2 극산직립형　(Very loose erect primary branches) 　　3 극산불수형　(Very loose erect primary branches) 　　4 산직립형　(Loose erect primary branches) 　　5 산불수형　(Loose drooping pri-mary branches) 　　6 중간직립형　(Semi-loose erect primary branches) 　　7 중간불수형　(Semi-loose droop-ing primary branches) 　　8 반밀수타원형　(Semi-compact elliptic) 　　9 밀수타원형　(Compact elliptic)
15. 수장 (cm)　수의 기부로부터 선단까지 측정
16. 수폭 (mm)　수의 최대직경
17. 영색 (1~8)　성숙기에 조사 　　1 백색　2 황색　3 갈색　4 적색　5 자색 　　6 흑색　7 회색　8 기타색
18. 피나성 (0~9)　성숙기에 조사하며 호영이 립을 싸고 있는 정도 　　0 나성　1 25% 피성　3 50% 피성　5 75% 피성 　　7 100% 피성　9 호영이 립보다 길음
19. 망유무 (1~2)　1 무망　2 유망
20. 종피색 (1~6)　1 백색(W)　2 황색(Y)　3 적색(R) 　　　　　　　　4 갈색(Br)　5 담황색(Bu)　6 기타

	21. 립광택 (1~2)　1 광택 무　2 광택 유
	22. 립비만도 (1~9)　1 완전 쭈글쭈글 　3 립의 양면이 옴푹 들어감　5 중간 　7 립의 양면이 나옴　9 완전풍만
	23. 립정부형 (1~2)　1 단정부형　2 이정부형
	24. 립형 (1~3)　1 난형　2 중간형　3 편원형　99 기타
재해저항성	1. 조반세균병 (1~9)　출수후 2~3 주경에 조사 　1 완전저항　3 저항　5 중도　7 약저항성　9 이병성
	2. 탄저병 (1~9)　출수후 2~3 주경에 조사 　1 완전저항　3 저항　5 중도　7 약저항성　9 이병성
	3. 자륜병 (1~9)　출수후 2~3 주경에 조사 　1 완전저항　3 저항　5 중도　7 약저항성　9 이병성
	4. 흑수병 (1~9)　출수후 2~3 주경에 조사 　1 완전저항　3 저항　5 중도　7 약저항성　9 이병성
	5. 조명나방 (1~9)　출수후 2~3주경에 건전식물부위에 대한 피해정도 표시
	6. 병해 (1~9)
	7. 충해 (1~9)
	8. 간엽노화 (0~9)　성숙기에 조사 　0 완전건전 (no death of leaves) 　1 건전 (about half of leaves dead) 　3 중도~건전 (Leaves and Stalk dead) 　5 중도건전　7 약건전　9 이병성
	9. 생육상황 (1~9)　성숙기에 내병충성, 내도상성, 수의 크기 등 유용형질 고려 　1 극양　3 양호　5 중　7 불량~중간　9 불량
	10. 도복 (1~9)　식물체의 근 기부를 중심으로 30° 이상 쓰러진 주수의 비율 　1 무도복　3 약간 도복　5 중　7 강한 도복　9 완전도복

수량 및 품질	1. 간즙 (1~2)　1 간즙무　2 간즙유
	2. 간즙맛 (0~2)　0 즙액무　1 감미　2 무미　99 기타
	3. 일수중 (g) 수엽을 제한 수(이삭)의 무게
	4. 탈곡난이 (1~9)　1 극난　3 난형　5 중　7 중~이　9 이
	5. 수당립중 (g)　1수당 립의 무게
	6. 수당립수 (립)　1수당 립의 수
	7. 탈립난이 (1~9) 현수수에서 정수수 조제시 조사 　　1 극난　3 난형　5 중　7 중~이　9 이
	8. 천립중 (g)　수분 12% 상태에서 조사
	9. 립질 (1~3)　1 메수수　2 찰수수　3 단수수
	10. 용도 (1~3)　1 곡용수수　2 당용수수　3 소경수수
	11. 종실수량 (1~9)　달관조사에 의함 　　1 고　2 중　3 저　99 기타

36. 시금치

〈공통사항〉

1. 시험번호	평가를 실시한 기관의 당해년도 시험번호를 기입
2. IT번호	종자은행에서 부여한 국가 유전자원 등록번호
3. 자원명	품종명, 계통명 등
4. 원산지	본 자원의 최초수집지 혹은 육성지 국제기관명 또는 국가명
5. 과제구분	형질을 조사한 과제에 대한 구분
6. 조사년도	형질을 조사한 년도
7. 조사자	형질을 조사한 담당자
8. 재배지	형질을 조사하기 위하여 재배한 지역
9. 재배방법	형질을 조사하기 위하여 재배한 방법
10. 기타사항	상기 항목외의 참고를 기재

재배내역	1. 파종기 (mmdd)
	2. 정식기 (mmdd)
형태적특성	1. 종자모양 (3~7)
	3 원형이 많다 (75%정도) 5 원, 각형이 같다 (50%씩)
	7 각형이 많다 (75%정도) 99 기타
	2. 초자 (3~7) 3 립 5 중 7 개
	3. 자수
	4. 엽수 (3~7) 3 소 5 중 7 다 99 기타
	5. 최장엽신장 (cm) 엽병장은 포함시키지 않음
	6. 최대엽폭 (cm)
	7. 엽색 (3~7) 3 담록 5 록 7 농록 99 기타
	8. 엽광택 (3~7) 3 소 5 중 7 다
	9. 엽면주름 (1~7) 1 무 3 소 5 중 7 다
	10. 엽연결각 (1~7) 1 무 3 천 5 중 7 심 99 기타
	11. 엽선단모양 (1~9) 1 뾰족 3 약간 뾰족 5 중
	7 약간 둥금 9 둥금

	12. 엽형 (1~7)　1 1형　3 3형　5 5형　7 7형　99 기타
	13. 엽장
	14. 엽폭
	15. 엽모용
	16. 엽병장 (cm)
	17. 엽병굵기 (mm)
	18. 엽병ANTHOCYNIN (1~7)　1 무　3 소　5 중　7 다
	19. 엽병기부색소 (1~7)　안토시아닌의 발현상태를 이면에서 관찰 　　　1 무　3 소　5 중　7 다
	20. 엽육두께 (3~7)　3 박　5 중　7 후
	21. 분얼 (3~7)　3 소　5 중　7 다
	22. 배축색
	23. 주근색 (1~7)　1 무　3 소　5 중　7 다
	24. 근피색
	25. 근장 (cm)
	26. 근경 (cm)
	27. 근중 (g)
재해저항성	1. 조만성 (3~7)　추파하였을 때 수확기에 달하는 속도 　　　3 조　5 중　7 만
	2. 추대성 (3~7)　춘파(5월 중순파종) 하였을 때의 추대성 　　　3 조　5 중　7 만
	3. 내한성 (3~7)　3 저　5 중　7 고
	4. 노균병 (0~9)
	5. 바이러스 (0~9)
	6. Mg결핍증 (0~9)
수량 및 품질	1. 주중 (g)　품종특성이 발현되는 시기에 10cm 간격 재식을 　　　표준으로 함

37. 아주까리

〈공통사항〉

1. 시험번호	평가를 실시한 기관의 당해년도 시험번호를 기입
2. IT번호	종자은행에서 부여한 국가 유전자원 등록번호
3. 자원명	품종명, 계통명 등
4. 원산지	본 자원의 최초수집지 혹은 육성지 국제기관명 또는 국가명
5. 과제구분	형질을 조사한 과제에 대한 구분
6. 조사년도	형질을 조사한 년도
7. 조사자	형질을 조사한 담당자
8. 재배지	형질을 조사하기 위하여 재배한 지역
9. 재배방법	형질을 조사하기 위하여 재배한 방법
10. 기타사항	상기 항목외의 참고를 기재

재배내역	1. 파종기 (mmdd)
	2. 정식기 (mmdd)
형태적특성	1. 발아엽색 발아시 엽색
	2. 발아경색 발아시 줄기색
	3. 유묘자엽색 발아직후 자엽색
	4. 유묘경색 발아직후 경색
	5. 출삭시 (mmdd) 월, 일
	6. 배유색 연, 녹, 담
	7. 화색
	8. 경색
	9. 엽맥색
	10. 삭과자모
	11. 엽크기 대, 중, 소
	12. 대립유무 다, 중, 소, 무
	13. 삭과자모색 녹, 적
	14. 과경굵기 대, 중, 소

	15. 과경길이	대, 중, 소
	16. 삭과조밀	다, 중, 소
	17. 삭과크기	대, 중, 소
	18. 간장 (cm)	
	19. 이삭길이 (cm)	
	20. 경태 (cm)	
	21. 분지수 (개)	
	22. 주당삭수 (개)	
	23. 삭당협수 (개)	
	24. 협병길이 (cm)	
	25. 삭당협병수 (개)	
	26. 종피색	
	27. 립형	
	28. 배축색	
	29. 개화시	
	30. 암술색	
	31. 엽색	
	32. 삭형태	
	33. 경장 (cm)	
	34. 주당이삭수 (개/주)	
	35. 삭당립수	
	36. 이삭당삭수 (개/이삭)	
수량 및 품질	1. 백립중 (g)	
	2. 함유율 (%)	

38. 양파

〈공통사항〉

1. 시험번호	평가를 실시한 기관의 당해년도 시험번호를 기입
2. IT번호	종자은행에서 부여한 국가 유전자원 등록번호
3. 자원명	품종명, 계통명 등
4. 원산지	본 자원의 최초수집지 혹은 육성지 국제기관명 또는 국가명
5. 과제구분	형질을 조사한 과제에 대한 구분
6. 조사년도	형질을 조사한 년도
7. 조사자	형질을 조사한 담당자
8. 재배지	형질을 조사하기 위하여 재배한 지역
9. 재배방법	형질을 조사하기 위하여 재배한 방법
10. 기타사항	상기 항목외의 참고를 기재

재배내역	1. 파종기 (mmdd)
	2. 정식기 (mmdd)
형태적특성	1. 추대율 (%) 노복하기 직전의 추대율 조사
	2. 결주율 (%) 도복하기 직전의 결주율 조사
	3. 엽수 (매) 도복하기 직전의 식물체 엽수를 조사
	4. 초장 (cm) 도복하기 직전의 인경을 제외한 지제부에서 최장엽의 선단까지의 길이 조사
	5. 엽초장 (cm) 도복하기 직전의 10개체를 조사
	6. 엽초경 (cm) 도복하기 직전의 10개체를 조사
	7. 엽폭 (cm) 도복하기 직전의 식물체의 최대잎의 가장 큰 너비를 조사
	8. 경경 (cm) 도복하기 직전의 지제부의 경경을 조사(10개체)
	9. 지상부잎자세 (1~2) 1 곧추서다 2 약간 서다
	10. 굴곡 (0~9) 도복하기 직전의 식물체의 안쪽으로 휘어짐의 정도 조사 　0 무　1 아주약함　3 약함　5 중간　7 심함　9 아주심함
	11. 직경 (1~9) 1 소 9 대

12. 엽색 (1~4)	도복하기 직전의 식물체 엽색을 조사
	1 밝은녹색　2 중간녹색　3 어두운녹색　4 청록색
13. 납질유무 (1~2)	도복하기 직전의 식물체 납질을 조사
	1 무　2 유
14. 납질정도 (1~9)	도복하기 직전의 10개체를 조사
	0 무　1 아주약함　3 약함　5 중간　7 심함　9 아주심함
15. 분구율 (%)	수확시 분구된 개체를 조사
16. 구크기 (3~7)	3 소　5 중　7 대　99 기타
17. 구형 (1~9)	수확한 구의 모양을 그림을 참조하여 조사
	1 타원형　2 난형　3 장타원형　4 원형
	5 장난형　6 장도란형　7 마름모꼴형
	8 역타원형　9 좁은타원형　99 기타
18. 구횡단면 (1~2)	수확한 구의 횡단면의 대칭의 유무 조사
	1 비대칭　2 대칭
19. 구형지수 (%)	구고/구경×100
20. 구고 (cm)	수확한 구의 높이를 조사
21. 구경 (cm)	
22. 구중 (g)	수확한 구의 무게를 조사
23. 구색	신선한 것의 색
24. 구생장점수	저장전 가을에 성숙한 개체 조사
	1 1개　2 2개　3 3개　4 4개이상
25. 분얼수 (개)	구 맹아 후 분얼된 수를 조사
26. 화경수 (개)	개화된 화경의 수를 조사
27. 화경장 (cm)	개화된 화경의 지제부에서 꽃까지 길이를 조사
28. 화경경 (cm)	가장 넓은 부위 측정
29. 화륜경 (cm)	
30. 소화수 (개)	
31. 개화기 (mmdd)	(월, 일), 4자리 숫자로 표기
32. 수확기 (mmdd)	
33. 구목너비 (3~7)	수확한 구의 목의 직경을 조사
	3 작다　5 중간　7 크다

	34. 구보호잎두께 (3~7) 수확한 구를 싸고 있는 보호잎의 두께조사 　　3 얇다　5 중간　7 두껍다　99 두께
	35. 구보호잎기본색 (1~4) 수확한 구를 싸고 있는 보호잎의 기본색 조사 　　1 흰색　2 노랑색　3 붉은색　4 갈색　99 기타
	36. 구보호잎색 (1~13) 수확 50일후에 조사 　　1 흰색
	37. 구보호잎부착성 (3~7) 수확 50일후에 조사 　　3 느슨하다　5 중간　7 강하다　99 기타
	38. 구인편두께 (3~7) 수확한 구의 인편의 최대직경부의 두께 조사 　　3 얇다　5 중간　7 두껍다
	39. 구육색 (3~7) 수확한 구의 육색을 조사 　　3 흰색　5 빨강색　7 자주색　99 기타
	40. 구저반위치 (3~7) 수확한 구의 뿌리부분의 위치를 조사 　　3 깊다　5 평평하다　7 튀어나오다
	41. 구맹아엽수 (1~4) 저장전 가을에 성숙한 구의 중앙부를 횡단면으로 절단하여 맹아엽수를 조사 　　1 1개　2 2개　3 3개　4 4개이상
	42. 구인편표피색 (1~3) 수확한 구의 인편의 표피색 조사 　　1 없다　2 녹색　3 빨강색　99 기타
	43. 추대시　(월, 일), 4자리 숫자로 표기
	44. 개화시　(월, 일), 4자리 숫자로 표기
재해저항성	1. 도복기 (mmdd)　적어도 80%가 도복, 4자리 숫자로 표기
	2. 동해율 (%)　월동후 생존율을 조사
	3. 구건물중 (3~7) 수확한 구의 건물중을 조사 　　3 소　5 중　7 다
수량 및 품질	1. 저장부패율 (%)　저장 중 부패한 구의 비율을 조사
	2. 저장맹아율 (%)　저장 중 맹아한 구의 비율을 조사
	3. 이색구율 (%)　수확시 이색 구의 비율을 조사
	4. 건전구율 (%)　수확시 건전 구의 비율을 조사

39. 오이

〈공통사항〉

1. 시험번호	평가를 실시한 기관의 당해년도 시험번호를 기입
2. IT번호	종자은행에서 부여한 국가 유전자원 등록번호
3. 자원명	품종명, 계통명 등
4. 원산지	본 자원의 최초수집지 혹은 육성지 국제기관명 또는 국가명
5. 과제구분	형질을 조사한 과제에 대한 구분
6. 조사년도	형질을 조사한 년도
7. 조사자	형질을 조사한 담당자
8. 재배지	형질을 조사하기 위하여 재배한 지역
9. 재배방법	형질을 조사하기 위하여 재배한 방법
10. 기타사항	상기 항목외의 참고를 기재

재배내역	1. 파종기 (mmdd)
	2. 정식기 (mmdd)
형태적특성	1. 종피색 (1~5)　1 백　2 황갈　3 황　4 주홍　5 갈
	2. 종자장 (3~7)　3 단　8mm 이하　5 중　8~10mm 　　　　　　　　7 장　10mm 이상
	3. 자엽형태 (1~3)　제 1본엽 전개기에 조사 　　　　1 광폭　2 중간　3 세장　99 기타
	4. 자엽크기 (3~7)　제 1본엽 전개기에 조사 　　　　3 소　5 중　7 대
	5. 자엽색 (1~3)　제 1본엽 전개기에 조사 　　　　1 담녹　2 녹　3 농록
	6. 잎크기 (3~7)　수확 초기에서 최성기 사이의 주지 성엽 크기 　　　　3 소　5 중　7 대
	7. 엽면모용 (0~7)　수확 초기에서 최성기 사이의 주지 성엽 　　　　0 무　3 소　5 중　7 다
	8. 엽연결각 (0~1)　수확 초기에서 최성기 사이의 주지 성엽 　　　　0 무　1 유
	9. 엽색 (1~3)　수확 초기에서 최성기 사이의 주지 성엽 　　　　1 담녹　2 녹　3 농록

10. 초형 (1~3)　수확 초기에서 최성기 사이
1 왜성　2 심지형　3 덩굴성
11. 초세　1 약　2 중　3 중강　4 강　5 극강
12. 초장 (cm)　지제부에서 20절까지의 길이
13. 엽형　수확 초기에서 최성기 사이의 주지 성엽
1 환형　2 환오각형　3 오각형　99 기타
14. 주지굵기 (3~7) 주지가 20절까지 신장했을때 10~15절간 조사
3 가늘다　5 중간　7 굵다
15. 절간장 (cm)　주지가 20절까지 신장했을때 10~15절간 조사
16. 일차측지수 (개)　수확종료에 주지 6~15절 사이의 측지가
10cm이상인 것의 수
17. 일차측지발생시기 (1~3)　1 조　2 중　3 만
18. 덩굴손 (0~1)　0 무　1 유
19. 성표현 (1~9)
1 자웅동주　2 자성자웅양전주　3 웅성자웅양전주
4 자웅양전주　5 웅성형　6 자성형
7 자웅이주　8 웅성불임　9 자성불임
20. 착과습성 (1~3)　1 주지형　2 주지 및 측지형
3 측지형　99 기타
21. 절당자화수 (1~2)　1 1개　2 2개 이상
22. 절성성 (%)　자화착생절수/20절×100
23. 일번자화착생절위 (절)
24. 숙기 (3~7)　청과 성숙시 조사
3 조　5 중　7 만
25. 단위결과성 (0~7)　청과로 완숙되는 것까지의 정도
0 없음　3 저　5 중　7 고
26. 과형 (1~5)　청과 성숙시 조사
1 장원통　2 단원통　3 구　4 과기부좁은형
5 과선단좁은형　99 기타
27. 과기부형태 (1~7)　청과 성숙시 조사
1 요　3 평　5 환　7 첨　99 기타
28. 과선단형태 (1~7)　청과 성숙시 조사
1 요　3 평　5 환　7 첨

29. 과횡단면 (1~4)   청과 성숙시 조사
1 환   2 환삼각   3 삼각   4 예삼각
30. 과면요철 (1~7)   청과 성숙시 조사
1 무   5 천   7 심지형
31. 옴분포 (3~7)   청과 성숙시 조사
3 소   5 중   7 밀   99 기타
32. 옴크기 (3~7)   청과 성숙시 조사
3 소   5 중   7 대
33. 과침수 (0~7)   청과 성숙시 조사
0 무   3 소   5 중   7 다
34. 과침크기 (0~7)   청과 성숙시 조사
0 무   3 소   5 중   7 대
35. 과침색 (0~3)   청과 성숙시 조사
0 무   1 흑   2 갈   3 백   99 기타
36. 청과색 (1~6)   청과 성숙시 조사
1 백   2 황백   3 반백   4 담록   5 록   6 농록   99 기타
37. 숙과색 (1~6)   숙과 성숙시 조사
1 백   2 갈   3 황   4 주황   5 적   6 농록   99 기타
38. 과면반점 (0~1)   청과 성숙시 조사
0 무   1 유
39. 과선단줄무늬 (0~7)   청과 성숙시 조사
0 업음   3 과장의 1/3까지의 길이
5 과장의 반정파 길이   7 과장의 2/3이상의 길이
40. 줄무늬색 (0~3)   청과 성숙시 조사
0 무   3 백   5 록   7 황
41. 과면광택 (0~1)   청과 성숙시 조사
0 무   1 유
42. 과피경도 (3~7)   청과 성숙시 조사
3 연   손톱으로 쉽게 벗겨짐
5 중   손톱으로 쉽게 벗겨지지 않음
7 경   손톱으로 벗기기 힘듬
43. 청과장 (cm)   청과 성숙시 조사
44. 청과경 (mm)   청과 성숙시 조사

	45. 청과중 (g)　청과 성숙시 조사
	46. 숙과중 (g)
	47. 과육후 (mm)
	48. 과육질 (3~7)　청과 성숙시 조사 　　3 연　5 중　7 경
	49. 과육색 (1~5)　청과 성숙시 조사 　　1 백　2 담록　3 록　4 황　5 주황
	50. 자방수 (실)
	51. 배축장 (3~7)　제1본엽 전개기에 조사 　　3 단　5 중　7 장
	52. 종자폭 (mm)
	53. 종자두께 (mm)
재해저항성	1. 노균병 (0~9) 　0 조사전주가 건전 　1 병반의 면적이 피해엽면적의 1% 미만 　3 병반의 면적이 피해엽면적의 1~5% 상당 　5 병반의 면적이 피해엽면적의 6~20% 상당 　7 병반의 면적이 피해엽면적의 21~50% 상당 　9 병반의 면적이 피해엽면적의 51% 이상
	2. 탄저병 (0~9) 　0 조사 전주가 건전 　1 병반의 면적이 피해엽면적의 1% 미만 　3 병반의 면적이 피해엽면적의 1~5% 상당 　5 병반의 면적이 피해엽면적의 6~20% 상당 　7 병반의 면적이 피해엽면적의 21~50% 상당 　9 병반의 면적이 피해엽면적의 50% 이상
	3. 흰가루병 (0~9) 　0 조사 전주가 건전 　1 병반의 면적이 피해엽면적의 1% 미만 　3 병반의 면적이 피해엽면적의 1~5% 상당 　5 병반의 면적이 피해엽면적의 6~10% 상당 　7 병반의 면적이 피해엽면적의 11~20% 상당 　9 병반의 면적이 피해엽면적의 21% 이상

	4. 만할병 (0~9)
	0 조사 전주가 건전　1 조사주의 1% 미만이 감염
	3 조사주의 1~5%가 감염　5 조사주의 6~25%가 감염
	7 조사주의 26~50%가 감염　9 조사주의 51% 이상이 감염
	5. 만고병 (0~9)
	0 조사 전주가 건전　1 조사주의 1% 미만이 감염
	3 조사주의 1~5%가 감염　5 조사주의 6~25%가 감염
	7 조사주의 26~50%가 감염　9 조사주의 51% 이상이 감염
	6. 모잘록병 (0~9)
	0 조사전주가 건전　1 조사주의 1% 미만이 감염
	2 조사주의 1~5%가 감염　3 조사주의 6~10%가 감염
	4 조사주의 11~20%가 감염　5 조사주의 21~30%가 감염
	6 조사주의 31~40%가 감염　7 조사주의 41~60%가 감염
	8 조사주의 61~80%가 감염　9 조사주의 81% 이상이 감염
	7. 바이러스병 (0~9)
	0 조사전주가 건전　1 조사주의 1% 미만이 감염
	2 조사주의 1~5%가 감염　3 조사주의 6~10%가 감염
	4 조사주의 11~20%가 감염　5 조사주의 21~30%가 감염
	6 조사주의 31~40%가 감염　7 조사주의 41~60%가 감염
	8 조사주의 61~80%가 감염　9 조사주의 81% 이상이 감염
	8. 충해 (0~9)　진딧물, 온실가루이, 응애 등의 충해
	0 조사전주가 건전　1 엽당 1~5마리
	3 엽당 6~10마리　5 엽당 11~20마리
	7 엽당 21~50마리　9 엽당 51마리 이상
	9. 저온발아성 (3~7)　3 저　5 중　7 고
	10. 저장성 (3~7)　3 저　5 중　7 고
수량 및 품질	1. 쓴맛 (0~7)　청과 성숙시 조사
	0 무　3 저　5 중　7 고　99 기타
	2. 과당종자수 (개)
	3. 천립중 (g)　완전 풍건한 1,000립의 무게
	4. 주당청과수 (개)

40. 옥수수

〈공통사항〉

1. 시험번호	평가를 실시한 기관의 당해년도 시험번호를 기입
2. IT번호	종자은행에서 부여한 국가 유전자원 등록번호
3. 자원명	품종명, 계통명 등
4. 원산지	본 자원의 최초수집지 혹은 육성지 국제기관명 또는 국가명
5. 과제구분	형질을 조사한 과제에 대한 구분
6. 조사년도	형질을 조사한 년도
7. 조사자	형질을 조사한 담당자
8. 재배지	형질을 조사하기 위하여 재배한 지역
9. 재배방법	형질을 조사하기 위하여 재배한 방법
10. 기타사항	상기 항목외의 참고를 기재

재배내역	1. 기타재배법
	2. 파종기 (mmdd)
	3. 재식밀노
	4. 시비량
형태적특성	1. 초엽색 (1~3) 출아후 조사
	1 녹색 2 자색 3 담자색 99 기타
	2. 초기생육 (1~5) 주간엽수 7~8엽기에 조사
	1 생육양호 3 중간 5 생육불량 99 기타
	3. 출웅기 (mmdd) 1구에서 50%이상 출웅한 날
	4. 출사기 (mmdd) 1구에서 자수의 견사가 50%이상 출사한 날
	5. 출사일수 (days)
	6. 화분비산기 (mmdd) 50%이상의 개체에서 화분이 비산한 날
	7. 웅수색 (1~4) 화분비산기에 조사
	1 황색 2 담자색 3 자색 4 암자색 99 기타
	8. 견사색 (1~4) 출사기에 조사
	1 황색 2 담자색 3 자색 4 암자색 99 기타
	9. 엽신색 (1~3) 출사기 이후에 조사
	1 녹색 2 담자색 3 자색 99 기타
	10. 엽신변색 (1~3) 출사기 이후에 조사
	1 록색 2 담자색 3 자색

11. 엽이색 (1~3)   출사기 이후에 조사
    1 녹색   2 담자색   3 자색
12. 엽초색 (1~3)   출사기 이후에 조사
    1 녹색   2 담자색   3 자색   99 기타
13. 약자색띠 (1~2)   출웅기에 조사
    1 유   2 무   99 기타
14. 웅수장 (cm)   웅수목으로부터 웅수 주경 선단까지의 길이
15. 웅수분지수 (개)   웅수 주경에 부착한 분지의 수
16. 웅수각도 (1~3)   웅수의 주경을 중심으로 하여 조사
    1 직립형   2 반직립   3 수평   99 기타
17. 간장 (cm)   출사기 이후에 조사 지면에서 웅수목까지의 길이
18. 착수고 (cm)   조사지면으로부터 최상위자수가 착생된 기부까지의 길이
19. 간경 (cm)   출사기 이후에 조사, 최상위 자수가 착생된 하위마디의 최대직경
20. 간형 (1~3)   출사기 이후에 조사, 간의 굴곡정도
    1 직립   2 중   3 굴곡   99 기타
21. 분얼수 (개)   출사기 이후에 조사, 주경을 제외한 분얼의수
22. 엽형 (1~5)   출사기 이후에 조사
    1 광장   2 광단   3 중   4 협장   5 협단   99 기타
23. 엽장 (cm)   최상위 자수가 착생된 하위엽의 엽기부로부터 엽신최선단까지 길이
24. 엽폭 (cm)   출사기 이후에 조사, 최상위 자수가 착생된 하위엽의 최대엽폭
25. 주간엽수 (매)   출사기 이후 조사, 주간에 착생된 하위고사엽을 포함한 총엽수
26. 자수착생엽수 (매)   최상위 자수가 착생된 하위엽으로부터 최상위 엽까지의 수
27. 초형 (1~3)   출사후에 주경을 중심으로 엽의 늘어진 정도
    1 직립형   2 반직립형   3 개산형   99 기타
28. 가근착생고 (cm)   출사후에 지면으로부터 최상단 가근까지의 길이
29. 성숙기 (mmdd)   전주의 80%이상 이삭의 포엽이 황화된 날

30. 자수피복 (1~5)	성숙기에 포엽이 자수의 선단을 덮고 있는 정도 1 양호 3 중간 5 불량 99 기타
31. 자수품질 (1~5)	수확기에 자수의 크기 1 상 3 중 5 하 99 기타
32. 자수장 (cm)	포엽을 제외한 자수의 길이
33. 자수경 (cm)	자수 중앙부위의 직경
34. 자수광택 (1~5)	자수의 광택정도를 표시 1 명 3 중 5 암
35. 자수열수 (열)	자수에 달린 종실의 열수로 열수는 원칙적으로 짝수임
36. COB색 (1~3)	포엽과 알곡을 제외한 이삭의 속자루 (cob)의 색 1 백색 2 담자색 3 자색
37. COB경 (cm)	포엽과 알곡을 제외한 이삭의 속자루(cob)의 중앙부의 직경
38. 립장 (cm)	자수의 중앙부위에서 탈립한 립을 caliper로 측정
39. 립폭 (cm)	자수의 중앙부위에서 탈립한 립을 caliper로 측정
40. 립후 (cm)	자수의 중앙부위에서 탈립한 립의 중앙부위를 caliper로 측정
41. 립크기 (1~5)	외관으로 관찰 1 크다 3 중간 5 작다 99 기타
42. 종피색 (1~9)	1 백색 2 담황색 3 황색 4 오렌지색 5 담자색 6 자색 7 갈색 8 적색 9 흑색 99 기타
43. 립질 (1~6)	1 마치종 2 경립종 3 반마치종 4 감미종(단옥수수) 5 감미종(초당옥수수) 6 나종(찰옥수수) 99 기타
44. 화분비산량 (1~3)	1-많음, 2-중간, 3-적음 1 많음 2 중간 3 적음
45. 초장 (cm)	
46. 엽면적 (cm^2)	
47. COB무게 (g)	외피와 알곡을 제외한 속자루(옥수수 자루의 섬유질 속부분, cob, 속대)의 무게

재해저항성	1. 호마엽고병 (0~9) 출사후 2-3주경에 조사(깨씨무늬병) 0 무 병 1 개의 병반이 산 적으로 최하위엽에 나타 3 하위엽에 경미한 병 이 나타나고 최하위엽에는 중정도의 병 이 나타 5 중간부위엽까지 심한 병 이 나타나고 상위하엽까지 병 진전 7 심한 병 이 전 에 나타 9 심한 병 으로 고사 2. 매 병 (0~9) 출사후 2-3주경에 조사 0 무 병 1 개의 병반이 산 적으로 최하위엽에 나타 3 하위엽에 경미한 병 이 나타나고 최하위엽에는 중정도의 병 이 나타 5 중간부위엽까지 심한 병 이 나타나고 상위하엽까지 병 진전 7 심한 병 이 전 에 나타 9 심한 병 으로 고사 3. 고병 (0~9) 출사후 2-3주경에 조사 0 무 병 1 병주 10% 미 3 병주 11~20% 5 병주 21~40% 7 병주 41~60% 9 병주 61% 이상 4. 위 (%) 0~9, 출사후 2~3주경에 전주수에 대한 이병주수의 비 로 표시 0 무 병 1 병주 1% 미 3 병주 1~10% 5 병주 11~30% 7 병주 31~50% 9 병주 51% 이상 5. 흑조위 병 (%) 0~9, 출사후 2~3주경에 전주수에 대한 이병주수의 비 로 표시 0 무 병 1 병주 1% 미 3 병주 1~5% 5 병주 6~10% 7 병주 11~30% 9 병주 31% 이상

	6. 이삭썩음병 (%)　0~9, 수확시에 건전 이삭수에 대한 이병 이삭수의 비율로 표시 　0 무발병　1 발병주율 10% 미만 　3 발병주율 11~20%　5 발병주율 21~40% 　7 발병주율 41~60%　9 발병주율 61% 이상
	7. 줄기썩음병 (%)　0~9, 성숙기에 조사하며 전체주수에 대한 이병주수 비율로 표시 　0 무발병　1 발병주율 10% 미만 　3 발병주율 11~20%　5 발병주율 21~40% 　7 발병주율 41~60%　9 발병주율 61% 이상
	8. 조명나방 (0~9)　출사후에 건전식물 부위에 대한 충해정도 표시 　0 피해무　1 패해주율 0.1~1% 　3 피해주율 1.1~5%　5 피해주율 5.1~10% 　7 피해주율 10.1~20%　9 피해주율 20.1% 이상
	9. 도복 (1~9)　식물체의 근기부를 중심으로 30° 이상 쓰러진 주수의 비율 　0 무도복　1 20% 이상　3 21~40%　5 41~60% 　7 61~80%　9 81% 이상
	10. 탈립률 (%)　종실중/자수중×100 (건조후 측정)
수량 및 품질	1. 수열당립수 (립)　한열에 달린 립수
	2. 수당립수 (립)　열수×열당립수
	3. 일수중 (g)　건조후 평균 1자수 무게
	4. 수당립중 (g)　1자수에 달린 립중
	5. 백립중 (g)　자수의 중앙부위에서 탈립한 100립의 무게
	6. 균일도 (1~9)　1-균일, 9-불균일 　1 완전균일　3 균일　5 중간　7 비균일　9 완전비균일
	7. 후기녹체성 (1~5) 　1 좋음　3 중간　5 나쁨　99 기타
	8. 당함량 (1~5) 　1 적음　3 중간　5 많음
	9. 착장률 (%)

41. 완두

〈공통사항〉

1. 시험번호	평가를 실시한 기관의 당해년도 시험번호를 기입
2. IT번호	종자은행에서 부여한 국가 유전자원 등록번호
3. 자원명	품종명, 계통명 등
4. 원산지	본 자원의 최초수집지 혹은 육성지 국제기관명 또는 국가명
5. 과제구분	형질을 조사한 과제에 대한 구분
6. 조사년도	형질을 조사한 년도
7. 조사자	형질을 조사한 담당자
8. 재배지	형질을 조사하기 위하여 재배한 지역
9. 재배방법	형질을 조사하기 위하여 재배한 방법
10. 기타사항	상기 항목외의 참고를 기재

재배내역	1. 파종기 (mmdd)
	2. 정식기 (mmdd)
형태적특성	1. 엽색 (1~3)　1 담록　2 록　3 농록
	2. 화색 (1~4)　성화기 조사 　　1 백색　2 분홍색　3 자색　4 적색
	3. 초형 (1~3)　1 왜성　2 중간성　3 장간성　99 기타
	4. 협장 (mm)　완전히 자란 미성숙협의 길이
	5. 협폭 (mm)　완전히 자란 미성숙협의 넓이
	6. 립장 (mm)　완숙종자의 립의 길이
	7. 립폭 (mm)　완숙종자의 립의 넓이
	8. 립두께 (mm)
	9. 종피색 (1~3)　완숙종자의 종피색 　　1 백색　2 녹색　3 담갈색
	10. 개화시 (mmdd)
	11. 개화기 (mmdd)
	12. 종화기 (mmdd)

	13. 경장 (cm) 성숙기에 자엽절에서 경의 정단까지의 길이 조사
	14. 경직경 (mm) 성숙기에 자엽절에서 로 절사이의 줄기 직경조사
	15. 수 (개) 성숙기의 주경상의 수
	16. 분지수 (개) 성숙기의 2절이상의 분지수
	17. 주당협수 (개) 1개체에 착 협수
	18. 주당협중 (g)
	19. 주당립중 (g)
	20. 주당립수 (개)
	21. 협당립수 (개) 10개체에서 조사 협당 평균립수
재해 항성	1. 이러 병 (0~9) 개화기조사 0 이병개체 음 1 5% 미만 3 10% 미만 5 30% 미만 7 50% 미만 9 50% 이상
	2. 병 (0~9) 개화기조사 0 이병개체 음 1 5% 미만 3 15% 미만 5 30% 미만 7 60% 미만 9 60% 이상
수량 및 품질	1. 단백질함량 (%)
	2. 백립중 (g) 충실히 자란 건종자 100립의 무게
	3. 10 당협중 (g/10)
	4. 10 당립중 (g/10)
	5. 협실비율 (%)
	6. 건물율 (%)

42. 유채

〈공통사항〉

1. 시험번호	평가를 실시한 기관의 당해년도 시험번호를 기입
2. IT번호	종자은행에서 부여한 국가 유전자원 등록번호
3. 자원명	품종명, 계통명 등
4. 원산지	본 자원의 최초수집지 혹은 육성지 국제기관명 또는 국가명
5. 과제구분	형질을 조사한 과제에 대한 구분
6. 조사년도	형질을 조사한 년도
7. 조사자	형질을 조사한 담당자
8. 재배지	형질을 조사하기 위하여 재배한 지역
9. 재배방법	형질을 조사하기 위하여 재배한 방법
10. 기타사항	상기 항목외의 참고를 기재

재배내역	1. 파종기 (mmdd)
	2. 정식기 (mmdd)
형태적특성	1. 추대기
	2. 개화기
	3. 성숙기 (mmdd) 최하의 제1차분지의 이삭의 2/3부위에 있는 협을 택하여 조사
	4. 결실기간 (days) 개화기 익일부터 성숙기까지 일수
	5. 초장
	6. 초형 (1~4) 1 제Ⅰ형 2 제Ⅱ형 3 제Ⅲ형 4 제Ⅳ형 99 기타
	7. 총분지수 (개) 주경의 제1차 제2차 분지수를 삼한 총수 (1분지는 5협이상 착생)
	8. 일차분지수 (개) 1차분지에서 나온 분지수 (1분지수는 5협이상 착생한 것)
	9. 이차분지수 (개) 2차분지에서 나온 분지수 (2분지수는 5협이상 착생한 것)
	10. 수장 (cm) 주경 지엽부에서 항단까지의 길이

11. 일수협수 (개)	수장을 측정한 분지의 수에 부착된 협수
12. 협착형	경으로부터 협이 착생한 각도 1 30도 이내 2 30-60도 3 60-90도 4 90-120도 5 120-150도
13. 협착밀도 (cm)	수장을 측정한 분지의 하부부터 세어서 8협을 제외한 9협부
14. 협장 (cm)	수장을 측정한 분지의 하부부터 세어서 8협을 제외한 9협부
15. 일협결실수 (개)	협장을 측정하는 협의 종실수
16. 결실비율 (%)	
17. 일협배주수 (개)	협장을 측정하는 협의 배주수
18. 엽색 (1~3)	정식전 및 익춘재생기에 조사 1 담록 2 록 3 농록
19. 엽장 (cm)	최장엽에 중조장 (정식전 및 익춘재생기에 조사)
20. 엽폭 (cm)	엽신장을 측정한 엽신의 최광부 (정식전 및 익춘재생기에 조사)
21. 엽형 (1~3)	1 원형 2 장란형 3 하부의 우상전렬
22. 경장 (mm)	
23. 경색 (1~4)	정식전 및 익춘재생기에 조사 1 담록 2 록 3 농록 4 자 99 기타
24. 화색 (1~3)	1 담황 2 황 3 등황 99 기타
25. 종피색 (1~3)	1 유갈 2 적갈 3 흑
26. 립크기	1 극대 3 대 5 중 7 소 9 극소
27. 자엽형 (1~3)	1 심장형 2 고치형
28. 엽납질 (0~9)	유묘시 조사 0 무 1 소 5 중 9 다
29. 엽서 (1~4)	1 1/3 2 3/8 3 2/5 4 5/13
30. 수부신장도 (%)	정식전곡의 지엽착생부위절을 수부의 거리/폭의 값
31. ANTHOCYANIN발현 (1~3)	월동전 익춘재생기 락화후 (엽간) 1 담자 2 적자 3 농자 99 기타

	32. 엽질 (1~3)　개화기 조사 　　1 유연　2 경　3 극경
	33. 화서형상 (1~2)　1 산상　2 총상
재해저항성	1. 춘파성정도 (0~Ⅶ)　파종기; 2월하, 3월하, 3월중, 4월하, 4월중, 4월하 　0 어느 파종기나 성숙되지 않고 좌지 　1 2월하순 파종구만 성숙되고 나머지 파종구는 좌지 　2 2월하, 3월상순 파존구만 성숙되고 나머지 파종구는 좌지 　3 2월하~3월중순 파종구만 성숙되고 나머지 파종구는 좌지 　4 2월하~3월하순 파종구만 성숙되고 나머지 파종구는 좌지 　5 4월중, 하 파종구만 좌지 　6 2월하~4월중 파종구만 성숙되고 4월하 파종구는 좌지 　7 전파종구에서 성숙됨
	2. 내설성 (0~9)　0 무　1 극약　3 약　5 중　7 강　9 극강
	3. 내한성 (0~9)　0 무　1 극약　3 약　5 중　7 강　9 극강
	4. 내습성 (0~9)　0 습해무　1 극소　3 소　5 중　7 다　9 심
	5. 동해 (0~9) 　0 피해무　1 피해경미　3 피해가 적음(소) 　5 피해가 중정도　7 피해가 많음(다) 　9 피해가 심하여 감수예상(심)
	6. 동해주수 (주)　1구중 고사한 주수를 발견 조사
	7. 월동비율 (%)　재식주수-동시주수/재식주수×100 (결실능력이 없는 것은 제외)
	8. 도복 (0~9) 　0 전주직립　1 도복경미　3 도복이 적음 (소) 　5 도복이 중정도　7 도복이 심(심) 　9 도복이 극심하여 수량감소가 크게 예상됨
	9. 병해 (0~9) 　0 병발생부　1 병해경미(1%)　3 피해가 적음(2~10%) 　5 피해가 중정도(10~25%)　7 피해가 많음(20~40%) 　9 피해가 심하여 감수가 예상됨(40%이상)　99 기타

	10. 충해 (0~9) 　　0 충해무　1 충해경미(1%)　3 피해가 적음(2~10%) 　　5 충해가 중정도(10~20%)　7 피해가 많음(20~40%) 　　9 피해가 심함 (40% 이상)
수량 및 품질	1. 10a당전수량 (kg)　일정면적의 지상부 수확물 전중량을 10a당으로 산출
	2. 십A당종실량 (kg)　일정면적의 종실량을 10a당으로 산출
	3. 십A당결실량 (ℓ)　10a당 종실중량/종실/ℓ 중량 (설립은 제거)
	4. 일리터중 (g)　볕에 말린 종량 1ℓ 의 중량
	5. 설립중량 (g)　볕에 말린 설립중량
	6. 천립중 (g)　볕에 말린 완전립의 1,000립중
	7. 주당수량 (g)
	8. 단백질함량 (%)
	9. GLUCOSINOLATE함량 (%)
	10. PI (mg)
	11. OZT (mg)
	12. 합유율 (%)
	13. PALMIITC ACID (%)
	14. STEARIC ACID (%)
	15. OLEIC ACID (%)
	16. LINOLENIC ACID (%)
	17. LINOLEIC ACID (%)
	18. EICOSENOIC ACID (%)
	19. ERUCIC ACID (%)

43. 율무

〈공통사항〉

1. 시험번호	평가를 실시한 기관의 당해년도 시험번호를 기입
2. IT번호	종자은행에서 부여한 국가 유전자원 등록번호
3. 자원명	품종명, 계통명 등
4. 원산지	본 자원의 최초수집지 혹은 육성지 국제기관명 또는 국가명
5. 과제구분	형질을 조사한 과제에 대한 구분
6. 조사년도	형질을 조사한 년도
7. 조사자	형질을 조사한 담당자
8. 재배지	형질을 조사하기 위하여 재배한 지역
9. 재배방법	형질을 조사하기 위하여 재배한 방법
10. 기타사항	상기 항목외의 참고를 기재

재배내역	1. 파종기 (mmdd)
	2. 정식기 (mmdd)
형태적특성	1. 초엽색 (1~4)　1 백　2 자　3 적　4 녹　99 기타
	2. 엽색 (1~4)　1 담녹　2 녹　3 녹자　4 자　99 기타
	3. 엽각 (1~4)　1 직립　2 수평　3 반하수　4 하수　99 기타
	4. 엽장 (cm)　최대엽 측정
	5. 엽폭 (cm)　최대엽 측정
	6. 엽초색 (1~3)　분벽기에 조사 　　1 담녹　2 녹　3 자조　99 기타
	7. 간굵기 (1~3) 　　1 태　2 중　3 세　99 기타
	8. 간색 (1~4) 　　1 담녹　2 녹　3 농녹　4 자적　99 기타
	9. 분얼수 (개)　립이 달린 벽자
	10. 개화기 (mmdd)　전체의 50%
	11. 성숙기 (mmdd)　종실이 변색

	12. 착립부위장 (cm) 립이 달린 부위
	13. 초장 (cm) 출수후 지제부에
	14. 수확기 (mmdd)
재해저항성	1. 명나방발생 (1~9)
	2. 깜부기발병률 (1~9)
	3. 위축병발병률 (1~9)
수량 및 품질	1. 조단백질함량 (%)
	2. 조지방함량 (%)
	3. 전분함량 (%)
	4. 주당립수 (개)
	5. 백립중 (g) 등숙립 100립의 무게
	6. 등숙률 (%)
	7. 고중 (kg) 일정면적 고중을 측정 10a로 환산
	8. 종실수량 (kg) 일정면적 고중을 10a당으로 계산

44. 인삼

〈공통사항〉

1. 시험번호	평가를 실시한 기관의 당해년도 시험번호를 기입
2. IT번호	종자은행에서 부여한 국가 유전자원 등록번호
3. 자원명	품종명, 계통명 등
4. 원산지	본 자원의 최초수집지 혹은 육성지 국제기관명 또는 국가명
5. 과제구분	형질을 조사한 과제에 대한 구분
6. 조사년도	형질을 조사한 년도
7. 조사자	형질을 조사한 담당자
8. 재배지	형질을 조사하기 위하여 재배한 지역
9. 재배방법	형질을 조사하기 위하여 재배한 방법
10. 기타사항	상기 항목외의 참고를 기재

형태적특성	1. 출아기 (mmdd)
	2. 출아본수 (plant)
	3. 파종립수 (개)
	4. 파종기 엽장 (cm)
	5. 파종기 엽폭 (cm)
	6. 파종기 경장 (cm)
	7. 파종기 소엽수 (장)
	8. 파종기 경색
	9. 파종일 (mmdd)
	10. 파종기 엽색
	11. 정식 개체수 (plant)
	12. 정식기 근중 (g)
	13. 정식기 근장 (cm)
	14. 정식기 근직경 (mm)
	15. 정식기 40%출아기 (mmdd)
	16. 정식기 80%출아기 (mmdd)

17. 정식기 출아본수 (plant)	
18. 지상부 생존수(6.20) (plant)	6월 20일경 조사
19. 지상부 생존수(7.20) (plant)	7월 20일경 조사
20. 고온장해 발생정도	
21. 지상부 조사시기 (year order)	
22. 지상부 경장 (cm)	
23. 지상부 경직경 (mm)	
24. 지상부 경색	
25. 지상부 엽장 (cm)	
26. 지상부 엽폭 (cm)	
27. 지상부 장엽수 (장)	
28. 지상부 소엽수 (장)	

45. 장미

〈공통사항〉

1. 시험번호	평가를 실시한 기관의 당해년도 시험번호를 기입
2. IT번호	종자은행에서 부여한 국가 유전자원 등록번호
3. 자원명	품종명, 계통명 등
4. 원산지	본 자원의 최초수집지 혹은 육성지 국제기관명 또는 국가명
5. 과제구분	형질을 조사한 과제에 대한 구분
6. 조사년도	형질을 조사한 년도
7. 조사자	형질을 조사한 담당자
8. 재배지	형질을 조사하기 위하여 재배한 지역
9. 재배방법	형질을 조사하기 위하여 재배한 방법
10. 기타사항	상기 항목외의 참고를 기재

46. 조

〈공통사항〉

1. 시험번호	평가를 실시한 기관의 당해년도 시험번호를 기입
2. IT번호	종자은행에서 부여한 국가 유전자원 등록번호
3. 자원명	품종명, 계통명 등
4. 원산지	본 자원의 최초수집지 혹은 육성지 국제기관명 또는 국가명
5. 과제구분	형질을 조사한 과제에 대한 구분
6. 조사년도	형질을 조사한 년도
7. 조사자	형질을 조사한 담당자
8. 재배지	형질을 조사하기 위하여 재배한 지역
9. 재배방법	형질을 조사하기 위하여 재배한 방법
10. 기타사항	상기 항목외의 참고를 기재

재배내역	1. 파종기 (mmdd)
	2. 정식기 (mmdd)
형태적특성	1. 초기생육 (1~5) 1 극양 3 양호 5 중 7 불량~중간 9 불량
	2. 출수기 (mmdd) 1구에서 이삭이 50% 이상 나온 날
	3. 성숙기 (mmdd)
	4. 등숙기 (mmdd)
	5. 출수소요일 (days)
	6. 등숙소요일 (days)
	7. 초장 (cm)
	8. 마디수 (개)
	9. 간장 (cm) 출수기 이후에 지면에서 주간의 이삭목까지의 길이를 조사
	10. 간경 (mm) 출수기이후 Caliper로 측정. 상부 3째, 4째 마디사이 주간의 직경
	11. 엽수 (매)
	12. 엽수직 (1~3) 1 직 2 중 3 수

13. 엽색 (1~3)   출수기에 조사   1 담록 2 록 3 암록
14. 이삭추출도 (cm)   출수기이후 측정 지엽의 엽설로부터 이삭목까지의 길이
15. 엽장 (cm)   주간의 상부 4째엽의 엽설로부터 엽신 최선단까지의 길이
16. 엽폭 (mm)   출수기 이후 측정 주간의 상부 4째엽의 최대 엽폭
17. 엽초장 (cm)   주간의 상부 4째엽이 착생한 마디부터 엽설까지의 길이
18. 엽초털다소 (0~3)   출수기 이후에 조사   0 무 1 소 2 중 3 다
19. 지상절수 (개)   출수기 이후에 조사. 주간의 지상부에 있는 절수
20. 분얼수 (개)   성숙기에 조사 주간을 제외한 분얼총수
21. 분지수 (개)
22. 유효분얼수 (개)   주간을 제외한 수량에 기여하는 성숙한 이삭을 가진 분얼수
23. 엽신ANTHOCYANIN (0~1)   황숙기에 조사   0 무 1 유
24. 엽초ANTHOCYANIN (0~1)   황숙기에 조사   0 무 1 유

25. 수형 (1~6)   황숙기 이후 조사
  1 원통형   이삭 각부의 굵기가 같다
  2 곤봉형   이삭의 선단이 뭉툭하고 굵다
  3 원추형   이삭의 선단이 갈수록 가늘어진다
  4 방추형   이삭의 중앙부가 굵고 위,아래로 점차 가늘다
  5 분지형   제1차 지경이 길어서 이삭이 여러 갈래로 갈라져 있다
  6 선단분지형   이삭의 선단만이 갈라져 있다

	26. 착립소밀 (1~3) 황숙기 이후 조사 　1 소　2 중　3 밀
	27. 수장 (cm) 황숙기 이후 측정 주간 이삭의 길이
	28. 수경 (mm) 황숙기 이후 측정 주간 이삭의 최대직경
	29. 탈립난이 (1~3) 성숙기에 조사 　1 난　2 중　3 이　99 기타
	30. 조속색 (1~5) 　1 등색　2 황색　3 회색　4 흑색　5 기타
	31. 현속색 (1~5) 　1 황백색　2 황색　3 암록　4 회흑색　5 기타색
	32. 배유형 (1~2) 수확후 조사 　1 메조　2 찰조　99 기타
	33. 생태형 (1~3)　1 봄조　2 중간형　3 그루조
재해저항성	1. 조군데병 (%) 수확시에 건전주수에 대한 나병주수 비율로 표시
	2. 조도열병 (0~9) 　0 무발병 　1 몇 개의 병반이 산발적으로 최하위엽에만 나타남 　3 불위엽에 경징한 병징이 나타나고 최하위엽에만 중정엽의 병징이 　5 중간부위까지 심한 변징이 나타나고 상위불엽까지 병징 진전 　7 심한 병징이 전식물체에 나타남 　9 극심한 병징으로 식물체 고사
	3. 조명나방 (0~9) 출수후에 건전식물 부위에 대한 충해정도 표시
	4. 줄기굴파리 (0~9) 조명나방과 동일

	5. 병충해 (0~9) 　0 무발병 　1 몇 개의 병반이 산발적으로 최하위엽에만 나타남 　3 불위엽에 경징한 병징이 나타나고 최하위엽에만 중정엽의 병징이 　5 중간부위까지 심한 변징이 나타나고 상위불엽까지 병징 진전 　7 심한 병징이 전식물체에 나타남 　9 극심한 병징으로 식물체 고사
	6. 도복 (1~9)　식물체의 근기부를 중심으로 30°이상 쓰러진 주수의 비율 　1 무도복　3 약간 도복　5 중　7 강한 도복 　9 완전도복　99 기타
수량 및 품질	1. 천립중 (g)　수확후 조사 완전 정속 1,000립의 무게
	2. 일수중 (g)
	3. 일수립중 (gr)　수확후 측정 평균이삭의 탈부하지 않은 종실무게
	4. 일수립수 (개)
	5. 수량성 (1~5)　달관조사에 의함 　1 고　3 중　5 저

47. 진주조

〈공통사항〉

1. 시험번호	평가를 실시한 기관의 당해년도 시험번호를 기입
2. IT번호	종자은행에서 부여한 국가 유전자원 등록번호
3. 자원명	품종명, 통명 등
4. 원산지	자원의 최초수 지 은 성지 국제기관명 는 국가명
5. 과제 분	형질을 조사한 과제에 대한 분
6. 조사년도	형질을 조사한 년도
7. 조사자	형질을 조사한 담당자
8. 재배지	형질을 조사하기 위하여 재배한 지
9. 재배방	형질을 조사하기 위하여 재배한 방
10. 기타사항	상기 항목외의 고를 기재

재배	1. 파종기 (mm)
	2. 정식기 (mm)
형태적 성	1. 초기생 (1~5) 1 호 5 불량
	2. 출수기 (mm) 1 에서 이삭이 50%이상 나
	3. 간장 (cm) 출수기 이후에 지 에서 주간의 이삭목까지의 길이를 조사
	4. 간경 (mm) 출수기 이후에 C r로 측정. 상부 3째 4째마디 사이의 길이를 조사
	5. 엽수직 (1~3) 1 직 2 중 3 수
	6. 엽색 (1~3) 출수기에 조사 1 담록 2 록 3 암록
	7. 이삭추출도 (cm) 출수기이후 측정 지엽의 엽설로부터 이삭목까지의 길이
	8. 엽장 (cm) 출수기 이후 측정 주간의 상부 4째엽의 엽설로부터 엽신 최대 길이
	9. 엽폭 (mm) 출수기 이후 측정 주간의 상부 4째엽의 최대 엽폭

10. 엽초장 (cm) 주간의 상부 4째엽이 착생한 마디부터 엽설까지의 길이

11. 엽초털다소 (0~3) 출수기 이후에 조사
    0 무 1 소 2 중 3 다

12. 지상절수 (개) 출수기 이후에 조사. 주간의 지상부에 있는 절수

13. 분얼수 (개) 성숙기에 조사 주간을 제외한 분얼총수

14. 유효분얼수 (개) 주간을 제외한 수량에 기여하는 성숙한 이삭을 가진 분얼수

15. 엽신ANTHOCYANIN (0~1) 황숙기에 조사
    0 무 1 유

16. 엽초ANTHOCYANIN (0~1) 황숙기에 조사
    0 무 1 유

17. 수형 (1~6) 황숙기 이후 조사
    1 원통형 이삭 각부의 굵기가 같다
    2 곤봉형 이삭의 선단이 뭉툭하고 굵다
    3 원추형 이삭의 선단이 갈수록 가늘어진다
    4 방추형 이삭의 중앙부가 굵고 위,아래로 점차 가늘다
    5 분지형 제1차 지경이 길어서 이삭이 여러 갈래로 갈라져 있다
    6 선단분지형 이삭의 선단만이 갈라져 있다

18. 착립소밀 (1~3) 황숙기 이후 조사
    1 소 2 중 3 밀

19. 수장 (cm) 황숙기 이후 측정 주간 이삭의 길이

20. 수경 (mm) 황숙기 이후 측정 주간 이삭의 최대직경

21. 탈립난이 (1~3) 성숙기에 조사
    1 난 2 중 3 이

22. 종피색

23. 조속색 (1~5)
    1 등색 2 황색 3 회색 4 흑색 5 기타색

	24. 현속색 (1~5) 1 황백색 2 황색 3 암록 4 회흑색 5 기타색	
	25. 배유형 (1~2) 수확후 조사 1 메조 2 찰조	
	26. 생태형 (1~3) 1 봄조 2 중간형 3 그루조	
재해저항성	1. 조군데병 (%) 수확시에 건전주수에 대한 나병주수 비율로 표시	
	2. 조도열병 (0~9) 0 무발병 1 몇 개의 병반이 산발적으로 최하위엽에만 나타남 3 붙위엽에 경징한 병징이 나타나고 최하위엽에만 중정엽의 병징이 5 중간부위까지 심한 변징이 나타나고 상위불엽까지 병징 진전 7 심한 병징이 전식물체에 나타남 9 극심한 병징으로 식물체 고사	
	3. 조명나방 (0~9) 출수후에 건전식물 부위에 대한 충해정도 표시	
	4. 줄기굴파리 (0~9) 조명나방과 동일	
	5. 도복 (1~9) 식물체의 근기부를 중심으로 30°이상 쓰러진 주수의 비율 1 무도복 3 약간 도복 5 중 7 강한 도복 9 완전도복 99 도복	
수량 및 품질	1. 천립중 (g) 수확후 조사 완전 정속 1,000립의 무게	
	2. 일수립중 (gr) 수확후 측정 평균이삭의 탈부하지 않은 종실무게	
	3. 수량성 (1~5) 달관조사에 의함 1 고 3 중 5 저	

48. 차나무

〈공통사항〉

1. 시험번호	평가를 실시한 기관의 당해년도 시험번호를 기입	
2. IT번호	종자은행에서 부여한 국가 유전자원 등록번호	
3. 자원명	품종명, 계통명 등	
4. 원산지	본 자원의 최초수집지 혹은 육성지 국제기관명 또는 국가명	
5. 과제구분	형질을 조사한 과제에 대한 구분	
6. 조사년도	형질을 조사한 년도	
7. 조사자	형질을 조사한 담당자	
8. 재배지	형질을 조사하기 위하여 재배한 지역	
9. 재배방법	형질을 조사하기 위하여 재배한 방법	
10. 기타사항	상기 항목외의 참고를 기재	

49. 참깨

〈공통사항〉

1. 시험번호	평가를 실시한 기관의 당해년도 시험번호를 기입
2. IT번호	종자은행에서 부여한 국가 유전자원 등록번호
3. 자원명	품종명, 계통명 등
4. 원산지	본 자원의 최초수집지 혹은 육성지 국제기관명 또는 국가명
5. 과제구분	형질을 조사한 과제에 대한 구분
6. 조사년도	형질을 조사한 년도
7. 조사자	형질을 조사한 담당자
8. 재배지	형질을 조사하기 위하여 재배한 지역
9. 재배방법	형질을 조사하기 위하여 재배한 방법
10. 기타사항	상기 항목외의 참고를 기재

재배내역	1. 파종기 (mmdd)
	2. 정식기 (mmdd)
형태적특성	1. 출현기 (mmdd) 1구에서 50%이상의 개체가 출현한 날
	2. 초기생육 (1~5) 생육초기에 조사 (본엽 4~5 매시) 　　1 양호　3 중간　5 불량
	3. 화서 (1~3)　1 유한　2 무한　3 중간
	4. 초형 (1~3) 단경 - 무분지, 소분지 - 2개이하, 다분지 - 분지 3개이상 　　1 무분지　2 소분지　3 다분지　99 기타
	5. 경의모용 (1~3)　1 소　2 중　3 다　99 기타
	6. 경색 (1~3)　1 녹　2 자반　3 자
	7. 경태 (mm)　제 1본엽절 경태
	8. 경장 (cm)　지표면에서 경선 단까지의 길이
	9. 엽색 (1~3)　1 황녹　2 청녹　3 자녹　99 기타
	10. 엽장 (cm)　최대엽 측정
	11. 엽폭 (cm)　최대엽 측정

12. 엽형 (1~4)   성숙기, 중위엽 조사
1 수형   2 란   3 피침   4 선   99 기타
13. 엽거치록 (1~5)   성숙기, 중위엽 조사
1 예거치   2 둔거치   3 장파상   4 심파상   5 결각상
14. 엽액당화수 (개)
15. 화색 (1~3)   1 백   2 담자   3 심자   99 기타
16. 개화기 (mmdd)   1구에서 50% 이상의 개체가 개화한 날
17. 제1착화절위   떡잎절에서 부터 제 1착화절까지의 절수
18. 종화기 (mmdd)   1구에서 50% 이상의 개체가 종화한 날
19. 경의형태 (1~2)   1 원형   2 사각   99 기타
20. 삭실형 (1~3)
1 2실 4방   2 4실 8방   3 3실 6방   99 기타
21. 과성 (1~2)   1엽액에 착생한 삭수
1 1과성   2 3과성   99 기타
22. 삭색 (1~2)   1 녹색   2 자색   99 기타
23. 삭폭 (mm)
24. 주당삭수 (개)   수확직전에 조사
25. 착삭부위장 (cm)   처음 달린 삭의 부위에서 끝에 달린 삭의 부위까지의 길이
26. 초삭고 (cm)   지표면에서 제 1삭까지의 길이
27. 삭장 (mm)   착삭부위의 중간에 착생한 중앙삭 조사
28. 삭당종실수 (개)   1개의 삭에 들어 있는 종실 수
29. 개삭성 (1~3)   1 개삭   2 반개삭   3 비개삭
30. 초장 (cm)   지표면에서 최선단까지의 길이 (최단선엽 포함)
31. 성숙기 (mmdd)   1구에서 50%이상의 개체의 삭이 황색을 띄는 날
32. 종피색 (1~7)   1 백색   2 갈색   3 담갈색   4 회색   5 담적색   6 흑색   7 담흑색   99 기타
33. 종실형 (1~2)   cm
1 장방   2 원   99 기타

	34. 종피조직 (1~2)　1 조　2 윤
	35. 숙기 (1~3)　1 조　2 중　3 만
재해저항성	1. 입고병 (0~9)　유묘기에 조사 　　0 발병무　1 이병주율 10% 이내 　　3 이병주율 11~30%　5 이병주율 31~50% 　　7 이병주율 51~70%　9 이병주율 71% 이상
	2. 엽고병 (0~9)　종화기 또는 발병이 심할 때 　　0 발병무　1 전형적인 병반이 엽면적 　　3 엽면적의 6~20%　5 엽면적의 21~40% 　　7 엽면적의 41~60%　9 엽면적의 61% 이상
	3. 역병 (0~9) 　　0 발병무　1 이병주율 1% 이내 　　3 이병주율 2~10%　5 이병주율 11~20% 　　7 이병주율 21~30%　9 이병주율 31% 이상
	4. 위조병 (0~9)　종화기 조사 　　0 발병무　1 이병주율 1% 이내 　　3 이병주율 2~5% 이내　5 이병주율 6~10% 　　7 이병주율 11~20%　9 이병주율 21% 이상
	5. 청고병 (0~9)　종화기에 조사 　　0 발병무　1 이병주율 1%이내　3 2~5% 　　5 6~10%　7 11~15%　9 16% 이상
	6. 세균반점병 (0~9)　장마후 개화기조사 　　0 발병무　1 병반면적율 1~5% 이내　3 6~10% 　　5 11~20%　7 21~30%　9 30% 이상
	7. 위축병 (0~9)　종화기 조사 　　0 발병무　1 이병주율 1% 이내　3 자병주율 2~5% 　　5 5~10%　7 10~15%　9 16% 이상
	8. 감광성 (1~3)　1 민감　2 중　3 둔감
	9. 감온성 (1~3)　1 민감　2 중　3 둔감

	10. 도복정도 (0~9)　0 무　3 약간 도복　5 중 　　　　　　　　7 강한 도복　9 완전도복
수량 및 품질	1. 종실수량 (kg/10a)
	2. 천립중 (g)　등숙된 1000립의 무게
	3. 등숙률 (%) 　완숙립비율 (상, 중, 하우부의 각 3절에서 삭채취)
	4. 수확지수 (%)　종실중/전체중
	5. 단백질함량 (%)　완숙립
	6. 함유율 (%)　완숙립
	7. 팔미틴산 (%)　완숙립
	8. 스테아린산 (%)
	9. 올레인산 (%)
	10. 리놀산 (%)
	11. 리놀렌산 (%)
	12. 총지방산 (%)

50. 참외

⟨공통사항⟩

1. 시험번호	평가를 실시한 기관의 당해년도 시험번호를 기입
2. IT번호	종자은행에서 부여한 국가 유전자원 등록번호
3. 자원명	품종명, 계통명 등
4. 원산지	본 자원의 최초수집지 혹은 육성지 국제기관명 또는 국가명
5. 과제구분	형질을 조사한 과제에 대한 구분
6. 조사년도	형질을 조사한 년도
7. 조사자	형질을 조사한 담당자
8. 재배지	형질을 조사하기 위하여 재배한 지역
9. 재배방법	형질을 조사하기 위하여 재배한 방법
10. 기타사항	상기 항목외의 참고를 기재

재배내역	1. 파종기 (mmdd)
	2. 정식기 (mmdd)
형태적특성	1. 송피색 (0~7)　0 무종피　1 백　2 황갈　3 황　4 주황 　　　　　　　　5 갈　6 회　7 흑　99 기타
	2. 종자장 (1~3) 　　1 단(5mm이하)　5mm이하　2 중(5~10mm) 　　5~10mm　3 장(10mm이상)　10mm이상
	3. 종자폭 (mm)
	4. 종자장폭비
	5. 종자두께 (mm)
	6. 종자형태 (1~3)　1 원　2 타원　3 란형
	7. 자엽장 (mm)
	8. 자엽폭 (mm)
	9. 자엽크기 (1~3)　1 소　2 중　3 대
	10. 자엽형태 (1~3)　제 1본엽 전개기에 조사 　　1 광폭　2 중간　3 세장
	11. 자엽색 (1~3)　1 담록　2 록　3 농록
	12. 배축장 (3~7)　3 단　5 중　7 장

13. 엽장 (cm)	
14. 엽폭 (mm)	
15. 엽크기 (3~7)　수확 초기에서 최성기 사이의 자만(참외)의 성엽 크기 　　3 소　5 중　7 대	
16. 엽형 (1~3)　1 환　2 중간　3 각	
17. 엽면모용 (0~7)　0 무　3 소　5 중　7 다	
18. 엽연결각 (0~1)　0 무　1 유	
19. 엽색 (1~3)　1 담록　2 록　3 농록	
20. 초형 (1~3)　1 왜성　2 심지형　3 덩굴성	
21. 줄기굵기 (3~7)　자만 10절 11절 사이를 자화 개화 성기에 측정 　　3 가늘다　5 중간　7 굵다　99 기타	
22. 절간장 (cm)　자만 8절과 13절 사이의 평균. 록숙기에 측정	
23. 덩굴손 (0~1)　0 없음　1 있음	
24. 성표현 (1~9) 　　1 자웅동주　2 자성자웅양전주　3 웅성자웅양전주 　　4 자웅양전주　5 웅성형　6 자성형　7 자웅이주 　　8 웅성불임　9 자성불임　99 기타	
25. 착과습성 (1~5) 　　1 주지　2 주지자만　3 주지, 자만, 손만 　　4 자만, 손만　5 손만　99 기타	
26. 숙기 (3~7)　3 조　7 중　9 만	
27. 등숙일수 (days)　3 조　5 중　7 만	
28. 과형 (1~7)　1 구　2 편구　3 고구　4 방추　5 서양배 　　　　　　　　6 하트　7 장원통　99 기타	
29. 자방연모 (3~7)　3 단　5 중　7 장	
30. 과면골 (0~7)　0 무　3 천　5 중　7 심　99 기타	
31. 주과색 (1~11) 　　1 백　10 회　11 흑　2 녹　3 청　4 유백　5 황 　　6 주황　7 적　8 분홍　9 갈　99 기타	

	32. 부과색 (0~8)　0 무　1 백　2 록　3 청　4 유백 　　　　　　　5 황　6 주황　7 적　8 분홍　99 기타
	33. 부과색무늬 (0~4) 　　0 무　1 점　2 반점　3 줄무늬　4 가는줄무늬　99 기타
	34. 과면상태 (1~6) 　　1 평활　2 립상　3 주름　4 Net　5 옴　6 침　99 기타
	35. 배꼽 (3~7)　3 흔적　5 중　7 돌출
	36. 과장 (cm)
	37. 과경 (cm)
	38. 과중 (g)
	39. 과육색 (1~5)　1 백　2 녹　3 황　4 주황　5 황적　99 기타
	40. 과육후 (mm)
	41. 과육질 (1~4)　1 분　2 점　3 해면질　4 섬유질　99 기타
	42. 태좌색 (1~5)　1 백　2 녹　3 황　4 주황　5 황적
	43. 과경탈리 (3~7)　3 쉬움　5 중간　7 어려움
	44. 과피경도 (3~7)　3 연　5 중　7 경
	45. 태좌부직경 (mm)
	46. 과육수분 (3~7)　3 저　5 중　7 고
	47. 태좌조직량 (3~7)　3 소　5 중　7 다
	48. 태좌조직탈리성 (3~7)　3 쉬움　5 중　7 어려움
	49. NET형성형 (1~4)　1 세로　2 가로　3 사방　4 점상
	50. NET밀도 (0~7)　0 무　3 저　5 중　7 고
재해저항성	1. 노균병 (0~9) 　　0 조사전주가 건전 　　1 병반의 면적이 피해엽면적의 1% 미만 　　3 병반의 면적이 피해엽면적의 1~5% 상당 　　5 병반의 면적이 피해엽면적의 6~20% 상당 　　7 병반의 면적이 피해엽면적의 21~50% 상당 　　9 병반의 면적이 피해엽면적의 51% 이상
	2. 탄저병 (0~9) 　　0 조사전주가 건전

1 병반의 면적이 피해엽면적의 1% 미만
3 병반의 면적이 피해엽면적의 1~5% 상당
5 병반의 면적이 피해엽면적의 6~20% 상당
7 병반의 면적이 피해엽면적의 21~50% 상당
9 병반의 면적이 피해엽면적의 51% 이상

3. 흰가루병 (0~9)
  0 조사전주가 건전
  1 병반의 면적이 피해엽면적의 1% 미만
  3 병반의 면적이 피해엽면적의 1~5% 상당
  5 병반의 면적이 피해엽면적의 6~10% 상당
  7 병반의 면적이 피해엽면적의 11~20% 상당
  9 병반의 면적이 피해엽면적의 21% 이상

4. 만할병 (0~9)
  0 조사전주가 건전
  1 조사주의 1% 미만이 감염됨
  3 조사주의 1~5%가 감염됨
  5 조사주의 6~25%가 감염됨
  7 조사주의 26~50%가 감염됨
  9 조사주의 51% 이상이 감염됨

5. 만고병 (0~9)
  0 조사전주가 건전
  1 조사주의 1% 미만이 감염됨
  3 조사주의 1~5%가 감염됨
  5 조사주의 6~25%가 감염됨
  7 조사주의 26~50%가 감염됨
  9 조사주의 51% 이상이 감염됨

6. 모잘록병 (0~9)
  0 조사전주가 건전
  1 조사주의 1% 미만이 감염됨
  2 조사주의 1~5%가 감염됨
  3 조사주의 6~10%가 감염됨

	4 조사주의 11~20%가 감염됨
	5 조사주의 21~30%가 감염됨
	6 조사주의 31~40%가 감염됨
	7 조사주의 41~60%가 감염됨
	8 조사주의 81% 이상이 감염됨
	9 조사주의 61~81%가 감염됨
	7. 바이러스병 (0~9)
	0 조사전주가 건전
	1 조사주의 1% 미만이 감염됨
	2 조사주의 1~5%가 감염됨
	3 조사주의 6~10%가 감염됨
	4 조사주의 11~20%가 감염됨
	5 조사주의 21~30%가 감염됨
	6 조사주의 31~40%가 감염됨
	7 조사주의 41~60%가 감염됨
	8 조사주의 81% 이상이 감염됨
	9 조사주의 61~81%가 감염됨
수량 및 품질	1. 당도 (Brix°)
	2. 미숙과쓴맛 (0~7) 착과후 1~2 주후 측정
	0 무 3 저 5 중 7 고 99 기타
	3. 과실크기안정성 (3~7) 3 저 5 중 7 고 99 기타
	4. 열과성 (3~7) 3 저 5 중 7 고
	5. 외부향기 (0~1) 0 무 1 유
	6. 내부향기 (0~1) 0 무 1 유
	7. 과육맛 (3~7) 3 저 5 중 7 고
	8. 저장성 (3~7) 3 저 5 중 7 고
	9. 주당과수 (개)
	10. 과당종자수 (개)
	11. 백립중 (g)
	12. 과육건물률 (3~7) 3 저 10~15% 5 중 20~25% 7 고 30~35%

51. 치커리

〈공통사항〉

1. 시험번호	평가를 실시한 기관의 당해년도 시험번호를 기입
2. IT번호	종자은행에서 부여한 국가 유전자원 등록번호
3. 자원명	품종명, 계통명 등
4. 원산지	본 자원의 최초수집지 혹은 육성지 국제기관명 또는 국가명
5. 과제구분	형질을 조사한 과제에 대한 구분
6. 조사년도	형질을 조사한 년도
7. 조사자	형질을 조사한 담당자
8. 재배지	형질을 조사하기 위하여 재배한 지역
9. 재배방법	형질을 조사하기 위하여 재배한 방법
10. 기타사항	상기 항목외의 참고를 기재

재배내역	1. 파종기 (mmdd)
	2. 정식기 (mmdd)
형태적특성	1. 떡잎크기 (1~3) 대중소 1 대 2 중 3 소
	2. 떡잎색 (1~3) 1 담녹 2 녹 3 농록
	3. 안토시아닌 (0~1) 0 무 1 유
	4. 엽색 (1~5) 1 담록 2 록 3 농록 4 녹자 5 자
	5. 모용 (0~1) 0 무 1 유
	6. 결각 (0~3) 0 무 1 소 2 중 3 다
	7. 엽면요철 (0~2) 0 무 1 중 2 심
	8. 엽면Undulation (0~3) 0 무 1 소 2 중 3 심
	9. 외엽수 (매)
	10. 엽장 (cm)
	11. 엽폭 (cm)
	12. 근엽길이 (cm)
	13. 근엽폭 (cm)
	14. 근엽지수 (폭/길이) 폭/길이

	15. 근엽모양
	16. 경엽길이 (cm)
	17. 경엽폭 (cm)
	18. 경엽지수 (폭/길이) 폭/길이
	19. 경엽모양
	20. 결구여부 O, X
	21. 잎주맥색
	22. 엽연굴곡 O, X
	23. 근엽거치형
	24. 근엽색
	25. 근엽털 유무
	26. 경엽털 유무
	27. 줄기털 유무
	28. 최대절간장 (cm)
	29. 두화길이 (cm)
	30. 두화폭 (cm)
	31. 설상화수
	32. 내포편수
	33. 외포편수
	34. 외포편털 유무
	35. 내포편털 유무
	36. 내포모양
	37. 외포모양
	38. 설상화길이 (cm)
	39. 설상화폭 (cm)
	40. 설상화열편수
	41. 꽃색
	42. 추대여부 O, X
재해저항성	1. 개화여부 O, X
수량 및 품질	1. 주중 (g)

52. 콩

〈공통사항〉

1. 시험번호	평가를 실시한 기관의 당해년도 시험번호를 기입
2. IT번호	종자은행에서 부여한 국가 유전자원 등록번호
3. 자원명	품종명, 계통명 등
4. 원산지	본 자원의 최초수집지 혹은 육성지 국제기관명 또는 국가명
5. 과제구분	형질을 조사한 과제에 대한 구분
6. 조사년도	형질을 조사한 년도
7. 조사자	형질을 조사한 담당자
8. 재배지	형질을 조사하기 위하여 재배한 지역
9. 재배방법	형질을 조사하기 위하여 재배한 방법
10. 기타사항	상기 항목외의 참고를 기재

재배내역	1. 파종기 (mmdd)
	2. 정식기 (mmdd)
형태적특성	1. 품종성립구분 (1~4)　품종의 성립을 구분 　　1 국내교배육성　2 재래종　3 도입종　4 기타
	2. 생태형 (1~3)　생태형을 검정하여 구분 　　1 올콩　2 적파형　3 만파형
	3. 용도구분 (1~4)　립의 종피색과 립중, 엽의 선록정도와 풋콩의 감미 등을 고려 　　1 일반콩　2 나물콩　3 밥밑콩　4 풋콩
	4. 신육형 (1~3)　신육형별로 유한형, 무한형, 중간형으로 구분 　　1 유한형　2 중간형　3 무한형
	5. 초형 (1~4)　정엽전개기의 초형 　　1 타원형　2 마름모형　3 삼각형　4 역삼각형
	6. 초폭 (cm)　정엽전개기 신육형의 초형중 가로의 폭이 최대인 곳의 폭

7. 분지형 (1~7)	완전낙엽후 도복되지 않은 개체의 분지발생 형상 1 I형(재래종형) 2 II형(장엽) 3 III형(Cumberland형) 4 IV형(소분지형) 5 V형(SS79168형) 6 VI형(단경형) 7 VII형(극단경형)
8. 배축색 (1~2)	1~2출아후 자엽하부배축의 색깔을 녹색과 자색으로 구분 1 녹색 2 자색 99 기타
9. 엽색 (1~4)	성화기에 엽색 표기 1 담녹 2 녹색 3 농녹 4 담황
10. 엽형 (1~3)	성화기에 상위 3절의 본엽을 제외한 주경상의 엽의 형태 1 장 2 장환 3 환 99 기타
11. 엽대소 (1~3)	성화기에 엽의 크기를 육안 조사 1 대 2 중 3 소 99 기타
12. 엽탈락난이 (1~3)	협성숙시 낙엽의 난이도 조사 1 난 2 중 3 이
13. 화색 (1~2)	성화기 화색조사 1 백 2 자 99 기타
14. 모용다소 (1~4)	성숙기의 협 및 주경상의 모용밀도 육안 판정 1 무 2 소 3 중 4 다 99 기타
15. 모용색 (1~3)	성숙기의 협 및 주경상의 모용의 색 조사 1 회색 2 황갈색 3 담황갈색 99 기타
16. 모용형태 (1~3)	성숙기의 협 및 주경상의 모양의 형태 조사 1 정상 2 포복 3 Curling 99 기타
17. 경장 (cm)	성숙기의 주경의 길이
18. 자엽절간장 (mm)	성숙기의 자엽절과 초엽절간의 길이
19. 경직경 (mm)	성숙기 자엽절의 최단직경 조사
20. 주경절수 (개)	성숙기 주경상의 마디수
21. 분지수 (개)	성숙기 2절이상의 분지수

22. 제일분지각도 (°)	성숙기 제일분지와 주경과의 각도
23. 제일분지절위	제일분지가 발생한 주경의 절위
24. 개화시 (mmdd)	한 품종내 2~3개체가 처음으로 개화한 날, 4자리수로 표기
25. 개화기 (mmdd)	40%의 개체가 개화한 날, 4자리수로 표기
26. 종화기 (mmdd)	80%의 개체가 개화한 날, 4자리수로 표기
27. 정엽전개기 (mmdd)	주경최상단 복엽이 완전전개한 날, 4자리수로 표기
28. 황엽기 (mmdd)	전개체의 40%의 본엽이 황화할 날, 4자리수로 표기
29. 낙엽기 (mmdd)	전개체의 40%가 낙엽한 날, 4자리수로 표기
30. 성숙기 (mmdd)	전개체의 95%의 협이 변색하여 품종 고유의 색을 나타내는 날
31. 개화일수 (days)	파종익일부터 개화기까지의 일수
32. 결실일수 (days)	개화기부터 성숙기까지의 일수
33. 생육일수 (days)	파종익일부터 성숙기까지의 일수
34. 개체당협수 (개)	공협을 제외한 개체당 완전 협수
35. 최하위착협절위	최하착엽의 주경절위
36. 성숙협색 (1~5)	성숙기의 협색 1 담갈 2 갈 3 황갈 4 암갈 5 흑 99 기타
37. 협당립수 (립)	
38. 립실수다소 (1~3)	1 다 엽당립수 2.1 이상 2 중 엽당립수 1.5~2.0 3 소 엽당립수 1.4 이하 99 기타
39. 협장 (mm)	R6 stage에 임의로 탐취한 20개 이상의 협의 길이 측정
40. 협폭 (mm)	R6 stage에 임의로 탐취한 20개 이상의 협의 길이 측정
41. 립대소 (1~3)	1 대 100립중 25g 이상 2 중 100립중 15~24g 3 소 100립중 14g 이하 99 기타

	42. 립형 (1~6) 완전성숙된 립의 형태를 육안 관찰 1 구형 2 타원 3 장타원 4 편원 5 편타원 6 장편타원 99 기타
	43. 종피색 (1~6) 완전성숙된 립의 종피색 1 황백색 2 황색 3 갈색 4 녹색 5 흑색 6 기타
	44. 제색 (1~6) 완전성숙된 제 (배꼽)색 1 황색 (장엽콩) 2 회 3 회갈 4 갈 5 불완전흑 6 흑 99 기타
	45. 종피광택 (1~4) 완전성숙립의 종피광택을 육안 관찰하여 정도표시 1 무 광택이 는 2 3 중 4 (, 장엽콩) 99 기타
	46. 립장 (mm) 완전성숙된 립의 길이
	47. 립폭 (mm) 완전성숙된 립의 이
	48. 립 (mm) 완전성숙된 립의
재해 항성	1. S (0~9) 개화기 종화기에 엽상의 S 상정도 조사 0 상무 1 상극 3 상 5 상중간 7 상 9 상극 99 상 기타
	2. S (0~9) 0 상무 1 상극 3 상 5 상중간 7 상 9 상극
	3. 미이 (0~9) 0 상무 1 상극 3 상 5 상중간 7 상 9 상극
	4. 자반 (0~9) 수 , 종실 종피의 이 립 을 조사 0 상무 무 반 1 상극 반이 1% 이하 3 상 반이 2 10% 5 상중간 반이 11 20% 7 상 반이 21 40% 9 상극 반이 41% 이하 99 기타 기타

5. 흑색뿌리썩음병 (0~9) 엽황변기에 뿌리를 뽑아 이병된 개체의 비율을 조사, 등급
   0 증상 무   1 증상 극약   3 증상 약함
   5 증상 중간 7 증상 심함   9 증상 극심

6. 노균병 (0~9) 개화기에 엽후면을 조사 균계 발현개수 및 정도를 종합평가
   0 증상 무   무병반
   1 증상 극약   증상이 아주 약
   3 증상 약함   증상이 약한 것
   5 증상 중간   증상이 중정도
   7 증상 심함   증상이 약간 심한 것
   9 증상 극심   증상이 아주 심한 것

7. 갈반립정도 (0~9) 수확종실 종피의 갈반립율을 조사
   0 증상 무   무병반
   1 증상 극약   병반이 1% 이하
   3 증상 약함   병반이 2~10%
   5 증상 중간   병반이 11~20%
   7 증상 심함   병반이 21~40%
   9 증상 극심   병반이 41% 이상
   99 기타   기타

8. 콩나방 (0~9) 수확후 콩나방 피해립율을 조사
   0 증상 무   피해립 0%
   1 증상 극약   피해립 0.1~3%
   3 증상 약함   피해립 4~8%
   5 증상 중간   피해립 9~15%
   7 증상 심함   피해립 16~25%
   9 증상 극심   피해립 26% 이상

9. 콩CYST선충 (0~9) 파종후 40일경 뿌리의 Cyst수 조사
   0 0 마리   1 1~10 마리   3 11~50 마리   5 51~100 마리
   7 101~200 마리   9 201 마리 이상

	10. 콩줄기굴파리 (0~9)　파종 40일후 30개체 분해조사 피해개체비율을 조사 0 0%　1 0.1~3%　3 4~8%　5 9~15% 7 16~25%　9 26% 이상
	11. 도복 (0~9)　성숙기에 45°이상 기울어진 개체의 비율로 등급화 0 무도복　무도복 1 극약도복　5%이하 개체 도복 3 약간도복　6~10% 개체 도복 5 중간도복　11~50% 개체 도복 7 심한도복　51~75% 개체 도복 9 극심도복　76% 이상의 개체가 도복 99 기타
수량 및 품질	1. 10a당수량 (kg)　완전풍건한 종자중을 10a면적의 수량으로 환산
	2. 백립중 (g)　완전풍건한 100립의 무게
	3. 1리터중 (ℓ)　완전풍건한 1ℓ 의 무게
	4. 탈립성 (1~3)　성숙기 엽의 자연개열성 정도 1 난　개열이 되지 않은 것　2 중　개열이 약간 되는 것 3 이　개열이 심한 것
	5. 립질 (1~3)　완전성숙된 립의 외형상의 품질을 육안 관찰 1 상　2 중　3 하　99 기타
	6. 단백질함량 (%)　Kjeldahl방법, GQA 또는 기타 분석기기에 의한 분석치
	7. 지방함량 (%)　Soxhlet, GQA 또는기타 분석기기에 대한 분석치
	8. alpha-Tocopherol (mg/100g)
	9. beta-Tocopherol (mg/100g)
	10. gamma-Tocopherol (mg/100g)
	11. delta-Tocopherol (mg/100g)
	12. Total-Tocopherol (mg/100g)

13. Campesterol (mg/100g)
14. Stigmasterol (mg/100g)
15. β-Sitosterol (mg/100g)
16. Phytosterol (mg/100g)
17. Lutein (μg/100g)
18. Oleic acid (%)
19. Linoleic acid (%)
20. Linolenic acid (%)
21. Unsaturated fatty acid (%)
22. Saturated fatty acid (%)
23. Cysteine (%)
24. Aspartic acid (%)
25. Glutamic acid (%)
26. Serine (%)
27. Glycine (%)
28. Histidine (%)
29. Arginine (%)
30. Threonine (%)
31. Alanine (%)
32. Proline (%)
33. Tyrosine (%)
34. Valine (%)
35. Metthionine (%)
36. Isoleucine (%)
37. Leucine (%)
38. Phenylanine (%)
39. Tryptophan (%)
40. lysine (%)
41. Oligosaccharide (%)
42. Sucrose (%)

53. 토마토

〈공통사항〉

1. 시험번호	평가를 실시한 기관의 당해년도 시험번호를 기입
2. IT번호	종자은행에서 부여한 국가 유전자원 등록번호
3. 자원명	품종명, 계통명 등
4. 원산지	본 자원의 최초수집지 혹은 육성지 국제기관명 또는 국가명
5. 과제구분	형질을 조사한 과제에 대한 구분
6. 조사년도	형질을 조사한 년도
7. 조사자	형질을 조사한 담당자
8. 재배지	형질을 조사하기 위하여 재배한 지역
9. 재배방법	형질을 조사하기 위하여 재배한 방법
10. 기타사항	상기 항목외의 참고를 기재

재배내역	1. 파종기 (mmdd)
	2. 정식기 (mmdd)
형태적특성	1. 종사크기 (1~3) 　　표준품종 소립중 - Lycopersicon Pimpinellifoli 　　1 소　2 중　3 대
	2. 종자색깔 (1~2)　1 정상　2 갈색
	3. 자엽크기 (3~7) 　　표준품종 소 - Tiny Tim 대 - Money Marker 　　3 소　5 중　7 대
	4. 자엽색 (3~7)　3 담녹　5 녹　7 종록　99 기타
	5. 배축색 (1~2)　1 록색　2 자색　99 기타
	6. 초형 (1~9)　1 무한　3 유한　5 주지유한, 측지무한 　　　　　　　7 총생　9 왜성　99 기타
	7. 제일화방이하엽수 (3~7)　3 소　5 중　7 다
	8. 화방간엽수 (1~3)　1 일반적으로 1　2 일반적으로 2 　　　　　　　　　3 일반적으로 3　99 기타

9. 절간장 (3~7)　3 단　5 중　7 장
10. 엽착생각도 (3~7)　3 상향　5 중간　7 하수　99 기타
11. 엽장 (cm)
12. 엽폭 (cm)
13. 엽형 (1~4)　1 1형　2 2형　3 3형　4 4형　99 기타
14. 권엽성 (3~7)　3 약　5 중　7 강　99 기타
15. 엽색 (1~7)　1 담록　5 녹　7 농록　99 기타
16. 엽ANTHOCYANIN착색 (1~2)　1 보통　2 농　99 기타
17. 화방수
18. 화수 (화/화방)
19. 꽃대상합생화방제일화 (1~9)　1 무　9 유
20. 화변색 (1~2)　1 황　2 등　99 기타
21. 꽃받침크기 (3~7)　3 소　5 중　7 대　99 기타
22. 과중 (g)
23. 과형 (1~8)　그림은 "식물유전자원평가기준"(1986) 참조 　1 납작한형 1형　2 조금 납작한형 2형 　3 둥근형 3형　4 긴둥근형 4형 　5 하트형 5형　6 긴원통형 6형 　7 서양배형 7형　8 서양자두형 8형　99 기타
24. 미숙과색 (1~4) 　1 농견부록　2 담견부록　3 농균일　4 담균일　99 기타
25. 과실횡단면 (1~3)　1 원　2 각　3 불정　99 기타
26. 과병리층 (1~9)　1 무　9 유　99 기타
27. 꼭지착생부함몰도 (1~4)　1 평　2 천　3 중　4 심
28. 꼭지떨어진자리 (3~7) 　3 소　2mm 이하　5 중　2~8mm 　7 대　8mm 이상　99 기타
29. 정면배꼽모양 (1~4) 　1 점상 (Dot 제1형)　2 성상 (Stellate 제2형) 　3 선상 (Linear 제3형)　4 불정형 (Irregular 제4형) 　99 기타

	30. 측면배꼽모양 (1~4) 　　1 요형　2 평골　3 약간 돌출　4 돌출
	31. 과심크기 (3~7)　3 소　5 중　7 대
	32. 과실경도 (3~7)　3 연　5 중　7 경　99 기타
	33. 심실수 (개/과)
	34. 숙과색 (1~6)　1 녹　2 황　3 등　4 담적　5 적　6 농적
	35. 과피색 (1~2)　1 무　2 황
	36. 과육색 (1~6)　1 록　2 황　3 등　4 담적　5 적　6 농적
	37. 개화소요일수 (days)　50%의 식물체에서 1차분지점에 　　1번화가 개화되는 소요일수
	38. 과고 (cm)
	39. 과폭 (mm)
재해저항성	1. 내고온성 (0~9)
	2. 내저온성 (0~9)
	3. 저온발아성 (%)
	4. 배꼽섞이 (0~9)
	5. 열과저항성 (0~9)
	6. TMV (0~9)
	7. 청고병 (0~9)
	8. 궤양병 (0~9)
	9. 역병 (0~9)
	10. 위조병 (0~9)
	11. 윤문병 (0~9)
	12. 시들음병Race1 (지수)　시들음병균 Race1에 대한 육안 　　관찰한 저항성(1(강)~5(약)) 지수(=저항성 정도별 묘의수 　　×저항성/전체접종묘의 수×100)
	13. 시들음병Race2 (지수)　시들음병균 Race2에 대한 육안 　　관찰한 저항성(1(강)~5(약)) 지수(=저항성 정도별 묘의수 　　×저항성/전체접종묘의 수×100)

	14. 시들음병J3 (지수) 시들음병균 J3에 대한 육안 관찰한 저항성(1(강)~5(약)) 지수(=저항성 정도별 묘의수×저항성/전체접종묘의 수×100)
	15. 풋마름병균 (지수) 풋마름병균에 대한 육안 관찰한 저항성(1(강)~5(약)) 지수(=저항성 정도별 묘의수×저항성/전체접종묘의 수×100)
수량 및 품질	1. 당도 (°Brix)
	2. PH
	3. 적정산도 (%)
	4. 가공수율 (%)
	5. 10a당수량 (톤/10a)
	6. 디하이드로토마틴 (ppm)
	7. 알파토마틴 (ppm)
	8. 트리고넬린 (ppm)
	9. 니코틴산 (ppm)

54. 트리티케일

〈공통사항〉

1. 시험번호	평가를 실시한 기관의 당해년도 시험번호를 기입
2. IT번호	종자은행에서 부여한 국가 유전자원 등록번호
3. 자원명	품종명, 계통명 등
4. 원산지	본 자원의 최초수집지 혹은 육성지 국제기관명 또는 국가명
5. 과제구분	형질을 조사한 과제에 대한 구분
6. 조사년도	형질을 조사한 년도
7. 조사자	형질을 조사한 담당자
8. 재배지	형질을 조사하기 위하여 재배한 지역
9. 재배방법	형질을 조사하기 위하여 재배한 방법
10. 기타사항	상기 항목외의 참고를 기재

재배내역	1. 파종기 (mmdd)
	2. 정식기 (mmdd)
형태적특성	1. 충성 (1~3) 월동직후 조사 　　1 직립 2 중간 3 포복
	2. 엽색 (1~3) 월동직후 조사 　　1 담녹 2 녹 3 농녹
	3. 엽초털다소 (0~3) 월동후 조사 　　0 무 1 소 2 중 3 다
	4. 엽초ANTHOCYANIN (0~1) 0 무 1 유
	5. 엽폭 (1~3) 제 3~5엽기에 조사 　　1 광 2 중 3 협
	6. 초형 (1~3) 제 3~5엽기에 조사 　　1 개 2 중간 3 폐
	7. 출수기 (mmdd) 총경수의 40% 이상 출수한 날. 4자리수로 표시
	8. 지엽형 (1~3) 출수기때 조사 　　1 광 2 중 3 협
	9. 지엽수부 (1~5) 출수기에 조사 　　1 직 2 반직 3 중 4 하수 5 수

10. 간색 (1~5)   성숙기에 조사
    1 황백 2 황 3 갈 4 수 5 흑
11. 간장 (cm)   출수후 지면에서 이삭목까지의 길이
12. 간굵기 (1~3) 출수후 조사
    1 태 2 중 3 세
13. COLLAR형 (1~4) 출수후 이삭목부분 관찰
    1 closed 2 v-shaped 3 open 4 modified closed
14. 성숙기 (mmdd)   제1절 황변시, 4자리수로 표기.
15. 수형 (1~6) 1 추형 2 봉형 3 방추형 4 곤봉형
                5 장수형 6 산수형
16. 수색 (1~5)   성숙기 수색
    1 황백 2 황 3 갈 4 적 5 흑
17. 수장 (cm)   까락을 제외한 이삭길이 (성숙기)
18. 수밀도 (1~3)
    1 소 (2.8mm 이상) 상·하부의 2~3절을 제외한 중국부 수
    2 중 (2.8~2.2mm) 평균길이 3 밀 (2.2mm 이하)
19. 수분지성 (1~3)
    1 무 (분지성 유전자 없음)
    2 소 (분지성 유전자 있으며 약간 분지출현)
    3 다 (분지성 유전자 있으며 분지출현 양호)
    99 기타
20. 수수부 (1~5)   성숙기에 강약조사
    1 직 2 반직 3 수평 4 반수 5 수
21. 기부수축절간형 (1~4) 성숙기의 이삭상태
    1 short and straight   2 short and curved
    3 long and straight   4 long and curced
22. 수축털다소 (0~3)   성숙기에 조사
    0 무 1 소 2 중 3 다
23. 수축부러짐 (1~3)   성숙기에 강약조사
    1 약 (brittle rachis) 2 중 3 강 (non-brittle rachis)
24. 호영길이 (1~3) 성숙기에 장단조사
    1 단 (kernel 길이의 1/3 이하)
    2 중 (kernel 길이의 1/3 ~2/3)
    3 장 (kernel 길이의 2/3 이상)

	25. 호영망길이 (1~3) 성숙기에 장단조사 　1 호영의 길이보다 짧다 2 호영의 길이정도 　3 호영의 길이보다 훨씬길다
	26. 망장 (0~3) 성숙기에 중앙열의 중앙부에서 2~3개 측정 　0 흔적망 (1.5mm 이하)　1 극단망 (1.5~9mm) 　2 단망 (10~39mm)　　　3 장망 (40mm 이하)
	27. 망형
	28. 망색 (0~5) 출수후 2~3일 망단색 　0 Albino　1 황백색　2 황색　3 갈색　4 적자색　5 흑색
	29. 립장 (mm) 성숙기 7~8립 측정
	30. 립크기 (1~3) 성숙기 립의 대소조사 　1 대　2 중　3 소
	31. 종피색 (1~5) 성숙기 종피색 관찰 　1 백　2 황백　3 담적　4 적　5 농적
재해저항성	1. 흰가루병 (0~9) 출수 10일후 조사 　0 발아무　　1 최하위엽에 산발적 병반형성 　3 초장 1/3 정도까지 발병, 최하위엽은 중간 또는 심한 발병 　5 하위엽 심한 발병, 초작의 중간점까지 발병 　7 하위엽 및 중위엽에 심한 발병, 지엽차위엽까지 심한 발병 　9 전체에 심한 발병
	2. 줄무늬병
	3. 잎녹병발병심도 (0~9)　(0~2) 병반형(M), (0~9) 발병심도(S) 　0 식물체가 완전 건전　1 병반면적율 10% 이하 　3 병반면적율 11~25%　5 병반면적율 26~40% 　7 병반면적율 41~65%　9 병반면적율 66% 이상
	4. 줄기녹병발병심도 (0~9)　(0~2) 병반형(M), (0~9) 발병심도(S) 　0 식물체가 완전 건전　1 병반면적율 10% 이하 　3 병반면적율 11~25%　5 병반면적율 26~40% 　7 병반면적율 41~65%　9 병반면적율 66% 이상
	5. 줄녹병발병심도 (0~9)　(0~2) 병반형(M), (0~9) 발병심도(S) 　0 식물체가 완전 건전　1 병반면적율 10% 이하 　3 병반면적율 11~25%　5 병반면적율 26~40% 　7 병반면적율 41~65%　9 병반면적율 66% 이상

	6. 적미병 (0~9)　출수 20일후 조사 (붉은곰팡이병) 　　0 발병무　　　　　1 이병수율 0.1% 미만 　　3 이병수율 0.1~ 1%　5 이병수율 1.1~ 10% 　　7 이병수율 11~ 20%　9 이병수율 21% 이상
	7. 잎마름병　출수 10일후 조사 흰가루병과 동일
	8. 단일반응 (1~5)　1 극둔　2 둔감　3 중　4 민감　5 극감
	9. 파성 (1~6)　1 홍소25호　2 신중장　3 대분소맥 　　　　　　　　4 소택　5 서촌　6 소맥재래
	10. 자타식생 (1~2)　자식생 - 자연교배율 4% 이하 　　1 자식　2 타식
	11. 도복 (0~9) 　　0 무도복　1 20% 이상 도복　3 21~40% 도복 　　5 41~60% 도복　7 61~80% 도복　9 81% 이상 도복
	12. 한해 (0~9)　월동후 올밀 5, 그루밀 3을 기준하여 달관조사
	13. 습해 (0~9)　0 습해전무　5 습해중　9 습해극심
	14. 협의조만성 (1~3)　1 단　2 중　3 장
	15. 줄기녹병병반형 (0~2) 　　0 식물체가 완전 건전 　　1 병반이 작고 병반주위에 괴저가 있음 　　2 전형적인 병반이 발달하여 병반주위에 괴저가 없음
	16. 줄녹병병반형 (0~2) 　　0 식물체가 완전 건전 　　1 병반이 작고 병반주위에 괴저가 있음 　　2 전형적인 병반이 발달하여 병반주위에 괴저가 없음
	17. 잎녹병병반형 (0~2) 　　0 식물체가 완전 건전 　　1 병반이 작고 병반주위에 괴저가 있음 　　2 전형적인 병반이 발달하여 병반주위에 괴저가 없음
수량 및 품질	1. 일수립수 (개)　3수 평균립수
	2. 천립중 (g)　성숙기 립의 천립중 측정
	3. 일리터중 (g)　성숙기 잎의 1ℓ 중 측정
	4. 10a당수량 (kg)　2㎡당 측정 1,000㎡로 환산

55. 특용작물

〈공통사항〉

1. 시험번호	평가를 실시한 기관의 당해년도 시험번호를 기입	
2. IT번호	종자은행에서 부여한 국가 유전자원 등록번호	
3. 자원명	품종명, 계통명 등	
4. 원산지	본 자원의 최초수집지 혹은 육성지 국제기관명 또는 국가명	
5. 과제구분	형질을 조사한 과제에 대한 구분	
6. 조사년도	형질을 조사한 년도	
7. 조사자	형질을 조사한 담당자	
8. 재배지	형질을 조사하기 위하여 재배한 지역	
9. 재배방법	형질을 조사하기 위하여 재배한 방법	
10. 기타사항	상기 항목외의 참고를 기재	

재배내역	1. 파종기 (mmdd)
	2. 정식기 (mmdd)
형태적특성	1. 번식법 (1~9) 1 종자 2 삽식 3 삽목 4 분근 5 분주 6 휘묻이 7 구근절편 8 접목 9 기타
	2. 묘초장 (mm) 지상에서 정단까지의 길이
	3. 묘경직경 (mm) 지상 5cm 부위 측정
	4. 엽수 (매)
	5. 엽형 (1~9) 1 원형 2 타원형 3 장타원형 4 광타원형 5 침형 6 피침형 7 도피침형 8 란형 9 도란형 99 기타
	6. 엽서 (1~11) 1 우상복엽 10 근총생엽 11 2회충장상복엽 2 장상복엽 3 2회기수우상복엽 4 2회3출장상복엽 5 대생엽 6 호생엽 7 윤생엽 8 총생엽 9 근생엽
	7. 엽폭 (cm) 최대엽 측정
	8. 경직경 (mm)
	9. 경태 (mm)
	10. 경장 (cm)

11. 경수 (개)	
12. 엽장 (cm)	최대엽 측정
13. 엽색 (1~9) 　　1 담록색 Light green　　2 자록색 Purple green 　　3 녹색 Green　　4 황색 Yellow　　5 갈색 Brown 　　6 암녹색 Dark green　　7 자색 Purple 　　8 황녹색 Yollow green　　9 기타색 Other color	
14. 안토시아닌 (0~1)　　0 무　　1 유	
15. 초장 (cm)　　지상부에서 정단까지의 길이	
16. 분지수 (개)	
17. 최장분지장 (cm)	
18. 출현시 (mmdd)	
19. 출현기 (mmdd)	
20. 출현전 (mmdd)	
21. 개화시 (mmdd)	
22. 개화전 (mmdd)	
23. 개화종기 (mmdd)	
24. 개화기 (mmdd)　　개화가 전주수의 40% 이상될 때	
25. 화서 (1~16) 　　1 수상화서　　10 권산화서　　11 산방화서　　12 두상화서 　　13 온두화서　　14 육수상화서　　15 구화서　　16 원추화서 　　17 기타　　2 복수상화서　　3 총상화서　　4 복총상화서 　　5 산형화서　　6 복산형화서　　7 취산화서　　8 기산화서 　　9 륜산화서	
26. 화색 (1~13) 　　1 적색 (R)　　10 암적 (DR)　　11 녹색 (G) 　　12 보라, 연보라색　　13 기타　　2 적갈 (RB)　　3 자색 (P) 　　4 담자색 (LP)　　5 담적색 (LR)　　6 백색 (W) 　　7 유색 (MW)　　8 황색 (Y)　　9 담황 (LY)	
27. 꽃변색여부 (1~2)　　1 부　　2 여	
28. 화변수 (개)	

	29. 화두가시 (0~2) 0 무 1 중간 2 유
	30. 웅심수 (개)
	31. 종자성숙기 (mmdd) 종자가 성숙되어 변색될 때
	32. 수확기 (mmdd)
	33. 과형 (1~14) 　1 삭과 10 조과 11 개과 12 핵과 13 구과 14 기타 　2 시과 3 협과 4 견과 5 이과 6 영과 7 유과 　8 감과 9 상과
	34. 종피색 (1~17) 　1 흑색 10 담황색 11 회색 12 회백색 13 담홍색 　14 담자색 15 자색 16 유백색 17 기타 2 갈색 　3 황색 4 적색 5 백색 6 청색 7 적갈색 8 흑갈색 　9 황갈색
	35. 종자휴면성 (1~3) 1 무 2 3개월 3 6개월
	36. 파종방법 (1~6) 　1 직파(춘파) 2 로천매장후직파(춘파) 　3 묘상파종(춘파) 4 종피파곡세후파종(춘파) 　5 추파 6 하파
	37. 재배소요년 (1~5) 　1 1년 2 2년 3 3년 4 4~5년 5 5년 이상
	38. 식물수명 (days)
	39. 엽수확기 (mmdd)
	40. 근수확기 (mmdd)
재해저항성	1. 병해 (0~9) 병해명을 기록하고 발생정도를 0~9로 표시 　0 무 1 경미, 1% 이내 3 소발생, 2~10% 　5 중, 11~20% 7 다발, 21~40% 9 심함, 41% 이상
	2. 충해 (0~9) 충해명을 기록하고 발생정도를 0~9로 표시 　0 무 1 경미, 1% 이내 3 소발생, 2~10% 　5 중, 11~20% 7 다발, 21~40% 9 심함, 41% 이상
수량 및 품질	1. 주당수량 (g/주)
	2. 수량성 (kg/10a)

56. 팥

〈공통사항〉

1. 시험번호	평가를 실시한 기관의 당해년도 시험번호를 기입
2. IT번호	종자은행에서 부여한 국가 유전자원 등록번호
3. 자원명	품종명, 계통명 등
4. 원산지	본 자원의 최초수집지 혹은 육성지 국제기관명 또는 국가명
5. 과제구분	형질을 조사한 과제에 대한 구분
6. 조사년도	형질을 조사한 년도
7. 조사자	형질을 조사한 담당자
8. 재배지	형질을 조사하기 위하여 재배한 지역
9. 재배방법	형질을 조사하기 위하여 재배한 방법
10. 기타사항	상기 항목외의 참고를 기재

재배내역	1. 파종기 (mmdd)
	2. 정식기 (mmdd)
형태적특성	1. 초생엽
	2. 생태형 (1~3)　생태형을 검정하여 구분 　　1 조파형　2 적파형　3 만파형
	3. 신육형 (1~3)　신육형별로 유한형, 무한형, 중간형으로 구분 　　1 유한형　2 무한형　3 중간형
	4. 화총장 (1~3)　성숙기의 화총길이 육안조사 　　1 장　2 중　3 단
	5. 경색 (1~2)　주경의 색 　　1 록　2 자
	6. 엽색 (1~3)　성화기에 엽색 표기 　　1 담록　2 록　3 농록
	7. 엽형 (1~5)　개화기의 엽면 육안조사 　　1 I형　2 II형　3 III형　4 IV형　5 V형
	8. 엽대소 (1~3)　성화기에 엽의 크기를 육안 조사 　　1 대　2 중　3 소

9. 엽병색 (1~2)	개화기의 엽병색
	1 록 2 자
10. 화색 (1~2)	개화기의 화색
	1 황 2 기타
11. 모용다소 (1~4)	성숙기의 주경상의 모용밀도 조사
	1 무 2 소 3 중 4 다
12. 모용색 (1~3)	성숙기의 협 및 주경상의 모용의 색 조사
	1 백 2 녹 3 담갈
13. 경장 (cm)	성숙기의 주경의 길이
14. 자엽절간장 (mm)	성숙기의 자엽절과 초엽절간의 길이
15. 경직경 (mm)	성숙기 자엽절의 최단직경 조사
16. 주경절수 (개)	성숙기 주경상의 마디수
17. 분지수 (개)	성숙기 2절이상의 분지수
18. 제일분지각도 (°)	성숙기 제일분지와 주경과의 각도
19. 제일분지절위	제일분지가 발생한 주경의 절위
20. 개화시 (mmdd)	한 품종내 2~3개체가 처음으로 개화한 날, 4자리수로 표기
21. 개화기 (mmdd)	40%의 개체가 개화한 날, 4자리수로 표기
22. 낙엽기 (mmdd)	전개체의 40%가 낙엽한 날, 4자리수로 표기
23. 성숙기 (mmdd)	전개체의 95%의 협이 변색하여 품종 고유의 색을 나타내는 날
24. 개화일수 (days)	파종익일부터 개화기까지의 일수
25. 결실일수 (days)	개화기부터 성숙기까지의 일수
26. 생육일수 (days)	파종익일부터 성숙기까지의 일수
27. 개체당협수 (개)	공협을 제외한 개체당 완전 협수
28. 최하위착협절위 (절)	최하착엽의 주경절위
29. 성숙협색 (1~4)	성숙기의 협색
	1 담황 2 담갈 3 갈 4 흑갈
30. 협당립수 (개)	성숙기의 1협색의 립수
31. 협장 (mm)	R6 stage에 임의로 탐취한 20개 이상의 협의 길이 측정

	32. 협폭 (mm)　R6 stage에 임의로 탐취한 20개 이상의 협의 길이 측정
	33. 립형 (1~4)　완전성숙된 립의 형태를 육안관찰 　　1 타원　2 단원통　3 장원통　4 구
	34. 종피색 (1~11)　수확후 종피색 　　1 담적　10 백　11 기타　2 적　3 농적　4 흑　5 회색 　　6 백지흑　7 백지적　8 황　9 연두
	35. 종피광택 (1~4)　완전성숙립의 종피광택을 육안 관찰하여 정도표시 　　1 광택이 없는 것　2 약　3 중　4 강 (예, 장엽콩)
	36. 립장 (mm)　완전성숙된 립의 길이
	37. 립폭 (mm)　완전성숙된 립의 넓이
	38. 립두께 (mm)　완전성숙된 립의 두께
	39. 립질 (1~3)　1 상　2 중　3 하
재해저항성	1. VIRUS병 (0~9)　개화기의 바이러스 이병개체율 　　0 0　1 1% 이하　3 6~15%　5 16~25% 　　7 26~40%　9 41% 이상
	2. 흰가루병 (0~9)　결실기간의 이병엽면적 조사 　　0 무병반　1 1% 이하　3 2~10%　5 11~20% 　　7 21~50%　9 51% 이상
	3. 녹병 (0~9)　결실기간의 이병엽면적 조사 　　0 무병반　1 1% 이하　3 2~10%　5 11~20% 　　7 21~50%　9 51% 이상
	4. 팥나방 (1~4)　성숙기의 피해엽 육안조사 　　1 무　2 소　3 중　4 심
	5. 팥바구미 (1~4)　수확후 종자를 일정기간 보관후 바구미, 피해 육안조사 　　1 무　2 소　3 중　4 심

	6. 노균병 (0~9) 개화기에 엽후면을 조사 균계 발현개수 및 정도를 종합평가 0 무병반 1 증상 아주 약 3 증상이 약한 것 5 증상이 중정도 7 증상이 약간 심한 것 9 증상이 아주 심한 것
	7. 갈반병 (0~9) 수확 종실 종피의 나병립 비율을 조사 0 무병반 1 1% 이하 3 2~10% 5 11~20% 7 21~40% 9 4%이상
	8. 도복 (0~9) 성숙기에 45°이상 기울어진 개체의 비율로 등급화 0 무도복 1 5%이하 개체 도복 3 6~10% 개체 도복 5 11~50% 개체 도복 7 51~75% 개체 도복 9 76% 이상의 개체가 도복
수량 및 품질	1. 탈립성 (1~3) 성숙기 엽의 자연개열성 정도 1 난 개열이 되지 않은 것 2 중 개열이 약간 되는 것 3 이 개열이 심한 것
	2. 단백질함량 (%) Kjeldahl방법, GQA 또는 기타 분석기기에 의한 분석량
	3. 지방함량 (%) Soxhlet, GQA 또는기타 분석기기에 대한 분석치
	4. 10a당수량 (10a/kg) 완전풍건한 종자중을 10a면적의 수량으로 환산
	5. 백립중 (g) 완전풍건한 100립의 무게
	6. 일리터중 (g) 완전풍건한 1 의 무게 1 난 개열이 되지 않은 것 2 중 개열이 약간 되는 것 3 이 개열이 심한 것

57. 포도

〈공통사항〉

1. 시험번호	평가를 실시한 기관의 당해년도 시험번호를 기입
2. IT번호	종자은행에서 부여한 국가 유전자원 등록번호
3. 자원명	품종명, 계통명 등
4. 원산지	본 자원의 최초수집지 혹은 육성지 국제기관명 또는 국가명
5. 과제구분	형질을 조사한 과제에 대한 구분
6. 조사년도	형질을 조사한 년도
7. 조사자	형질을 조사한 담당자
8. 재배지	형질을 조사하기 위하여 재배한 지역
9. 재배방법	형질을 조사하기 위하여 재배한 방법
10. 기타사항	상기 항목외의 참고를 기재

과실	1. 과방형 (1~2)　1 원추　2 장원추
	2. 외관 (1~3)　1 양호　2 중간　3 불량
	3. 과방중 (g)
	4. 착립밀도 (1~3)　1 소　2 중　3 밀
	5. 과실의균일도 (1~3)　1 양호　2 중간　3 불량
	6. 과방장 (mm)
	7. 과방경 (mm)
	8. 과경경도 (1~3)　1 연　2 중　3 경
	9. 견방유무 (0~1)　0 무　1 유
	10. 열과정도 (0~3)　0 무　1 약　2 중　3 심
	11. 과립형 (1~5) 　　1 원형　2 원통형　3 난형　4 긴난형　5 기타
	12. 과립중 (g)
	13. 종경 (mm)
	14. 횡경 (mm)
	15. 과피색

	16. 과육색	
	17. 과분량 (1~3)	1 소 2 중 3 다
	18. 종자수 (개)	
	19. 과피분리 (1~3)	1 이 2 중 3 난
	20. 향기	
	21. 과즙량	
	22. 종자분리 (1~3)	1 이 2 중 3 난
	23. 저장성 (1~3)	1 약 2 중 3 강
	24. 수송성	
	25. 육질	
생육	1. 숙기 (mmdd)	
구성성분	1. 당도	
	2. 총산도	

58. 해바라기

〈공통사항〉

1. 시험번호	평가를 실시한 기관의 당해년도 시험번호를 기입
2. IT번호	종자은행에서 부여한 국가 유전자원 등록번호
3. 자원명	품종명, 계통명 등
4. 원산지	본 자원의 최초수집지 혹은 육성지 국제기관명 또는 국가명
5. 과제구분	형질을 조사한 과제에 대한 구분
6. 조사년도	형질을 조사한 년도
7. 조사자	형질을 조사한 담당자
8. 재배지	형질을 조사하기 위하여 재배한 지역
9. 재배방법	형질을 조사하기 위하여 재배한 방법
10. 기타사항	상기 항목외의 참고를 기재

재배내역	1. 파종기 (mmdd)
	2. 정식기 (mmdd)
형태적특성	1. 개화기 (mmdd)
	2. 성숙기 (mmdd)
	3. 성숙일수 (days)
	4. 경장 (cm)
	5. 경경 (mm)
	6. 총엽수 (매)
	7. 측화율 (%) 곁가지꽃
	8. 화판직경 (cm)
	9. 화판형태
	10. 종피색
	11. 종피선
	12. 종피선색
	13. 줄무늬 (유, 무) 유, 무
재해저항성	1. 간도복율 (%)
수량 및 품질	1. 백립중 (g)
	2. 주당수량 (g/주)

59. 호밀

〈공통사항〉

1. 시험번호	평가를 실시한 기관의 당해년도 시험번호를 기입
2. IT번호	종자은행에서 부여한 국가 유전자원 등록번호
3. 자원명	품종명, 계통명 등
4. 원산지	본 자원의 최초수집지 혹은 육성지 국제기관명 또는 국가명
5. 과제구분	형질을 조사한 과제에 대한 구분
6. 조사년도	형질을 조사한 년도
7. 조사자	형질을 조사한 담당자
8. 재배지	형질을 조사하기 위하여 재배한 지역
9. 재배방법	형질을 조사하기 위하여 재배한 방법
10. 기타사항	상기 항목외의 참고를 기재

재배내역	1. 파종기 (mmdd)
	2. 정식기 (mmdd)
형태적 특성	1. 총성 (1~3) 월동직후 조사 　1 직립 2 중간 3 포복
	2. 엽색 (1~3) 월동직후 조사 　1 담록 2 록 3 농록
	3. 엽초털다소 (0~3) 월동후 조사 　0 무 1 소 2 중 3 다
	4. 엽초ANTHOCYANIN (0~1) 0 유 1 무
	5. 엽폭 (1~3) 제 3~5엽기에 조사 　1 광 2 중 3 협
	6. 초형 (1~3) 제 3~5엽기에 조사 　1 개 2 중간 3 폐
	7. 출수기 (mmdd) 총경수의 40% 이상 출수한 날. 4자리수로 표기
	8. 지엽형 (1~3) 출수기때 조사 　1 광 2 중 3 협

9. 지엽수부 (1~5)	출수기에 조사
	1 직 2 반직 3 중 4 하수 5 수
10. 간색 (1~5)	성숙기에 조사
	1 황백 2 황 3 갈 4 수 5 흑
11. 간장 (cm)	출수후 지면에서 이삭목까지의 길이
12. 간굵기 (1~3)	출수후 조사
	1 태 2 중 3 세
13. COLLAR형 (1~4)	출수후 이삭목부분 관찰
	1 closed 2 v-shaped 3 open 4 modified closed
14. 성숙기 (mmdd)	제1절 황변시, 4자리수로 표기. 예) 6월 8일 - > 0608
15. 수형 (1~6)	1 추형 2 봉형 3 방추형 4 곤봉형
	5 장수형 6 산수형
16. 수색 (1~5)	성숙기 수색
	1 황백 2 황 3 갈 4 적 5 흑
17. 수장 (cm)	까락을 제외한 이삭길이 (성숙기)
18. 수밀도 (1~3)	상·하부의 2~3절을 제외한 중국부 수축절의 평균길이
	1 소 (2.8mm 이상) 2 중 (2.8~2.2mm)
	3 밀 (2.2mm 이하)
19. 수수부 (1~5)	성숙기에 강약조사
	1 직 2 반직 3 수평 4 반수 5 수
20. 기부수축절간형 (1~4)	성숙기의 이삭상태
	1 short and straight 2 short and curved
	3 long and straight 4 long and curced
21. 수축틸다소 (0~3)	성숙기에 조사
	0 무 1 소 2 중 3 다
22. 수축부러짐 (1~3)	성숙기에 강약조사
	1 약 (brittle rachis) 2 중 3 강 (non-brittle rachis)

	23. 호영길이 (1~3) 성숙기에 장단조사
	  1 단 (ernel 길이의 1/3 이하)
	  2 중 (ernel 길이의 1/3 ~2/3)
	  3 장 (ernel 길이의 2/3 이상)

	24. 호영 길이 (1~3) 성숙기에 장단조사
	  1 호영의 길이 다 다 2 호영의 길이정도
	  3 호영의 길이 다 길다

	25. 장 (0~3) 성숙기에 중 의 중 부에서 2~3개 측정
	  0 적 (1.5mm 이하) 1 단 (1.5~9mm)
	  2 단 (10~39mm) 3 장 (40mm 이하)

	26. 형
	27. 색 (0~5) 출수후 2~3일 단색 0 Albino 1 황백색 2 황색 3 갈색 4 적자색 5 흑색
	28. 립장 (mm) 성숙기 7~8립 측정
	29. 립 기 (1~3) 성숙기 립의 대소조사 1 대 2 중 3 소
	30. 종피색 (1~5) 성숙기 종피색 관찰 1 백 2 황백 3 담적 4 적 5 농적

재해저항성	1. 도복 (0~9)
	  0 무도복 1 20% 이상 도복 3 21~40% 도복
	  5 41~60% 도복 7 61~80% 도복 9 81% 이상 도복

	2. 한해 (0~9) 월동후 밀 5, 밀 3을 기 하여 관조사
수량 및 품질	1. 일수립수 (개) 3수 평균립수
	2. 립중 (g) 성숙기 립의 립중 측정
	3. 일리 중 (g) 성숙기 의 1 중 측정
	4. 10a당수량 (g) 2 당 측정 1,000 로 산

60. 화본과목초

〈공통사항〉

1. 시험번호	평가를 실시한 기관의 당해년도 시험번호를 기입
2. IT번호	종자은행에서 부여한 국가 유전자원 등록번호
3. 자원명	품종명, 계통명 등
4. 원산지	본 자원의 최초수집지 혹은 육성지 국제기관명 또는 국가명
5. 과제구분	형질을 조사한 과제에 대한 구분
6. 조사년도	형질을 조사한 년도
7. 조사자	형질을 조사한 담당자
8. 재배지	형질을 조사하기 위하여 재배한 지역
9. 재배방법	형질을 조사하기 위하여 재배한 방법
10. 기타사항	상기 항목외의 참고를 기재

재배내역	1. 파종기 (mmdd)
	2. 정식기 (mmdd)
형태적 특성	1. 초기생육 (1~5) 1 양호 3 중간 5 불량
	2. 한해 (1~9) 월동후 3월초에 달관조사 1~9등급 표시 　　　1 완전저항성 3 저항성 5 중간 7 감수성 9 완전감수성
	3. 이른봄재생시기 (mmdd) 신생엽의 녹색 부위 노출되는 　　시기, 월일을 4자리수로 표시
	4. 총성 (1~3) 신장기 이전에 달관조사 　　　1 직립 2 중간 3 포복
	5. 분얼수 (개)
	6. 분얼력 (1~9) 4월 중순에 달관조사, 1~9등급으로 　　　1 매우좋음 3 좋음 5 중간 7 나쁨 9 매우나쁨
	7. 포복경 (0~2) 0 없음 1 단 2 장
	8. 지하경 (0~2) 0 없음 1 단 2 장
	9. 엽색 (1~4) 1 담백색 2 담녹색 3 녹색 4 농녹색
	10. 엽광택 (0~3) 수잉기때 엽신의 광택 정도 　　　0 무 1 약 2 중 3 강

11. 모이 (0~1)	수잉기때 엽신의 표면에 털의 유무 0 무 1 유
12. 엽이 (0~1)	수잉기때 엽신의 기부에 엽이의 유무 0 무 1 유
13. 엽설 (0~1)	수잉기때 엽신의 기부에 엽설의 유무 0 무 1 유
14. 거치 (0~1)	수잉기때 엽신의 가장자리에 톱날의 유무 0 무 1 유
15. 엽신율 (%)	수잉기때 엽신중/전체중×100, %로 표시
16. 간장 (cm)	
17. 간경 (mm)	
18. 엽형 (1~5)	1 광장 2 광단 3 중 4 협장 5 협단
19. 엽장 (mm)	
20. 엽폭 (1~4)	1 광 2 중간 3 협 4 침엽
21. 엽신장 (cm)	출수시에 지엽 하단엽 측정
22. 출수시 (mmdd)	유효 경수의 5% 이상 출수한 날
23. 출수기 (1~4)	출수 개화후 화분이 비산하기전에 조사

24. 수형 (1~9)	등급으로 표시
	  1 극산추형 (Very lax panicle)
	  10 밀수란형 (Compact oval)
	  11 반편수형 (Half broom)
	  12 편수형 (broom)
	  2 극산직립형 (Very loose erect primary branches)
	  3 극산불수형 (Very loose erect primary branches)
	  4 산직립형 (Loose erect primary branches)
	  5 산불수형 (Loose drooping pri-mary branches)
	  6 중간직립형 (Semi-loose erect primary branches)
	  7 중간불수형 (Semi-loose droop-ing primary branches)
	  8 반밀수타원형 (Semi-compact elliptic)
	  9 밀수타원형 (Compact elliptic)

25. 수장 (1~9)　예취후 2~3주 후에 달관조사
26. 수폭 (개/m2) 3회 예치직전에 조사 m2당 출수 경수를 표기
27. 초고 (cm)　출수시에 지면에서 이삭 선단까지
28. 풍엽성 (1~9)　수잉기에 조사 　　1 Very rich　3 rich　5 medium　7 poor　9 Very poor
29. 개화기 (mmdd)　이삭의 중앙부위가 개화할 때
30. 파열전약색 (1~4)　출수 개화후 화분이 비산하기 전에 조사 　　1 황색　2 녹색　3 자색　4 오렌지색
31. 일번출수경다소 (1~9)　이탈리안 라이그라스 2, 티모시 5를 기준으로 함
32. 재생력 (1~9)　예취후 2~3주후에 달관조사, 이탈리안 라이그라스 2, 티모시 5를 기준으로 함
33. 이번초출수경수 (개/m²)　3회 예취 직전에 조사 m²당 출수 경수를 표기
34. 영속성 (1~4) 　　1 1년생　2 월년생　3 단년생　4 다년생
35. 피과성 (0~9) 　　0 과성　1 25% 피성　3 50% 피성　5 75% 피성 　　7 100% 피성　9 호영이 립보다 길음
36. 종자형태 (1~7)　채종 적기에 채종하여 육안으로 본 영화 모양 　　1 장타원형　2 배주형　3 둥근형　4 삼각형 　　5 불규칙형　6 심장형　7 콩팥형
37. 종자색 (1~19)　채종 적기에 채종하여 육안으로 본 종자색 　　1 집색　10 흐린노란색　11 자주호박　12 진한자수 　　13 흑　14 붉은갈색　15 진한적　16 호박　17 분홍 　　18 엷은황갈　19 얼룩이　2 갈색　3 녹색　4 회색 　　5 노랑　6 적색　7 흰색　8 주황색　9 황갈색
38. 종자크기가로 (mm)　종자의 단축을 길이로 표시
39. 종자크기세로 (mm)　종자의 장축을 길이로 표시

재해저항성	1. 도복 (1~9)　달관조사, 오차드 그라스 2, 레드톱 5기준 　1 Very strong　3 strong　5 medium 　7 weak　9 Very weak
	2. 내하고성 (1~9)　7~8월에 달관조사, 오차드 그라스 4, 페레니알라이그라스 8을 기준으로 함
	3. 내습성 (1~9)　다우기간중 습해의 정도 　1 경미　5 다소심　9 극심
	4. 녹병 (1~9)　해가 없으면 1, 해가 심하면 9
	5. 흰가루병 (1~9)　해가 없으면 1, 해가 심하면 9
	6. 바이러스병 (1~9)　해가 없으면 1, 해가 심하면 9
	7. 매문병 (1~9)　해가 없으면 1, 해가 심하면 9
	8. 내병성 (1~9)　해가 없으면 1, 해가 심하면 9
	9. 굼벵이 (1~9)　해가 없으면 1, 해가 심하면 9
	10. 멸장충 (1~9)　해가 없으면 1, 해가 심하면 9
수량 및 품질	1. 생초수량 (kg/10a)　예취즉시 kg/10a로 표시
	2. 건물비율 (%)　건물시료/생초시료×100 (105℃로 48시간 건조)
	3. 건물수량 (kg/10a)　105℃에서 48시간 건조시킨 후 kg/10a로 표시
	4. 조단백질 (%)　수잉기때 건조시료를 분석하여 %로 표시
	5. 조섬유 (%)　수잉기때 건조시료를 분석하여 %로 표시
	6. 소화율 (%)　수잉기때 건조시료를 in vitro 소화율을 측정하여 %로 표시
	7. 기호성 (1~9)　수잉기때 양이나 소에게 채식시켜 초종간 상호측정 　1 양　5 중　9 불량
	8. 천립중 (mg)　수분 함량 15%로 정선된 종자의 1000립 무게를 mg로 표시
	9. 종자수량 (kg/10a)　수분함량 15%로 정선된 종자를 최소 $4m^2$의 종실수량을 10a당 환

61. 화훼류

〈공통사항〉

1. 시험번호	평가를 실시한 기관의 당해년도 시험번호를 기입
2. IT번호	종자은행에서 부여한 국가 유전자원 등록번호
3. 자원명	품종명, 계통명 등
4. 원산지	본 자원의 최초수집지 혹은 육성지 국제기관명 또는 국가명
5. 과제구분	형질을 조사한 과제에 대한 구분
6. 조사년도	형질을 조사한 년도
7. 조사자	형질을 조사한 담당자
8. 재배지	형질을 조사하기 위하여 재배한 지역
9. 재배방법	형질을 조사하기 위하여 재배한 방법
10. 기타사항	상기 항목외의 참고를 기재

재배내역	1. 파종기 (mmdd)
	2. 정식기 (mmdd)
형태적 특성	1. 출아시 (mmdd) 처음으로 발아한 날
	2. 출아기 (mmdd) 총립수의 40%가 발아한 날
	3. 출아종 (mmdd) 총립수의 80%가 발아한 날
	4. 출아일수 (days) 파종 다음날로 부터 출현종까지의 일수
	5. 출아율 (%) (발아립수/파종립수)×100
	6. 개화시 (mmdd) 처음 개화한 날
	7. 개화기 (mmdd) 40% 개화한 날
	8. 만개기 (mmdd) 80% 개화한 날
	9. 개화종 (mmdd) 화변이 마지막 진 날
	10. 개화기간 (days) 개화시부터 개화종까지의 일수
	11. 개화소요일수 (days) 정식후 개화기까지의 소요일수
	12. 개화수명 (days) 만개해서 개화종까지의 일수
	13. 개화율 (%) 개화주수/공시개체수×100
	14. 절화수명 (days) 절화후 왜화될 때까지의 일수

	15. 화색	만개시의 화색
	16. 화폭 (cm)	만개시의 꽃의 직경
	17. 화고 (cm)	만개시의 꽃의 높이
	18. 화수 (개)	주당 총 화수
	19. 소화수 (개)	일화경당 소화수
	20. 설상화수 (개)	일화당 설상화수
	21. 화변수	만개시의 꽃의 수
	22. 초장 (cm)	지제부로부터 최상단까지의 길이
	23. 초세	강, 중, 약으로 표시
	24. 엽장 (cm)	엽병을 제외한 엽의 길이
	25. 엽폭 (cm)	엽의 최장부위의 폭
	26. 엽색	개화기의 엽색
수량 및 품질	1. 일화당종자수 (립)	일화에서 채취한 채종량
	2. 주당채종량 (g)	일주에서 채취한 채종량
	3. 평당채종량 (g)	일평에서 채취한 채종량
	4. g당종자립수 (립)	1g당 종자립수
	5. ml당종자립수 (립)	1ml당 종자립수

출처 농촌진흥청 농업유전자원정보센터 홈페이지

부록 6

❋ 약어설명 ❋

AAS	Academy of Agricultural Sciences, China
ACIAR	Australian Centre for International Agricultural Reserach, Australia
ACRN	African Coffee Research Network
ACSAD	Arab Centre for Studies in Arid Zones and Dry Lands, Syria
ADB	Asian Development Bank
AIC	Agricultural Inputs Corporation, N데미
AFTSC	ASEAN-Canada Forest Tree Seed Centre, Thailand
APO	Asia ,the Pacific and Oceania
ARC	Agriculture Research Council
ASPNET	Regional Network for Asia and the Pacific, NIBAP, Philippines
ABRDC	Asian Vegetable Research and Development Centre, Taiwan
BADC	elgian Administration for Development Cooperation, Brussels, Begium
BANBOARD	Banana Board of Jamaica
BARI	Bangladesh Agricultural Research Institute, Bangladesh
BFIS	Banana Research Information System, INIBAP
BARNESA	Banana Research Network for Eastern and Southern Africa
BMZ	Budesministerium f r Wirtschaftliche usammenarbeit, Germany
CAAS	Chinese Academy of Agricultural Sciences, hina

CABI	CABInternational, UK
CATIE	Centro Ggron mico Tropical de Investigaaciony Ensenanza, Costa Rica
CBD	Convention on Biological Diversity
CENARGEN	Centro Nacional de Pesquisa de Recursos Gen ticos e Biotecnologia, Brazil
CGIAR	Consultative Group on International Agricultural Research
CGN	Centre for Genetic Resources the Netherlands
CLAT	Centro Internacional de Agricultural Tropical-CGIAR
CIFOR	Centre for Internatioal Forestry Research-CGIAR
CIMMYT	Centro Internacional de Mejoramientro de Maizy Trigo-CGIAR
CIP	Centro Internacional de la Papa-CGIAR
CIRAD	Centre de Cooperation Internationale en Recherche
CPRO-DLO	Centre for Plant Breeding and Reproduction Research, the Netherlands
CRBP	Centre regional banaiers et plantains, Cameroon
CSC	Commonwealth Science Council, UK
CSIRO	Commonwealth Scientific and Industrial Research Organization, Australia
CTA	Technical Centre for Agricultural land Rural Cooperation, The Netherlands
DANIDA	Danish International Development Agency
DAST	Department of Agricultural Science and Technology, Hanoi, Vietnam
DGIS	Directorate-General for International Cooperation, the Hague, the Netherlands

DIT	Documentation, Information and Training
EAP	Escuela Agricola Panamericana, Zamorano, Tegucigalpa, Honduras
EC	European Community
EEC	European Economic Community
ECOWAS	Economic Community of West African States
ECP/GR	European Cooperative Programme for Crop Genetic Resources Networks
ELADA	Electronic Atlas of Agenda 21
EMBRAPA	Empresa Brasileira de Pesquisa Agropecuaria, Brazil
ESTIA	Escuela Tecnica Superior de Ingenieros Agronomos, Madrid, Agronomique pour le Developpement, France
CMPGR	Caribbean Committee for the Management of Plant Genetic Resources
CNIC	Centro Nacional de Incestigaciones Cientificos, Havana, Cuba
CNPMF	Centro Nacional de Pesquisa de Mandiosa e Fruticultura(EMBRAPA)
CNR	Consiglio Nazionale delle Riccerche
COGENT	Coconut Genetic Resources Network
CORPOICA	Corporacion Colombiana para la Investigacion en Agricultura, Colombia
COP	Conference of the Parties
CPGR	Commission on Plant Genetic Resources Spain
EUFORGEN	European Forest Genetic Resurces Programmes
FAL	Insticut f r Pflanzenbau und Pflanzenz chtung der Bundesforschungsanstalt f r Landwirtschaft, Germany
FAO	Food and Agriculture Organization of the

	United Nations, Italy
FHIA	Fundacion Hondurena de Investigacion Agricola, Honduras
FLHOR	Departement des productions fruitieres ethorticoles, CIRAD, France
FONAIAP	Fondo Nacional de Investigacion Agropecuaria, Venezuela
FRIM	Forest Research Institute of Malaysia
GATT	General Agreement on Tariffs and Trade
GEVES	Groupe Etude det de Contr le des Varietes et des Semences, France
GMS	Genebank Management System
GMU	Germplasm Maintenance and Use
GTZ	Deutsche Gesellschaft f r Technische Zusammenarbeit
HIA	Higher Institute of Agriculture, Tirana, Albania
IBPGR	see IPGRI
ICARDA	International Center for Agricultural Research in the Dry Areas, Aleppo, Syria-CGIAR
ICGR	Institute of Crop Germplasm Resources, China
IGCCBD	Inter-Governmental Committee on the Conventioan on Biological Diversity
ICLARM	International Center for Living Aquatic Resources Management-CGIAR
ICW	International Centres Week
ICUC	International Centre for Underutilized Crops, UK
IDB	Inter-American Development Bank, USA
IDRC	International Development Research Centre, Canada
IFPRI	Internatioal Food Policy Research Institute,

	Washington DC, USA
IGER	Istitute for Grasslands and Environmental Research, UK
IHAR	Plant Breeding and Acclimatization Institute, Radzikow, Poland
IICA	Institute Internamericano de Cooperacion para la Agricultrura, Costa Rica
IIMI	International Irrigation Management Institute, ri Lanka CGIAR
IITA	International Institute of Tropical Agriculture, Nigeria-CGIAR
INBAR	International Network for Bamboo and Rattan
INIA	Instituto Nacional de Investigacion y Tecnologia Agraria y Alimentaria, Spain
INIBAP	International Network for the Improvement of Banana and Plantain
INIFAT	Instituto de Investigaciones Fundamentales en Agricultural Tropical, Cuba
INTAGRES	International Agricultural Research-European Service
IPGRI	International Plant Genetic Resources Institute (formerly IBPGR), Rome, Italy-CGIAR
IPK	Institut f r Pflanzengenetik und Kulturpflanzenforschung, Germany
IRAZ	International Rice Research Institute, the Philippines-CGIAR
ISAR	Institut des Sciences Agronomiques du Rwanda
ISNAR	International Service for National Agricultural Research, the Hague, the Netherlands-CGIAR
ITC	Musa Germplasm Transit Center, INIBAP
IUBS	International Union of Biological Sciences

IUFRO	International Union of Forest Research Organizations
IUCN	World Conservation Union
KARI	Kawnada Agricultural Research Institute, NARO, Uganda
KUL	Katholieke Universiteit Leuven, Belgium
LACNET	Regional Network for Latin America and Caribbean Network, INIBAP, Costa Rica
MAFF	Ministry of Agricultural Research and Development Institute
MOU	Memorandum of Understanding
MSSRF	M.S.Swaminathan Research Foundation, Madras, India
MUSAID	Computerized System for Banana Identification, CIRADFLHOR, France
MUSALIT	IIBAP Bibliographic Database
NARC	National Agricultural Research Centre
NARO	National Agricultural Research Organization, Uganda
NARS	National Agricultural Research System
NBRI	National Botanical Research Institute of Namibia
NCARTT	National Center for Agricultural Research Training and Technology, Baqa, Jordan
N데	National Evaluation Programme, INIBAP
NGB	Nordic Gene Bank, Sweden
NGO	Non-govermental Organization
NIAR	National Institute for Agrobiological Research, Tsukuba, Japan
NRS	Nigerican Research Service
NSSL	National Seed Storage Laboratory, USA

ODA	Overseas Development Administration.UK
ORSTOM	Institut Francais de recherche Scientifique pour le Developpenment en Cooperation, France
PGRC/E	Plant Genetic Resources Centre, Ethiopia
PGRI	Plant Genetic Resources Institute
PPRC	Programme Planning and Resources Committee
PROCIAN-DINO	Programme Cooperativo de Investigacion y Transferencia De Technologia Agropecuaria para la Subregion Andina, Ecudor
PROCI-TROPICOS	Programa Cooperativo de Investigacion y Transferencia de Technologia Agropecuaria para los Tropicos Suramericansos, Brazil
PROCISUR	Programa Cooerativo para el Desarrollo Technologico Agropecuario del Cono Sur, Argentina
PROINFO	Corporacion Procesos Integrados de Informacion, Colombia
PSARI	Plant Science Agricultural Research Institute, Mongolian National Agricultural University, Drkhan, Mongolia
QDPI	Queensland Department of Primary Industries, Australia
RAFI	Rural Advancement Foundation International
RAPD	Random Amplified Polymorphic DNA
RBG	Royal Botanic Gardens, Kew, UK
RECSEA	Regional Committee for Sourtheast Asia
REDARFIT	Andean Plant Genetic Resources Network
REMERFI	Central American Plant Genetic Resources Network

RFD	Royal Forest Department, Bangkok, Thailand
RIAH	Fesearch Institute of Animal Husbandry, Mongolian National Agricultural University, Darkhan, Mongolia
RICP	Research Institute of Crop Production, Prague, Czech Republic
RVAU	Royal Veterinary and Agricultrural University, Denmark
SADC	Southern African Development Community (formerly SADCC)
SAFGRAD	Consultative Advisory Committee on Semi-Arid Food Grain Research and Development, Nigeria
SARD	Scientific and Agricultural Research Directiorate, Douma, Syria
SAREC	Swedish Agency for Research Cooperation with Developing Countries
SDC	Swiss Development Cooperation
SIDA	Swedish International Development Authority, Sweden
SNTC	Swaziland National Trust Commission, Swaziland
SPC	South Pacific Commission, Fiji
SPII	Seed and Plant Improvement Institute, Karadj, Iran
TAC	Technical Advisory Committee-CGIAR
TBRI	Taiwan Banana Research Institute
TCC	Technical Consultative Committee
TRIPS	Trade Related Intellectual Property
TROPIGEN	Amazonian Plant Genetic Resources Network
UCD	University of California at Davis, USA

UN	United Nations
UNCED	United Nations Conference on Environment and Development
UNDP	United Nations Development Programme
UPEB	Union of Banana Exporting Countries, Panama
UNEP	United Nations Environment Programme
UNESCO	United Nations Educational, Scientific and Cultural Organization
UPM	University Pertanian Malaysia
UPOV	International Union for the International Development
VIR	N,I, Vavilov Institute of Plant Industry, Russia
WANA	West Asia and North Africa
WANANET	WANA Plant Genetic Resources Network
WARDA	West Africa Rice Development Association-CGIAR
WCMC	World Conservation Monitoring Centre, UK

❋ 찾아보기 ❋

Abelmoschus esculentus 78
accelerated aging (AA) test 61
accession 48
Achillea lanulosa 149
active collection 91
AFLP 115
agamospermy 31
allozyme data 153
allozyme 전기영동 151
Allozyme 표지인자 152
Anagalis arvensis 80
Arachis hypogaea 76
ASPCR 116
base collection 91, 245
Between Paper(BP)방식 89
Brassica aleracea 117
Bromus inermis Leyss 57
BSA분석법 106
bunchy-top 134
Canna compacta 74
CAPs 113
Cassia multijuga 73
CGIAR(국제농업연구협의그룹) 216, 221
Chenopodium amaranticolor 80
CIAT 125, 216
CIMMYT 216
CIP 216
collection 28
cpDNA 137
CTAB 추출방법 157
Cynodon dactylon 97

database 282
DA변환 172
desiccation intolerant 56
Digitaria eriantha 97
DNA libraries 130
DNA 라이브러리 95
DNA 염기배열변이 156
DNA배열공학(DNA sequencing technology) 272
DNA밴드 115
DNA연쇄중합반응 102
ELISA 133
encapsulation 127
EUCARPIA 213
EXIR 164
facultative gametophytive apomictics 187
FAO 212
Festuca pratensis 204
Fingerprinting 100
G_1종자 76
G_2종자 76
Gametopytic apomixis 191
gene pool 120, 267
genetic erosion 12
genetic vulnerability 14
Gossypium arboreum 9
GRIMS 169
Helianthus neglectus 137
Hibiscus cannabinus 57
homoeology 181
Hordeum vulgare 118
hybrid rice 14

Hypervariable DNA sequence   163
IBP   213
IBPGR   132, 145, 220
ICARDA   216
ICRISAT   216
ICSU   214
IFPRI   216
IGS region   160
IITA   216
ILCA   216
ILRAD   216
introgression   159
IPGRI   125, 216
IRRI   177, 216
ISA   115
Japanese Deepstar Project   274
jassid저항성   16
Kew식물원   247
Lobelia cardinalis   57
Lolium multiflorum   203
Lolium perenne   202
longevity   74
Lotus corniculatus L.   57
Lupinus articus   74
Lycopersicon peruvianum   97
marker technology   112
maximum likel-ihood procedure   150
microsatellite   139
microsatellite분석   109
mini satellite   139
minisatellite DNA   161
minor crop   11
Napralert   282
Nelumbium nucifera   74
OECD   213
Ononis siunla   80

organelle게놈   101
orthodox(desiccation tolerant)   56
Orthodox종자   73
Oryza rupipogon   15
Pacific Yew   278
passport data   46, 252
PCR-RFLP   113
PCR/sequencing   116
Phleum pratense   202
Phlox divaricata   160
phytic acid   78
ph유전자   182
Poa Pratensis   205
probe DNA   119
QTL-Mapping PC Program   106
RAPD   111
recalcitrant   56
recalcitrant종자   73
RFLP   110
RFLP 연관지도   101
ribosomal DNA   160
RNA hybridization   134
Rudbeckia missouriensis   160
Saccharum officinarum   138
Saco 품종   195
Safe movement   132
SCAR   113
sequencing   156
Sesamum iodocum   84
shoot defoliation   123
silk road   19
single copy유전자   101
SIRA/GA   170
Solanum demissum   195
Solanum pennellii   197

somaclonal variants 66
Sorghum vulgare 84
SSR 114
stock plant 68
STS마커 113
TAXIR 169
taxol 278
Tetrazolium test 83
Top Paper(TP)방식 88
tripsacoid옥수수 189
*Tripsacum*게놈 188
Vavilov 21
Verbasunm blattaria 73
Vigna radiata 76
VNTRs 115
working collection 244
X-ray방법 83
X면역성 유전자 195
加齡後 發芽力(postaging germination) 77
감자역병 12
개체생태학(autecology) 197
개표 35
건조저항성 70
건조제 88
건조침투기술(dry permeation technique) 87
건조표본 97
견고성(hardseedness) 83
공분산(genetic covariance COVA) 150
공식종자분석가협회(AOSA) 92
관계 데이터베이스(relational database) 165
국제감자센타 218
국제농업연구시스템에 관한 자문그룹(CGIAR) 145
국제식물유전자원연구소(IPGRI) 145
국제종자검사협회(ISTA) 74
균형치환계통 181
근동질계통(NIL, near isogenic lines) 104
기계적 상해 83
기내공학(*in vitro technology*) 96
기내보존(*In vitro preservation*) 65
기원분석(paternity analysis) 116
기후순화(acclimatization) 54
내부휴면 73
냉동보존 125
냉동보호제 67
냉동저장(Cryopreservation) 67
냉매제 60
냉장저장 58
녹병 16
녹색혁명 14
농부의 권리(Farmer's right) 228
단명종자 56
대합능력 139
데이터베이스 164
桃梨園 21
도입육종법 208
도형정보 168
도형화상데이터베이스 170
돌연변이 12
동위효소 99
디스크립터(descriptor) 99, 164, 223
마커 102, 113
막투과성(membrane permeability) 76
묘입고병 52
무기호흡(anaerobiosis) 86
무작위채집 28
문자정보 167
미세번식(micropropagation) 124
미이용자원 54

찾아보기

민족실물학　7
민족주의(nationalism)　17
반복유전자　101
배포용 보존　91
번식재료　31
병충해 저항성　49
병해충 격발지　49
보존유전학(conservation genetic)　150
보호재배　49
부분상동성　181
분자공학(molecular technology)　96
분자마커　109
분자마커기술　110
분자육종(molecular breeding)　118
생식질　5
생식질 교환　133
생식질은행　73
생식질큐레이터　99
생태형(biotype)　197
세계지적재산기구(WIPO)　258, 265
세포질 상호작용　199
수발아(in situ sprouting)　81
수분손상　84
수치정보　167
순화(domestication)　54
스크롤데이터　168
스크리닝　272
스트레스 내성　49
식물도입기관(Plant Introduction Office)　211
식물방역　41
식물방역법　43
식물원　21
식물위행　65
식물유전자원　5

식물육종가권리(Plant Breeder's Right)　254
식물의 신품종보호를 위한 국제협정 (UPOVC 협정)　256
식물재고번호(Plant Inventory No.)　238
식물표본　97
神農　21
신작물 개발(New Crop Development)　17
실리카겔　88
앉은뱅이밀　10
액아생장점　60
야생근연종　151
야생근연종　23
야생콩(*Glycine*)　41
약용식물호적부　252
엑스파트시스템　173
연구예외　258
염기순서결정　156
염색체 분염법　139
염색체 손상　65
염색체변이　65
엽록체DNA　159
영년용 보존　91
영양번식성 작물　28
예비배양　68
옥수수(Zea)게놈　188
온실효과(greenhouse effect)　143
완전현관　102
웅성불임세포질　12
원연교잡(wide hybridization)　141
유리지방산　81
유리화(vitrification)　126
유묘활력(seedling vigor)　80
遊離電子源　87
유전검정종　23

유전력(h^2)　150
유전물질　5
유전변이　151
유전자 공급원　22, 177
유전자 조작　118
유전자 흐름(gene flow)　152
유전자원　164
유전자원관리규정　229
유전자원운동(Genetic Resources
　Movement)　214
유전자은행　45, 117, 243
유전자의 순화　54
유전자지도　103
유전저장물(genetic stocks)　93
유전적 다양성(genetic diversity)　16
유전적 상가성　136
유전적 상해　58
유전적 취약성　14
유전적 침식　12
육종소재　50
육종체계　148
융합잡종　117
이용적성　50
이형접합체　147
일일관리　129
逸出　53
자동연쇄중합반응기　102
자료수집표　35
자식약세　148
자원식물　5
작물네트워크　267
작위채집　29
잔여수집(reserve collection)　40
잠복변이(latent variation)　199
잡종 종형성(speciation)　136

잡초근연종　93
장기저장법　90
재래품종　11
재배식물 기원지　14
재배특성　49
재조환DNA기술　142
재조환적 종형성(recombinational
　speciation)　136
저온순화　67
저장성(storability)　74
저장후 발아력(poststorage germination)
　74
적합성(fitness)　147
전기영동　139
전기전도도　81
전사후 변형(posttranslational change)　152
점돌연변이　65
제한효소 단편다형화 현상　102
조기선발　118
종간교잡(Interspecific crosses)　203
종자검사실　91
종자수명(seed viability)　72
종자시장　286
종자은행　229
종자품질(seed quality)　288
종자활력(seed vigor)　75
중핵수집(Core collection)　40
지적재산보호(IPP)　255
지질peroxidation　87
진화적 극성(polarity)　137
체세포 조직배양　66
초건조종자　122
초저온저장　122
총괄표　35
침수-탈수처리(hydration-dehydration)　79

침적상해 84
컨트리 리포트 8
큐레이터 98
통신네트워크시스템 173
퇴화 61
특성조사 47
특허권 258
포장수집(field collection) 235
포장유전자은행 224
포장유전자은행(field genebank) 122
표지인지 보조선발 111
표현형변이 149
한국토종연구회 10

합성종자(Synthetic seeds) 127
항산화제 79
핵산 hybridization 134
핵산지문 109
현지외 보존 121
호마엽고병 12
화분보전(Pollen preservation) 69
화상정보 170
활력감시 60
활력공식(viability equation) 63
후해빙처리 68
흡수상해 84
흡수저장 122

● **저자소개 (무순)**

박 철 호	강원대학교 생명건강공학과
우 선 희	충북대학교 식물자원학과
박 상 언	충남대학교 식물자원학과
박 광 근	농촌진흥청 바이오에너지작물센터
홍 순 관	강원대학교 생명건강공학과
김 남 수	강원대학교 분자생명과학과
김 종 화	강원대학교 원예학과
이 동 진	단국대학교 식물자원학과
장 광 진	한국농수산대학 특용작물과
이 주 경	강원대학교 식물자원응용공학과
김 행 훈	순천대학교 웰빙자원학과
김 현 준	국립식량과학원 고령지농업연구센터

식물유전자원학

저 자	박철호 외 11명
발행인	조진성
발행처	도서출판 진솔
	서울시 중구 을지로3가 260-15 태광빌딩 205호
	전화 : 02)2272-2065, FAX : 02)2267-3011
	등록 : 1996.2.28 제2-2123호
인쇄일	2012년 3월 9일 개정증보판 제1쇄
발행일	2012년 3월 12일 개정증보판 제1쇄

印紙省略

※ 파본은 바꾸어 드립니다.
※ 무단복제 불허
ISBN 978-89-87750-68-2   값 20,000원